高等职业教育机电类专业“十三五”规划教材

电工技术与应用

黄冬梅　郑　翘　主编
杜丽萍　冯　尧　主审

中国铁道出版社有限公司
CHINA RAILWAY PUBLISHING HOUSE CO., LTD.

内 容 简 介

本书是依据高职高专电气自动化技术、机电一体化技术、新能源应用技术、风力发电工程技术、城市轨道交通控制、楼宇智能化等专业人才培养目标和定位要求，结合维修电工工作过程编写的。主要内容包括6个项目：电工作业的安全操作、双电源供电的直流电路制作与调试、工业现场应急灯照明电路的安装与检测、民用住宅电路的设计与安装、三相动力配电的设计与安装、常用小型单相变压器的制作。共设计了12个任务及10个实训。

本书适合作为两年制及三年制高职高专电气自动化技术、机电一体化技术、新能源应用技术、风力发电工程技术、城市轨道交通控制、楼宇智能化、自动化仪表、机械自动化技术、智能化电子等专业的教材，也可供相关专业的技术人员学习。

图书在版编目（CIP）数据

电工技术与应用/黄冬梅，郑翘主编.—北京：
中国铁道出版社，2017.10（2022.9重印）
高等职业教育机电类专业"十三五"规划教材
ISBN 978-7-113-23786-8

Ⅰ.①电… Ⅱ.①黄… ②郑… Ⅲ.①电工技术-高
等职业教育-教材 Ⅳ.①TM

中国版本图书馆CIP数据核字(2017)第245553号

书　　名：电工技术与应用
作　　者：黄冬梅　郑　翘

策　　划：祁　云　　　**编辑部电话：**(010)63549458
责任编辑：祁　云
编辑助理：绳　超
封面设计：付　巍
封面制作：刘　颖
责任校对：张玉华
责任印制：樊启鹏

出版发行：中国铁道出版社有限公司（100054，北京市西城区右安门西街8号）
网　　址：http://www.tdpress.com/51eds/
印　　刷：三河市国英印务有限公司
版　　次：2017年10月第1版　　2022年9月第2次印刷
开　　本：787 mm×1 092 mm　1/16　**印张：**17　**字数：**409千
书　　号：ISBN 978-7-113-23786-8
定　　价：48.00元

版权所有　侵权必究

凡购买铁道版图书，如有印制质量问题，请与本社教材图书营销部联系调换。电话：(010)63550836
打击盗版举报电话：(010)63549461

PREFACE

前 言

"电工技术与应用"是电气自动化技术、机电一体化技术、新能源应用技术、风力发电控制技术、城市轨道交通控制、楼宇智能化等专业的基础核心课程。维修电工是贯穿于电气自动化、机电控制过程的一项工作。本书是根据高职院校的培养目标,按照高职院校教学改革和课程改革的要求,以企业调研为基础,确定工作任务,明确课程目标,制定课程设计标准,以能力培养为主线,与企业合作,共同进行课程的开发和设计。编制本书的教学目的就是以培养学生具有电气检修试验、电气安装调试方面的岗位职业能力为目标,在掌握基本操作技能的基础上,着重培养学生分析问题、解决问题的能力,以解决施工现场的复杂电工技术问题。在教学中,以理论够用为度,以全面掌握电工技术、维修电工操作为基础,侧重培养学生的维修电工技能。

课程设计的理念与思路是按照学生职业能力成长的过程进行培养;选择真实的维修电工工作任务为主线进行教学。以行动任务为导向,以任务驱动为手段,注重理论联系实际,在教学中以培养学生的测量方法、运用能力为重点,以使学生全面掌握维修电工技能为基础,以培养学生现场的分析解决问题的能力为终极目标,在校内教学过程中尽量实现实训环境与实际工作的全面结合,使学生在真实的工作过程中得到锻炼,为学生在生产实习及顶岗实习阶段打下良好的基础,实现学生毕业时就能直接顶岗工作的目标。

本书共设6个项目,12个任务,参考教学时数为60~92学时。其中,项目1 电工作业的安全操作包括:安全生产操作、常用电工仪表及工具的使用与实测;项目2 双电源供电的直流电路制作及调试包括:电气识图,双电源供电的直流电路的设计、安装及调试;项目3 工业现场应急灯照明电路的安装与检测包括:工业现场应急灯照明电路的设计、工业现场应急灯照明电路的安装及调试;项目4 民用住宅电路的设计与安装包括:民用住宅电路的设计、民用住宅电路的安装;项目5 三相动力配电的设计与安装包括:三相动力配电的设计、三相动力配电的安装;项目6 常用小型单相变压器的制作包括:小型单相变压器的设计、小型单相变压器绕制后的测试。在每个项目后(除项目6)还安排了若干实训。

本书由哈尔滨职业技术学院黄冬梅、郑翘主编,黄冬梅负责确定教材编制的体例及统稿工作,并负责编写项目1、项目3及项目4的内容;郑翘负责编写项目2、项目5及项目6的内容。本书由哈尔滨职业技术学院电气工程学院杜丽萍、哈尔滨工程大学电工电子创新中心冯尧主审。在此特别感谢哈尔滨职业技术学院孙百鸣教授给予本书编写的指导和大力帮助。

由于编者的水平和教学经验之限,书中难免有不妥之处,恳请广大读者指正。

编 者

2017年9月

CONTENTS

目录

项目1 电工作业的安全操作

项目导入

王宇航工作在大通电气设备有限公司，刚入职他便进行了为期一周的培训，培训内容为安全生产操作、触电事故及现场急救、电气防火与防爆、常用电工仪表及工具的使用等内容。

学习目标

（1）通过展示我国电力、电气应用技术的现状，使学生了解电气技术在国民经济中发挥的主要作用，同时了解安全用电的重要性；

（2）熟练掌握常见的安全用电的方法和措施；

（3）熟练掌握触电急救技能与电气消防技能；

（4）熟练掌握“安全第一、预防为主、综合治理”的安全生产方针；

（5）熟练掌握电工作业人员的安全职责。

项目实施

任务1　安全生产操作

任务解析

通过完成本任务，使学生掌握安全生产规范、电工作业道德规范与电工安全职责，充分掌握电气安全操作、触电现场的急救、电气防火与防爆等安全常识。

知识链接

特别提醒：需要持证上岗!

一、电工安全常识

1. 认识常用安全标志

数据显示，有98% 的事故是可以避免的。发生事故的主要原因是个人错误操作以及使用材料的疏忽所致：个人错误操作导致的事故占88% ，使用材料的疏忽导致的事故占10% 。

特别是电气工业，安全问题毫无疑问地成为在危险的工作环境中首要考虑的重要问题。安全操作很大程度上取决于个人是否拥有丰富的专业知识，以及是否清楚了解工作中的潜在危险。常用安全标志如图 1-1 所示。

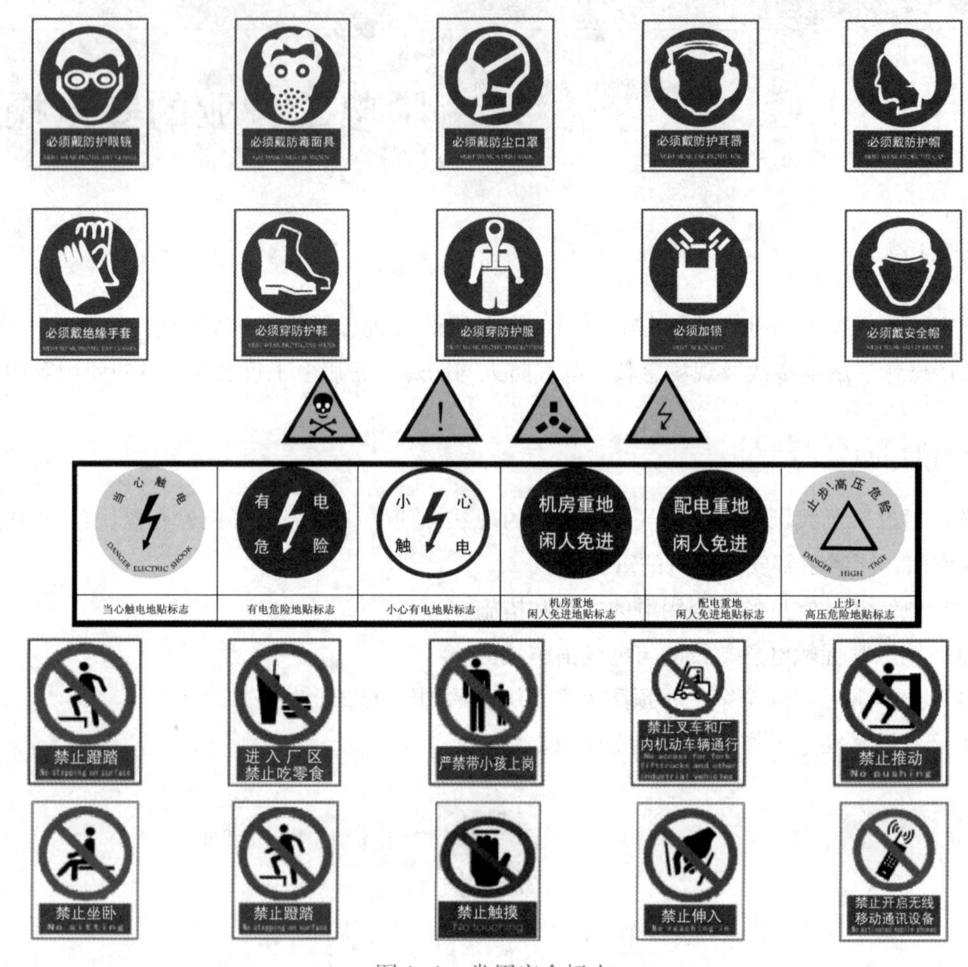

图 1-1　常用安全标志

2. 个人安全服装的使用

为了工作安全，不同的工作地点和工作性质需要特殊的工作服。具体要求如下：

① 安全帽、安全鞋和护目镜必须根据一定工作要求穿着。例如：为了在电工工作中确保安全，安全帽就不能是金属的。

② 在嘈杂的环境中需要戴上安全耳套。

③ 衣服需要合身以免卷入运转的机器中发生危险。同时，避免穿着人造质地的衣服，如聚酯纤维材料或者同类材料的衣服，这类衣服具有在高温下熔化造成严重烧伤的可能性。为了安全，工作时一定要穿全棉质地的衣服。

注意：

① 当在带电电路上工作时，应摘掉所有金属类首饰，金和银的首饰是导电性极强的导电体。

② 在靠近机器工作时，不要留长发，或者束起长发。

3. 安全保护设备的使用

许多电工安全设备可以防止工作人员在进行裸电路工作时接触电路而受伤。电工需要熟悉每种不同的保护设备要求的安全标准。要确保电工保护设备可以真正地按照设计要求起到保护作用，需在每次使用之前及时进行损坏检查，同时每次使用后也应该立刻检查设备是否损坏。电工保护设备包括以下几种：

① 橡胶保护设备。橡胶手套用于保护皮肤以免直接接触带电电路，而橡胶垫可以防止工作人员在靠近裸露带电电路工作时接触带电导线或电路。

a. 橡胶类保护设备须标注出适用的额定电压和最后一次检查的时间。

b. 额定电压一定要与其使用电路及设备相匹配。

c. 绝缘手套需要进行空气测试。方法：快速旋转手套或充气，挤压手掌、手指和拇指的位置，检测是否漏气，若漏气则必须报废不能使用。

绝缘胶垫：最小尺寸不得小于 0. 8 m×0. 8 m，厚度不小于 5 mm。

② 高压保护服。为高压操作提供的特殊保护设备，包括：高压袖子、高压靴、绝缘保护头盔、绝缘眼镜和面部保护装备，以及配电板垫和瞬间高压服，如图 1–2 所示。

③ 带电操作杆。它是一种绝缘工具，用于手动操作高压隔离开关及进行高压熔丝的更换，也包括临时接地高压电路的连接与移除的手动操作，如图 1–3 所示。

图 1–2　高压保护服

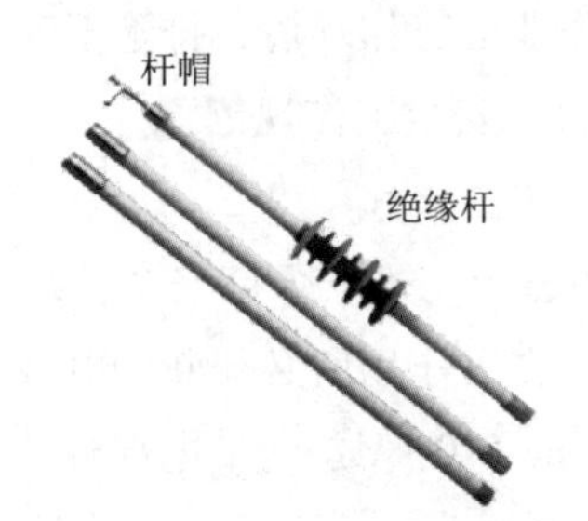

图 1–3　带电操作杆

④ 熔丝拆卸器。塑料或者玻璃纤维的熔丝拆卸器用于安全拆卸或安装低压熔丝。

⑤ 短路探测器。主要用于使断电电路放电至带电电容，或者当电路电源断开时增大静电荷，如图 1–4 所示。

安装方法：将试线夹接地，然后固定短路探测器手柄并挂住短路探测器末端或将接线端接入地面。

注意：不要触摸短路探测器接地线路或部件的任何金属部分。

⑥ 面罩。在整个配电操作中，电弧、电射线或者因为从其他地方掉下的小东西而引起的电爆炸可能会伤害工作人员的眼睛以及脸部，故应

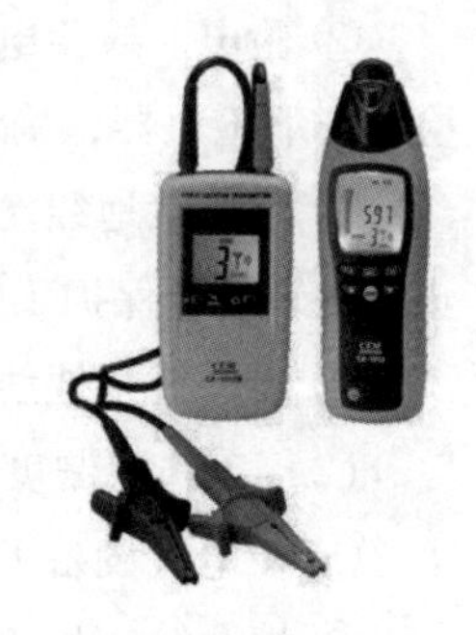

图 1–4　短路探测器

全程佩戴经核准的面罩。

二、安全生产管理

1. 安全生产管理的定义

安全生产管理是针对人们生产过程的安全问题，运用有效的资源，发挥人们的智慧，通过努力，进行有关决策、计划、组织和控制等活动，实现生产过程中人与机器设备、物料、环境的和谐，达到安全生产的目标。

安全生产管理包括健全安全生产管理机构，执行安全生产法规，落实安全生产责任制，编制安全技术措施计划，进行安全教育和培训，做好安全检查和工伤事故报告、分析及处理等。

2. 安全生产管理方针

《中华人民共和国安全生产法》第三条明确规定：安全生产工作应当以人为本，坚持安全发展，坚持安全第一、预防为主、综合治理的方针，强化和落实生产经营单位的主体责任，建立生产经营单位负责、职工参与、政府监管、行业自律和社会监督的机制。

3. 遵守相关规章制度

① 养成良好的安全意识。

② 在开始电工作业前，先确定是否切断电源。

③ 若必须带电作业，作业前应做好防护措施，如戴绝缘手套、穿绝缘工作服。

④ 保持工具仪器干燥。

⑤ 工作前注意检查所用工具、仪器的绝缘体有无破损。

⑥ 正确使用工具仪器，不能触摸工具仪器的金属部分。

⑦ 事先了解作业的工作环境，排除不安全的工作隐患。

⑧ 遵守相关的“安全工作规范”。

4. 保证安全的组织措施

（1）在电气设备上工作，保证安全的组织措施

① 断开电源。在工作场所必须断开电源设备，包括需检修的带电部分的电源、工作范围安全距离小于0.7 m（10 kV）的带电部分、工作人员后面、两侧无遮拦或其他可行安全措施的带电部分。在断开电源时，必须使检修设备至少有一个明显的断开点，高压柜的手动机构处于断开位置时，都应用锁锁住。

② 验电。检验电气设备上有无电压时，必须使用合格的验电器。验电前应在带电母线上检测一下验电器，确认验电器确实是合格产品。验电时，应在电气设备两侧的各相分别进行。

③ 装设接地线。将检修设备的三相短路并联，可以放掉检修设备的剩余电荷，这也是防止突然来电，保护工作人员安全的、唯一可行的安全措施。

④ 装、拆接地线必须由两人进行，若仅有单人值班，则只允许用接地开关接地。

（2）工作票制度

① 在电气设备上工作，应填写工作票或事故应急抢修单；

② 填写第一种工作票的工作；

③ 填写第二种工作票的工作；

④ 填写带电作业工作票的工作；

⑤ 填写事故应急抢修单的工作；

⑥ 工作票的填写与签发；

⑦ 工作票的使用；

⑧ 工作票的有效期与延期；

⑨ 工作票所列人员的基本条件；

⑩ 工作票所列人员的安全责任。

倒闸工作票的填写如下：

倒 闸 工 作 票

编码： QR/R4/8-4-22

票令号： 王马-0064号							
发令人： 张××				**发令时间：** 2017年03月24日09时30分			
操作开始时间： 年 月 日 时 分				**终了时间：** 年 月 日 时 分			
操作任务： 110kV 大马 线 00017 由热备用转冷备用							
V		**序号**	**操作项目**				
V		1	拉开王马乙线00017操作直流熔断器				
V		2	检查王马00017开关在开位				
V		3	拉开王马乙线00017乙刀闸				
V		4	拉开王马乙线00017甲刀闸				
备注：							
操作人	王××	**监护人**	李××	**值班负责人**	赵××	**所长或经理**	姜××

保存单位（部门）： 保存期限：三年

三、维修电工安全操作规程

维修电工安全操作规程如表1-1所示。

表1-1 维修电工安全操作规程

序号	安全操作规程
1	养成良好的安全意识
2	工作前必须检查工具、测量仪表和防护工具是否完好
3	任何电气设备内部未经验明无电时，一律视为有电，不准用手触摸
4	不准在运转中拆卸修理电气设备。必须在停车，切断设备电源，取下熔断器，挂上警示牌，并验明无电后，方可进行工作
5	在总配电盘及母线上进行工作时，在验明无电后应挂临时接地线。装拆接地线都必须由值班电工进行
6	临时工作中断后或每班开始工作前，都必须重新检查电源确已断开，并验明无电
7	每次维修结束时，必须清点所带工具、零件，以防遗失和留在设备内而造成事故
8	由专门检修人员修理电气设备时，值班电工要负责进行登记，完工后要做好交代，共同检查，然后加电
9	必须在低压配电设备上带电进行工作时，要经过领导批准，并要有专人监护。工作时要戴安全帽，穿长袖衣服，戴绝缘手套，使用绝缘工具，并站在绝缘物上进行操作，相邻带电部分和接地金属部分应用绝缘板隔开。严禁使用锉刀、钢尺等进行工作
10	禁止带负载操作动力配电箱中的刀开关
11	带电装卸熔断器管时，要戴防护镜和绝缘手套。必要时使用绝缘夹钳，站在绝缘垫上操作
12	熔断器的容量要与设备和线路安装容量相适应
13	电气设备的金属外壳必须接地（接零），接地线要符合标准，不准断开带电设备的外壳接地线
14	拆除电气设备或线路后，对可能继续供电的线头必须立即用绝缘布包扎好
15	安装灯头时，开关必须接在相线上，灯头（座）螺纹必须接在中性线（俗称“零线”）上
16	对临时装设的电气设备，必须将金属外壳接地。严禁将电动工具的外壳接地线和工作零线拧在一起插入插座。必须使用两线带地或三线带地插座，或者将外壳接地线单独接到接地干线上，以防接触不良时引起外壳带电。用橡胶软电缆接移动设备时，专供保护接零的芯线中不允许有工作电流通过
17	动力配电盘、配电箱、开关、变压器等各种电气设备附近，不准堆放各种易燃、易爆、潮湿和其他影响操作的物件
18	使用梯子时，梯子与地面之间的角度以60°为宜。在水泥地面上使用梯子时，要有防滑措施。对没有搭钩的梯子，在工作中要有人扶持。使用人字梯时拉绳必须牢固
19	使用喷灯时，油量不得超过容器容积的3/4，打气要适当，不得使用漏油、漏气的喷灯。不准在易燃、易爆物品附近将喷灯点燃
20	使用Ⅰ类电动工具时，要戴绝缘手套，并站在绝缘垫上工作。最好加设漏电保护断路器或安全隔离变压器
21	电气设备发生火灾时，要立刻切断电源，并使用1211灭火器或二氧化碳灭火器灭火，严禁用水或泡沫灭火器灭火

四、触电事故

1. 触电类型

触电是指人体触及带电体后，电流对人体造成的伤害。有两种类型，分别是电击和电伤。

① 电击：电流通过人体所造成的内伤称为电击。

② 电伤：电流通过人体外部表皮造成的局部伤害称为电伤。

2. 电流对人体的伤害

(1) 伤害程度与电流大小的关系

通过人体的电流越大，人体受伤害程度越深，伴随有麻刺感、痉挛、麻痹等感觉，而人体触电死亡的主要原因是电流引起心室颤动或窒息造成的。人体对触电电流的反应见表1-2。

表1-2 人体对触电电流的反应

触电电流/mA	人体触电时的反应（50～60 Hz交流电）
0.6～1.5	触电部位有微麻刺感
2～3	触电部位有强烈的麻刺感
5～7	触电部位有肌肉痉挛现象
8～10	触电部位感到剧痛，但能摆脱电源
20～25	迅速麻痹，全身剧痛，呼吸困难，不能摆脱电源
50～80	呼吸器官麻痹，心室颤动
90～100	呼吸器官麻痹，持续3 s左右，心脏停止跳动

通过表1-2可知：成年男性平均感知电流为1.1 mA，成年女性约为0.7 mA；成年男性的平均摆脱电流约为16 mA，成年女性约为10.5 mA；成年男性的最小摆脱电流约为9 mA，成年女性约为6 mA。

(2) 伤害程度与电流流过人体途径的关系

① 电流从脚到脚流过是受伤害程度最小的途径；

② 电流从手到手流过是受伤害程度较大的途径；

③ 电流从左手到胸部，途径心脏，是最危险的途径；

④ 电流通过中枢神经会引起中枢神经严重失调而导致死亡。

(3) 伤害程度与电流通过人体时间的关系

通电时间越长，能量积累越多，而人体电阻因出汗、受损伤等原因而降低，使流过人体的电流增加，使触电伤害程度增强。

(4) 伤害程度与电流种类、交流电频率的关系

① 直流电流对人体的伤害。直流电流与交流电流相比对人体伤害程度较轻，直流电流对人体的伤害见表1-3。

表1-3 直流电流对人体的伤害

触电电流/mA	人体触电时的反应（直流电）
0.6～1.5	触电部位没有感觉
2～3	触电部位没有感觉
5～7	触电部位有刺痛感、灼热感
8～10	触电部位灼热感增加
20～25	触电部位出现肌肉痉挛现象
50～80	肌肉疼痛加剧，触电部位肌肉痉挛，呼吸困难
90～100	呼吸器官麻痹

② 高频电流对人体的伤害。由于交流电流的频率不同，对人体的伤害程度也不同。25～300 Hz 交流电对人体的伤害最严重；频率在 1 000 Hz 以上时，伤害程度将减轻，但高压高频电流仍有电击致命的危险。

③ 冲击电流和静电电荷对人体的伤害。雷电、静电都可以产生冲击电流，能引起人体强烈的肌肉收缩，给人以冲击的感觉；静电电荷对人体的伤害也会随着静电能量的增大而加剧。

（5）伤害程度与触电者健康状况的关系

由于触电者健康状况的不同，对电流的敏感程度以及危险程度都不相同：女性对电流比男性敏感，女性的感知电流和摆脱电流比男性低；小孩的摆脱电流更低，触电时比成人危险；触电者患有心脏病时，受伤害程度比健康人严重。

3. 人体触电的原因

触电现象按其原因可分为直接触电和间接触电两种。直接触电是指人体直接接触或过分接近带电体而触电；间接触电是指人体触及正常时不带电，而发生故障时才带电的金属导体。根据生产、生活中所发生的触电事故，将触电原因归纳为以下几类：

（1）线路架设不合规格

室内外线路对地距离、导线之间的距离小于允许值；室内导线破旧，绝缘损坏或敷设不合规格容易造成触电或碰线短路引起火灾；通信线、广播线与电力线距离过近或同杆架设，如遇断线或碰线时电力线电压传到这些设备上引起触电；电气修理工作台布线不合理，绝缘线被电烙铁烫坏引起触电；有的地区为节省电线而采用一线一地制等。

（2）电气操作制度不严格

带电操作时未采取可靠的安全措施；救护触电者时不采取安全保护措施；不熟悉电路和电器而盲目修理；停电检修时，闸刀上未挂警告牌，其他人员误合闸造成触电事故；使用不合格的安全工具进行操作；无绝缘措施而与带电体过分接近；在架空线上操作时，不在相线上加临时接地线；无可靠的防高空跌落措施等。

（3）用电设备不合要求

电烙铁、电烫斗等电器设备内部绝缘损坏，金属外壳无保护接地措施或接地线接触不良；开关、灯具、携带式电器绝缘外壳破损或相线绝缘老化，失去保护作用；开关、熔断器误装在中性线上，使整个线路带电而触电等。

（4）用电不谨慎

违反布线规程，在室内乱拉电线，在使用中不慎造成触电；更换熔丝时，随意加大规格或用铜丝代替铅锡合金丝；在电线上或电线附近晾晒衣物；在高压线附近放风筝；未切断电源就去移动灯具或家用电器；用水冲刷电线和电器，或用湿巾擦拭，引起绝缘性能降低而漏电，造成触电事故等。

4. 人体触电的形式

按人体触及带电体的形式分为如下几类（见图 1-5）：

（1）单相触电

单相触电是指人站在地上或其他接地体上，而人体的某一部位触及带电体，电流由相线经人体流入大地。在低压三相四线制中性线接地的系统中，单相触电的电压为 220 V，流过人体的电流足以危及生命。

（2）两相触电

两相触电是指人体两处同时触及两相带电体，电流由一根相线通过人体流到另一根相线上，加于人体的电压为线电压 380 V。无论电网中性线是否接地，人体所承受的线电压均比单相触电时要高，危险性更大。（**特别提醒：** 这种形式死亡率最高！）

（3）跨步电压触电

当电气设备绝缘损坏而使外壳带电，电流由设备外壳流入大地，向四周扩散，在导线接地点及周围形成强电场，其电位分布是以接地点为圆心向周围扩散，形成电位差。一般距离接地体 20 m 远处电位为零，如果人站在设备附近地面上，两脚站在不同点上，两脚之间的电压称为跨步电压。跨步电压的大小与接地电流、土壤电阻率、设备接地电阻及人体位置等因素有关。

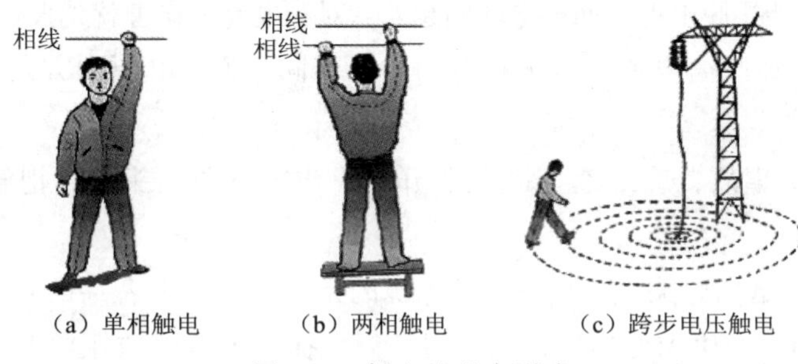

（a）单相触电　（b）两相触电　（c）跨步电压触电

图 1–5　触电的基本形式

特别提醒： 由跨步电压引起的人体触电，如遇电线断落，不要靠近，更不能用手去捡，应派专人看守，找电工处理！

5. 预防触电的措施

（1）预防直接触电的措施

① 绝缘措施。指用绝缘材料将带电体封闭起来的措施。常用的电工绝缘材料有陶瓷、玻璃、云母、橡胶、木材等。

② 屏护措施。指用屏护装置将带电体与外界隔绝的措施。常用的屏护装置有遮栏、护罩、护盖、栅栏等。

③ 间距措施。指带电体与地面之间，带电体与带电体之间，带电体与其他设备之间保持的安全距离。安全距离的大小取决于电压的高低、设备的类型、安装的方式等因素。

（2）预防间接触电的措施

① 加强绝缘措施。指对电气线路或设备采取双重绝缘措施。采取这样的措施，不易损坏设备，即使工作绝缘损坏，还有一层加强绝缘，可防止间接触电的发生。

② 电气隔离措施。指采用隔离变压器或具有同等隔离作用的发电机，使电气线路和设备的带电部分处于悬浮状态的措施。这样即使工作绝缘损坏，人站在地上与之接触也不会发生触电事故。

③ 自动断电措施。指带电线路或设备发生触电事故，能在规定时间内自动切断电源起保护作用的措施，如漏电保护、过电流保护、过电压保护、欠电压保护、短路保护、接零保护等。

6. 安全电压与安全电流

（1）安全电压

所谓安全电压，是指人体触电后不致使人直接死亡、残疾的电压。

需要注意的是，不要轻信所谓的安全电压，24 V 和 36 V 安全电压是指人体处于干燥环境、人体皮肤干燥的条件之下。

（2）安全电流

人体的安全电流为 10 mA。人触电后能自己摆脱的最大电流是摆脱电流，一般为 10 mA。

五、现场急救

采取有效的预防措施，会减少触电事故，但避免不了事故的发生。一旦触电事故发生，若掌握正确的急救知识，就能使触电者得到有效的救护。

1. 使触电者迅速脱离电源

人体触电后，不能摆脱电源，而触电时间越长，对触电者的伤害就越大。所以首要任务就是使触电者迅速而安全地脱离电源。由于触电的场合不同，脱离电源的方式也不同，如图 1-6 所示。

① 对于低压触电事故，应迅速切断电源开关，拔去电源插头等，把触电者从触电现场移开。

② 如果触电现场远离开关或不具备关断电源的条件，若触电者穿的是宽松而且干燥的衣服，那么救护者可站在一块干燥的木板上，用一只手抓住触电者衣服将其拉离电源，但不能触及触电者的皮肤；或用手边的刀、斧、电工钳等带绝缘柄的工具，从电源来电的方向剪断电源线。

③ 对于相线与大地之间发生的触电事故，可用干燥绳索将触电者移开或用干燥木板将触电者与地面隔开，暂时切断电源，然后再设法关断电源。

④ 若救护者有绝缘线，可将一端接地，另一端接在触电者接触的带电体上，使该相电源对地短路，使电路自动跳闸，切断电源。

⑤ 对于高压触电事故，应通知供电部门停电，或穿上绝缘靴、戴上绝缘手套在确保救护者安全的情况下救护。

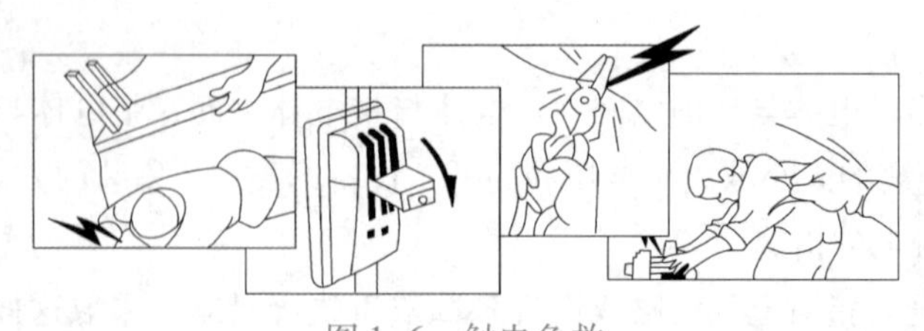

图 1-6　触电急救

2. 对症实施急救

使触电者脱离电源后，要根据触电者不同的情况，采取急救方法救治。如果触电者没有呼吸、脉搏，必须由合格的急救员进行心肺复苏。外伤处理基本规则见表 1-4。

表 1-4　外伤处理基本规则

序号	基本规则
1	先抢救，后固定，再搬运，并注意采取措施，防止伤情加重
2	抢救前应让伤员平躺，首先判断受伤程度，如有无出血、骨折、休克等
3	外部出血应立即采取止血措施，防止因失血过多而休克
4	外观虽无伤，但伤员神志不清或呈现休克状态，应考虑内脏或脑部可能受伤
5	为防止伤口感染，应用清洁布片覆盖，救护人员不得用手直接接触伤口，更不得在伤口内填塞任何东西
6	平地搬运伤员，头部应在后；搬运伤员上、下楼及上、下坡时，头部应在上

六、防电气火灾、防雷

1. 发生电气火灾的主因

电气火灾及爆炸是指因电气原因引燃及引爆的事故。

（1）危险温度

超过危险温度是电气设备过热引起的，即由电流的热效应产生的。

（2）电火花及电弧

电火花是电极间的击穿放电现象，而电弧是大量电火花汇集而成的。

（3）易燃、易爆的生产环境

在日常及工农业生产中，广泛存在着易燃、易爆物质，如石油、化工和一些军工业的生产场所中，线路和设备周围存在易燃、易爆混合物等。

2. 电气灭火常识

一旦发生电气火灾，应立即组织人员采用正确方法进行扑救，同时拨打119火警电话，向公安消防部门报警，并且立即通知电力部门用电监察机构派人到现场指导和监护扑救工作。

电气灭火应注意两点：

一是着火后电气设备可能是带电的，如不注意可能会引起触电事故；

二是有些电气设备（电力变压器、多油断路器等）本身充有大量的油，会发生喷油甚至爆炸事故，造成火势蔓延，扩大火灾范围。

（1）切断电源

电气设备和线路在切断电源后的灭火方法，与一般灭火的灭火方法相同。

（2）带电灭火的安全要求

有时为了争取灭火时间，来不及断电，或因生产需要及其他原因，不允许断电，则需要带电灭火。带电灭火需要注意以下几点：

① 选择适当的灭火剂。灭火剂的主要性能见表1-5。

表 1-5　灭火剂的主要性能

种类	二氧化碳	四氯化碳	干粉	1211	泡沫
规格	2 kg 以下； 2 ~ 3 kg； 5 ~ 7 kg	2 kg 以下； 2 ~ 3 kg； 5 ~ 8 kg	8 kg； 50 kg	1 kg； 2 kg； 3 kg	10 L； 65 ~ 130 L

续表

种类	二氧化碳	四氯化碳	干粉	1211	泡沫
药剂	瓶内装有液态的二氧化碳	瓶内装有四氯化碳液体，并加一定压力	钢筒内有钾盐或钠盐干粉，并备有盛装压缩气体的小钢瓶	钢瓶内有二氟一氯一溴甲烷，并充填压缩氮	筒内装碳酸氢钠、发沫剂和硫酸铝溶液
用途	不导电，扑救电气设备、精密仪器、油类和酸类火灾，不能扑救钾、钠、镁、铝等物质火灾	不导电，扑救电气设备火灾，不能扑救钾、钠、镁、铝、乙炔、二氧化硫等物质火灾	不导电，扑救电气设备火灾，但不宜扑救旋转电动机火灾；可扑灭石油产品、油漆、有机溶剂、天然气和天然气设备火灾	不导电，扑救电气设备、化工、化纤等火灾	扑救油类或其他易燃液体火灾，不能扑灭忌水和带电物体火灾

② 用水枪灭火机时宜采用喷雾水枪。**特别提醒：**可将水枪接地或灭火人员穿戴绝缘手套、绝缘靴或穿戴均压服工作。

③ 人体和带电体之间保持必要的安全距离。220 kV 及以上不小于 5 m，110 kV 及以下不小于 3 m。

④ 对架空线路等空中设备进行灭火时，人体位置与带电体之间的仰角应不超过 45°，以防导线断落危及灭火人员的安全。

⑤ 对遇带电导线断落到地面，一定要划出警戒区域。若误入警戒区域，应采用单足或并足跳离危险区，防止跨步电压伤人。

（3）灭火器的保管

① 灭火器在不使用时，应注意保管与检查，保证随时可正常使用。

② 灭火器应放置在取用方便的位置。

③ 注意灭火器的使用期限。

④ 防止喷嘴堵塞。

⑤ 定期检查，保证完好。

3. 防雷

雷电是由大气中带电的云对地放电引起的，是一种自然现象，它会产生强大的冲击电压、强电流，会对电力系统、电气设备、人身造成严重的灾害。

（1）雷电的种类

① 直击雷；

② 感应雷；

③ 球形雷；

④ 雷电侵入波。

（2）雷电造成的危害

① 直击雷会对人体、树木、电杆等直接放电，会造成致命伤害或引起爆炸。

② 雷击时的高电压会破坏电气设备或形成雷电侵入波进入室内，导致对人体的二次袭击，引起电击事故。

③ 雷击时会产生强大的热能，烧毁房屋、树木等。

④ 雷击电流能通过地面向周围土壤扩散，形成跨步电压或接触电压，使人身受到伤害。

(3) 防雷装置

雷击对人类的危害非常严重，所以要采取有效的措施进行防护。常用的防雷装置有避雷针（见图1–7）、避雷器（见图1–8）、避雷线、避雷带（见图1–9）和避雷网（见图1–10）。避雷针一般装在高大、孤立的建筑物上，可将雷电流经接地引线和接地体引入大地，防止雷击的损害。避雷线、避雷网和避雷带与避雷针的原理相同，避雷线主要保护电力线路；避雷网和避雷带用于保护工业、民用建筑。避雷器又分为保护间隙避雷器、管形避雷器和阀形避雷器，主要用于变电所、工业配电设备等。

图1–7　避雷针

图1–8　避雷器

图1–9　避雷带

图1–10　避雷网

(4) 人身防雷

① 雷雨时，在室内要注意球形雷和雷电侵入波的危害。要关好门窗，远离电力线、电话线、无线电天线、电视机电源线以及相连的设备1.5 m以外，应将家用电器的电源插头拔下。不要待在厨房、浴室等潮湿的场所。

② 雷雨时，尽量不要待在户外；可进入有防雷设施的建筑物内或有构架的汽车和船只内。要远离山顶、湖泊、河边、海滨、旗杆、烟囱、孤立的大树等。不要乘坐敞篷车，不要使用带金属柄的雨伞。靠建筑物屏蔽的街道或高大树木屏蔽的街道躲避时，应离开墙壁或树干8 m以上。

③ 如果有人遭到雷击时，即使受雷击者呼吸、心跳已停止，也不一定死亡，要进行人工急救，并及时送往医院。

任务实施

根据任务要求进行停电、验电、接地等设计进行设备停电及送电操作，并在设备调试过程中可能出现的触电、负伤、火灾事故等进行应急处理。

一、任务说明

这里以××工厂需要停电进行设备检修为例进行说明。设计说明如下：

(1) 填写停电申请

本工程需要定期对设备进行停电检修。

停 电 申 请

××管理部门：

因我单位在**重型试验站改造第一阶段施工过程中，需对二超电气系统进行调试，临时高压柜的电源需并接在试验站原高压柜受口**。需要停电处理。请协助配合，谢谢！

停电范围：重试站范围

停电时间：2017年3月20日8:30至11:00

停电联系人：张×× 联系电话：130××××××××

现场办公：是（ ）/否（ ）

原因及要求：

到现场办理停送电人：

申请人：张××

2017年3月19日

（2）电工作业人员注意事项

①工作场所必须有明显的警示标牌（见图1–11）。

②在开关、控制箱处实行上锁制度，并挂警示标牌（见图1–12），以避免他人因不知情而闭合开关，导致作业人员遭受电击。

③ 在工作场所使用合适的围蔽措施（见图1–13）。

④ 在一些重要的控制开关处使用警告标记（见图1–14）。

⑤ 工作时取下图1–15 所示物品。

⑥ 低压电工作业须佩戴图1–16 所示物品。

图1–11 警示标牌

图1–12 上锁并挂警示标牌

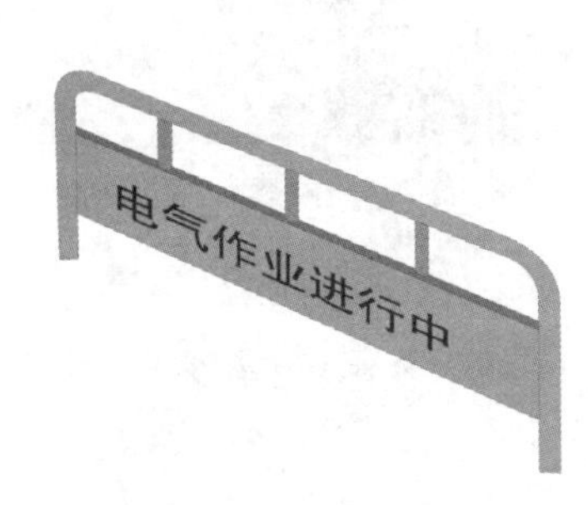

图 1–13　围蔽措施

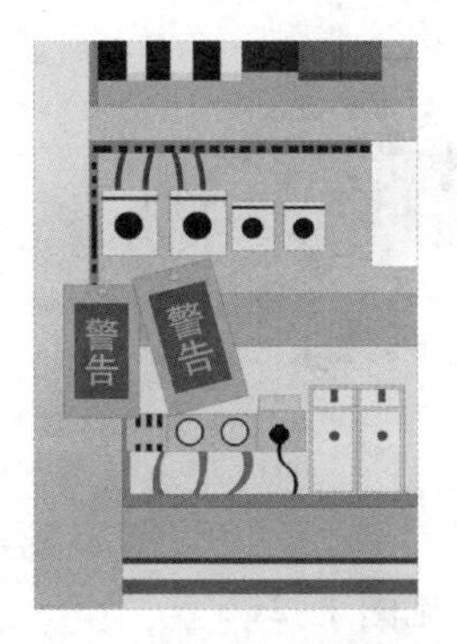

图 1–14　警告标记

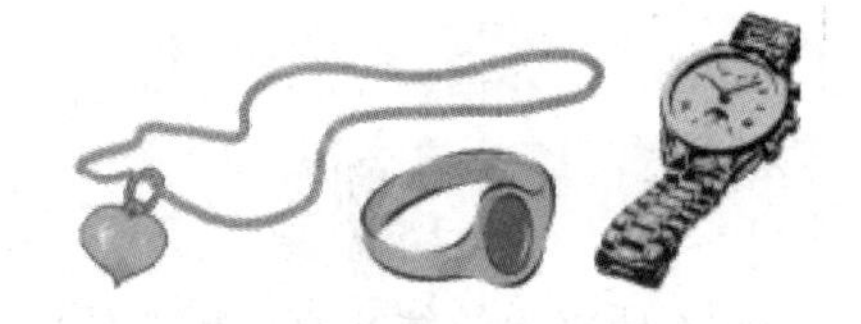

图 1–15　工作时取下的物品

电工绝缘手套

电工防护眼镜

安全鞋

防护面罩

在进行大电流线路、中压与高压线路维护检修时，必须穿着符合要求的全套电工防护服（从头到脚，全副武装），以避免电击与电弧等意外伤害。

图 1–16　低压电工作业佩戴物品

⑦ 高压电工作业须佩戴符合要求的电工手套、头盔、安全鞋等（见图 1–17）。

图 1–17　高压电工作业佩戴物品

⑧ 工作前养成好习惯：

a. 在工作开始前，一定要先检查电源是否关闭。检查电源开关处是否上锁或有明显的警告标记。

检查灯经常被用于实际操作中，但最好还是用专业的电工仪表检测线路，以防发生意外（见图 1–18）。

b. 若施工处光线不足，尽量使用头灯或其他有效光源，避免一只手操作（见图 1–19）！

c. 使用电工工具箱，应检查工具的绝缘性是否良好（见图 1–20）。

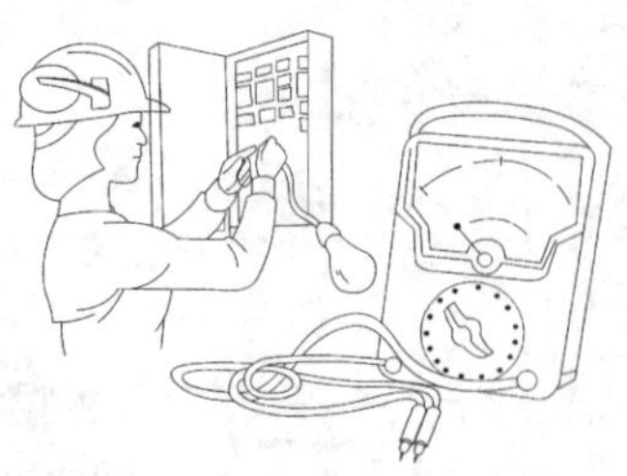

图 1-18 用专业的电工仪表检测线路

图 1-19 使用有效光源

图 1-20 检查工具绝缘性

d. 不要将电绞线头直接插入插座（见图 1-21）。

e. 应使用合适的插头（见图 1-22）。

f. 取插头时，应捏住插头，不要拽扯电线（见图 1-23），谨防插头断线导致短路。

图 1-21 不要将电绞线头直接插入插座

图 1-22 使用合适的插头

图 1-23 取插头的操作

g. 手脚潮湿时，尽量避免接触电线、电气设备（见图 1-24），如果是中、高电压线路，等身体干燥后再开始作业。

h. 若电线靠近植物，千万不要随意修剪其枝条（见图 1-25）。

图 1-24 手脚潮湿时应避免接触电线等

图 1-25 电线靠近植物时不随意修剪其枝条

i. 在存放易燃物品的场所，不要带电作业，特别是不要进行电弧焊（见图 1-26）。

j. 不要直接用导线连接电动机等感性负载（见图 1-27）。

k. 在潮湿环境或室外、野外环境进行电气作业时，应使用防水插头（插座），以避免因漏电导致电击（见图 1-28）。

l. 作业工具中如有破裂的插头、电线，应立即更换（见图 1-29）。

m. 若需要使用梯子或台架进行电气作业，应使用玻璃纤维或木质的，同时应注意避免梯子或台架压住电线（见图 1-30）。

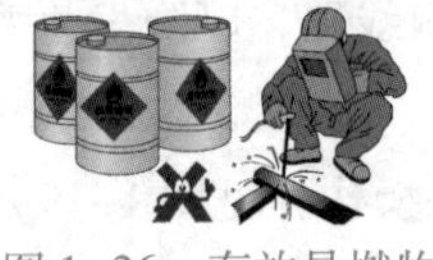

图 1-26 存放易燃物品的场所的注意事项

图 1-27 不直接用导线连接电动机等感性负载

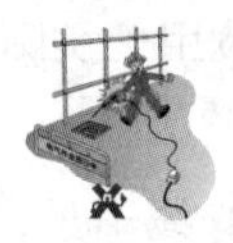

图 1-28 潮湿环境或室外的操作

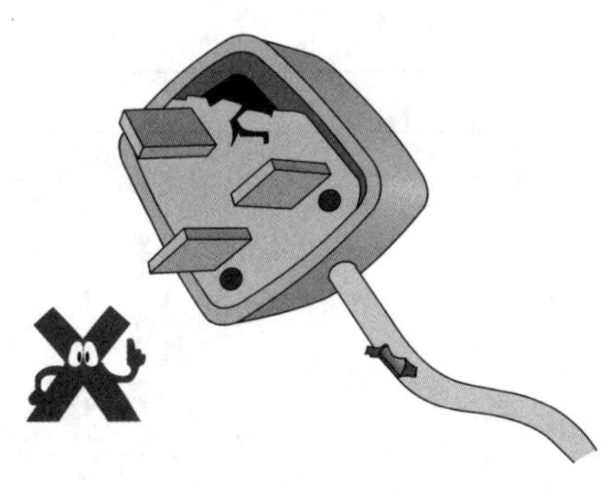

图 1-29　更换破裂的插头、电线

图 1-30　使用梯子或台架进行电气作业

n. 若电气作业场所距电源控制开关处比较远，控制开关处又无法上锁，为防此意外，除留警告标记外，最好留专人看守（见图 1-31）。若是自己控制电源开关，一定要确定远端作业场所人员安全，然后才能闭合开关。

o. 电气作业时，应尽量避免电线拖地（见图 1-32），以免导致绊倒，电击等意外。

p. 使用有开关、漏电与短路防护装置的接线盒（见图 1-33）。

图 1-31　控制开关无法上锁应留专人看守

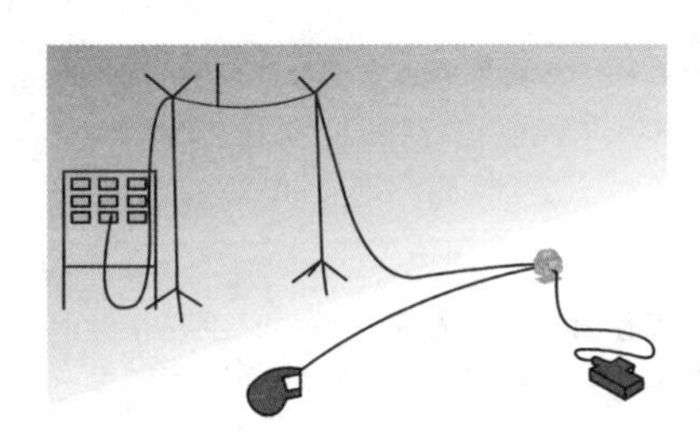

图 1-32　避免电线拖地

图 1-33　使用有开关、漏电与短路防护装置的接线盒

q. 最好不要使用一般的电插板（见图 1-34）。

r. 对于相关的电气装置、设备、应由符合资质的电工定期进行巡视、保养与检修（见图 1-35）。

图 1-34　不使用一般的电插板

图 1-35　由符合资质的电工定期进行巡视

（3）触电急救

在调试设备过程中，发生触电事故进行急救，触电急救方法见表 1-6。

表 1-6　触电急救方法

急救方法	实施方法	图　示
简单诊断	将脱离电源的触电者迅速移至通风、干燥处，将其仰卧，将上衣和裤带放松	
	观察瞳孔是否扩大，当处于假死状态时，大脑细胞严重缺氧，处于死亡边缘，瞳孔就自行扩大	
	观察触电者是否有呼吸存在，摸一摸颈部的颈动脉有无搏动	
对“有心跳而呼吸停止”的触电者，应采用“口对口人工呼吸法”进行急救	将触电者仰卧，解开衣领和裤带，然后将触电者头偏向一侧，张开其嘴，用手指清除口腔中的假牙、血块等异物，使呼吸畅通	清理口腔堵塞物
	抢救者在触电者的一边，使触电者的鼻孔朝天后仰	鼻孔朝天头后伸
	然后用一只手捏住触电者的鼻子，另一只手托在触电者颈后，将颈部上抬，深深吸一口气，用嘴紧贴触电者的嘴，大口吹气	
	然后放松捏鼻子的手，让气体从触电者肺部排出，如此反复进行，每 5 s 吹气一次，坚持连续进行，不可间断，直到触电者苏醒为止	
对“有呼吸而心脏停止”的触电者，应采用“胸外心脏挤压法”进行急救	将触电者仰卧在硬板上或地上，颈部枕垫软物使头部稍后仰，松开衣服和裤带，急救者跪跨在触电者腰部	
	急救者将右手掌按于触电者胸骨下二分之一处，中指指尖对准其颈部凹陷的下缘，对胸一手掌，左手掌复压在右手背上。	
	掌根用力下压 3 ~4 cm。 突然放松，挤压与放松的动作要有节奏，每秒进行一次，必须坚持连续进行，不可中断，直到触电者苏醒为止	

续表

急救方法	实施方法	图　示
对“呼吸和心脏都已停止”的触电者，应同时采用“口对口人工呼吸法”和“胸外心脏挤压法”进行急救	一人急救：两种方法应交替进行，即吹气 2 ~ 3 次，再挤压心脏 10 ~ 15 次，且速度都应快些	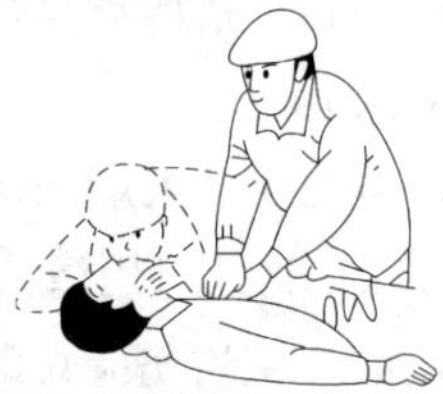
	两人急救：每 5 s 吹气 1 次，每秒挤压 1 次，两项同时进行	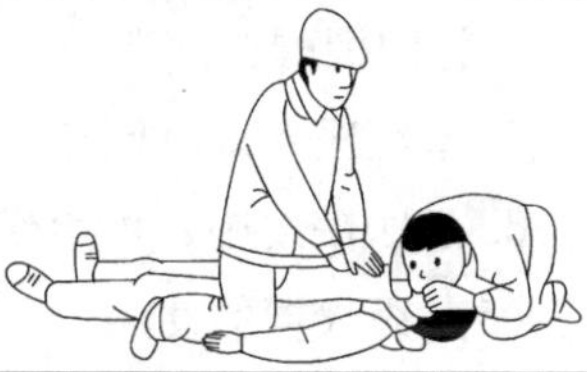

（4）遇到外伤处理的方法

① 出血：

a. 伤口渗血用比伤口稍大的消毒纱布数层覆盖伤口，然后包扎。

b. 伤口出血呈现喷射状或鲜血涌出时，应立即用清洁手指压迫出血点（近心脏端），使血流中断。同时，将出血肢体抬高，以减少出血量。

c. 用止血带止血时，应先用柔软的布片或伤员的衣袖数层垫在止血带下面，再扎紧，如图 1–36 所示，以刚好使肢端动脉搏动消失为准。

图 1–36　用止血带止血

② 骨折：

a. 肢体骨折可用夹板或木棍、竹竿等将上、下方两个关节固定，如图 1–37 所示，或可利用伤员身体进行固定。

特别提醒：要避免骨折部位移动，以减少疼痛，防止伤势恶化！

b. 开放性骨折，伴有大出血者，应先止血，再固定，然后迅速送医院救治。

特别提醒：切勿将外露的断骨推回伤口内！

c. 疑有颈椎伤时，在使伤员平卧后，应用沙袋或其他物品放置伤员头部两侧，具体如图 1–38 所示。

图 1–37　上、下肢骨折固定方法

图 1–38　颈椎骨折固定

d. 腰椎骨折应将伤员平卧在平、硬木板上，并将腰椎躯干及两侧下肢一同固定，以防止瘫痪。特别提醒：多人合作，保持平稳！

③ 颅脑外伤：

a. 应将伤员平卧，保持气道畅通。若有呕吐，应扶好头部和身体，使头部和身体同时侧转，防止呕吐物造成窒息。

b. 鼻腔有液体流出，不能用棉花堵塞，只可轻轻擦去，以降低颅内压力。不能用力拧鼻子，避免将液体再吸入鼻内。

c. 颅脑外伤病情复杂多变，禁止喂食，应迅速就医。

④ 烧伤：

a. 电灼伤、火焰烧伤或高温蒸汽、水烫伤均应保持伤口清洁。将伤员的衣服、鞋袜用剪刀剪去后，将伤口用清洁布或消毒纱布覆盖，而后迅速送医院救治。

b. 酸、碱灼伤应立即用大量清水冲洗，并将被腐蚀的衣服剪去，以防止酸、碱残留在伤口内。**特别提醒：**冲洗时间一般不小于 10 min。

c. 未经医务人员同意，灼伤部位不宜涂抹任何药物。

d. 送医院途中，可给伤员多次、少量口服糖、盐水。

(5) 灭火器的使用

灭火器的使用见表 1–7。

表 1–7　灭火器的使用

名　　称	使用方法	图　　示
泡沫灭火器	(1) 使用时将筒身颠倒过来，碳酸氢钠与硫酸两溶液混合后发生化学反应，产生二氧化碳泡沫由喷嘴喷出。 (2) 使用时，必须注意不要筒盖、筒底对着人体，以防爆炸伤人，泡沫灭火器只能立着放置	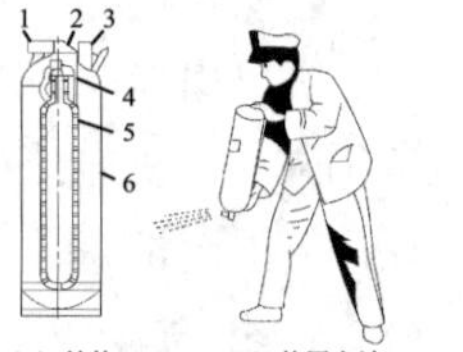 (a) 结构　(b) 使用方法 泡沫灭火器示意图 1—喷嘴；2—筒盖；3—螺母；4—瓶胆盖嘴；5—瓶胆；6—喷嘴筒
二氧化碳灭火器	(1) 二氧化碳液态灌入钢瓶内，二氧化碳导电性差，电压超过 600V 必须先停电后灭火。 (2) 使用时，一手拿喷筒对准火源，一手握紧鸭舌，气体即可喷出。 (3) 使用时，不能用手摸金属导管，也不要把喷嘴对着人，以防冻伤，喷射方向应顺风	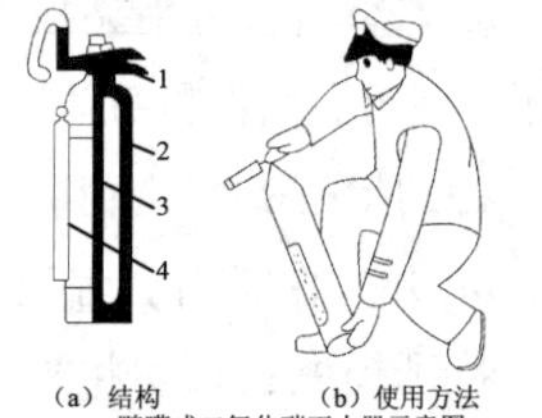 (a) 结构　(b) 使用方法 鸭嘴式二氧化碳灭火器示意图 1—启闭阀门；2—器桶；3—红吸管；4—喷桶
干粉灭火器	(1) 干粉灭火器应保持干燥、密封，防止干粉结块、日光暴晒，以防二氧化碳受热膨胀而发生漏气。干粉灭火器有手提式和推车式。 (2) 使用干粉灭火器时先打开保险销，把喷嘴口对准火源，另一手紧握导杆提环，将顶针压下，干粉喷出	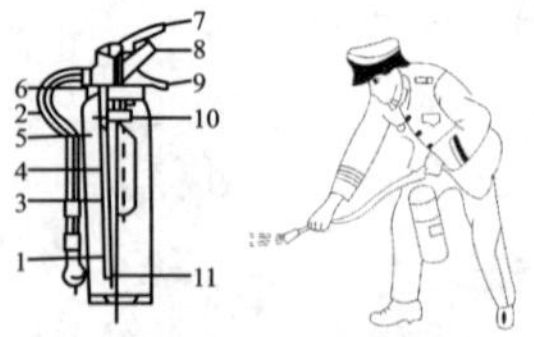 (a) 构造　(b) 使用方法 干粉灭火器示意图 1—进气管；2—喷管；3—出粉管；4—钢瓶；5—粉筒；6—筒盖；7—后把；8—保险销；9—提把；10—钢字；11—防潮堵
1211 灭火器	(1) 1211 灭火器不能放在日照、火烤、潮湿的地方，防止剧烈振动和碰撞。 (2) 每月检查压力表，低于额定压力 90% 时，应重新充氮；质量低于标明值 90% 时，应重新灌药。 (3) 使用时，拔掉保险销，握紧压把开关，用压杆使密封阀开启，在氮气压力作用下，灭火剂喷出，松开压把开关，喷射停止。	 1—灭火器瓶体；2—喷管；3—压把；4—保险销

（6）恢复供电

当设备检修完毕后，需要对设备进行恢复供电的安全操作。具体如下：

送 电 申 请

××管理部门：

因我单位在**重型试验站改造第一阶段施工过程中，需对二超电气系统进行调试，临时高压柜的电源进行需并接在试验站原高压柜受口。**

需要送电处理：请协助配合，谢谢！

送电范围：重试站范围

送电时间：2017年3月20日8:30至11:00

送电联系人：王×× 联系电话：138××××××××

现场办公：是（ ）/否（ ）

原因及要求：新增10 000 V供电线路，铁损试验设备投入运行使用。

到现场办理送电人：王××

申请人：王××

2017年3月20日

只有申请得到批准后，申请人才能进行相关设备的供电。

二、任务结束

清理工作现场，清点作业工具，摆放到规定位置。

任务2 常用电工仪表及工具的使用与实测

任务解析

通过完成本任务，使学生掌握电工仪表及电工工具在电气设备安装、检测、维修等方面的实际应用。

知识链接

一、常用电工仪表的使用与实测

常用的电工仪表有电流表、电压表、功率表、万用表、数字万用表、兆欧表、钳型电流表、电能表等。

1. 使用电工仪表时的注意事项

（1）正确选用仪表

① 根据测量对象选择相应的仪表。对电路进行监测性测量，采用安装式仪表；对电路进行检测性测量，采用可携式仪表。

② 根据被测量的大小，选择合适的量程。选用原则是仪表的量程上限一定要大于被测量，并使指针处于标度尺中间位置以上。

③ 根据测量精度的要求，选择适当等级的仪表。选用原则是在保证精度测量前提条件下，选用准确度等级较低的仪表。

（2）阅读仪表的使用说明书

每种仪表都有各自的特点，所以在使用新仪表或接线较复杂的仪表前，应认真阅读使用说明书，按要求步骤进行相应的操作。

（3）注意人身及设备的安全

由于使用者经常测量高电压、大电流电路，在测量的过程中，要注意人身及设备的安全，除按仪表的使用规则操作外，还要遵守各种安全操作规程。

2. 常用电工仪表的分类

① 按仪表的工作原理可分为：磁电式、电磁式、电动式、感应式、整流式仪表等。

② 按测量对象不同可分为：电流表、电压表、功率表、万用表、电能表、欧姆表、相位表等。

③ 按被测电量种类可分为：直流仪表、交流仪表以及交直流两用仪表等。

3. 电工指示仪表的组成

电工指示仪表是将被测量（如电流、电压、功率等）变换成仪表的指针偏转角。电工指示仪表由测量线路、测量机构两部分组成，其组成框图如图 1–39 所示。

图 1–39　电工指示仪表组成框图

① 测量线路：其作用是将被测量变换成测量机构可接受的过渡量。测量线路通常由电阻、电容、电感等元件组成。

② 测量机构：其作用是将过渡量变换成仪表的指针偏转角，它由可动部分和固定部分组成。测量机构是仪表的核心部分。

4. 指针式万用表

指针式万用表是用指针来指示被测数值的万用表，属于一种模拟式显示仪表。可用来测电压、电流、电阻、电容、二极管、三极管的参数等。它由表头、表盘、转换开关、调零部件、电池整流器和电阻等构成。指针式万用表的表盘如图 1–40 所示。

（1）使用前的检查与调整

指针式万用表使用前需检查与调整的内容见表 1–8。

图 1-40　指针式万用表的表盘

1—机械调零；2—欧姆调零；3—测电流插口；4—测电压、电阻插口；5—测三极管插口

表 1-8　指针式万用表使用前需检查与调整的内容

序号	检查与调整的内容
1	检查外观是否完好，轻轻摇晃时指针摆动自如
2	转换开关是否灵活，指示量程挡位是否准确
3	水平放置万用表进行机械调零
4	测电阻前进行欧姆调零：挡位开关置于欧姆挡，红黑表笔对接调整调零旋钮
5	检查测试表笔位置是否正确：黑接“－”，红接“＋”

(2) 指针式万用表的测量

指针式万用表的测量方法见表 1-9。

表 1-9　指针式万用表的测量方法

测 量 对 象	测 量 方 法
测量电阻	测量电阻前，应将万用表转换开关置于电阻挡适当量程，可用表笔试触，指针在标度尺中心为好
	测量电阻前，应断开被测电路的电源，否则烧表
	测量时每变换一次量程，应重新欧姆调零
	被测电阻不能有并联支路，否则测试结果是错误的
	欧姆挡测晶体管时，由于其承受小电压，选用 R×100Ω、R×1kΩ 挡
测量电压	测量电压时，表笔与被测电路并联连接
	测量直流电压区分好正负极，黑接“－”，红接“＋”。 无法区分时，一端表笔触牢被测电路一端，另一表笔试触，若指针反向偏转，应调换表笔
	若无法判定量程大小，最好先选用大量程进行粗测，再变换量程进行测量
	测量时，应与带电体保持安全距离，手不得触及表面的金属部分防止触电，同时防止短路和表笔脱落。测量高压时，应戴绝缘手套，站在绝缘垫上操作，并使用高压测试表笔
	测量电压时，指针应在标度尺满刻度的 2/3 处
	测量直流电压时，一定要注意表内阻对被测电路的影响

续表

测 量 对 象	测 量 方 法
测量电流	测量电流时，万用表必须与被测电路串联，否则会烧毁万用表
	测量直流电流时，区分好正负极，黑接“－”，红接“＋”。 无法区分时，一端表笔触牢被测电路一端，另一表笔试触，若指针反向偏转，应调换表笔
	若无法判定量程大小，最好先选用大量程进行粗测，再变换量程进行测量
	测量电流时，指针应在标度尺满刻度的2/3处

5. 数字万用表

数字万用表是一种数字式测量仪表。它能通过数码管直接用数字显示测量值，减小了人为误差，而且具有体积小、质量小、便于携带等优点。可用来测量直流和交流电压及电流、电阻、电容、二极管、三极管、频率以及电路通断。其外形结构如图1-41所示。

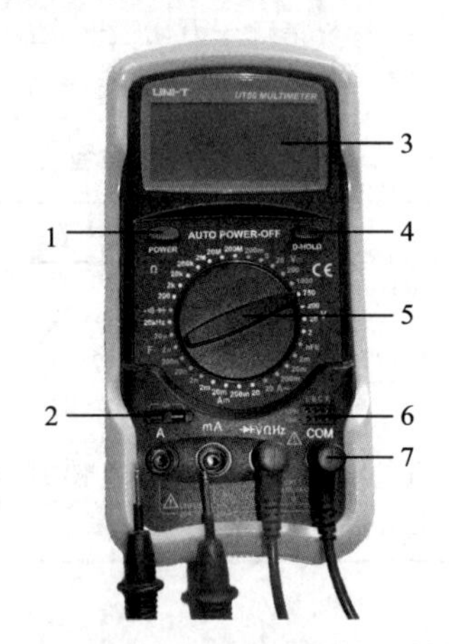

图1-41　数字万用表的外形结构

1—电源开关；2—电容测试座；3—LCD显示器；4—数据保持开关；
5—功能开关；6—晶体管测试座；7—输入插座

(1) 使用前的检查与调整

数字万用表使用前需检查与调整的内容见表1-10。

表1-10　数字式万用表使用前需检查与调整的内容

序号	检查与调整的内容
1	检查表笔绝缘层是否完好，有无破损和断线。红、黑表笔应插在符合测量要求的插孔内，保证接触良好
2	输入信号不允许超过规定的极限值，以防电击和损坏仪表
3	测量前，功能开关应置于所需要的量程，严禁量程开关在电压测量或电流测量过程中改变挡位，以防损坏仪表
4	将POWER开关按下，检查9 V电池，如果电池电压不足，要及时更换电池
5	测试笔插孔旁边的“⚠”符号，表示输入电压或电流不应超过示值，这是为了保护内部电路免受损坏
6	测量完毕应及时关断电源。长期不用时应取出电池
7	不要在高温、高湿环境中使用，尤其不要在潮湿环境中存放，受潮后仪表性能可能不稳定

（2）数字万用表的测量

数字万用表的测量方法见表 1-11。

表 1-11　数字万用表的测量方法

测量对象	测量方法
测量电阻	先将黑表笔插入 COM 插孔，红表笔插入 Ω 插孔；然后将功能开关置于 Ω 量程，并将测试表笔并联到被测电阻上
	如果被测电阻值超出所选择量程的最大值，将显示过量程“1”，应选择更高的量程；对于大于 1MΩ 或更大的电阻，要几秒后读数才能稳定，对于高阻值读数这是正常的
	当无输入时，例如开路情况，仪表显示为“1”
	被测电阻不能有并联支路，否则测试结果是错误的
	当检查线路阻抗时，被测线路必须将所有电源断开，电容电荷放尽
	200 MΩ 短路时有 1 000 个字，测量时应从读数中减去，如测 100 MΩ 电阻时，显示为 110.00，1 000个字应被减去，即（110.00 - 10.00）MΩ = 100.00 MΩ
测量电压	直流电压的测量：先将黑表笔插入 COM 插孔，红表笔插入 V 插孔。然后将功能开关置于 $\underline{V}$ 量程范围，并将测试表笔并联接到被测线路上，红表笔所接端子的极性将同时显示
	交流电压的测量：先将黑表笔插入 COM 插孔，红表笔插入 V 插孔。然后将功能开关置于 $\underset{\sim}{V}$ 量程范围，并将测试表笔并联接到被测线路上
	如果不知被测电压范围，将功能开关置于最大量程并逐渐下调
	如果显示器只显示“1”，表示过量程，应将功能开关应置于更高量程
	“⚠”表示不要输入高于直流电压 1 000 V，交流电压 750 V。显示更高的电压值是可能的，但有损坏内部电路的危险
	当测量高电压时要格外注意避免触电
测量电流	直流电流的测量：先将黑表笔插入 COM 插孔，当测量最大值为 200 mA 以下的电流时，红表笔插入 mA 插孔；当测量最大值为 20 A 的电流时，红表笔插入 A 插孔。然后将功能开关置于 $\underline{A}$ 量程，并将测试表笔串联接入到被测回路中，电流值显示的同时，将显示红表笔的极性
	交流电流的测量：先将黑表笔插入 COM 插孔，当测量最大值为 200 mA 以下的电流时，红表笔插入 mA 插孔；当测量最大值为 20 A 的电流时，红表笔插入 A 插孔。然后将功能开关置于 $\underset{\sim}{A}$ 量程，并将测试表笔串联接入被测回路中
	如果不知被测电流范围，将功能开关置于最大量程并逐渐下调
	如果显示器只显示“1”，表示过量程，应将功能开关置于更高量程
	“⚠”表示最大输入电流为 200 mA。过大的电流将烧坏熔丝，应即时更换，20 A 量程无熔丝保护
测量电容	先将功能开关置于 C 量程，将被测电容插入电容测试座中，测量大电容时需要一定的时间才能稳定读数
	测量被测电容之前，注意每次转换量程时复零需要的时间，有漂移读数存在不会影响测试精度
	仪器本身虽然对电容挡设置了保护，但仍须将被测电容先放电然后再进行测试，以防损坏仪表或引起测量误差

续表

测量对象	测量方法
测量频率	先将红表笔插入 Hz 量程，黑表笔插入 COM 插孔，再将功能开关置于 kHz 量程，并将测试表笔并联到频率源上，可直接从显示器上读取频率值
	如果被测值超过 30 ms 时，不保证测量精度并应注意安全，因为此时电压已属危险带电范围
二极管测试及蜂鸣通断测试	先将黑表笔插入 COM 插孔，红表笔插入 VΩ 插孔，再将功能开关置于—▶|—挡，并将测试表笔连接到被测二极管，读数为二极管正向压降的近似值
	如将测试表笔连接到被测电路的两端，如果两端之间电阻值低于 50Ω，内置蜂鸣器发声
三极管 h_{FE} 测试	先将功能开关置 hFE 量程，确定三极管是 NPN 型或 PNP 型，将基极、发射极和集电极分别插入面板上的相应插孔，显示器上将读出 h_{FE} 的近似值

6. 兆欧表

兆欧表俗称摇表，外形如图 1-42 所示。它是一种测量电气设备绝缘电阻的便携式仪表。电气设备常常因受潮、发热和老化等原因造成绝缘损坏或绝缘等级降低，为确保使用人员的安全，必须定期对电气设备的绝缘电阻进行测量。

图 1-42　兆欧表的外形

兆欧表的基本结构是一台手摇直流发电机和一只磁电式比率表。兆欧表就是根据发电机发出的最高电压分类的，如 500 V、1 000 V、2 500 V 等，针对不同的电气设备选用不同电压等级的兆欧表。

(1) 兆欧表的选用

常用的兆欧表规格有 250 V、500 V、1 000 V、2 500 V、5 000 V 等几种，使用时要考虑它的输出电压和测量范围。高压电气设备绝缘电阻要求高，需选用电压高的兆欧表；低压电气设备内部绝缘材料所能承受的电压不高，为保证设备绝缘不被击穿，应选择电压适合的兆欧表。不同额定电压的兆欧表使用范围见表 1-12。

表 1-12　不同额定电压的兆欧表使用范围

测量对象	被测设备的额定电压/V	兆欧表的额定电压/V
线圈绝缘电阻	<500 ≥500	500 1 000
电力变压器、电动机线圈的绝缘电阻	≥500	1 000 或 2 500
发电机线圈的绝缘电阻	≤380	1 000
电气设备的绝缘电阻	<500 ≥500	500 或 1 000 2 500
瓷瓶		2 500 或 5 000
母线、刀闸		2 500 或 5 000

选择时要注意不要使测量范围超出被测绝缘电阻值过大，否则将会造成错误判断。有些兆欧表的标尺不是从零开始，而是从 1 MΩ 或 2 MΩ 开始的，这种兆欧表不适宜测量处于潮湿环境中低压电气设备的绝缘电阻。

（2）兆欧表的接线方法

兆欧表有 3 个接线端，分别是 L（线路）、E（接地）、G（屏蔽）端。测量时将被测电阻接在 L 端和 E 端之间。测量电气设备对地绝缘电阻时，L 端接被测端，E 端接设备外壳，如图 1-43 所示。测量电气设备内两绕组之间的绝缘电阻时，将 L 端和 E 端分别接两绕组的接线端，如图 1-44 所示。当被测设备的表面潮湿或不清洁时，表面会有漏电流，为了消除电气设备的漏电流对测量造成的误差，所以又设计了屏蔽端 G。

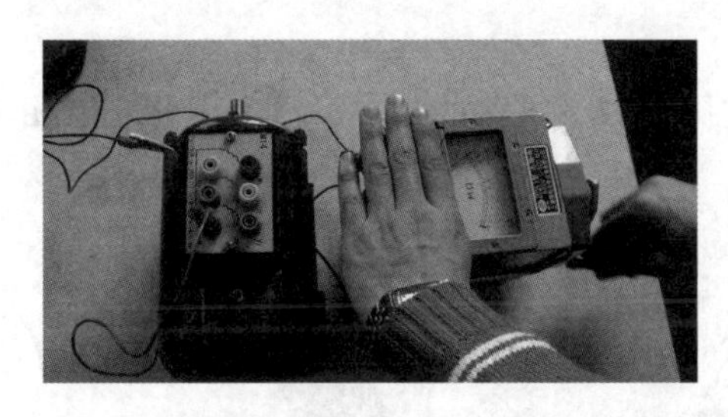

图 1-43　测量电气设备对地绝缘电阻的方法

图 1-44　测量电气设备内两绕组之间的绝缘电阻的方法

（3）使用时注意事项

① 测量前检查被测设备是否已切断电源，并对被测设备短路放电，确保被测设备和兆欧表均已放电完毕。

② 测量前检查兆欧表的外观是否正常。步骤是：先将兆欧表 L、E 端短接，缓慢摇动手柄，观察指针是否迅速指到“0”位置；再断开 L、E 端，摇动手柄使发电机达到额定转速 120 r/min，观察指针是否指到“∞”位置。如指针不能指到“0”和“∞”刻度，说明该兆欧表有故障，应检修后方能使用。

③ 根据测量项目正确接线。由于兆欧表上有 3 个接线柱，分别标有 L（线路）、E（接地）、G（屏蔽）。接线示意图分别如图 1-45 和图 1-46 所示。

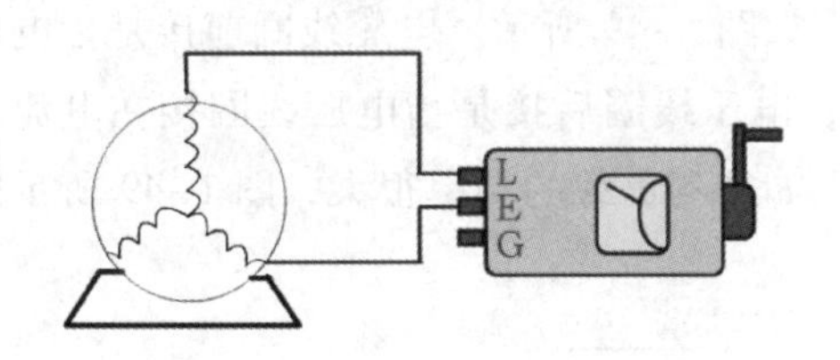

图 1-45　摇测相间绝缘

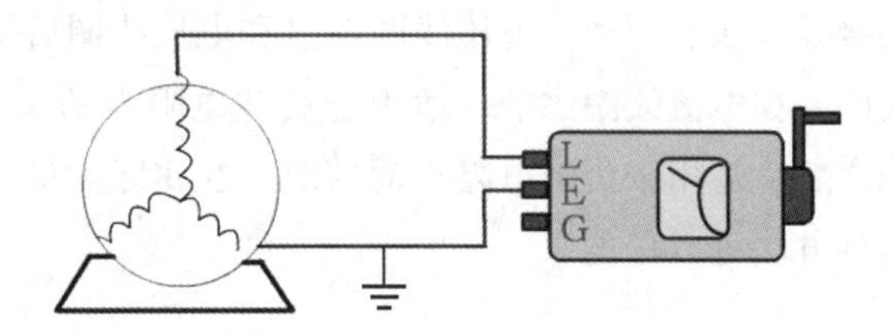

图 1-46　摇测相对地（壳）绝缘

④ 当被测物表面的影响很显著而又不易除去时（如潮湿、污垢等），需接 G 端进行测量。例如，测量电缆芯线与外皮之间绝缘电阻时则应采用图 1-47 所示接线方式，以避免表面电流的影响。

⑤ 兆欧表与被测设备之间的连接线必须用单股绝缘导线。

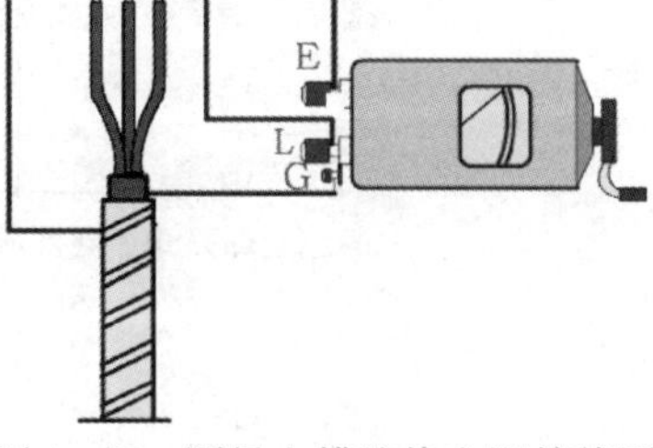

图 1-47　测量电缆绝缘电阻接线图

⑥ 摇测时，摇动手柄并应由慢渐快，若发现指针指零，则说明被测绝缘可能有击穿现象，这时就不应继续摇动手柄，以防表被线圈发热损坏。若指示正常，要使发电机转速达到 120 r/min（+20%）并摇动 1 min 后读数。

⑦ 测量具有大电容设备的绝缘应先摇动发电机手柄后，再由另一个工作人员协助接线路L端，指针稳定后读数，读数后不能立即停止摇动手柄，应当在降低手柄转速的同时，由协作人员先拆除线路L端再停摇，以防电容设备的充电电荷通过兆欧表线圈放电而烧毁兆欧表。同时注意摇测后立即对被测设备充分放电，以防发生静电触电事故。

⑧ 测量设备绝缘电阻时还应记下测量时的温度、湿度、被测物的有关状况，以便对测量结果进行分析。

7. 功率表

功率表又称瓦特表，外形如图1-48所示。它用于测量电路的功率，分为单相、三相功率表两种。

图1-48 功率表的外形

(1) 功率表的量程选择

功率表有3种量程：电流量程、电压量程和功率量程。电流量程是仪表串联回路所能承受的最大工作电流；电压量程是指仪表并联回路所能承受的最大工作电压；功率量程等于电流量程与电压量程的乘积，即 $P=UI$，其功率因数 $\cos\varphi=1$。

(2) 功率表的接线方法

功率表的接线端分为电流线圈端和电压线圈端。接线端的始端用“*”号标出。功率表的接线方法有两种：电压线圈前接和电压线圈后接，如图1-49所示。电压线圈前接是指电压线圈接在电流线圈之前，适用于负载电阻大的情况；电压线圈后接是指电压线圈接在电流线圈之后，适用于负载电阻小的情况。在实际测量中，如被测负载的功率很大，图1-49所示的两种方法可以任选。

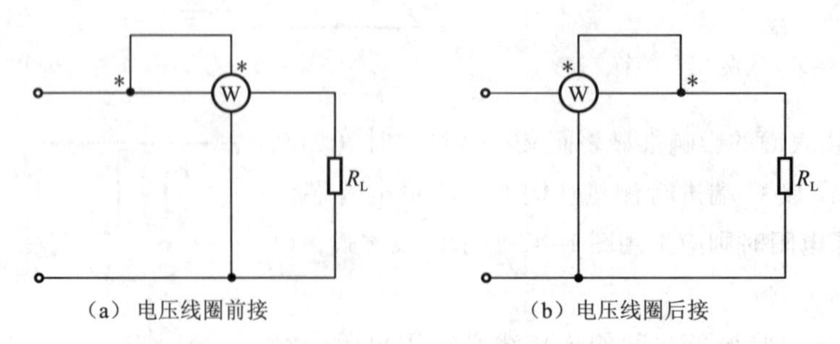

图1-49 功率表的接线方法

(3) 功率表的正确读数

功率表上每一分格所代表的瓦特数称为功率表的分格常数。

$$C=\frac{\text{功率表量程}}{\text{表盘满刻度格数}}\text{W/div}$$

读数时应将指针所指的分格数乘以分格常数，才是实际功率值。

（4）测三相平衡负载电路总功率的方法

由于是三相平衡负载，故每相负载消耗的功率相同，只需用 1 只功率表测量一相负载的功率，然后乘以 3，即为三相负载的总功率，如图 1–50 所示。测量时应注意电流线圈和电压线圈所对应为同一相电流和相电压。

（5）测三相四线制电路总功率的方法

在该种电路中由于三相负载不平衡，需 3 只功率表分别测出每一相的功率，它们的和即为三相负载的总功率，其测量接线如图 1–51 所示。

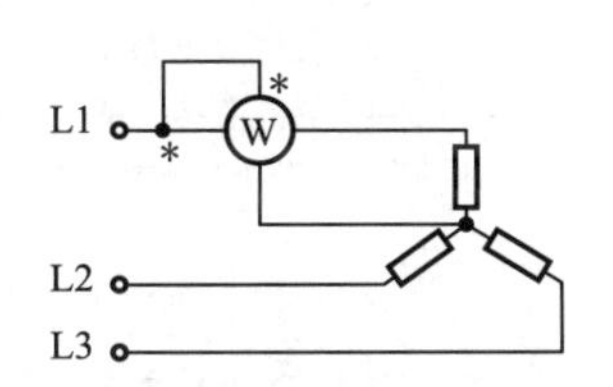

图 1–50　用 1 只功率表测量三相平衡负载功率

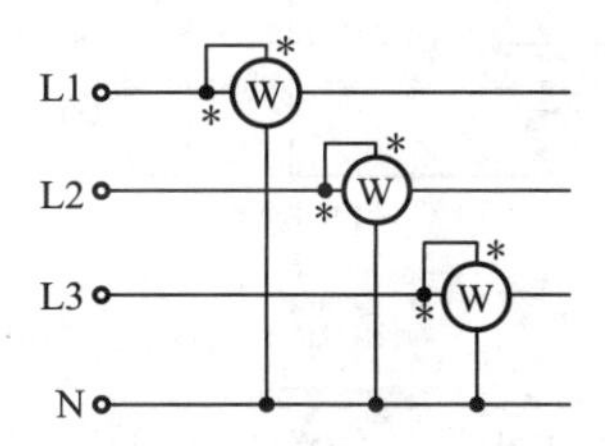

图 1–51　测三相四线制电路的总功率

8. 电能表

电能表俗称电度表，是用于测量电能的仪表，以千瓦·时（kW·h）为单位。平常所说的 1 度就是 1kW·h。电能表若按功能划分可分为有功电能表、无功电能表和特殊功能电能表。

常见的电能表有单相电能表、三相电能表，如图 1–52 所示。

（a）单相电能表

（b）三相电能表

图 1–52　电度表的外形

（1）电能表的选用

为了选择符合测量要求的电能表，一般要考虑两方面：

① 根据被测电路是单相还是三相负载选用。通常居民用电使用单相电能表，工厂动力用电使用三相电能表。测量三相三线供电系统的有功电能，应选用三相两元件电能表；测量三相四线供电系统的有功电能，应选用三相三元件电能表。

② 根据负载的电压和电流来选择电能表的额定电压和额定电流。一般单相电能表的额定电压为220 V和380 V，三相电能表的额定电压为380 V、380 V/220 V和1 000 V。电能表的额定电流有1 A，2 A，3 A，…，100 A等，应依据负载电流的大小进行选用。

（2）电能表的接线方式

① 单相电能表的接线方式。在低压小电流电路中，电能表可直接接在电路上；在较大型供电网中，电能表不能直接接入电路，需应通过电流互感器将电流变小，其接线方法如图1-53所示。

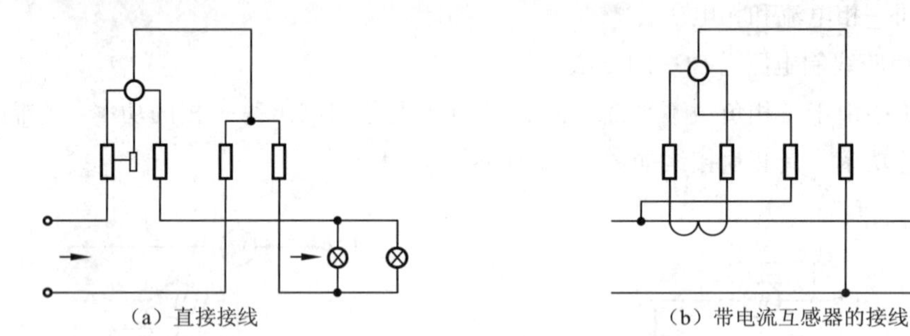

（a）直接接线　　（b）带电流互感器的接线

图1-53　单相电能表的接线图

② 三相四线电能表的接线方式。在三相四线制线路中，通常采用三相电能表，若线路上负载电流未超过电能表的量程，可直接接在线路中。若负载电流超过电能表的量程，须经电流互感器将电流变小，其接线方法如图1-54所示。

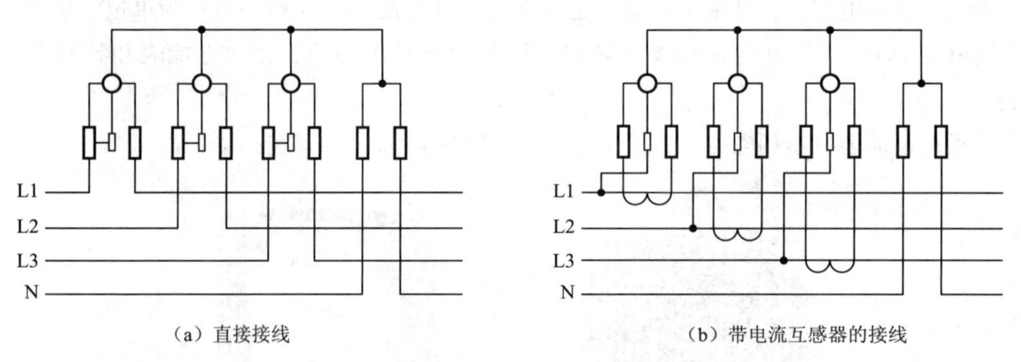

（a）直接接线　　（b）带电流互感器的接线

图1-54　三相四线电能表的接线图

（3）使用电能表的注意事项

① 要注意电能表的倍率。有的电能表计度器的读数需要乘以一个系数，才是电路实际消耗的电能数，该系数称为电能表的倍率。如电能表上标有“10 × kW · h”或“100 × kW · h”等字样，应将读数乘以10或100才是实际电能数。

② 电能表利用电压互感器和电流互感器扩大量程时，应考虑它们的电压比。电路实际消耗的电能为电能表的读数与电流比、电压比的乘积。

③ 接线时，电源的相线和中性线不能接颠倒。相线和中性线颠倒有可能造成电能表测量不准确，更重要的是增加了不安全因素，容易造成人身触电事故。

④ 对于接线端标记不清的单相电能表，可根据电压线圈的阻值大，电流线圈的阻值小的特点，用万用表来确定它的内部接线，如图1-55所示。一般来说，电压线圈的一端和电流线

圈的一端接在一起位于接线端“1”，将万用表置 R×1kΩ 挡，一支表笔与接线端“1”相接，另一支表笔依次接触“2”“3”“4”接线端。测量值近似为零的是电流线圈的另一接线端；测量值在 1kΩ 以上的是电压线圈的另一接线端。

⑤ 被测电路在额定电压下空载时，电能表转盘应静止不动，否则必须检查线路，找出原因。在负载等于零时，电能表转盘仍稍有转动，属正常现象，称为“无载自传”或“潜动”，但转动不超过一整圈。

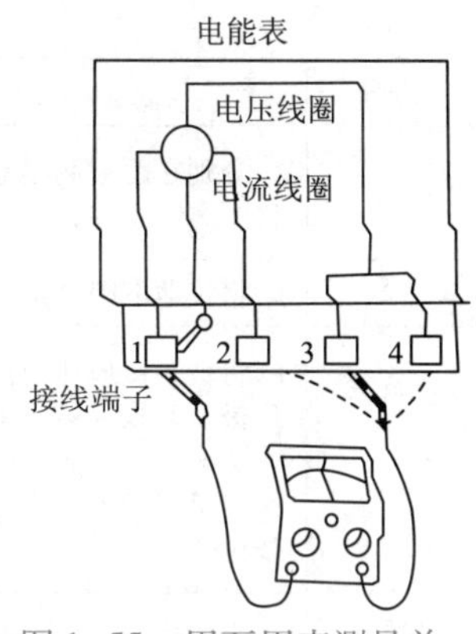

图 1-55　用万用表测量单相电能表接线端

9. 接地电阻表

接地电阻表俗称接地测量仪，常用 ZC-8 型接地电阻表。它是专门测量接地电阻大小的仪器，其外形如图 1-56 所示。除了 ZC-8 型还有钳式接地电阻表，其外形如图 1-57 所示。

图 1-56　ZC-8 型接地电阻表外形

图 1-57　钳式接地电阻表外形

（1）使用特点

① ZC-8 型：使用时需要打入两个辅助接地极（P、C），如图 1-58 所示。

② CA6310 型钳式：使用时不需要打入辅助接地极，只需用卡钳卡住接地极导线，直接显示数据，如图 1-59 所示。

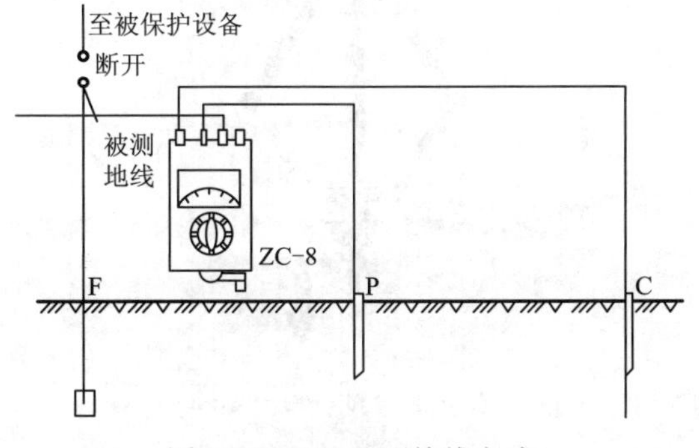

图 1-58　ZC-8 型接线方式

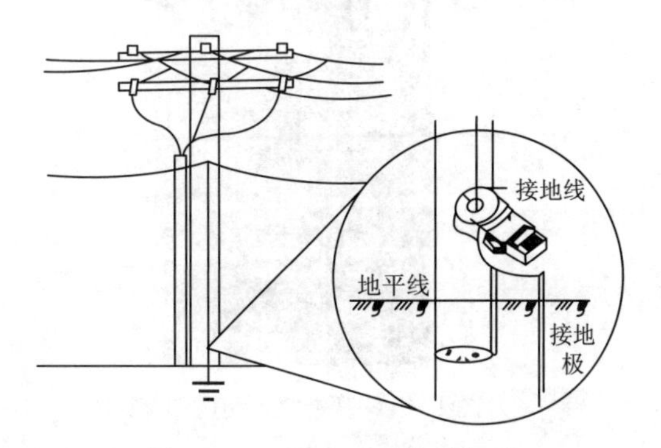

图 1-59　CA6310 型接线方式

（2）接地电阻表操作方法

ZC-8 型接地电阻表操作方法见表 1-13。

表 1-13　ZC-8 型接地电阻表操作方法

步骤	内　容
1	分别在距被测接地体 20 m 和 40 m 处打入两个辅助接地极 P 和 C，深度不小于 40 m，场地有限可适当将距离缩小些，用 ϕ6mm 以上钢棍作为辅助接地极，如图 1-60（a）所示
2	将接地电阻测量表放平，后调零
3	将被测接地体与仪表的接线柱 E1 或 P2、C2 相连，较远的辅助电极 C 与端子 C1 相连，较近的辅助接地极 P 与仪表端子 P1 相连，如图 1-60（b）所示
4	将量程开关置于最大倍数上，缓慢摇动发电机手柄，同时转动测量分度盘，使检流计指针处于中心线位置上
	当检流计接近平衡时，要加快转动手柄，达 120 r/min，再调节测量分度盘，使检流计指针稳定在中心线位置上
	此时读取被测接地电阻值

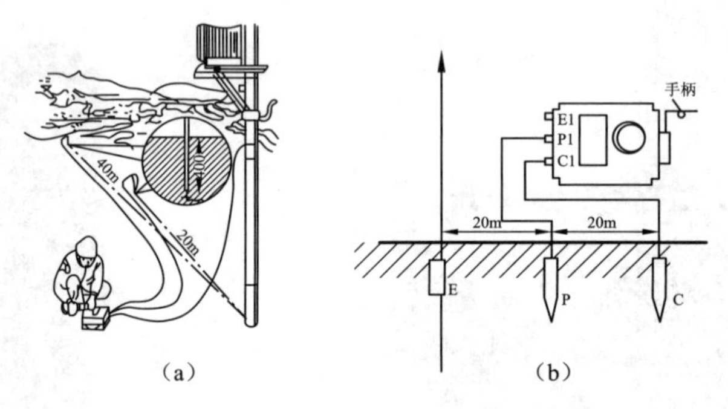

图 1-60　ZC-8 型接地电阻表使用方法

10. 离心式转速表

离心式转速表是一种机械式仪表，它由机芯、变速器和指示器 3 部分组成，外形如图 1-61 所示。

离心式转速表的结构示意图如图 1-62 所示，重锤利用连杆与活动套环及固定套环连接，固定套环装在离心器轴上，离心器通过齿轮的传动机构（变速器）从输入轴获得转速。

图 1-61　离心式转速表的外形

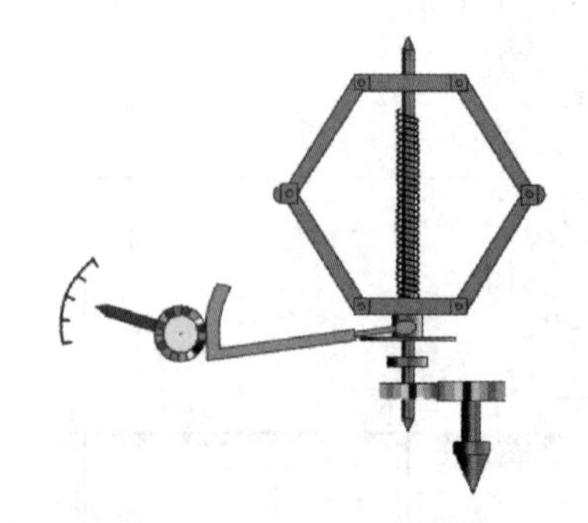

图 1-62　离心式转速表的结构示意图

例如，LZ-60 型离心式转速表具有的量程为 60 ~ 240 r/min，600 ~ 2 400 r/min，2 400 ~ 8 000 r/min，6 000 ~ 240 000 r/min。在这种转速表的表盘上有两列刻度，以适应不同量程的需要。

使用离心式转速表的注意事项：

① 测量前检查转速表：使用前应向注油孔加注润滑油 2～3 滴，再检查表的好坏。当挡位在高转速挡位时，用手转动表的转轴，指针转动，说明表是好的。

② 正确选择转速表的量程：将调速盘旋转到所要测量的转速范围内。如：电动机旋转磁场的同步转速 $n=60f/p$，异步电动机的转速总是稍低于旋转磁场的同步转速；二极电动机转述在 2 900 r/min 左右，选择转速挡位应使量程大于估计的被测值，2 400～8 000挡。

③ 正确测量：选择适当的附件。转速表轴与被测旋转轴接触时，两轴心应对准，两轴线应保持在同一直线上，接触时动作要缓慢，等到接触良好，指针稳定后便可读数。

④ 安全注意事项：

a. 被测机件必须安装牢固，运行平稳，例如用于电动机应有可靠的接地或接零保护；测量人员应注意对旋转机械的安全距离或采取可靠的安全措施；为读取数据方便，现场应有足够的照明。

b. 不允许用低速挡测高速。

接触式转速表如图 1–63 所示，它的结构采用专用的单片微型计算机集成电路和晶振时钟，保证了测量精度和快速采样时间。具有记忆功能，可以储存测量的最大及最小值，并具有显示清晰、准确及省电等特点。

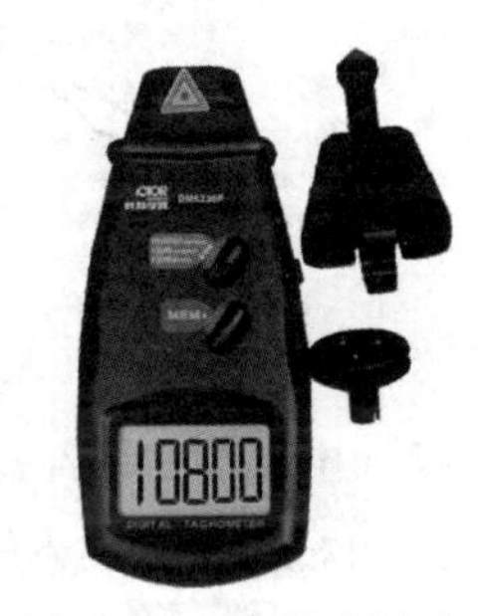

图 1–63　接触式转速表

二、常用电工工具的使用及实测

常用的电工工具包括通用工具、专用工具两种。专用工具又可分为线路安装工具、登高工具和设备装修工具等。

1. 电笔

电笔又称试电笔，外形结构如图 1–64 所示，是用来检测低压导体和电气设备外壳是否带电或区分电源相线和中性线的一种辅助安全工具。其检测电压范围为 60～500 V，它由绝缘套管、电阻、氖管、弹簧等组成。使用时，手指接触笔尾的金属体，将金属笔尖与被检查的导体接触，使电流经带电体、电笔、人体、大地形成回路。

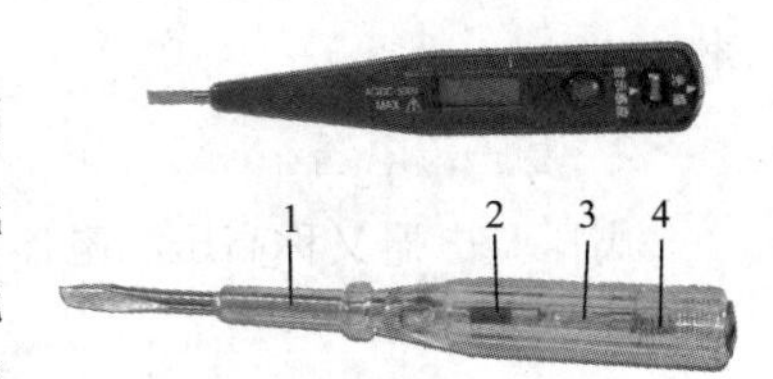

图 1–64　电笔外形结构
1—绝缘套管；2—电阻；
3—氖管；4—弹簧

（1）电笔使用时的注意事项

① 使用前，要确认电笔是否完好，可在有电的电源上检查氖管能否正常发光。

② 使用时，避免在光线强的地方检测，必须按照图 1–65 所示的方法操作。用手指触及笔尾的金属体，并将氖管的小窗背光朝向自己，以利于观察；同时，要防止笔尖的金属体触及皮肤，以免触电。在螺丝刀式电笔的金属杆上，必须套上绝缘套管，仅留出刀口部分供测试者使用。

③ 使用后，要保持清洁，并放置在干燥处。

④ 电笔的笔尖多制成螺丝刀形状，使用时只能承受很小的扭矩，以免损坏笔尖。

⑤ 使用时，人体一定要与大地可靠接触。

⑥ 不能用普通电笔测高电压（500 V 以上），以确保人身安全。

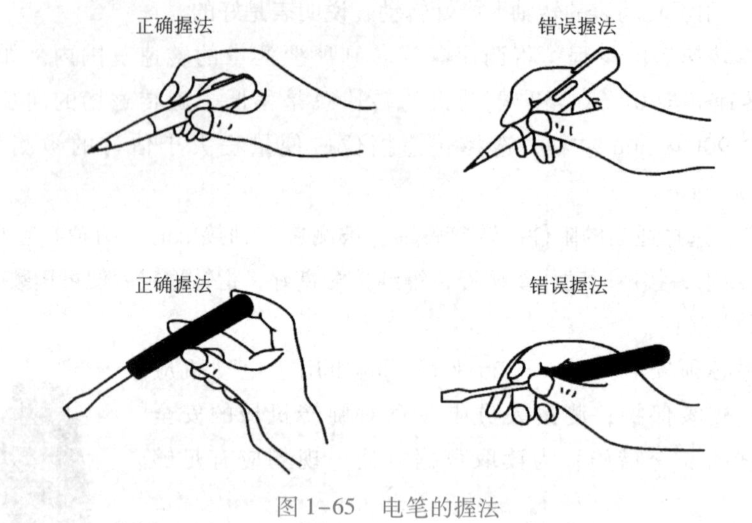

图 1-65　电笔的握法

（2）电笔的实用经验

① 可根据氖管发光的强弱来估计电压的高低。

② 在交流电路中，当电笔触及导线时，氖管发亮的是相线。

③ 交流电通过电笔时，氖管里两个电极同时发亮；直流电通过时，只有一个电极发亮。

④ 用电笔触及电动机、变压器等电气设备外壳，若氖管发亮，则说明该设备相线有碰壳现象；若壳体上有良好接地装置，氖管是不会发亮的。

⑤ 在三相三线制星形接法的交流电路中，用电笔测试时，如果两根相线很亮，而另一根不亮，则这三相有接地现象；在三相四线制电路中，如果中性线接地灯不亮，则此时电路保护动作断电。

2. 高压验电器

高压验电器又称高压测电器，用来检查高压供电线路是否有电，结构如图 1-66 所示。

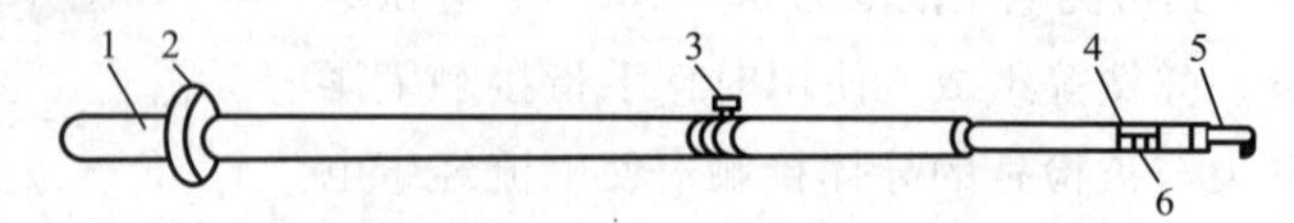

图 1-66　高压验电器结构

1—握柄；2—护环；3—固紧螺钉；4—氖管窗；5—金属钩；6—氖管；

高压验电器使用时的注意事项：

① 高压验电器在使用前，一定要进行试测，证明验电器确实良好，才能使用。

② 使用高压验电器时手应放在握柄处，不得超过护环。

③ 检测时，操作人员必须戴符合耐压要求的绝缘手套，身旁要有人监护，不可一个人单独操作。人体与带电体应保持足够的安全距离，检测 10 kV 电压时的安全距离为 0.7 m 以上。

④ 检测时，高压验电器应逐渐接近被测电路，氖管发亮，说明电路有电；氖管不亮，才能与被测电路直接接触。

⑤ 在室外使用高压验电器应注意气候条件，在雪、雨、雾及湿度较大的情况下不能使用，以免发生危险。

3. 钢丝钳

图 1-67　钢丝钳外形

钢丝钳是用来钳夹、剪切电工器材的工具，其外形如图 1-67 所示。它由钳头和钳柄两部分组成，钳头包括钳口、齿口、刀口、铡口四部分。钳口是用来弯绞或钳夹导线线头的，齿口是用来紧固和旋松螺母的，刀口是用来剪切导线和剖削导线绝缘层的，铡口是用来铡切导线线芯、钢丝等较硬金属的。电工常使用的钢丝钳钳柄上必须套有绝缘管，一般耐压为500 V，所以只适用于低压电气设备使用。常用的钢丝钳规格有 150 mm、175 mm、200 mm 三种。

钢丝钳使用时的注意事项：

① 要及时检查和更换钳柄的绝缘管，以免造成触电事故。

② 用电工钢丝钳剪切带电导线时，不能用刀口同时剪切相线和中性线，或同时剪切两根相线，以免发生短路事故。

③ 钳头应防锈，钳轴处应经常加机油润滑。

④ 钳头不能作为敲打工具使用。

4. 尖嘴钳

尖嘴钳的头部尖细，其外形如图 1-68 所示。它适用于空间狭小的工作环境，可夹持较小的电气元件或导线，切断较小的导线和金属丝，使用方便灵活。电工使用的尖嘴钳的钳柄也要套有耐 500 V 电压的绝缘套管，规格有 140 mm 和 180 mm 两种。

尖嘴钳使用时的注意事项：

① 要定期检查，及时更换绝缘套管。

② 尖嘴钳使用后要清洁干净，钳轴处要经常加机油润滑。

③ 钳头尖细，钳夹物不可太大，用力不可太猛，以免损坏钳头。

5. 断线钳

断线钳的头部扁斜，又称斜口钳，其外形如图 1-69 所示，主要用来剪切较粗的金属丝、导线、电缆等，钳柄部的绝缘套管要耐压 1 000 V。

图 1-68　尖嘴钳外形

图 1-69　断线钳外形

6. 压线钳

目前有些导线可以用压线钳进行连接，其外形如图 1-70 所示。

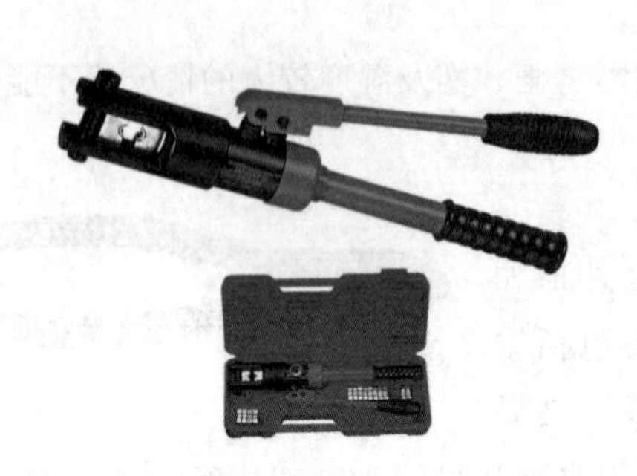

图 1-70　各种压线钳外形

常用铝绞线压线钳的使用：

① 室内线路用压线钳，如图 1-71（a）所示。它由钳头和钳柄两部分组成，前头由阳、阴模和定位螺钉组成，阴模随不同规格的导线来选配。使用时，拉开钳柄，嵌入导线的线头，然后用两手夹紧的方法进行压接。

② 户外线路用压线钳，如图 1-71（b）所示。其结构与用法和室内线路用压线钳相同。

③ 钢芯铝绞线用压线钳，如图 1-71（c）所示。它压模、螺杆和摇柄组成。使用时，用摇柄旋压，将线头压接即可。

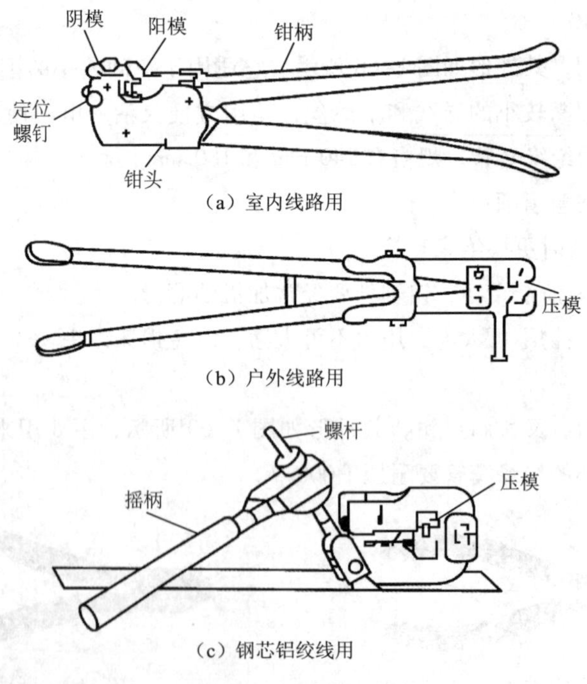

图 1-71　铝绞线压线钳

7. 螺钉旋具

螺钉旋具又称螺丝刀、起子、改锥、旋凿等，是用来紧固和旋松螺钉的工具，如图 1-72

所示。根据头部形状的不同，可分为一字形和十字形两种，如图 1-73 所示。常用的规格有 50 mm、100 mm、150 mm、200 mm 等。十字形螺钉旋具按其头部旋动螺钉的规格不同，又分为Ⅰ、Ⅱ、Ⅲ、Ⅳ四种型号，分别用于旋动直径为 2～2.5 mm、6～8 mm、10～12 mm 等不同规格的螺钉。在工厂中，多采用电动或气动的螺钉旋具进行流水作业。

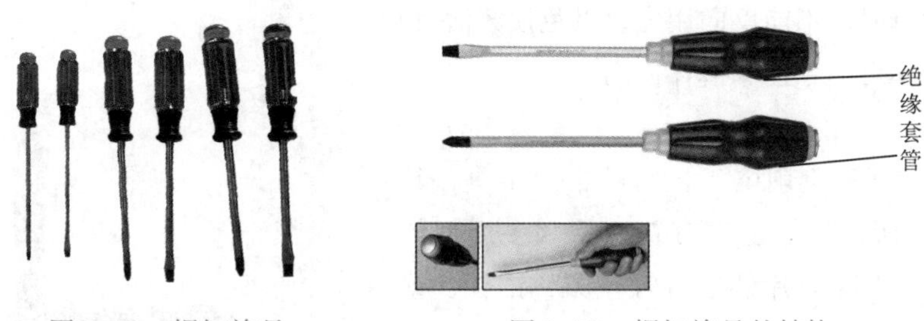

图 1-72　螺钉旋具　　　图 1-73　螺钉旋具的结构

螺钉旋具使用时的注意事项：

① 为避免金属杆触及人体造成触电事故，应在金属杆上套绝缘套管，电工操作中不允许使用金属杆直通柄顶的螺钉旋具。

② 螺钉旋具的选择应与螺钉的槽口相匹配，不可以大代小，以免损坏螺钉。

③ 使用时，应使螺钉旋具的头部顶住螺钉的槽口，再转动旋具，否则易打滑损坏槽口，如图 1-74 所示。

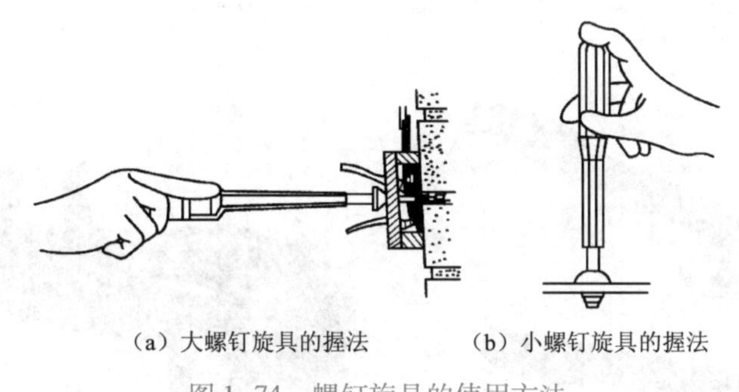

（a）大螺钉旋具的握法　　（b）小螺钉旋具的握法

图 1-74　螺钉旋具的使用方法

8. 活扳手

活扳手是用于安装和拆卸螺母、螺栓的一种专用工具，其外形如图 1-75 所示。它由呆扳唇、扳口、活扳唇、轴销、蜗轮、手柄等组成。常用的规格有 150 mm、200 mm、250 mm、300 mm、400 mm 等几种。

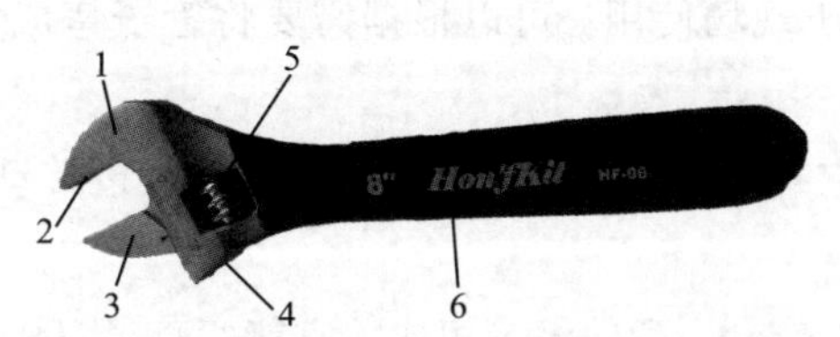

图 1-75　活扳手外形

1—呆扳唇；2—扳口；3—活扳唇；4—轴销；5—蜗轮；6—手柄

活扳手使用时的注意事项：

① 扳动较大螺母时，力矩较大，手应握住手柄尾部；扳动较小螺母时，力矩较小，手应握住手柄头部。

② 扳动螺母时，必须将工件的两侧夹牢，以免损坏螺母。

③ 扳动螺母时，不能反向用力，以免损坏活扳唇。

④ 活扳手不可当手锤和撬棒使用。

9. 电工刀

电工刀是切削和剖削电工器材的常用工具，其外形如图 1-76 所示。电工刀有普通型和多用型两种。多用型电工刀除刀片外还有螺丝刀、锥针、锯片等。

图 1-76　电工刀外形

电工刀使用时的注意事项：

① 电工刀的手柄没有绝缘，不允许带电操作。

② 使用时，电工刀的刀口应朝外操作，使用后要及时把刀身折入刀柄，以免伤手。

③ 在切削导线绝缘时，应将电工刀的刀面与导线成 45°角切入，以免损坏线芯。

10. 弯管机

弯管机的种类很多，一般有手动弯管机、电动液压弯管机等，其外形如图 1-77 和图 1-78 所示。

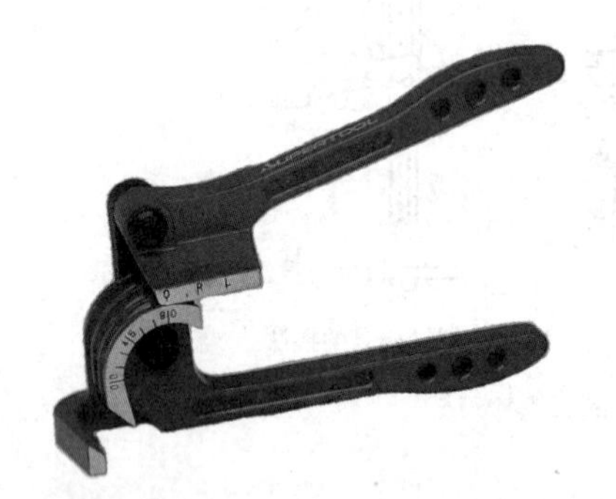

图 1-77　手动弯管机外形

图 1-78　电动液压弯管机外形

弯管机的使用方法：

① 手动弯管机。它由一个铸铁弯头和一段铁管组成，适用于弯直径 50 mm 以下的管子。它的特点是体积小、轻便，适于现场使用，可以根据需要将管子弯成各种角度，如图 1-79（a）所示。

② 电动液压弯管机。它是以电动机或压力油为动力，经过传动系统将管子弯成所需角度的弯管机。

③ 滑轮弯管机。它由工作台、滑轮组等组成，它能弯直径 100 mm 以下的管子，其特点是较省力，适宜成批加工管径相同的管子，不宜损伤，如图 1-79（b）所示。

11. 墙孔凿

墙孔凿是指在混凝土或砖墙上手工开凿墙孔的简易工具。常用的有圆榫凿（又称麻线凿）、小扁凿、大扁凿、长凿等几种，如图 1-80 所示。

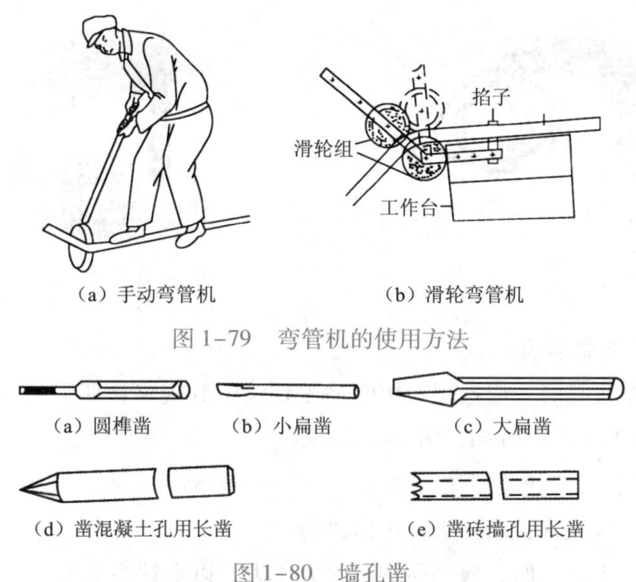

（a）手动弯管机　（b）滑轮弯管机

图 1-79　弯管机的使用方法

（a）圆榫凿　（b）小扁凿　（c）大扁凿

（d）凿混凝土孔用长凿　（e）凿砖墙孔用长凿

图 1-80　墙孔凿

（1）圆榫凿

圆榫凿用来凿打混凝土结构建筑物的圆榫孔，常用的规格有直径 6 mm、8 mm、10 mm 三种。操作是要不断转动，并经常拔出凿身，使灰砂石屑及时排出，以免凿身涨塞在建筑物内。

（2）小扁凿

小扁凿用来凿打砖墙上的方榫孔，常用的凿口宽为 12 mm。使用时要经常拔出凿身，以利排出灰砂碎砖，并观察墙孔开凿得是否平整，大小是否正确及孔壁是否垂直等。

（3）大扁凿

大扁凿用来凿打角钢支架和撑脚等的埋设孔穴，常用的凿口宽为 16 mm，使用方法见小扁凿。

（4）长凿

长凿用来凿打墙孔，作为穿越线路导线的通孔。长凿的直径有 19 mm、25 mm 和 30 mm，长度通常有 300 mm、400 mm 和 500 mm 等多种，使用时应不断旋转，以便及时排出碎屑。

12. 手电钻

手电钻是一种手持方式在工件上钻孔的电动工具，其外形如图 1-81 所示，它由电动机、钻头、手柄等组成，钻头最大直径有 6 mm、10 mm、13 mm 等多种规格。手电钻的特点是灵活方便，不受地点限制。手电钻由操作者直接手持钻孔，使用时要注意安全。使用前要检查外壳接地是否可靠，通电后要检查外壳是否带电；使用时，先要根据孔的大小选择钻头，钻孔时注意要夹紧工件，右手握紧手柄，用力要均匀。

13. 冲击钻

冲击钻也是一种钻孔的电动工具，其外形如图 1-82 所示。冲击钻有两种功能：一种是可作为普通电钻使用，使用时应把调节开关调到“钻”的位置；另一种可用来钻削砖墙等建筑

物上的膨胀螺钉孔或穿墙孔等，使用时应把调节开关调到“锤”的位置。

图 1-81　手电钻外形

图 1-82　冲击钻外形

冲击钻使用时的注意事项：

① 用冲击钻钻削墙孔时，应选用专用的冲击钻头，其规格按所需钻径的大小来选配，常用的规格有 8 mm、10 mm、12 mm、16 mm 等几种。

② 在调速或调挡时，应停转调换。

③ 在钻墙孔时，要经常拔出钻头，排出碎屑。

④ 在钢筋建筑物上钻孔时，遇到硬物勿加大压力，以免钻头退火。

14. 紧线器

紧线器是用来收紧室内外架空线路中导线的工具，其外形如图 1-83 所示。它由夹线钳、摇柄、滑轮等部分组成。使用时，先将多股绞合钢丝强固定在滑轮上，另一端固定在被收导线附近的紧固部位，用夹线钳夹住被收导线，摇动摇柄，直到导线收紧到合适的位置。

紧线器使用时的注意事项：

① 根据使用导线的粗细，采用相应规格的夹线钳。

② 在使用前如发现有滑线现象，应立即停止使用并采取措施（如在导线上绕铁丝）再行夹住，视导线确实夹牢后，才能继续使用。

③ 再收紧时，平口式的应扣着棘爪与棘轮，防止棘爪脱开打滑。

15. 剥线钳

剥线钳是用来剥削截面积在 6 mm^2 以下的塑料或橡胶导线的绝缘层的工具，如图 1-84 所示。它由钳头和钳柄两部分组成，钳头有 0.5～3 mm 的多个不同直径的切口，以便剥削不同线径的导线。

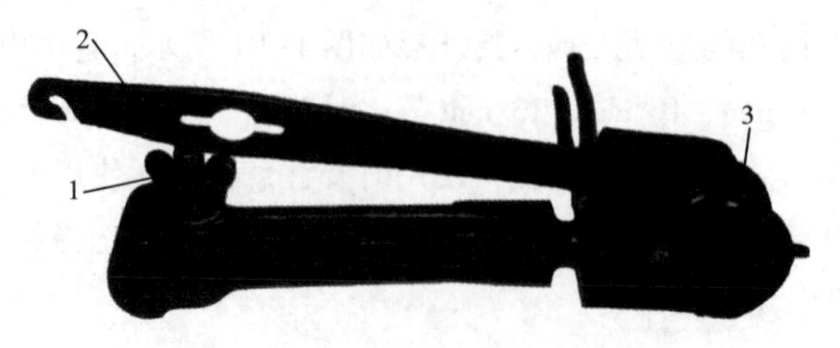

图 1-83　紧线器外形

1—夹线钳；2—摇柄；3—滑轮

图 1-84　剥线钳外形

剥线钳使用时的注意事项：

① 使用时，要根据不同线径来选择切口。为了不损伤线芯，导线必须放在大于其芯线直径的切口上剥削，否则会切伤芯线。

② 带电操作前，须检查绝缘把套的绝缘是否良好，以防止因绝缘损坏发生触电事故。

16. 登高工具

登高工具是指电工在登高工作时所使用的工具和装备。为确保登高工作人员的人身安全，登高工具必须牢固可靠。登高工具包括梯子，登板，脚扣，腰带、保险绳和腰绳，吊绳和吊篮等。

（1）梯子

电工常用的梯子有直梯和人字梯两种。直梯（见图 1-85）的两脚应有防滑套，适用于户外登高工作。直梯靠墙角度不大于 20°，在直梯上工作时，腿必须跨在梯凳内，不许站在梯子的最高层；靠在杆子上使用的直梯，必须把梯子的上端绑牢；当人站在梯子上工作时，严禁移动梯子，并不允许两人共登一梯工作。人字梯适用于室内登高工作，其外形如图 1-86 所示，人字梯梯脚支开的角度不大于 30°，应设有限制滑开的拉绳，在工作时人不能骑在梯子上，以防梯子两脚滑开造成事故。

直梯使用时的注意事项：

① 直梯在使用前应检查是否有虫蛀及折裂现象。

② 直梯两脚应各绑扎胶皮之类的防滑材料。

③ 在直梯上作业时，为了保证不致用力过度而站立不稳，应按图 1-87 所示的方法站立。

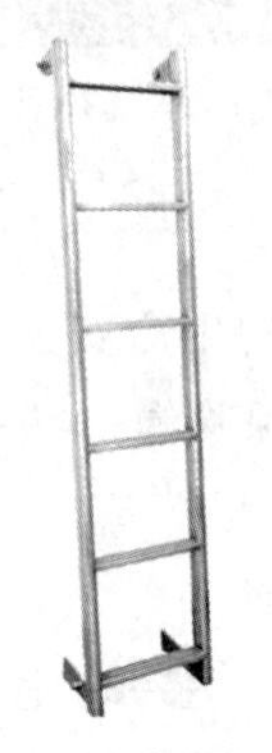

图 1-85　直梯外形

图 1-86　人字梯外形

图 1-87　直梯上作业的站立姿势

人字梯使用时的注意事项：

① 人字梯应在中间绑扎两道防自动滑开的安全绳，应检查是否结实、牢固。

② 在人字梯上作业时，不能以骑马的方式站立，以防人字梯两脚自动分开时，造成严重工伤事故。

（2）登板

登板是用来攀登电杆时使用的一种登高工具。一般包括踏板和挂绳两部分，在登板上工作灵活舒适，适于长时间作业，为保证人身安全，每次登高前应做人体冲击试验，如图 1-88 所示。

（3）脚扣

脚扣也是电杆攀登工具，如图 1–89 和图 1–90 所示。脚扣内环上裹有防滑胶套，以防登混凝土电杆时滑落。用脚扣登高，操作方便快捷，容易掌握，但作业时易于疲劳，只适用于短时间作业。在使用脚扣时注意：脚扣的尺寸要与电杆的杆径相适合，不允许大脚扣小杆；检查脚扣有无摔过，开口过大、过小或变形都不能使用；脚扣的胶皮层不能有老化、脱落、平滑、断裂等现象；为保证人身安全，每次登高前应做人体冲击试验。

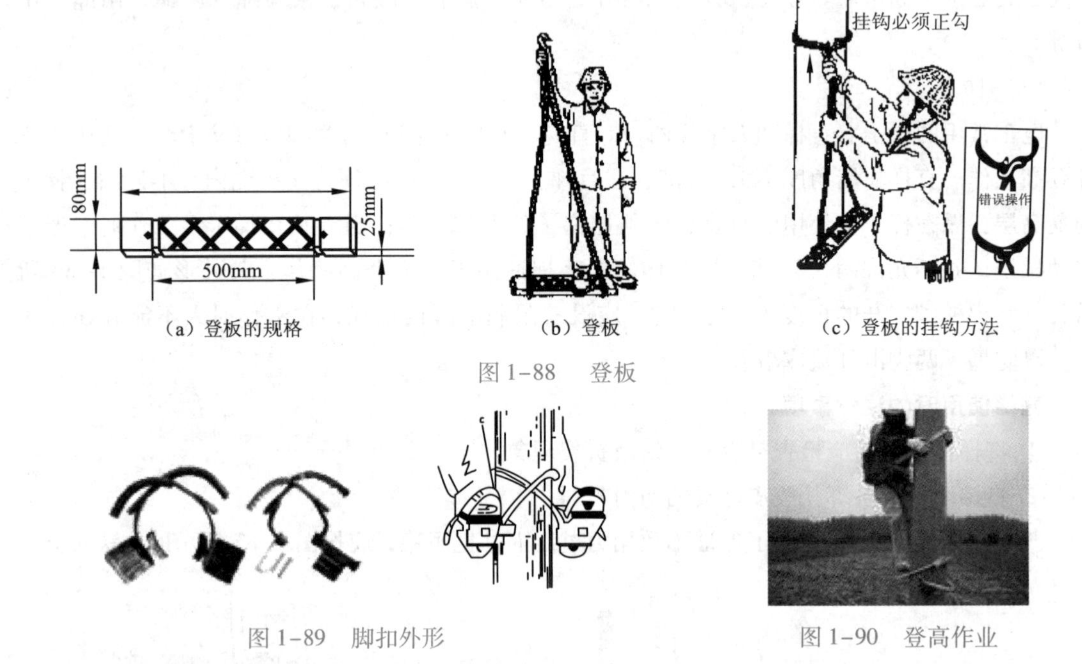

（a）登板的规格　（b）登板　（c）登板的挂钩方法

图 1–88　登板

图 1–89　脚扣外形　　图 1–90　登高作业

（4）腰带、保险绳和腰绳

腰带、保险绳和腰绳是登高工作时的必备用品，可保护电工作业时的生命安全，其外形如图 1–91 所示。使用时腰带系在臀部上部，腰下部，以防扭伤腰部；保险绳一端系在腰带上，另一端固定在横担上；腰绳用来固定人体下部，以扩大上身活动的幅度。

（5）吊绳和吊篮

吊绳和吊篮是用来传递零件和工具的用品。吊绳的一端系在腰带上，另一端垂地，随操作者需要上下递物，其外形如图 1–92 所示；吊篮用于放小件物品或工具，随时吊上电杆。

图 1–91　腰带外形

图 1–92　吊绳外形

17. 设备装修工具

设备装修工具是用来安装和维修电气设备所使用的专用工具，包括拉具、套筒扳手、电烙铁、喷灯等。

（1）拉具

拉具又称拉扒、拉机、拉模等，其外形如图 1–93 所示，用来拆卸轴承、联轴器、带轮等紧固件，分为双爪和三爪两种。使用时，抓钩要抓住工件的内圈，顶杆轴心与工件轴心线重合，如图 1–94 所示。

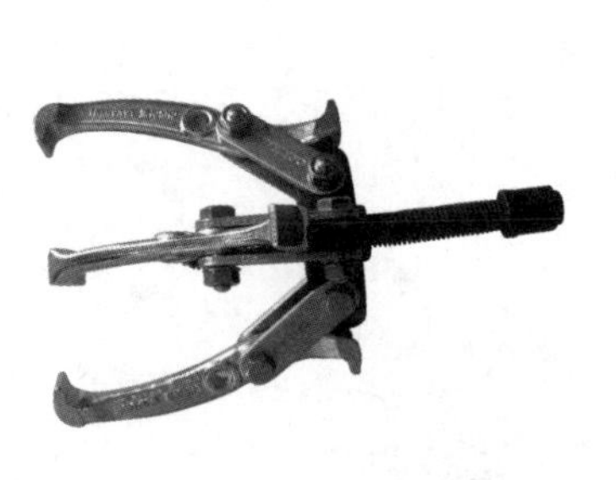

图 1–93　拉具外形

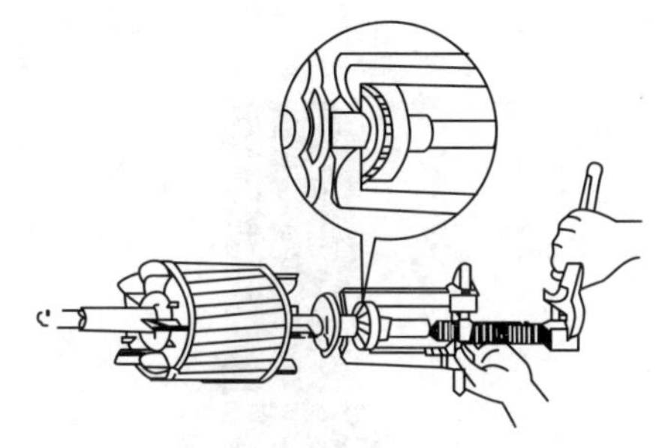

图 1–94　拉具的使用

（2）套筒扳手

套筒扳手是用来安装、拆卸有沉孔的螺母的工具，其外形如图 1–95 所示。它主要用于活扳手无法使用的场合。它由套筒和手柄两部分组成，套筒的大小要根据螺母的规格而选用。

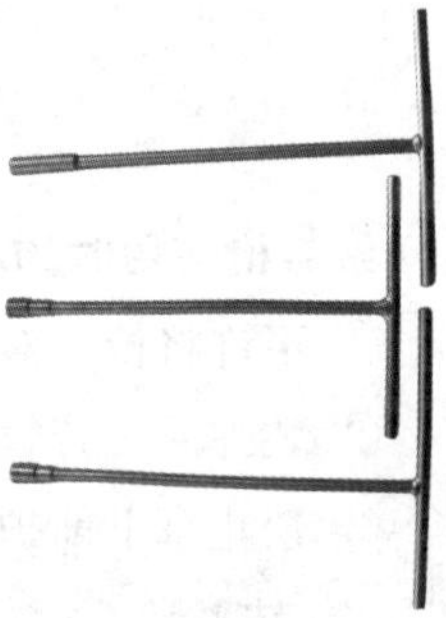

18. 千斤顶

千斤顶是一种手动的小型启动和顶压工具，常用的有螺旋千斤顶和液压千斤顶两种。

图 1–95　套筒扳手外形

（1）螺旋千斤顶

螺旋千斤顶具有自锁性强，顶起重物后安全可靠，但是它的速度慢、效率低、起重量小，一般为 5 ~ 50 t，高度为 250 ~ 700 mm，起升高度为 130 ~ 400 mm，其外形如图 1–96所示。

螺旋千斤顶使用时的注意事项：

① 使用前应检查丝杠、螺母有无裂纹或磨损现象。

② 使用时必须用枕木或木板垫好，以免顶起重物时滑动；还必须将底座垫平校正，以免丝杠承受附加弯曲载荷；同时不准超荷使用，顶起高度不准超过规定值。

③ 螺旋千斤顶的传动部分要经常润滑。

（2）液压千斤顶

液压千斤顶的特点是承受载荷大，上升平稳，安全可靠，省力且操作简单，起重量为 320 t，高度为 200 ~ 450 mm，起升高度为 130 ~ 200 mm，其外形如图 1–97 所示。

液压千斤顶使用时的注意事项：

① 使用时要检查活塞等部分是否灵活，油路是否畅通。

② 使用时底座要放置在结实坚固的基础上，下面垫上铁板枕木，顶部还需衬设木板，以防重物滑动。

③ 当起重中途停止作业时要锁紧。

④ 活塞升起高度不准超过规定值，不准任意增加手柄长度，以免千斤顶超负荷工作。

19. 射钉枪

利用枪管内弹药爆发时的推力，将特殊形状的螺钉射入钢板或混凝土构件中，用于安装或固定各种电气设备、仪器仪表、电线电缆及水电管道，它可以代替凿孔、预埋螺钉等手工劳动，提高工程质量，降低成本，缩短施工周期，是一种先进的安装工具，其外形如图 1-98 所示。

图 1-96 螺旋千斤顶外形

图 1-97 液压千斤顶外形

射钉枪使用时的注意事项：

① 不许将枪口对人，枪管内不能有杂物。

② 装弹后，若暂时不用，必须将弹退出。

③ 禁止拿下前护罩操作，弹药不要受潮。

20. 电烙铁

电烙铁能将电能转换成热能，是对铜、铜合金等金属进行焊接的工具，其外形如图 1-99 所示。除通常使用的内热式和外热式两种外，还有恒温式电烙铁、吸锡式电烙铁、半自动式电烙铁等类型。其中，内热式电烙铁因其体积小、质量小、发热快、耗电低等优点而广泛使用。常用的规格有 25 W、45 W、75 W、100 W 等多种，一般要根据焊接对象、烙铁头的形状、温度等条件的不同来进行选择。

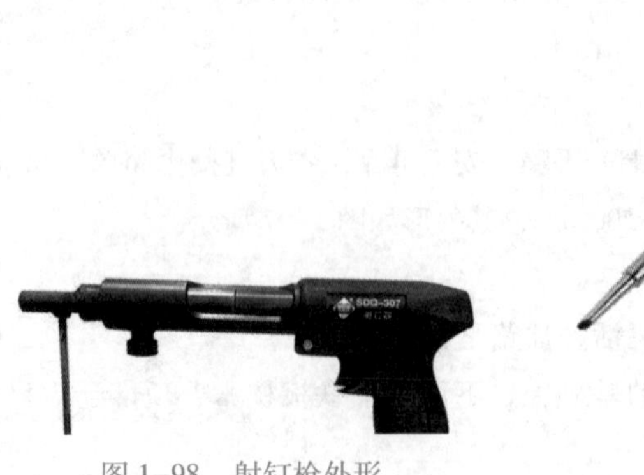

图 1-98 射钉枪外形

图 1-99 电烙铁外形

电烙铁使用时的注意事项：

① 焊接不同导线或元件时，应掌握好不同的焊接温度，可通过调节烙铁头的长度来改变温度。

② 电烙铁的功率选用应得当。若功率过大，既浪费电力又易烙坏元件；过小，又会因热量不够而影响焊接质量。焊接弱电元件时，常选用 25 W；焊接较粗多股铜芯绝缘线接头时，应根据铜芯直径的大小，选用 75～150 W；而面积较大的元件进行搪锡处理时，一般选用 300 W。

③ 在用电烙铁焊接时，如较长时间不使用，最好把电源拔掉，以防烙铁芯因快速氧化而烧断。

④ 使用后，应及时清除烙铁头的氧化物。

⑤ 在导电面使用时，电烙铁的金属外壳必须妥善接地，以防漏电时触电。

21. 喷灯

图 1-100　喷灯外形

喷灯是利用喷射火焰对工件进行加热的工具，其外形如图 1-100 所示。电工通常用喷灯来焊接铅包电缆的外皮、大截面铜导线连接处的加固搪锡及其他电连接表面的防氧化镀锡等，包括喷油针孔、火焰喷头、放油调节阀、预热燃烧盘、加油阀、打气筒、筒体、手柄等。在加油时，不能超过筒体容积的 3/4，先预热再向储油筒打气 3～15 次，拧松放油阀，继续打气，直至火焰正常。熄灭时，关闭放油阀，使火焰熄灭，放出储油筒内的压缩空气。

使用喷灯的方法：

① 喷灯的加油方法：打开加油阀上的螺栓，在燃烧杯中放入适量的汽油或煤油，通常不能超过筒体容积的 3/4，保留一部分空间储存压缩空气，维持必要的空气压力。加完油后应盖紧油口的螺栓，关闭放油阀杆，擦净洒在外部的汽油或煤油，并检查喷灯各处是否有渗漏的现象。

② 喷灯的预热方法：先在预热燃烧盘中导入汽油或煤油，用火柴点燃，预热火焰喷头。

③ 喷火：当火焰喷头烧热后，燃烧盘中的汽油或煤油烧完之前打气 3～15 次，将放油阀拧松，使阀杆开启，喷出油雾，喷灯随即点燃喷火；继续打气，直至火焰正常。

④ 喷灯的熄火方法：需要熄灭喷灯时，应先关闭放油调节阀，直到火焰熄灭，再慢慢拧紧加油螺栓，放出筒体内的压缩空气。

喷灯使用时的注意事项：

① 不得在煤油喷灯的通体内加入汽油。

② 汽油喷灯加汽油时，应先熄火，再将加油阀上螺栓旋松，听见放气声后不要再旋出，以免汽油喷出；当气放尽后，再开盖加油。

③ 在加汽油时，周围不得有明火。

④ 打气压力不可过高，打完气后，应将打气柄卡牢在泵盖上。

⑤ 在使用的过程中，要经常检查油筒内的油量是否小于筒体容积的 1/4，以防筒体过热发生危险。

⑥ 要经常检查油路密封圈零件配合处是否有渗漏跑气现象。

⑦ 使用后，要将剩气放掉。

22. 滑轮

滑轮又称葫芦，是用来起吊各种较重的设备或部件的装置，如起重时，需随时定位或防止设备在起重中摔跌，常采用手动葫芦和电动葫芦，其外形如图 1-101 和图 1-102 所示。

图 1-101　手动葫芦外形

图 1-102　电动葫芦外形

任务实施

根据任务要求对工程进行导线的连接、绝缘的恢复，并在设备调试过程中熟练使用各种电工工具及仪表的使用。

一、任务说明

这里以 × × 工程需要进行电线连接及绝缘的恢复供电为例进行说明。

1. 不规范的电线连接

不规范的电线连接如图 1-103 所示。

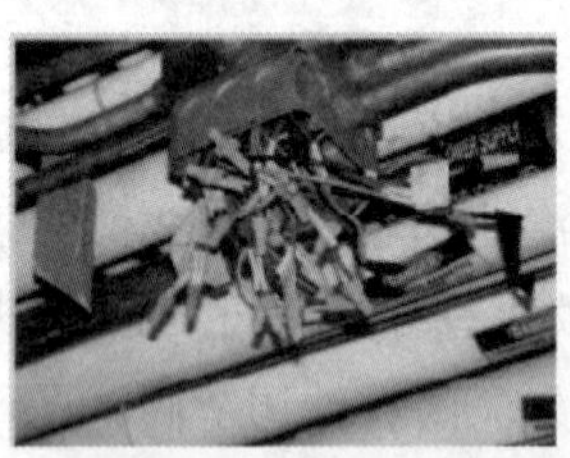

电线连接不好，可能导致电线接头烧毁，严重的可能引起火灾！

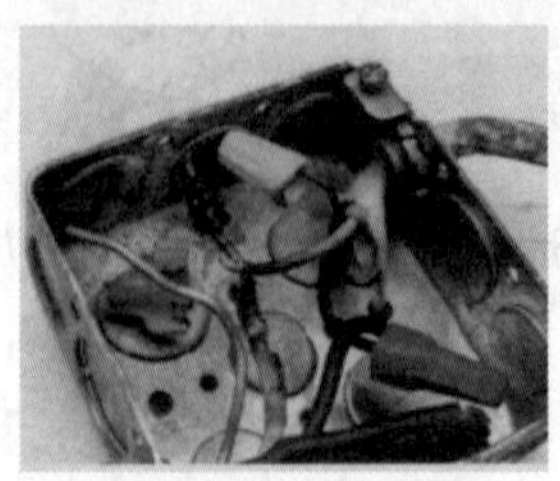

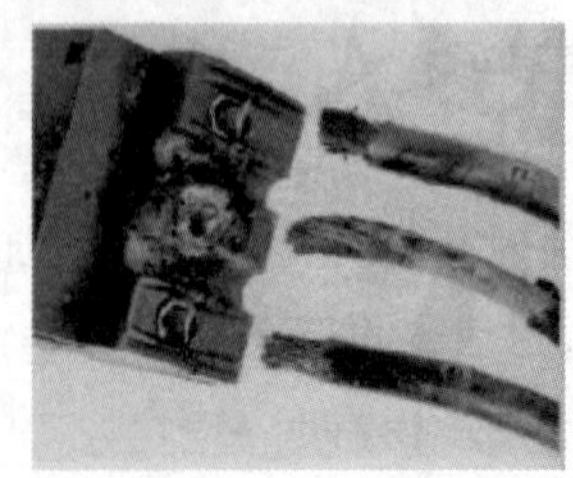

图 1-103　不规范的电线连接

2. 了解导线规格

导线规格如图 1 - 104 所示。

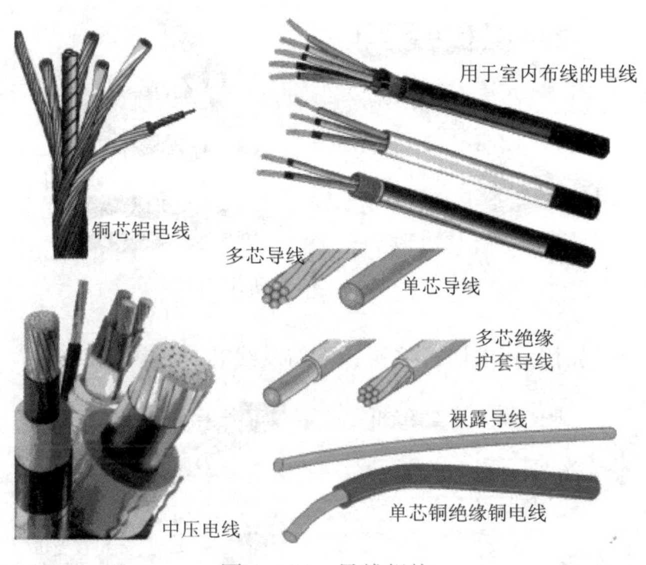

图 1-104　导线规格

3. 选用导线

(1) 导线的颜色

根据 GB 50327—2001 第 16.1.4 条规定：配线时，相线与中性线的颜色应不同；同一住宅相线 L 颜色应统一，中性线 N 宜用蓝色，保护线 PE 必须用黄绿双色线（见图 1-105）。

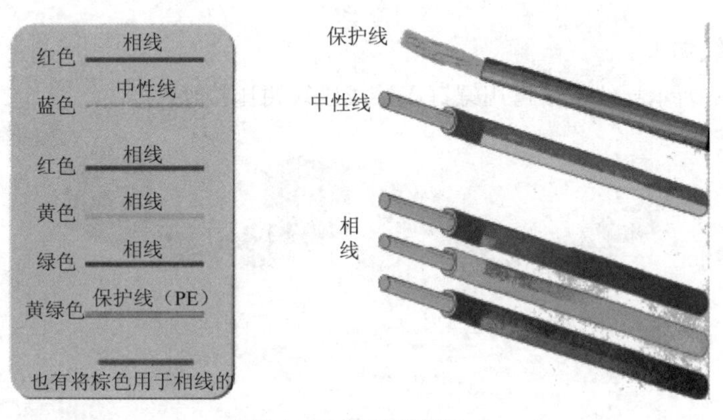

图 1-105　导线颜色

(2) 导线的大小

导线的大小是以导线的截面积 mm^2 为单位的。使用时，导线的截面积越大，允许通过的安全电流就越大，同样条件下，铜导线比铝导线小一号。

在用游标卡尺测量多芯导线的直径时应注意：游标卡尺应以多芯导线外径最大为测量点［见图 1-106（a）］，不应以多芯导线外径最小为测量点［见图 1-106（b）］。

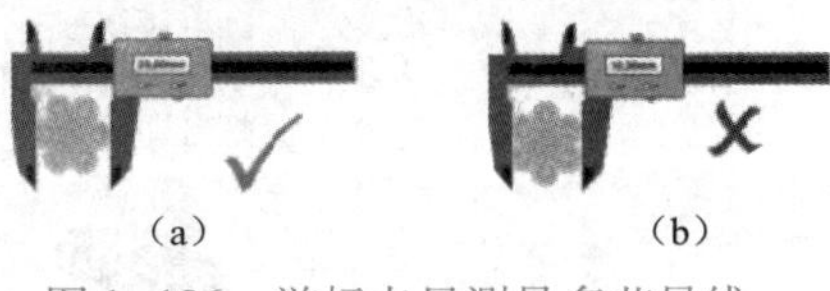

图 1-106　游标卡尺测量多芯导线

4. 加工导线

(1) 加工线头

加工线头，用图 1-107 所示工具。

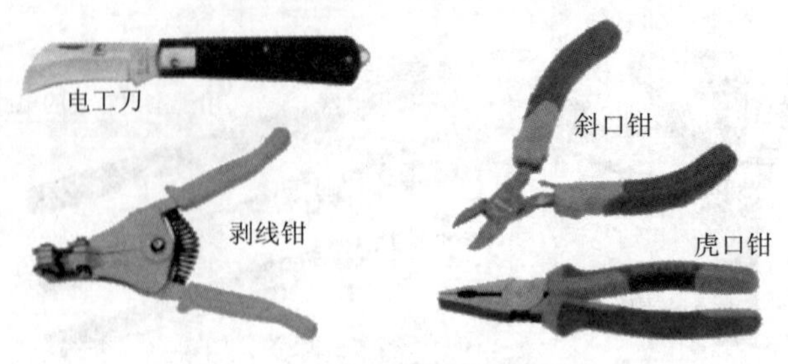

图 1-107　加工线头所用工具

剥削导线绝缘护套层时，要求切口整齐，不伤及线芯（见图 1-108）。

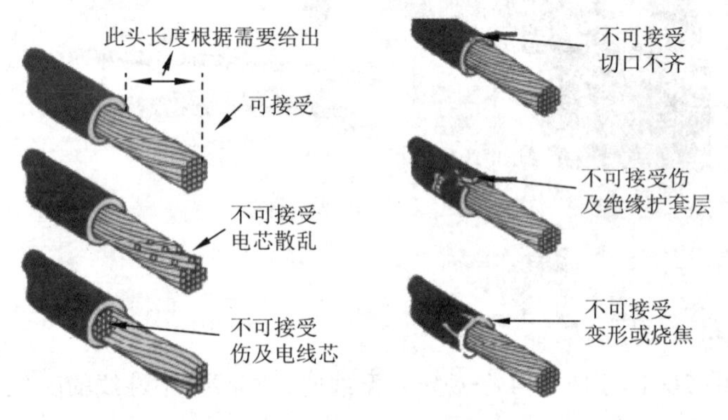

图 1-108　剥削导线绝缘护套层

（2）加工导线端头

按照图 1-109 所示导线端子可用螺钉压接或压线钳压接。

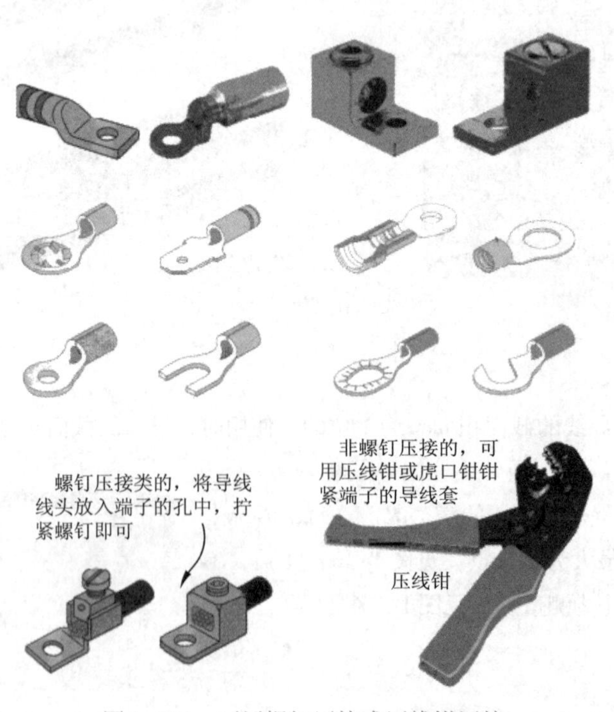

图 1-109　可用螺钉压接或压线钳压接

导线端子加工的可接受、不接受情况（见图 1-110）。

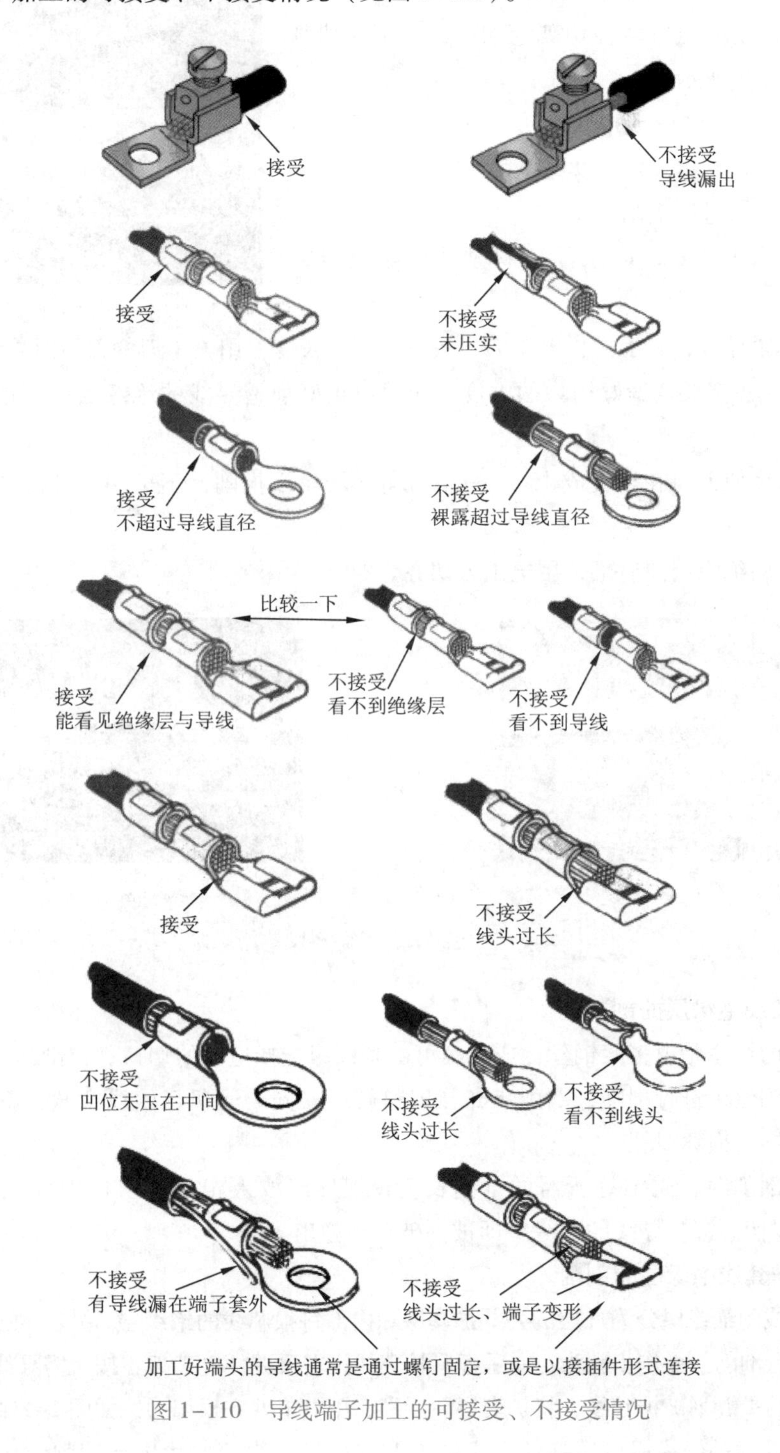

图 1-110　导线端子加工的可接受、不接受情况

5. 导线的连接

1）塑料硬线绝缘层的剖削

（1）用钢丝钳进行剖削

此方法适用于 4 mm^2 以下的塑料硬线。操作步骤如下：

① 左手捏紧导线，右手握住钢丝钳的头部，按所需导线长度用钢丝钳的刀口轻轻切破绝缘层，但不能切割线芯，如图 1–111 所示。

② 右手用力向外拉，除去绝缘层。操作中注意：切口不能太深，用力不能太大，以免损坏导线的线芯。

（2）用电工刀进行剖削

此方法适用于 4 mm^2 以上的塑料硬线。操作步骤如下：

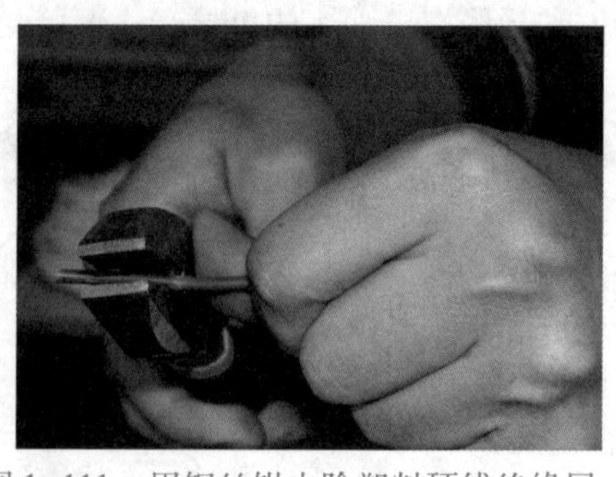

图 1–111　用钢丝钳去除塑料硬线绝缘层

① 左手捏紧导线，右手握住电工刀，按所需导线长度，用电工刀的刀口对导线成45°，切入导线绝缘层，一定要掌握好用力的力度，使刀口正好削透导线的绝缘层而不损伤线芯，如图 1–112 所示。

② 调整角度使刀口和导线成 15°，稍用力向导线尾端推削，不可切入芯线，削去上面的绝缘层。

③ 将余下的绝缘层向后翻，用电工刀切齐。

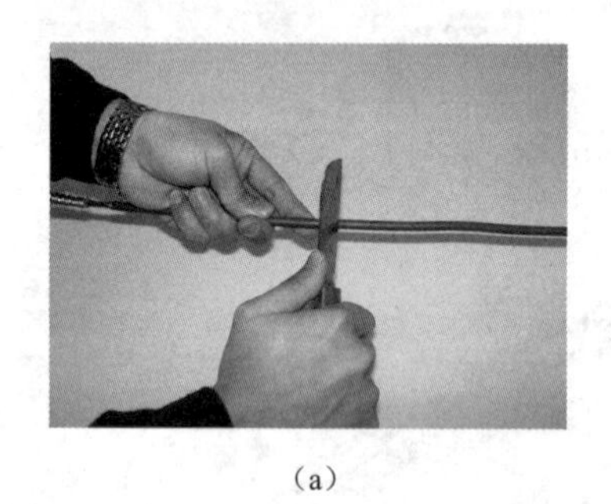

（a）

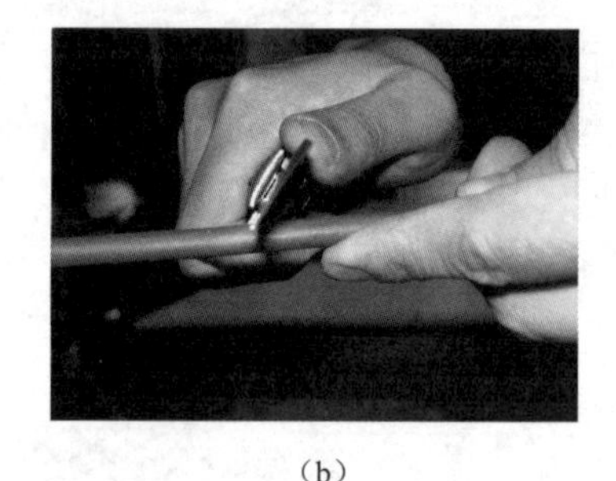

（b）

图 1–112　用电工刀去除塑料硬线绝缘层

2）塑料软线绝缘层的剖削

塑料软线的线芯是由多股铜丝构成的，可由剥线钳选择适当的切口进行剖削，如图 1–113 所示；也可用钢丝钳进行剖削，剖削步骤与塑料硬线相同。但塑料软线太软，不能用电工刀进行剖削，否则会损坏线芯。

用剥线钳剖削时，先定好所需的剖削长度，把导线放入相应的刀口中（比导线直径稍大），用手将钳柄一握，导线的绝缘层即被割破自动弹出。

3）塑料护套线绝缘层的剖削

塑料护套线的绝缘层分为外层的公共护套层和内部每根芯线的绝缘层。外层的公共护套层常采用电工刀进行剖削。操作步骤为：左手捏紧护套线，右手握住电工刀，按所需导线长度，将刀尖对准两芯线的中缝划破护套线，将护套层向后翻，用电工刀齐根切去，如图 1–114 所示。

内部每根芯线的绝缘层可用钢丝钳或电工刀按塑料硬线的方法进行剖削，切口应距护套层 10 mm 左右。

4）花线绝缘层的剖削

花线绝缘层由外层和内层两部分构成。外层是一层棉织物的保护层，内层有棉纱层和橡胶绝缘层。剖削步骤为：先用电工刀按所需长度切割一圈外层保护层，在距外层 10 mm 左右处按用钢丝钳剖削塑料软线的方法将内层的橡胶绝缘层剖去，用电工刀将棉纱切去。

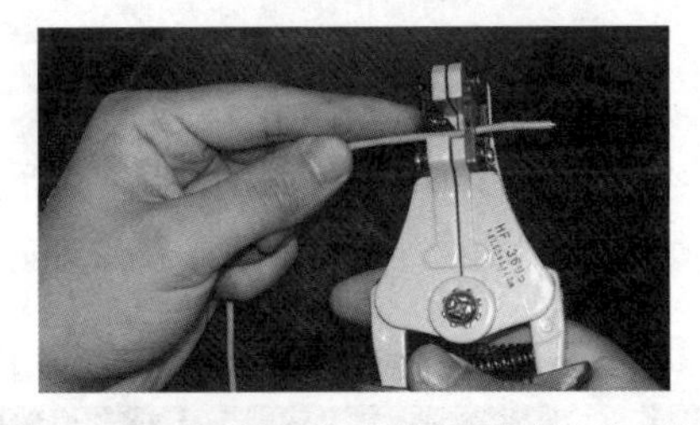

图 1-113　用剥线钳去除塑料软线绝缘层

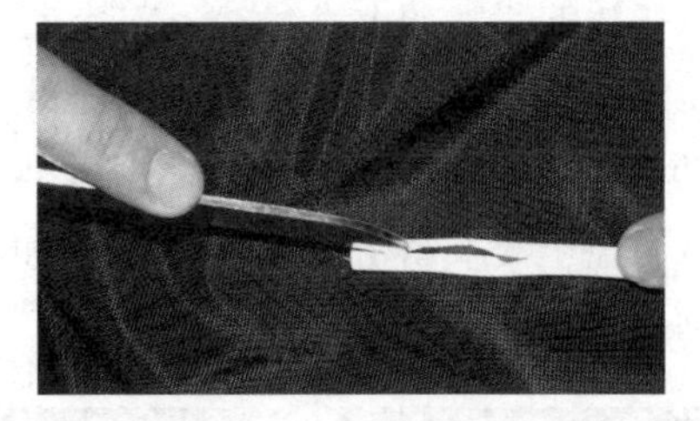

图 1-114　用电工刀去除塑料护套线绝缘层

5）漆包线绝缘层的去除

漆包线的绝缘层是喷涂在线芯上而形成的，对于线径不同的漆包线可用不同的方法去除绝缘层。对线径 0.6 mm 以上的漆包线可用薄刀片刮或用细砂纸打磨的方法去除，如图 1-115 所示；对线径 0.1 mm 以下的漆包线可用细砂纸或纱布轻轻擦去，但线径较细易于折断，擦拭时要仔细。

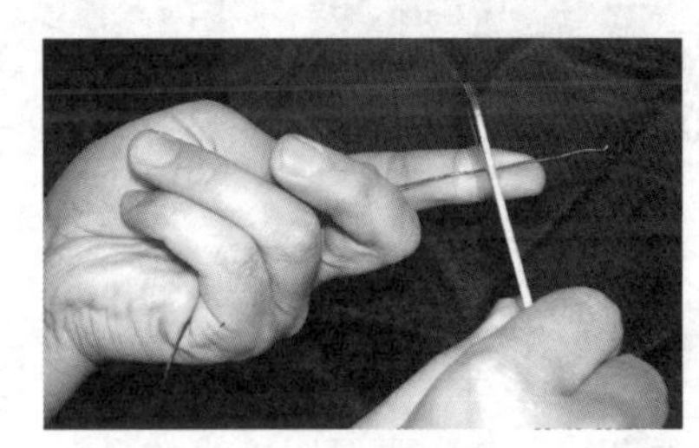

图 1-115　用电工刀去除漆包线的绝缘层

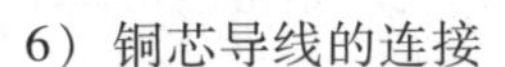

6）铜芯导线的连接

（1）单股铜芯导线的直线连接

单股铜芯导线的连接可以用绞接法和缠绕法。

绞接法的步骤如下：

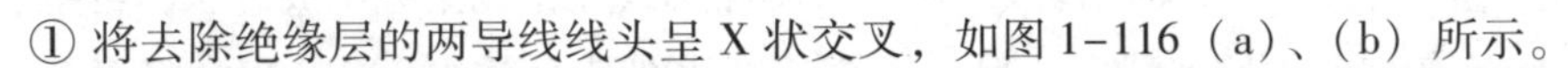

① 将去除绝缘层的两导线线头呈 X 状交叉，如图 1-116（a）、（b）所示。

② 将两根线头像拧麻花一样绞合 2 ~ 3 圈，然后扳直两根导线，如图 1-116（c）所示。

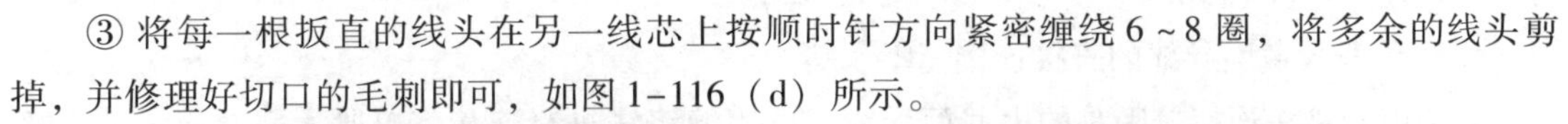

③ 将每一根扳直的线头在另一线芯上按顺时针方向紧密缠绕 6 ~ 8 圈，将多余的线头剪掉，并修理好切口的毛刺即可，如图 1-116（d）所示。

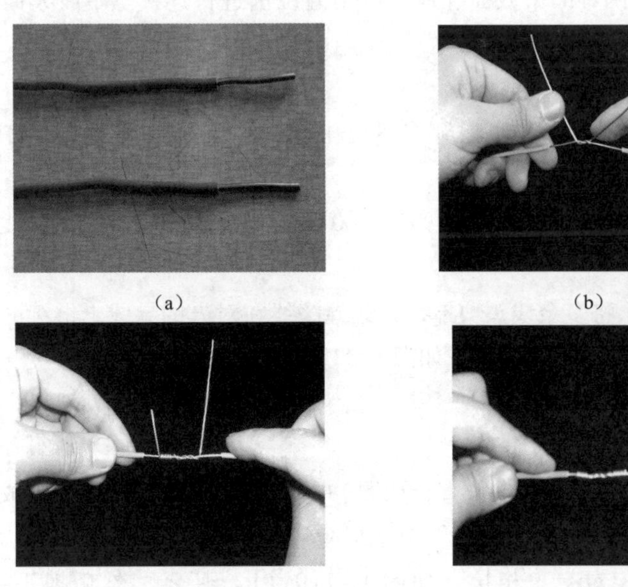

（a）　（b）

（c）　（d）

图 1-116　单股铜芯导线的直接连接

(2) 单股铜芯导线的T形连接

绞接法的步骤如下：

① 将去除绝缘层的支路线头与干线芯线十字相交，如图1-117（a）所示。

② 将支路芯线根部留出3～5 mm裸线，环绕成结状，再把支路线芯拉紧扳直，然后按顺时针方向在干线上紧密缠绕6～8圈，如图1-117（b）所示，将多余线头剪掉，并修理好切口毛刺即可，如图1-117（c）所示。

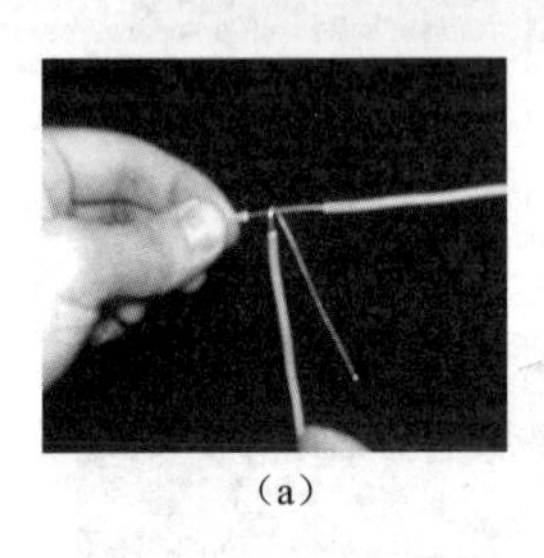
(a)

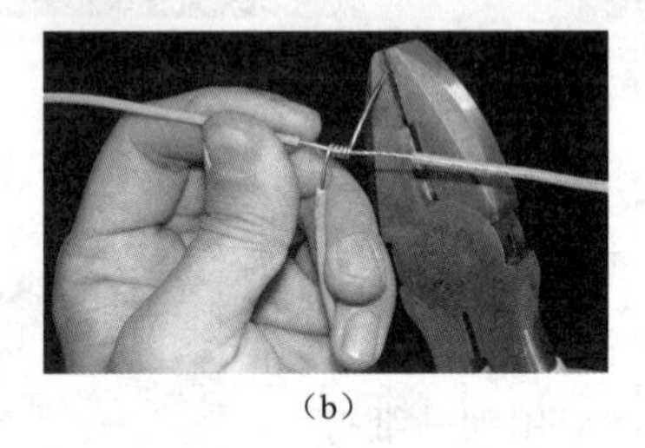
(b)

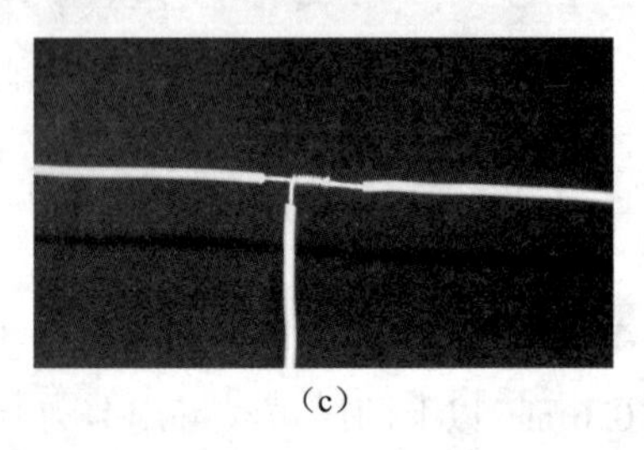
(c)

图1-117 单股铜芯导线的T形连接

③ 导线接头是电路中最薄弱的部分，接触不良往往是过热断线的原因。首先要保证电器接触的良好，其次要保证接线的强度。因此，要正确缠绕导线，导线缠绕应紧密，切口平整，芯线不得损伤。

对于小截面导线的T形连接也可用缠绕法，步骤如下：

① 将去除绝缘层的支路线头与干线芯线十字相交。

② 将支路芯线根部留出3～5 mm裸线，然后将支路芯线在干线上缠绕成结状，再把支路线芯拉紧扳直，紧密缠绕在干路芯线上，保证缠绕长度为线芯直径的8～10倍，将多余线头剪掉，修理好切口毛刺即可。

(3) 单股大截面导线的直接连接

对于用绞接法连接较困难的大截面导线，可用缠绕法进行连接。单股大截面导线的直接连接步骤如下：

① 将去除绝缘层的线头相对交叠。

② 将直径为1.6 mm的裸铜线作为缠绕线由中间部位开始进行缠绕，如图1-118（a）所示。

③ 直径小于5 mm的导线，其缠绕长度应为60 mm；直径大于5 mm的导线，其缠绕长度应为90 mm。

④ 缠绕60 mm之后，将多余线头剪掉，并让缠绕线在对方的导线上继续缠绕5圈，最后剪掉多余的线头，修理好切口毛刺即可，如图1-118（b）所示。

(4) 7股铜芯导线的直线连接

7股铜芯导线的直线连接步骤如下：

① 将去除绝缘层的两根芯线线头拉直，如图1-119（a）所示。把芯线分成3份，把距根部1/3处的导线绞紧，余下2/3长度的线头分散成伞形，并将每股芯线拉直。

② 将两股伞形线头相对交叉相接，如图1-119（b）所示；然后捏平两端线头，如图1-119（c）所示。

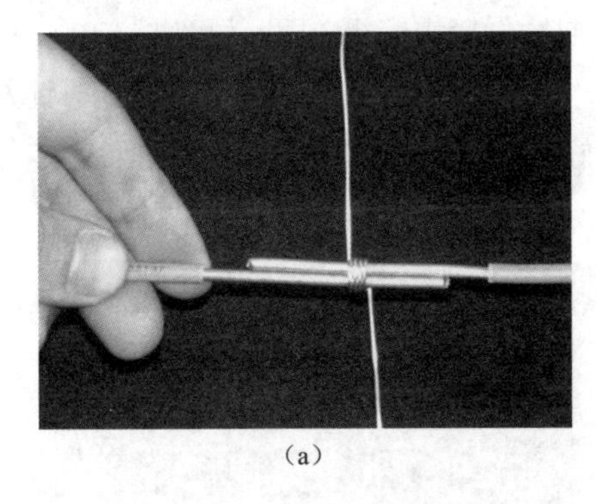
(a)

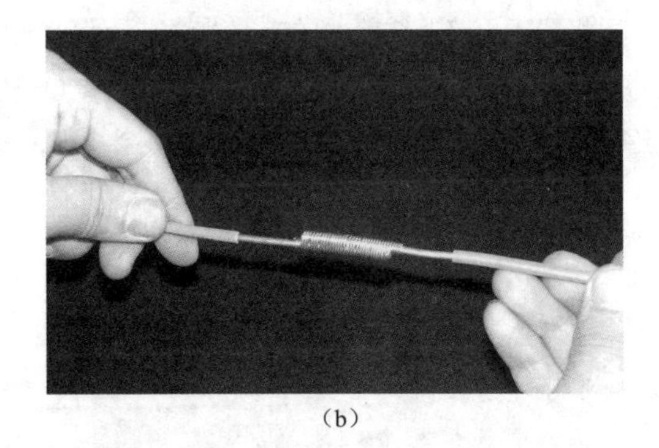
(b)

图 1-118　单股大截面导线的直线连接

注：单股大截面导线的 T 形连接方法与单股大截面导线的直接连接相同。

③ 将一端 7 股芯线按 2∶2∶3 分成 3 组，然后将第一组的两根芯线扳到垂直于导线的方向，按顺时针方向紧密缠绕 2 圈，再扳成直角平行于导线，如图 1-119（d）所示。

④ 按上一步骤缠绕第二组、第三组芯线，后一组芯线扳起时应紧贴在前一组芯线已弯成直角的根部缠绕。第三组要缠绕 3 圈，缠第 3 圈时，要把前两组多余的线头剪掉，并被第三圈遮位。剪去多余线头，修理好毛刺，如图 1-119（e）所示。

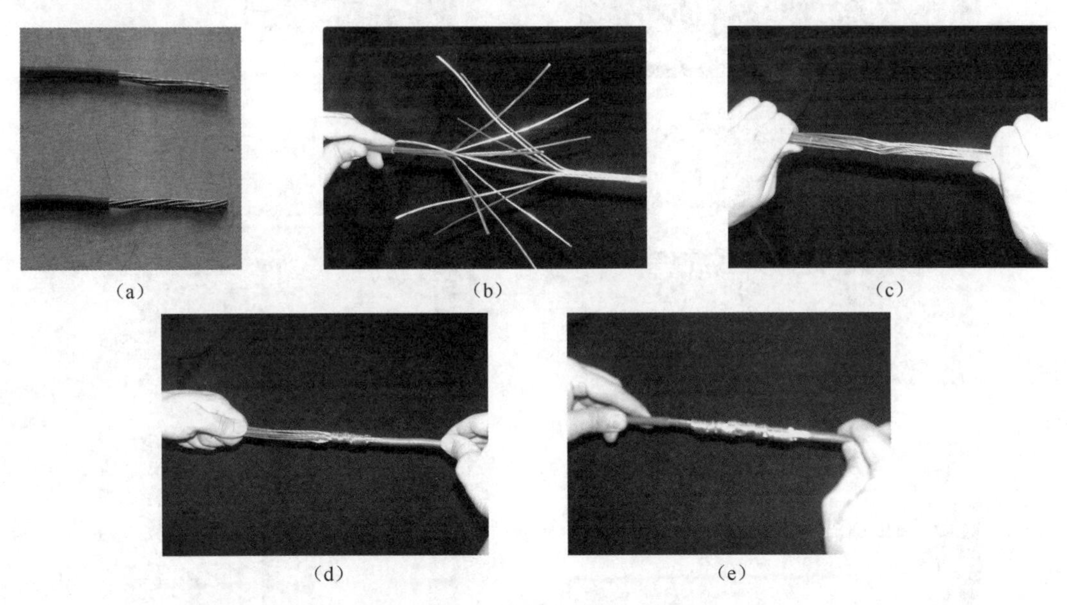
(a)　(b)　(c)　(d)　(e)

图 1-119　7 股铜芯导线的直线连接

⑤ 另一端的缠绕方法与上述方法相同。

（5）7 股铜芯导线的 T 形连接

① 将去除绝缘层的支路芯线的线头拉直，把距离根部 1/8 处绞紧，并将剩余的 7/8 的线头拉直后分为两组，分别为 3 根和 4 根，如图 1-120（a）所示。

② 在干路芯线的中间位置，用一字形螺钉旋具将干路分成两组，然后将支路中 4 股的一组芯线插入干路芯线的中缝内，另一组置于干路芯线的前面，如图 1-120（b）、（c）、（d）所示。

③ 将置于干路芯线前面的支路芯线在干路上按顺时针方向紧密缠绕3圈，如图1-120（e）所示，剪去多余线头，修理好毛刺，如图1-120（f）所示，然后将4股的一组支路芯线按逆时针方向缠绕4圈，如图1-120（g）所示，剪去多余线头，修理好毛刺即可，如图1-120（h）所示。

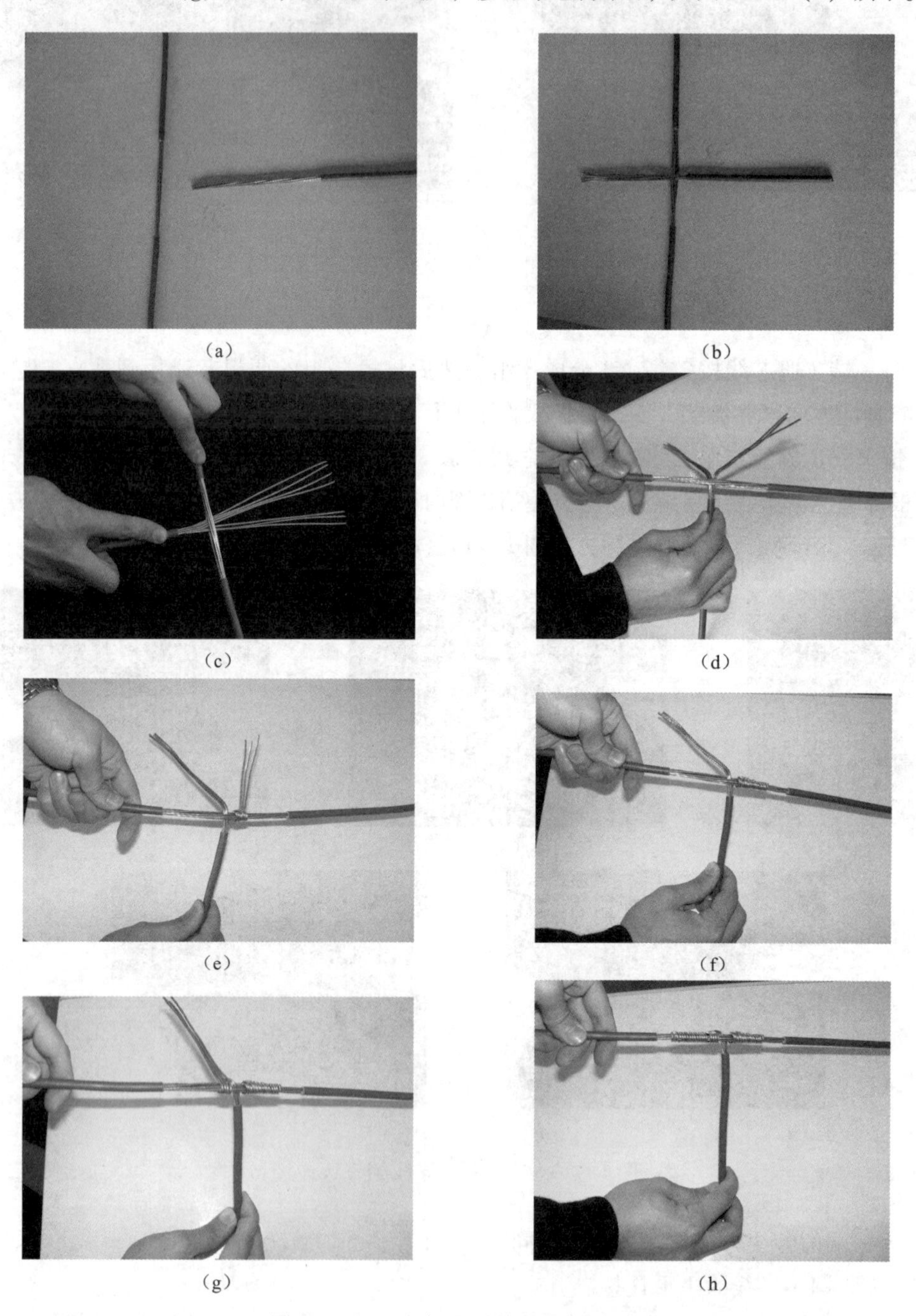

图1-120　7股铜芯导线的T形连接

（6）19股铜芯导线的直线和T形连接

19股铜芯导线的连接与7股铜芯导线的连接方法相同，直线连接中由于股数较多，可去除中间的几股，然后按要求将根部绞紧，隔根对叉，分组缠绕。连接后，为增强其机械强度和改善导电的性能，应在连接处进行钎焊。T 形连接中，可将 19 股分成 10 股和 9 股两组进行连接，并将 10 股芯线插入干线芯中，沿干线两边缠绕。

7）铝芯导线的连接

铝的表面易被氧化而使电阻率升高，所以铝芯导线与铜芯导线的连接方法不同。

（1）螺钉压接法

螺钉压接法适用于负荷较小的单股铝芯导线的连接，常用于导线与开关、灯头、接线端子等之间的连接，但必须经过去除氧化层的处理后再进行连接。

操作步骤如下：

① 先用钢丝刷或电工刀去除线芯表面的氧化铝薄膜，再涂抹上中性凡士林，如图 1-121（a）所示。

② 进行直线连接时，先把每根铝芯导线在接近线段处卷上 3 圈，然后再把 4 个线头两两相对地插入 2 只瓷接头的 4 个线桩上，再旋紧接线桩上的螺钉，如图 1-121（b）所示。

③ 在瓷接头上加罩铁皮盒盖或木罩盒盖。压接时注意由于铝线质地较软，不能用力太大，以免损坏线芯，如图 1-121（c）所示。

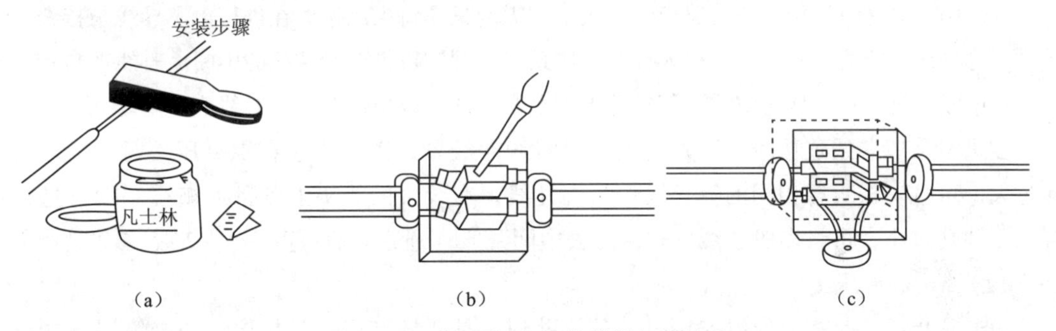

图 1-121　单股铝芯导线的螺钉压接法

（2）压接管压接法

压接管压接法适用于室内外较大负荷的多根铝芯导线的直线连接，又称套管压接法。由压接钳和压接管来压紧，如图 1-122（a）、（b）所示。

操作步骤如下：

① 根据多股铝芯导线规格选择合适的铝压接管。除去铝芯导线和压接管内壁的氧化层，并涂上一层中性凡士林。

② 将两根铝芯导线线头相对穿入压接管，并使线段穿出压接管 25 ~ 30 mm，如图 1-122（c）所示。

③ 然后进行压接，如图 1-122（d）所示，压接时，第一道压坑应压在铝芯线端一侧，不能压反，压接坑的距离和数量应符合技术要求。压接完成的铝芯导线线头如图 1-122（e）所示。

（3）沟线夹螺钉压接法

沟线夹螺钉压接法适用于室内外截面较大的架空线路的连接。

操作步骤如下：

① 用钢丝刷等去除导线线芯和沟线夹内壁上的氧化涂层，涂上中性凡士林。

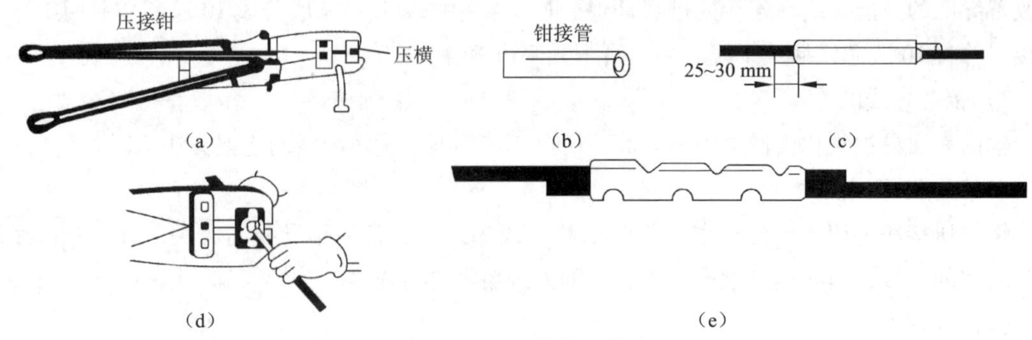

图 1-122　压接管压接法

② 将导线线头卡入沟线夹内，紧固螺钉，夹紧线头。

8）线头与接线柱的连接

在各种电气设备上，均有接线柱以供连接导线用。

（1）线头与针孔接线柱的连接

线头与针孔接线柱的连接适用于端子板、某些熔断器、电工仪表等接线部位。若线路容量小，可以用一只螺钉压接：若线路容量较大，则需两只螺钉来压接。在进行单芯导线与接线柱连接时，可将线头折成双股，水平插入针孔，使劲压紧螺钉钉紧双股芯线的中间。若线芯较粗，可直接用单股压接，在压接时将线头朝针孔上方稍微弯曲，以免螺钉稍松时线头掉出。

在进行多股芯线连接时，应先用钢丝钳将线芯绞紧，以防线芯在螺钉压接时松散。若针孔过大，可选一根直径相同的铝导线作为绑扎线，在绞紧的线头上紧密地缠绕一圈再进行压接；若针孔过小，可将多股芯线拆开，剪去中间几股（通常 7 股可剪去 1 ~ 2 股，19 股可剪去 1 ~ 7 股），再进行压接。

无论是单股还是多股导线连接时，必须做到一是要插到底；二是导线的绝缘层不能插进针孔，针孔外裸线长度不能超过 3 mm。

（2）线头与平压式接线柱的连接

平压式接线柱是利用半圆头、圆柱头或六角螺钉加垫圈将线头压紧的。如果是载流量较小的单芯导线，必须把线头用钳子弯成羊眼圈，如图 1-123 所示，再用螺钉压紧，羊眼圈弯曲的方向应与螺钉拧紧的方向一致。

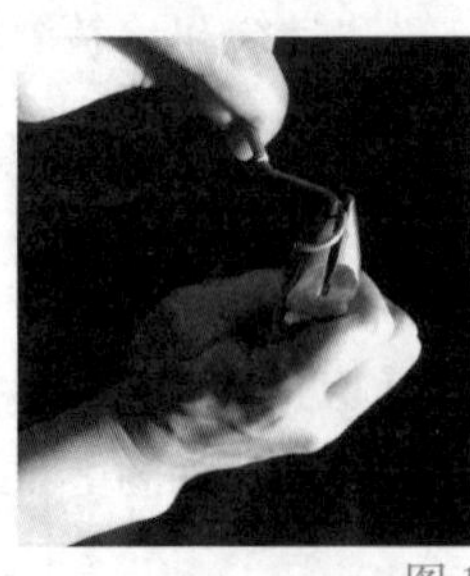

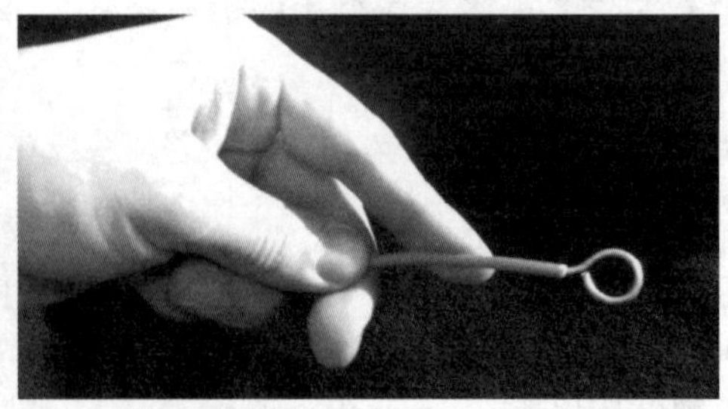

图 1-123　单股芯线羊眼圈弯法

对于横截面不超过 10 mm^2 的 7 股以下的芯线，应将距离线芯根部的 1/2 处绞紧，余下的 1/2 处拉直，如图 1-124（a）所示；绞紧部分弯成圆圈，余下的线头与绞紧的导线并在一起，将余下的线头按 2 : 2 : 3 分成 3 组，如图 1-124（b）所示，以 7 股铜芯导线直接连接的方法进行连接，如图 1-124（c）、（d）、（e）所示。

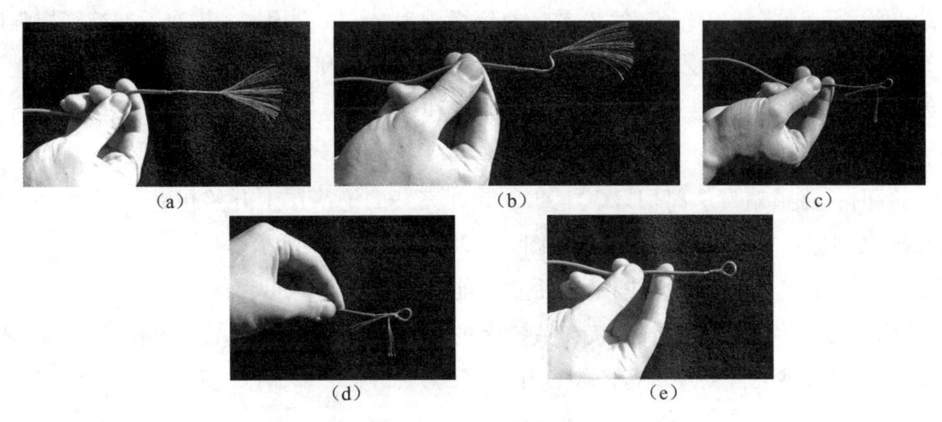

图 1-124　多股芯线压接圈弯法

对于载流量较大，横截面超过 10 mm^2 的 7 股以上的导线，应安装接线耳。

软线线头的连接是将线头缠绕在压接螺钉上，压接方法同多股芯线的压接。

（3）线头与瓦形接线柱的连接

瓦形接线柱的垫圈为瓦形。连接时，先将去除氧化物的线头折成 U 形，再卡入瓦形接线柱的垫圈下方压接。如有两个导线线头进行连接，应将弯成 U 形的两个线头重合，再进行压接。

9）导线的封端

为保证导线线头与电气设备的良好接触和机械性能，要在 10 mm^2 以上的单股铜芯导线和 2.5 mm^2 以上的多股铜芯导线和单股铝芯导线的线头处焊接或者压接接线的端子，这种工艺称为导线的封端。

（1）铜导线的封端

① 锡焊法：

a. 对于 10 mm^2 及以下的铜芯导线接头，用 150 W 的电烙铁进行锡焊。焊前先清洁导线和接线端子表面，再在接头处需涂上一层无酸焊锡膏，再将线头插入接线端子和线孔内，用焊接方法进行封端。

b. 对于 16 mm^2 及以上的铜芯导线接头，应用浇焊法。浇焊时，应先将焊锡放在化锡锅内，用酒精喷灯或电炉熔化，使其表面熔成磷黄色，焊锡即达到高热；然后将导线接头放在锡锅的上方，用勺子盛上熔化的锡，从接头上面浇下，连续进行多次，直至全部焊牢为止。在用抹布轻轻擦去表面的焊渣，使接头表面光滑，如图 1-125 所示。

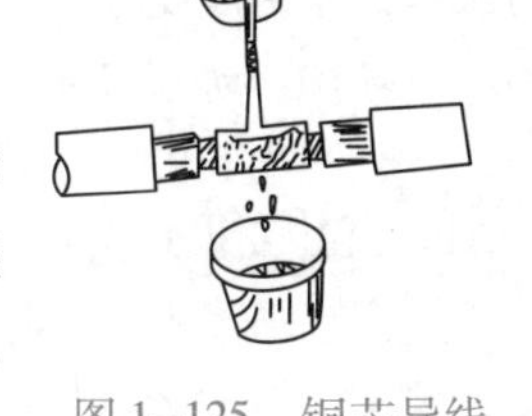

图 1-125　铜芯导线接头浇焊法

② 压接法。先清洁导线和接线端子表面，将线头插入接线端子和线孔内，再利用压接钳进行压接。

（2）铝导线的封端

铝导线的表面极易氧化，用锡焊的方法比较困难，通常使用压接法封端。先清洁铝导线的线头和接线端子的表面，在接触面上涂上中性凡士林，再将线头插入接线端子的线孔内，用压接钳压接。

10）导线绝缘层的恢复

导线的绝缘层破损和导线连接后都要恢复绝缘。为保证安全用电，恢复后的绝缘层强度不应低于原有绝缘能力。常用的恢复材料有黄蜡带、涤纶薄膜带和黑胶带3种。220 V和380 V的线路恢复绝缘常采用绝缘胶布半叠压包缠法，黄腊带和黑胶带选用20 mm宽比较适合。

包缠的操作步骤如下：

① 包缠时，将黄蜡带从离切口30～40 mm处完好的绝缘层上开始包缠，要用力拉紧，黄蜡带与导线之间应保持45°的倾斜角，如图1-126（a）、（b）所示。

② 进行下一圈包缠时，后一圈必须压叠在前一圈1/2的宽度上。

③ 黄蜡带包缠完后，将黑胶带接在黄蜡带的尾端进行包缠，收尾后应将双手的拇指和食指捏紧黑胶带的端口进行旋拧，将两端口充分密封，如图1-126（c）所示。

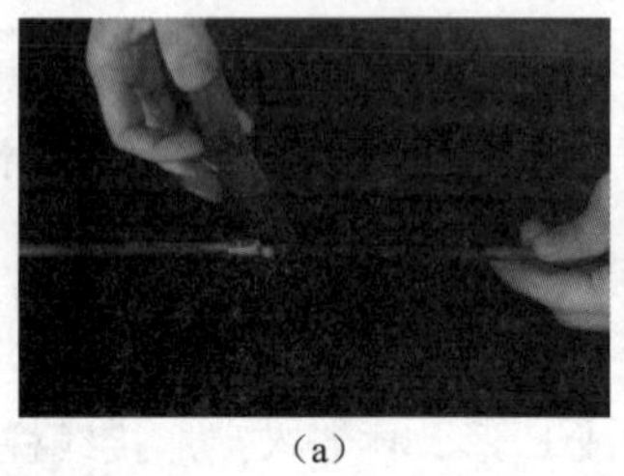
（a）

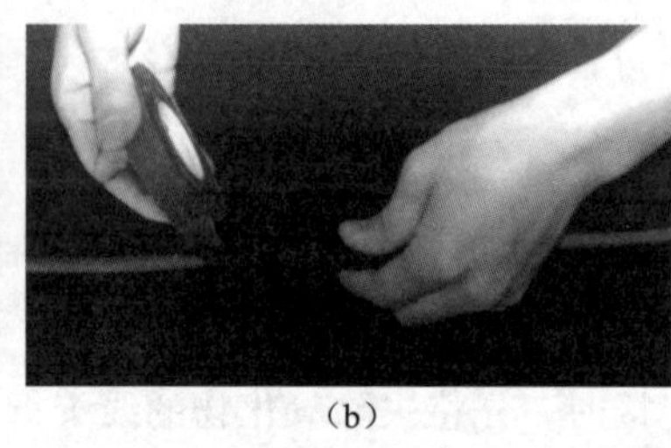
（b）

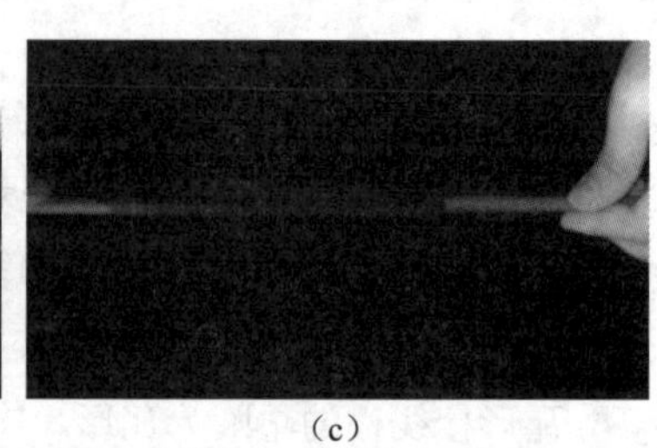
（c）

图1-126 导线绝缘层的恢复

④ 恢复380 V线路的绝缘时，必须先缠绕1～2层黄蜡带，然后再缠一层黑胶带；恢复220 V线路的绝缘时，先缠绕一层黄蜡带，再包一层黑胶带，或只包两层黑胶带。

二、任务结束

工作结束后，清点工具、清理现场。

项目总结

本项目主要介绍了安全生产操作、常用电工仪表及电工工具的使用。通过本项目各任务的操作，学习了电线的连接，电气设备调试工作的前期、中期、后期的准备工作及出现事故的应急措施，为后续低压电工维修工作奠定了基础。

项目实训

实训1 常用触电急救训练

一、实训目标

① 要求学会根据触电者的症状，选择适当的急救方法。

② 掌握口对口人工呼吸法和胸外心脏挤压法。

二、实训器材

教学录像带、模拟人、棕垫。

三、实训内容

1. 组织学生观看教学录像

2. 口对口人工呼吸法训练

① 让模拟人装成触电者，仰卧在棕垫上。

② 训练者应根据口对口人工呼吸法的动作要领进行救护。

③ 操作步骤：要使头部尽量后仰，迅速解开触电者的衣扣、紧身衣服等；再将颈部伸直，掰开嘴，清除口腔中的污物、假牙等杂物。如果舌头后缩，应拉出舌头，使呼吸畅通。训练者位于模拟人一侧，一只手抬高模拟人下颌，使其口张开，另一只手捏住触电者的鼻子，保证吹气时不漏气。训练者用中等度深呼吸，把口紧贴模拟人的口，缓慢而均匀地吹气，使训练者胸部扩张。吹气后救护者要换气时，应立即离开模拟人的嘴，同时放开捏紧的鼻孔，让模拟人自动向外呼吸。按上述步骤反复进行，每分钟吹气12～16次，大约吹气2 s，呼气3 s，5 s一个循环。

3. 胸外心脏挤压法训练

① 让模拟人装成触电者，仰卧在棕垫上。

② 训练者应根据胸外心脏挤压法的动作要领进行救护。

③ 操作步骤：将触电者衣服解开，背部着地稳固。训练者跪在模拟人腰部一侧，或骑在触电者身上，一只手的中指尖放在模拟人颈部凹陷的下边缘，手掌的根部就是压胸位置，然后两手相叠。压胸的一只手均衡用力，连同身体重量向脊柱方向挤压，使胸部下陷3～4 cm，使心脏血液被挤出；然后手掌迅速放松，依靠胸廓的自身弹性复位，使血液流回心脏。注意，这时手掌不要离开胸部，再进行下一次挤压，如此循环下去，成年人每分钟挤压约60次，儿童每分钟挤压90～100次。急救模拟现场如图1-127所示。

图1-127　急救模拟现场

四、测评标准

测评内容	配分	评分标准	扣分	得分
口对口人工呼吸法	50	（1）急救前的准备工作没进行，扣5分； （2）训练者姿势不正确，扣15分； （3）操作错误，每处扣5分； （4）由于操作不当导致人身受伤，扣25分		
胸外心脏挤压法	50	（1）急救前的准备工作没进行，扣5分； （2）训练者挤压位置不正确，扣15分； （3）操作错误，每处扣5分； （4）由于操作不当导致人身受伤，扣25分		
合计总分				

实训2　常用导线的连接

一、实训目标

① 熟练掌握低压线路中导线的连接和接头绝缘处理的技能及方法。

② 掌握导线接头恢复绝缘层的技能及方法。

二、实训器材

① 工具：钢丝钳、剥线钳、电工刀等。

② 材料：1.0 mm^2和1.5 mm^2单股铜芯导线若干、花线若干、护套线若干、橡皮护套线若干、0.75 $mm^2$7股铜芯导线若干、漆包线若干、细砂纸若干、黑胶布若干、黄蜡带若干。

三、实训内容

1. 剖削、去除导线绝缘层

① 剖削、去除单（多）股铜芯导线绝缘层。

② 剖削护套线绝缘层。

③ 剖削花线绝缘层。

④ 漆包线绝缘层的去除。

2. 导线的连接

① 单股铜芯导线的直线连接。

② 单股铜芯导线的T形连接。

③ 7股铜芯导线的直线连接。

④ 7股铜芯导线的T形连接。

3. 恢复绝缘层

四、测评标准

测评内容	配分	评分标准	操作时间/min	扣分	得分
剖削导线绝缘层	40	（1）导线剖削方法不正确，扣5分； （2）工艺不规范，扣5分； （3）工具使用不熟练，扣5分； （4）导线有刀伤，扣10分； （5）导线有钳伤，扣15分	20		
导线线头的连接	40	（1）工具使用不熟练，扣5分； （2）导线缠绕方法不正确，扣5分； （3）导线缠绕不整齐，扣5分； （4）导线连接不平直，扣5分； （5）导线连接不紧凑且不圆，扣5分； （6）导线连接机械强度不够，扣5分； （7）导线连接不美观，扣10分	60		
导线恢复绝缘	20	（1）包缠方法不正确，扣5分； （2）工艺不规范，扣5分； （3）绝缘层数不够，扣10分	20		
安全文明操作		违反安全生产规程，视现场具体违规情况扣分			
定额时间 （100 min）	开始时间 （　　） 结束时间 （　　）	每超时2 min扣5分			
合计总分					

思考与练习

1. 电对人体的伤害程度与什么因素有关?

2. 我国规定的12 V、24 V、36 V三个等级的安全电压，各适用于什么场合?

3. 发现有人触电，应如何使触电者尽快脱离电源?

4. 对触电者常采用哪几种急救措施? 主要适用哪些情况? 动作要领如何?

5. 如果将电压表与被测电路串联，电流表与被测电路并联，会出现什么结果?

6. 怎样使用模拟万用表测量电阻?

7. 为什么测量直流电流时万用表要串入被测电路? 若误将它与电路并联，转换开关置于直流挡，会有什么危害?

8. 测量电阻时，为什么不能带电测量?

9. 为什么不能用万用表电阻挡直接测量电源的内阻?

10. 带电测量为什么不能拨动转换开关?

11. 使用兆欧表测量绝缘电阻时的注意事项是什么?

12. 如何将单相电能表接入电路? 怎样识别接线端标记不清的单相电能表?

13. 螺钉旋具根据其头部形状可分为几种? 使用时应注意什么问题?

14. 钢丝钳、尖嘴钳、剥线钳等工具在接线中的用途是什么?

15. 使用冲击钻时要注意什么问题?

16. 射钉枪的使用注意事项有哪些?

17. 电烙铁加热有哪些特点? 并说明使用时的注意事项。

18. 常用绝缘漆包括哪几种?

19. 常用绝缘制品有哪几种?

20. 黑胶布带的应用场合是什么?

21. 绝缘子有哪几种形式? 分别适用于什么场合?

22. 电线电缆是如何进行分类的?

23. 电气装备用电线电缆包括几类?

24. 电力电缆由哪几部分组成? 各组成部分由什么材料制成?

25. 试叙述单股铜芯导线的直线与T形连接的过程。

26. 线头与接线柱连接的方式有哪几种?

27. 铝芯导线的连接一般采用的方法是什么?

28. 铜芯导线应怎样进行封端?

29. 铝芯导线应怎样进行封端?

30. 如何进行导线绝缘层的恢复?

项目2 双电源供电的直流电路制作与调试

项目导入

王宇航在进行了为期一周的安全用电方面的培训后，进入到直流电路方面的培训，培训内容主要包括电气识图及双电源供电的直流电路的设计、安装及调试。

学习目标

（1）熟悉电路工程图的分类，识读电气原理图、元件位置图以及电路接线图的绘制；

（2）掌握常用低压电器的图形符号、结构和工作原理；

（3）掌握电气识图的基本知识，并能对电气图进行识别；

（4）掌握电阻元件的基本特性并能熟练地进行电阻串并联的计算；

（5）掌握两种电源模型的等效变换和有源支路的串并联，并能熟练地进行简单电路的分析计算；

（6）熟练地运用支路电流分析法对双电源供电的直流电路进行分析、制作与调试。

项目实施

任务3　电气识图

任务解析

通过完成本任务，使学生学习电气识图的基本知识、元器件的符号和代号，掌握低压电器的结构和工作原理，能在工作中熟练进行电气图的识别。

知识链接

一、电气工程图的分类与绘制要求

电气工程图是表示电力系统中的电气线路及各种电气设备、元件、电气装置的规格、型号、位置、数量、装配方式及相互关系和连接的安装工程设计图。

1. 按其表达形式和用途分类

可分为系统图、电路图、功能图、逻辑图、等效电路图、程序图、设备元件表、端子功能图、接线图、数据单、位置图。

(1) 系统图

又称框图，用符号或带注释的框表示系统或分系统的基本组成、相互关系及其主要特征的一种简图。

(2) 电路图

用图形符号描述工作顺序，详细表示电路、设备或成套装置的全部组成和连接关系，而不考虑其实际位置的一种简图。

(3) 功能图

表示理论的或理想的电路而不涉及实现方法的一种图，其用途是提供绘制电路图或其他有关图的依据。

(4) 逻辑图

主要用二进制逻辑单元图形符号绘制的一种简图，其中只表示功能而不涉及实际方法的逻辑图。

(5) 等效电路图

表示理论的或理想元件及其连接关系的一种功能图。

(6) 程序图

详细表示程序单元和程序块及其互连关系的一种简图。

(7) 设备元件表

把成套装置、设备中各组成部分和相应数据列成表格。

(8) 端子功能图

表示功能单元全部外接端子，并用功能图、表或文字表示其内部功能的一种简图。

(9) 接线图

表示电气设备各个单元之间连接关系和外部接线所需数据的连接关系，用以进行接线和检查的一种简图。

(10) 数据单

对特定项目给出详细的信息资料。

(11) 位置图

表示电气设备各个单元之间的位置的一种简图。

2. 电气工程图绘制要求

(1) 电气原理图的绘制要求

① 电气原理图的电路应按功能来组合，同一功能的电气相关件应画在一起，不应受电器结构的约束。电路应按动作顺序和信号流自上而下或自左向右排列绘制。

② 动力、控制和信号电路应分开绘制。电源电路绘成水平线，电动机及其保护电器支路应垂直电源电路绘制，控制和信号电路应垂直地绘在两条或几条水平电源线之间。

③ 电器应是未通电时的状态，二进制逻辑元件应是置零时的状态，机械开关应是循环开始前的状态。

④ 原理图的线路应是直线，避免线路的交叉和方向的改变。

⑤ 需要测试和拆、接外部引出线的端子，应用符号“空心圆”表示，电路的连接点用“实心圆”表示。

⑥ 电气元件的接线端应标注编号，如三相交流电源为 L_1、L_2、L_3，中性线为 N，电动机端为 U、V、W 等。

⑦ 必要时，可用框图表示电路图的一部分或增加附注、附图和附表进行补充说明。

⑧ 电气原理图应布局合理、排列正确、结构紧凑及图面清晰。

（2）元件位置图的绘制要求

① 按原理图要求，应将动力、控制和信号电路分开布置，动力电路应靠近设备装在动力控制箱内，控制电路应装在易于操作的按钮箱内。

② 各电气元件上下、左右之间的连接应保持一定的间距，且应考虑电气元件的发热与散热因素，并便于布线、接线及检修。

③ 给出选择电气设备的电源电缆的过电流保护电器型号、特性和额定电流值或整定电流值。

④ 给出控制箱外分散安装其他控制电器的位置及搬动或检修电气设备所需的空间。

⑤ 图中的文字代号，应与原理图、接线图和电气设备清单一致。

（3）电路接线图的绘制要求。

① 应正确表示各电气元件的相互连接关系及要求，给出全部电气设备的外部接线所需数据。

② 应标明改变电压时接线的变动情况、保护线路的连接及其相应的接线端子。

③ 控制装置的外部连接应标明电源的引入点。连接外部电气装置或器件所用导线应规定出保护管的外壳或屏蔽，并标明所有导线及保护管的型号、规格和尺寸。

④ 图中文字代号及接线端子编号，应与原理图一致。

⑤ 接线图应正确、清晰及易懂，且应容易检查接线错误或遗漏。

二、电气识图有关符号和代号

常用电气元件的图形符号如表 2-1 所示。

表 2-1　电气识图图形符号（GB/T 4728—2008）

图形符号	含　义	图形符号	含　义	图形符号	含　义
	变电所		一般情况下手动操作		闪络、击穿
	控制屏、控制台、箱、柜，一般符号		受限制的手动控制		导线间绝缘击穿
	多种电源配电箱		拉拔操作		导线对机壳绝缘击穿
	电力配电箱（板）		旋转操作		导线对地绝缘击穿
	照明配电箱（板）				

续表

图形符号	含　义	图形符号	含　义	图形符号	含　义
	事故照明配电箱（板）		推动操作		永久磁铁
			紧急开关（蘑菇头安全按钮）		动触点（如滑动触点）
或	直流 注：电压可标在符号右边，系统类型可标在符号左边 示例：2M－220V/110V 表示直流，带中间线的三线制，220V（两根导线与中间线之间为 110V），2M 可用 2＋M 代替		手轮操作		导线、导线组、电线、电缆、电路、线路、母线（总线）的一般符号
			杠杆操作		
			滚轮（滚柱）操作		示例：三根导线
			凸轮操作	3	示例：三根导线
			过流保护的电磁操作		柔软线
~	交流 注：频率或频率范围及电压数值应标注在符号的右边，系统类型应标注在符号的左边 示例：~50Hz，表示交流 50Hz 示例：3N~50Hz 380V 220V 表示交流，三相带中性线，50Hz，380V（中性线与相线之间为 220V，3N 可用 3＋N 代替）		电磁执行器操作		屏蔽线
			热执行器操作		未连接的导线或电缆
		M	电动机操作		
	交直线		接地的一般符号		导线的连接
N	中性（中性线）		保护接地		端子 注：必要时圆圈可以画成圆黑点
M	中间线				
	制动器		接机壳或接地板		导线的连接
M	示例：带制动器并已制动的电动机		等电位		导线的多线连接
M	示例：带制动器未制动的电动机		故障（用以表示假定故障位置）		可拆卸端子
	导线的不连接（跨越）		带磁芯连续可调的电感器	M~	交流电动机
	导线的直接连接，导线接头		有抽头的电感器 注：① 可增加或减少抽头数目 ② 可在外侧两半圆交点引出	M 3~	三相笼形异步电动机
	接通的连接片				
	断开的连接片		可调电感器	M 3~	三相线绕转子异步电动机

续表

图形符号	含　义	图形符号	含　义	图形符号	含　义
	电阻器的一般符号		半导体二极管一般符号		串励直流电动机
	可变电阻、可调电阻器		PNP 型半导体管		
	热敏电阻器（θ 可用 i 代替）		NPN 型半导体管		并励直流电动机
	滑动触点电位器		NPN 型半导体管，集电极接管壳		他励直流电动机
	带开关的滑动触点电位器		具有 N 型双基极单结型半导体管		有铁芯的单相双绕组变压器
			三角形连接的三相绕组		
	电容器的一般符号		星形连接的三相绕组		有中心抽头并有铁芯的单相双绕组变压器
	可调电容器		中性点引出的星形连接三相绕组		
	微调电容器		换向绕组或补偿绕组		绕组间有屏蔽的双绕组并有铁芯的单相变压器
	电感器、线圈、绕组、轭流圈 注：① 如果要表示带磁芯的电感器，可以在该符号上加一条线 ② 符号中半圆数目不做规定，但不得少于三个		串激绕组		
			并激或他激绕组		三相变压器，星形-三角形连接
			直流发电机		
	示例：带磁芯的电感器，磁芯有间隙的电感器		直流电动机		有铁芯的三相自耦变压器，星形连接
			交流发电机		
或	电抗器，轭流圈		当操作器作被释放时延时闭合的动断触点		位置（限制）开关的动合（常开）触点
或	电流互感器，脉冲变压器		当操作器件被吸合时延时断开的动断触点		位置（限制）开关的动断（常闭）触点
或	桥式全波整流器		有弹性返回的动合触点		对两个独立电路做双向机械操作的位置（限制）开关
			无弹性返回的动合触点		
	原电池或蓄电池		手动开关的一般符号		接触器的动合（常开）触点
			拉拔开关（不闭锁）		接触器的动断（常闭）触点

续表

图形符号	含　义	图形符号	含　义	图形符号	含　义
	动合（常开）触点 注：也可用作开关的一般符号		旋钮开关，旋转开关（闭合）		接触器的主触点
	动断（常闭）触点		带动合（常开）触点按钮开关 注：习惯使用手动开关的一般符号		负荷开关（负荷隔离开关）
	先断后合的转换触点		带动断（常闭）触点的按钮开关 注：习惯使用手动开关和一般符号		具有自动释放的负荷开关
	中间断开的双向触点				隔离开关
	当操作器件被吸合时延时闭合的动合触点		带动断和动合触点的按钮 注：习惯使用手动开关的一般符号		断路器
	当操作器件被释放时延时断开的动合触点			或	三极开关的一般符号
	三极隔离开关		跌开式熔断器		带接地插孔的三相插座
	三极高压断路器	⊗	灯的一般符号 信号灯的一般符号 注：如果要求指示颜色，则在靠近处标出下列字母： RD——红 YE——黄 GN——绿 BU——蓝 WH——白		暗装
					防爆
					带熔断器的插座
	三极负荷开关				开关的一般符号
或	操作器件（接触器、继电器线圈）一般符号		扬声器		单极开关
	缓慢释放（缓放）继电器的线圈		直流电焊机		暗装
			交流电焊机		密封
	缓慢吸合（缓吸）继电器的线圈		风扇的一般符号 注：若不引起混淆方框可省去不画		防爆
					双极开关
	缓吸和缓放继电器的线圈		单相插座		暗装
	热继电器的驱动器件（热元件）		暗装		密闭（防水）
	热继电器动断（常闭）触点		密闭（防水）		防爆
			防爆		三极开关

续表

图形符号	含　义	图形符号	含　义	图形符号	含　义
	熔断器		带保护接点插座		单极接线开关
					单极双控拉线开关
	熔断器式开关		暗装		双控开关（单极三线）
	投光灯一般符号	A-B C	电杆的一般符号 注：可加注文字符号表示 A—杆材或所属部门 B—杆长 C—杆号	W	记录式功率表
	荧光灯一般符号				
	三盏荧光灯			n	转速表
5	五盏荧光灯		拉线的一般符号		检流计
	球形灯		有人字形拉线的电杆	Hz	频率表
	安全灯				
	天棚灯		有高桩拉线的电杆	V	电压表
	壁灯		装设单担电杆	A	电流表
	弯灯		装设双担电杆	A sinφ	无功电流表
±0.000 ±0.000	安装或敷设标高（m） （1）用于室内平面图、剖面图上 （2）用于总平面图上室外地面		装设十字担电杆	cosφ	功率因数表

电气设备基本文字符号见表2-2。

表2-2　电气设备基本文字符号

设备、装置和元器件种类	名称	基本文字符号	
		单字母、双字母	
非电量到电量变换器或电量到非电量变换器	送话器 拾音器 扬声器 耳　机 旋转变压器	B	
	旋转变换器（测速发电机）		BR
电容器	电容器	C	
其他元器件	发热器件	E	EH
	照明灯		EL
保护器件	过电压放电器件、避雷器	F	
	具有瞬时动作的限流保护器件		FA
	具有延时动作的限流保护器件		FR
	具有延时和瞬时动作的限流保护器件		FS
	熔断器		FU

续表

设备、装置和元器件种类	名称	基本文字符号	
		单字母、双字母	
发生器、发电机、电源	同步发电机	G	GS
	异步发电机		GA
	蓄电池		GB
信号器件	指示灯	H	HL
继电器、接触器	瞬时接触继电器	K	KA
	瞬时有或无继电器		KA
	交流继电器		KA
	接触器		KM
	极化继电器		KP
	簧片继电器		KR
电感器、电抗器	感应线圈 电抗器（并联和串联）	L	
电动机	电动机	M	
	同步电动机		MS
	可作发电机和电动机用的电机		MG
测量设备、试验设备	电流表	P	PA
	电度表		PJ
	电压表		PV
电力电路的开关器件	断路器	Q	QF
	电动机保护开关		QM
	隔离开关		QS
电阻器	电阻器	R	
	变阻器		
	电位器		RP
控制、记忆、信号电路的开关器件选择器	控制开关	S	SA
	选择开关		SA
	按钮开关		SB
变压器	电流互感器	T	TA
	控制电路用电源变压器		TC
	电力变压器		TM
	电压互感器		TV
传输通道波导、天线	导线 电缆 母线	W	

续表

设备、装置和元器件种类	名称	基本文字符号	
		单字母、双字母	
端子 插头 插座	连接插头和插座 接线柱 焊接端子板	X	
	连接片		XB
	测试插孔		XJ
	插头		XP
	插座		XS
	端子板		XT
电气操作的机械器件	气阀	Y	
	电磁铁		YA
	电磁制动器		YB
	电磁离合器		YC
	电磁吸盘		YH
	电磁阀		YV

电源线路和三相电气设备的标记代号见表2-3。

表2-3　电源线路和三相电气设备的标记代号

项 目 名 称	标 记 代 号	项 目 名 称	标 记 代 号
交流系统电源第1相	L1	交流系统设备端第1相	U
交流系统电源第2相	L2	交流系统设备端第2相	V
交流系统电源第3相	L3	交流系统设备端第3相	W
中线（中性线）	N	保护地线	PE
直流电源正极	L_{++}	保护和中性共用线	PEN
直流电源负极	L_{--}	接地	E
中间线	M	无噪声接地	TE

三、常用低压电路元器件的分类

电器是指在电能的产生，传输、分配和使用中，能实现对电路的切换、控制、保持、变换、调节等作用的电气设备，是电力拖动和自动控制系统的基本组成部分。通常，高压电器是指额定电压为3 kV或3 kV以上的电器；低压电器是指正弦交流电压1 000 V或直流电压1 200 V以下的电器，它是自动控制系统的基本组成元件。

1. 按工作电压分

（1）低压电器

指工作电压在交流1 000 V或直流1 200 V以下的电器。例如：接触器、刀开关、熔断器、继电器、主令电器等。

（2）高压电器

指工作电压在交流1 000 V或直流1 200 V以上的电器。例如：高压断路器、高压隔离开关、高压熔断器等。

2. 按动作原理分

（1）手动电器

通过人工直接操作才能进行切换的电器。例如：刀开关、按钮、转换开关等。

（2）自动电器

不需人工操作，按照某种输入信号变化或利用电器自身的结构自动地进行切换的电器。例如：接触器、继电器、高压断路器等。

3. 按用途分

（1）控制电器

各种用来控制电路通断的电器。例如：接触器、继电器、开关等。

（2）主令电器

发出控制指令来控制其他电器动作的电器。例如：按钮、行程开关、万能转换开关等。

（3）保护电器

用来保护电路和用电设备的电器。例如：熔断器、热继电器等。

（4）执行电器

用来完成某种动作或传递功能的电器。例如：电磁铁、电磁离合器等。

4. 按工作原理分

（1）电磁式电器

指根据电磁感应来工作的电器。例如：接触器、继电器等。

（2）非电量电器

根据外力或非电量变化而动作的电器。例如：刀开关、按钮、速度继电器等。

四、接触器

接触器是一种用来频繁接通和切断交直流主电路的自动切换电器。它主要用于控制电动机、电焊机等设备。由于具有低压释放保护功能，可频繁及远距离控制等优点，被广泛应用于自动控制电路中。接触器通常分为交流接触器和直流接触器，接触器的图形符号如图 2-1 所示。

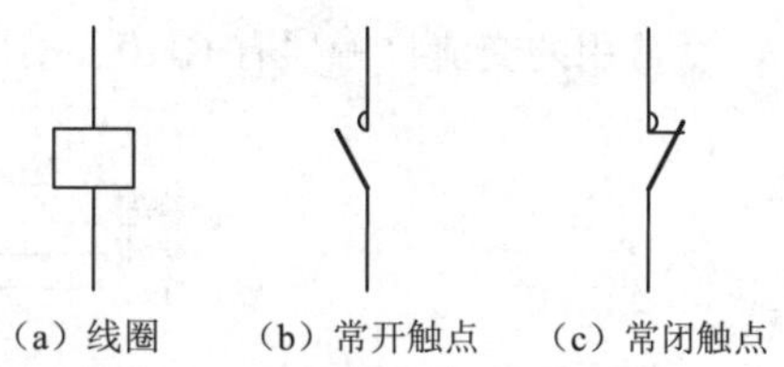

图 2-1　接触器的图形符号

1. 交流接触器的结构

交流接触器主要由 4 部分组成，其外形结构如图 2-2 所示。

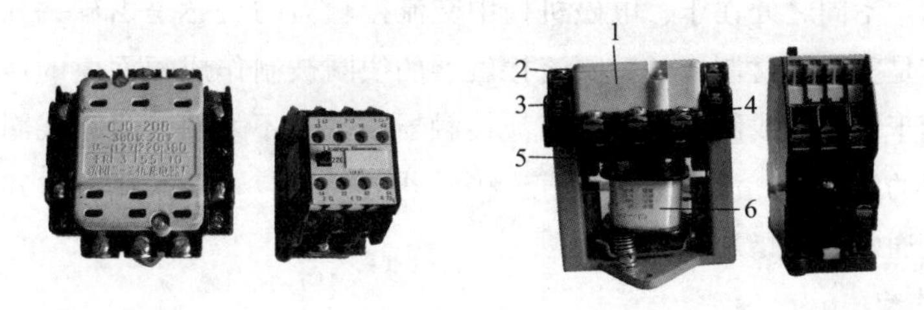

图 2-2　接触器的外形结构

1—灭弧罩；2—辅助常闭触点；3—辅助常开触点；4—主触点；5—复位弹簧；6—线圈

（1）电磁机构

主要由线圈、动铁芯、静铁芯组成。

（2）触点系统

它是执行元件，包括主触点和辅助触点。主触点通常为3对常开触点，辅助触点为常开、常闭触点各2对。

（3）灭弧装置

交流接触器的主触点在切断电路时会产生较强的电弧，为保护触点不会被灼伤，减少电路分断时间，必须安装灭弧装置。通常采用的灭弧装置有电动力灭弧、纵缝灭弧、栅片灭弧、磁吹灭弧等。

（4）其他部件

包括复位弹簧、缓冲弹簧、触点压力弹簧、传动机构、外壳等。

2. 交流接触器的工作原理

交流接触器主触点的动触点装在与动铁芯相连的绝缘杆上，静触点则固定在壳体上。

当线圈通电后，线圈电流产生磁场，使静铁芯产生电磁吸力将动铁芯向下吸合，动铁芯带动相连的动触点动作，使常闭触点断开，常开触点闭合。接触器的主触点使主电路接通，辅助触点接通相应的控制电路。

当线圈断电后，静铁芯的电磁吸力消失，动铁芯在反作用弹簧力的作用下复位，各触点也随之复位，关断主电路和控制电路。

交流接触器的主要特点：动作快、触点多、操作方便、便于远距离控制；不足是：噪声大、寿命短，只能通断负荷电流，不具备保护功能，应用时与熔断器、热继电器等保护电器配合使用。

3. 交流接触器的类型

常用的交流接触器有CJ10、CJ12、CJ20等系列。交流接触器型号的含义如图2-3所示。

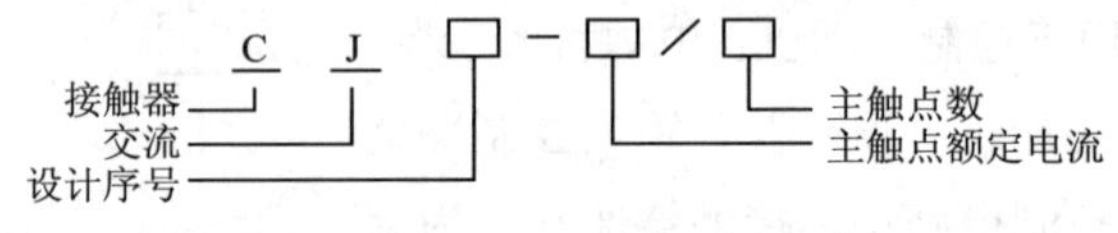

图2-3　交流接触器型号的含义

4. 直流接触器

直流接触器主要用于额定电压440 V以下，额定电流600 A以下的直流电力电路中。直流接触器与交流接触器在结构上和工作原理上基本相同，也是由电磁机构、触点系统和灭弧装置等部分组成的。不同之处在于，电磁机构中交流接触器的铁芯是由硅钢片叠铆成的，而直流接触器的铁芯是整块钢材制成的；交流接触器的线圈被制作成短而厚的矮胖型，并且线圈设有骨架，有利于铁芯和线圈散热，而直流接触器的铁芯不发热，只有线圈发热，所以线圈被制作成高而薄的瘦高型，没有骨架。直流接触器的灭弧装置常采用磁吹式灭弧装置。直流接触器的主触点通常采用指形触点。

5. 接触器的选用

（1）选择接触器的类型

按通断电路的电流种类来选择。

（2）选择主触点的额定电流

主触点的额定电流应大于或等于负载回路的额定电流。

电动机额定负载经验公式为

$$I_{交流接触器额定} \geqslant \frac{P_{电动机额定} \times 10^3}{KU_{电动机额定}}$$

式中，K 取 1 ~ 1.4。

当接触器在频繁启动、制动和正反转的场合下，一般其额定电流降一个等级来选用。

（3）选择额定电压

接触器的额定电压应大于或等于负载回路的额定电压。

（4）选择接触器线圈的额定电压

线圈的额定电压应与控制电路的电压一致。如果控制电路简单，且使用的电器较少，可以直接选用 220 V、380 V；如果控制电路复杂，且使用电器较多时，可选用 36 V、110 V、127 V，需要使用变压器来变换电压。

（5）选择接触器触点的数量、种类

应满足主电路和控制电路的要求。当辅助触点的参数不能满足时，可用增加中间继电器等方法来解决。

（6）接触器使用时，线圈的电压种类和等级不能接错

如果把直流接触器的线圈错接在交流电源上，直流接触器不能工作；如果把交流接触器的线圈接到直流电源上，会烧坏线圈。如果电源大小与线圈的电压等级不符，过大会使线圈烧坏，过小则不能动作。表 2-4 所示为 CJ10 交流接触器的技术数据。

表 2-4　CJ10 交流接触器的技术数据

型号	额定电压 U_N/V	额定电流 I_N/A	可控电动机最大功率 P_{max}/kW			线圈消耗功率值 /（V·A/W）		最大操作频次
			220 V	380 V	500 V	启动	吸持	
CJ10 - 5	380 500	5	1.2	2.2	2.2	35/—	6/2	600
CJ10 - 10		10	2.2	4	4	65/—	11/5	
CJ10 - 20		20	5.5	10	10	140/—	22/9	
CJ10 - 40		40	11	20	20	230/—	32/12	
CJ10 - 60		60	17	30	30	485/—	95/26	
CJ10 - 100		100	30	50	50	760/—	105/27	
CJ10 - 150		150	43	75	75	950/—	110/28	

6. 接触器的常见故障与维修

接触器常见故障维修的步骤：

（1）外观检查

看接触器的外观是否完整无损，固定是否有松动。

（2）灭弧罩的检查

先取下灭弧罩仔细观察有无破裂或严重烧坏；看灭弧罩内的栅片有无松脱，栅孔或缝隙处是否堵塞，并清除灭弧室内的金属飞溅物和颗粒。

（3）触点检查

清除触点表面上烧毛的颗粒，检查触点的磨损程度，必要时及时更换。

（4）铁芯的检查

铁芯端面要定期擦拭，清除污垢，并检查铁芯是否变形。

（5）线圈的检查

看线圈的外表是否变色，接线是否松脱，线圈的骨架是否破碎。

（6）活动部件的检查

看可动部件是否出现卡阻现象，坚固体是否松脱，缓冲件是否完整。

交流接触器的情况除与上述相同以外，其他常见故障见表2–5。

表2–5　交流接触器的常见故障

序　　号	故障现象	故障原因	维修方法
1	触点熔焊	（1）操作频率过高或选用不当； （2）负载侧短路； （3）触点弹簧压力过小； （4）触点表面有金属颗粒突起或异物； （5）吸合过程中触点停止在似接触与非接触之间	（1）降低操作频率或更换合适型号； （2）排除短路故障、更换触点； （3）调整触点弹簧压力； （4）清理触点表面； （5）消除停止因素
2	触点断相	（1）触点烧缺； （2）压力弹簧失效； （3）连接螺钉松脱	（1）更换触点； （2）更换压力弹簧片； （3）拧紧松脱螺钉
3	相间短路	（1）可逆转换接触器互锁失灵或动作致使两台接触器投入运行而造成相间短路； （2）接触器正反转转换时间短而燃弧时间又长，换接过程中发生弧光短路； （3）尘埃堆积、潮湿、过热使绝缘损坏； （4）绝缘件或灭弧室损坏或破碎	（1）检查互锁保护； （2）在控制电器中加中间环节或更换动作时间长的接触器； （3）缩短维护周期； （4）更换损坏件
4	线圈损坏	（1）空气潮湿，含有腐蚀性气体； （2）机械方面碰坏； （3）严重振动	（1）换用特种绝缘漆线圈； （2）对碰坏处进行必备的修复； （3）消除或减小振动
5	启动动作缓慢	（1）极面间间隙过大； （2）电器的底板不平； （3）机械可动部分稍有卡阻	（1）减小间隙； （2）装直电器； （3）检查机械可动部分
6	短路环断裂	由于电压过高，线圈用错，弹簧断裂，以致磁铁作用时过猛	检查并调换零件

五、热继电器

热继电器是利用电流的热效应对电动机和其他用电设备进行过载保护的保护电器。电动机在运行时常遇到过载的情况，若过载时间较长，使电动机的绕组温升超过允许值，将会加剧绕组绝缘老化，缩短使用年限。所以，电动机在长期运行时，都要加过载保护装置，热继电器的图形符号如图2–4所示。

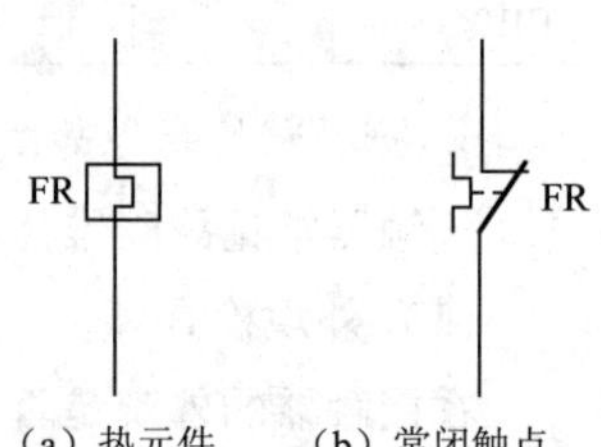

（a）热元件　（b）常闭触点

图2–4　热继电器的图形符号

1. 热继电器的结构

热继电器是由热元件、触点、动作机构、复位按钮和整定电流装置等部分组成的，如图 2–5 所示。

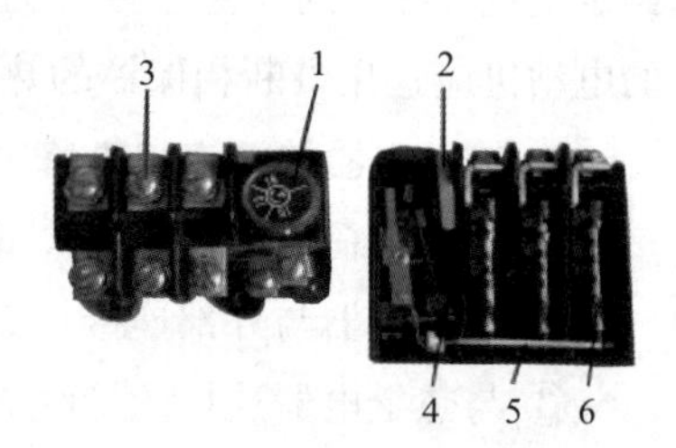

图 2–5　热继电器的外形结构
1—整定电流装置；2—复位按钮；
3—主电路接线柱；4—常闭触点；
5—动作机构；6—热元件

① 热元件是由双金属片及绕在双金属片上的电阻丝组成的。双金属片作为测量元件，是由两种热膨胀系统不同的金属片复合而成的。使用时，将电热丝串联接在电动机的主电路中。

② 热继电器的触点有两组，由一个公共动触点，一个常开静触点和一个常闭静触点组成一对常开触点和常闭触点，常闭触点串联接在电动机的控制电路中。

③ 热继电器的动作机构由导板、温度补偿双金属片、推杆、杠杆、拉簧等组成。

④ 热继电器复位按钮的作用是在热继电器动作后，温度降低到允许值后，进行手动复位的按钮，不按复位按钮电动机主回路不通，电动机不工作。

⑤ 整定电流装置是由旋钮和偏心轮组成的，在整定电流装置上刻有整定电流值，旋动旋钮即可调节。

2. 热继电器的型号含义

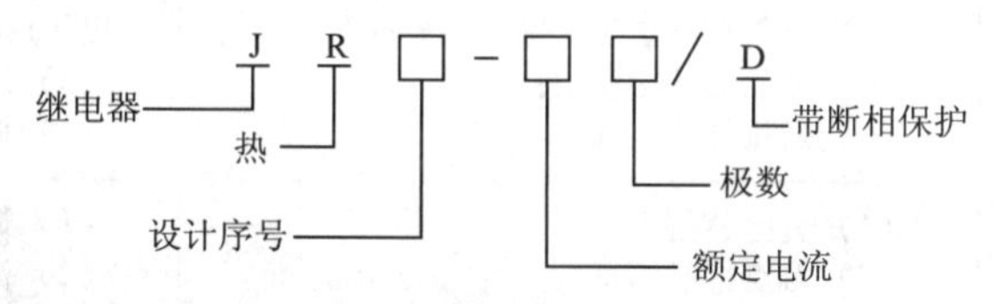

3. 热继电器的工作原理

热继电器的热元件串联在电动机的主电路中，当电动机正常运行时，热元件产生的热量使双金属片正常发热，推动导板，但动作较小不能使热继电器工作；当电动机过载时，热元件上的电流过大，热量增加，使双金属片受热膨胀，因双金属的膨胀系数不同使双金属片弯曲，推动导板，通过温度补偿双金属片推动推杆使常闭触点断开，而常闭触点串联在电动机的控制电路中，使电路中的接触器的线圈断电，主触点断开，切断电路，保护了电动机，如图 2–6所示。

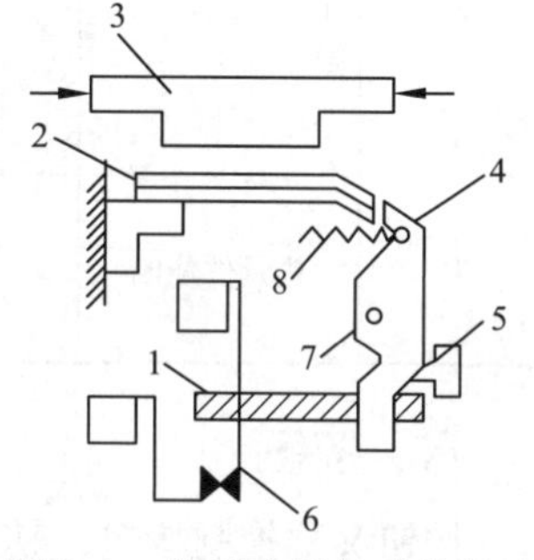

图 2–6　热继电器的动作结构
1—绝缘牵引板；2—双金属片；
3—热元件；4—扣板；
5—复位按钮；6—触点；
7—轴；8—弹簧

电动机停转后，双金属片逐渐冷却复原，但继电器不应马上复位，需等负载正常时再按复位按钮，重新启动即可按启动按钮。

4. 热继电器的主要参数

热继电器的主要参数有额定电压、额定电流、相数、热元件编号、整定电流和整定电流调节范围等。

5. 热继电器的选用

热继电器的选择主要根据电动机的额定电流来确定热继电器的型号及热元件的电流等级。热继电器的额定电流是指可以装入的热元件的最大整定电流值；热继电器的整定电流是指热元件能够长期通过而不致引起热继电器动作的电流值。热继电器的整定电流通常与电动机的额定电流相等。对于星形接线的电动机可选用两相或三相结构的热继电器，对于三角形接线的电动机应选用带断相保护的热继电器。

6. 热继电器的检查与维修内容

① 检查负荷（或者负载）电流是否与热元件的额定值相符。

② 热继电器与外部连接点有无过热现象。

③ 与热继电器连接的导线界面是否满足要求。

④ 继电器的运行环境温度有无变化，允许值为（－30～＋40 ℃）。

⑤ 热继电器的动作情况是否正确。

⑥ 热继电器周围环境温度与被保护设备周围环境温度差，若超出（±15～＋25 ℃）应换大（或小）一号等级的热元件。

⑦ 热继电器的常见故障及维修见表 2-6。

表 2-6　热继电器的常见故障及维修

序　号	故障现象	故障原因	处理方法
1	误动作	（1）整定值偏小； （2）电动机启动时间过长； （3）反复短时工作，操作次数过高； （4）强烈的冲击振动； （5）连接导线太细	（1）合理调整整定值； （2）从线路上采取措施，启动过程使热继电器短接； （3）调换合适的热继电器； （4）调换导线
2	不动作	（1）整定值偏大； （2）触点接触不良； （3）热元件烧断或脱掉； （4）运动部分卡阻； （5）导板脱出； （6）连接导线太粗	（1）调整整定值； （2）清理触点表面； （3）更换热元件或补焊； （4）排除卡阻，但不随意调整； （5）检查导板； （6）调换导线
3	热元件烧断	（1）负载侧短路，电流过大； （2）反复短时工作，操作次数过高； （3）机械故障	（1）排除短路故障及更换热元件； （2）调换热继电器； （3）排除机械故障及更换热元件

六、按钮

按钮又称控制按钮，其外形如图 2-7 所示，是一种可以自动复位的手动控制电器，用于短时间接通和断开 5 A 以下的小电流电路，按钮的图形符号如图 2-8 所示。

图 2-7　按钮外形

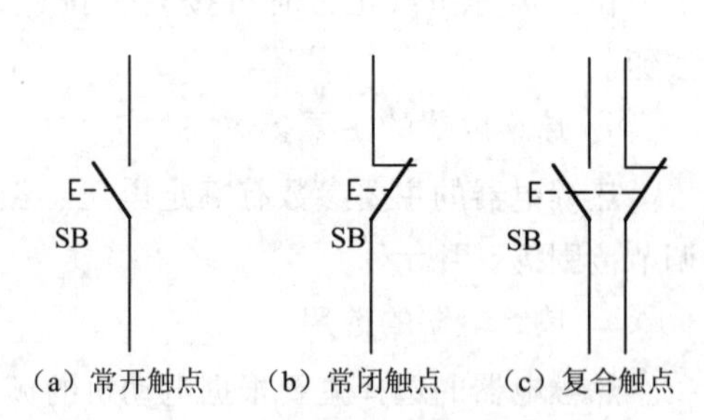

图 2-8　按钮的图形符号

1. 按钮的型号含义

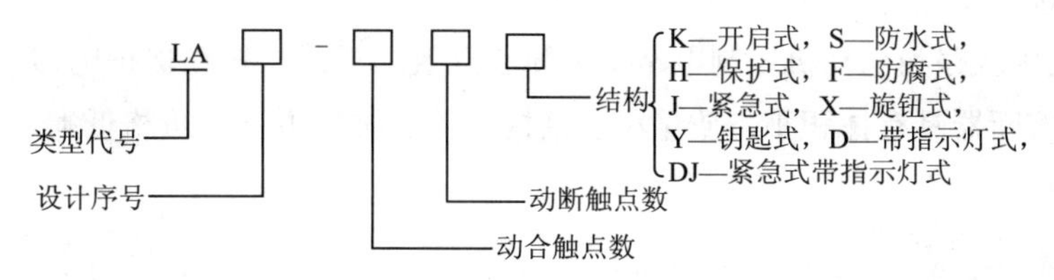

2. 按钮的工作原理

按钮是由按钮帽、复位弹簧、常开触点、常闭触点、接线柱及外壳组成，如图 2-9 所示。常闭触点和常开触点组成了复合按钮，即按下按钮时，常闭触点先断开，极短时间后，常开触点才闭合；松开按钮，在复位弹簧的作用下，常开触点先断开，极短时间后，常闭触点闭合。所以，复合按钮具有一定的滞后时间。

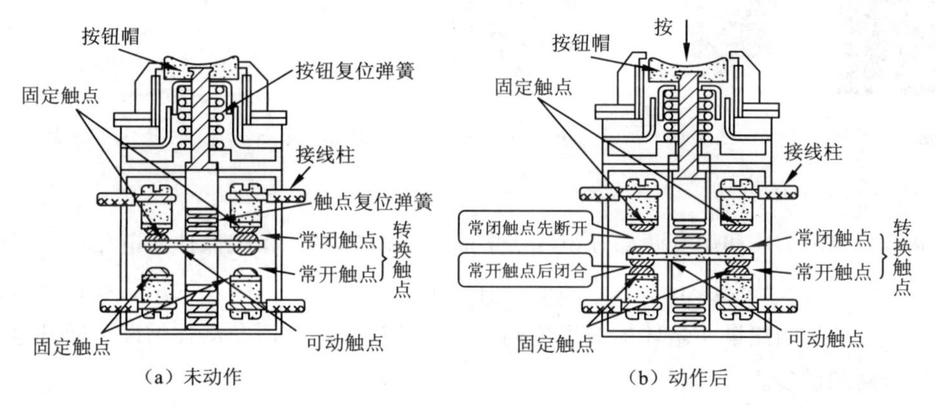

图 2-9　按钮的结构图

3. 按钮的种类

常用按钮的种类很多，有 LA10、LA18、LA19、LA20 等系列。LA18 系列的按钮采用积木式结构，触点数可按需要拼装，一般为二常开二常闭，也可拼装为一常开一常闭至六常开六常闭。LA19、LA20 等系列分带指示灯和不带指示灯两种。为了避免误操作，一般按钮帽制作成不同颜色，可标明不同的作用，红色表示停止按钮，绿色表示启动按钮。

按钮选用时要根据使用场合、控制电路所需的触点数及按钮帽的颜色等方面考虑。使用前应检查按钮弹性的好坏、动作是否正常、触点接触是否良好等。按钮的常见故障见表 2-7。

表 2-7　按钮的常见故障

序　号	故障现象	故障原因	维修方法
1	按启动按钮时，手有麻电感觉	（1）按钮帽的缝隙钻进了金属粉末或铁屑等；（2）按钮防护金属外壳接触了带电导线	（1）清扫按钮，给按钮找一层塑料薄膜；（2）检查按钮内部接线，消除碰壳
2	按停止按钮时，不能断开电路	（1）按钮非正常短路所致；（2）铁屑、金属末或油污短接了常闭触点；（3）按钮盒胶木烧焦炭化	（1）清扫触点；（2）更换按钮
3	按停止按钮后，再按启动按钮，被控制电器不动作	（1）停止按钮的复位弹簧损坏；（2）启动按钮常开触点氧化	（1）调换复位弹簧；（2）清扫、打磨动静触点

七、熔断器

熔断器是低压线路和电动机控制电路中最简单有效的过载、短路保护电器，如图 2-10 和图 2-11 所示。熔断器具有体积小、质量小、结构简单、维修方便、价格低廉、可靠性强等优点而被广泛使用。

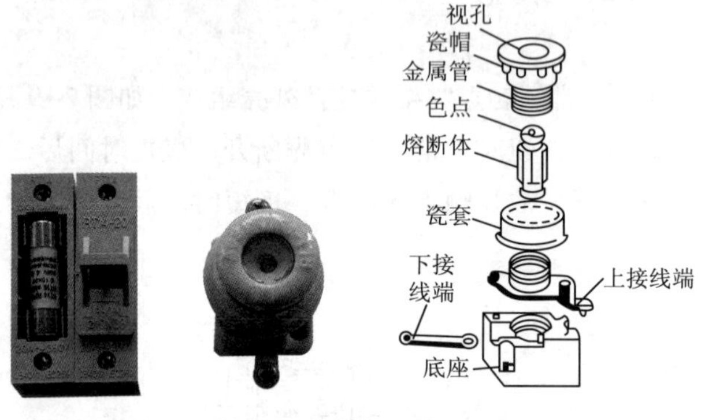

图 2-10　熔断器的外形结构

FU

图 2-11　熔断器的图形符号

1. 熔断器的工作原理

熔断器主要由熔体和熔管两部分组成。熔断器的熔体串联在被保护的电路中，当电路正常工作时，熔体的发热温度低于熔化温度，所以不会熔断；当电路发生短路或过载时，熔体中流过的电流产生的热量使熔体的温度急剧上升，超过其熔点时，熔体熔断，断开电路，从而保护了电路和设备。

（1）熔断器的主要技术参数

额定电压、额定电流、极限分断能力。

（2）熔断器的型号含义

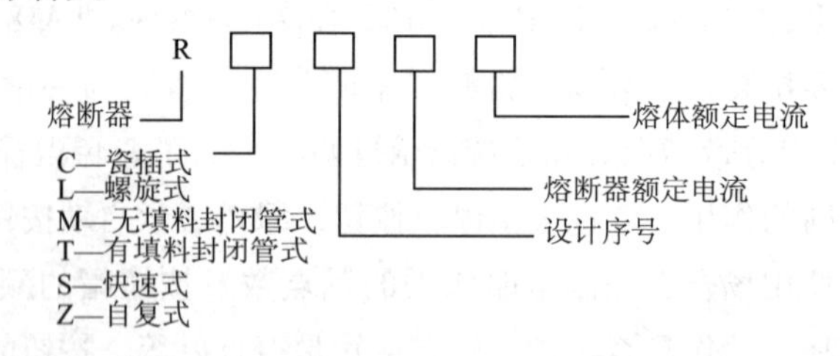

2. 熔断器的类型

（1）插入式熔断器

插入式熔断器主要用于 380 V 三相电路和 220 V 单相电路中，是一种最常见的熔断器，它不宜用于较重要的场所，禁止在易爆环境中使用。其主要由瓷座、瓷盖、静触点、动触点和熔断管组成。熔断管内除有熔丝外，还装有石英砂起到灭弧的作用。在熔断管上盖的中心装有红色熔断指示器，当电路短路，将熔丝熔断时，指示器从上盖中脱出，从瓷盖的玻璃窗中即可看出，便于更换。熔断器具有结构简单、价格低廉、更换熔断管方便等特点。

（2）螺旋式熔断器

螺旋式熔断器主要用于交流电压 380 V 以下，电流 220 A 以内的线路和用电设备的短路保护。螺旋式熔断器主要由瓷帽、熔断管、瓷套、上接线端、下接线端和底座组成。螺旋式熔断器具有体积小、结构紧凑、分断能力强、熔断快、安全可靠、更换熔丝方便等优点。

（3）封闭管式熔断器

封闭管式熔断器可分为无填料、有填料等种类。无填料封闭管式熔断器用于低压线路、成套配电设备中作为短路保护，宜于小容量的配电线路中用；有填料封闭管式熔断器用于短路电流较大的电力配电系统中。管内填充有石英砂，灭弧能力强。具有分断能力强、使用安全、保持性能好等优点，并具有价格高、熔体不能单独更换等缺点。

3. 熔断器的选用

（1）熔断器类型的选择

应根据使用场合、线路要求、安装条件等进行选择。

（2）熔断器额定电压的选择

其额定电压不能小于线路的工作电压。

（3）熔断器额定电流的选择

其额定电流不能小于线路的工作电流，还要考虑电动机的启动条件、启动时间长短、冲击电流等因素的影响。如：普通照明线路和电热设备

$$I_{熔体额定电流}=1.2I_{负载额定电流}$$

不经常启动且启动时间不长的电动机

$$I_{熔体额定电流}=1.5I_{负载额定电流}$$

频繁启动且启动时间较长的电动机

$$I_{熔体额定电流}=2.5I_{负载额定电流}$$

多台交流电动机

$$I_{熔体额定电流}=(1.5\sim2.5)I_{多台电动机中额定电流最大的}+I_{其他电动机额定电流的和}$$

（4）线路中上级与下级熔断器的配合

在通过相同的电流时，上级熔断器的熔断时间应为下级熔断器的3倍以上。当熔断器采用同一型号时，额定电流的等级以相差2级为宜。

4. 熔断器的常见故障（见表2-8）

表2-8　熔断器的常见故障

序　号	故障现象	故障原因	维修方法
1	误熔断	（1）动静触点、触片与插座、熔体与底座接触不良，使接触部位过热； （2）熔体氧化腐蚀或安装时有机械损伤，使熔体截面变小，电阻增加； （3）熔断器周围介质温度与被保护对象介质温度相差太大	（1）整修动、静接触部位； （2）更换熔体； （3）加强通风
2	管体烧损、爆裂	熔管里的填料撒落或磁插座的隔热物丢掉	安装时要认真细心，更换熔管
3	熔体未熔但电路不通	熔体两端接触不良	坚固接触面

八、自动开关

自动开关又称自动空气开关或自动空气断路器。它实际上属于半自动开关，可以手动通断电

源。当负载或线路出现故障时，它可以自动切断故障线路，保护电路、用电设备及人身安全。

常用的类型有：DZ——塑料外壳式自动空气开关；DW——框架式自动空气开关；DS——直流快速自动开关；以及漏电自动保护开关，限流式自动开关等，其外形结构如图 2-12 所示。

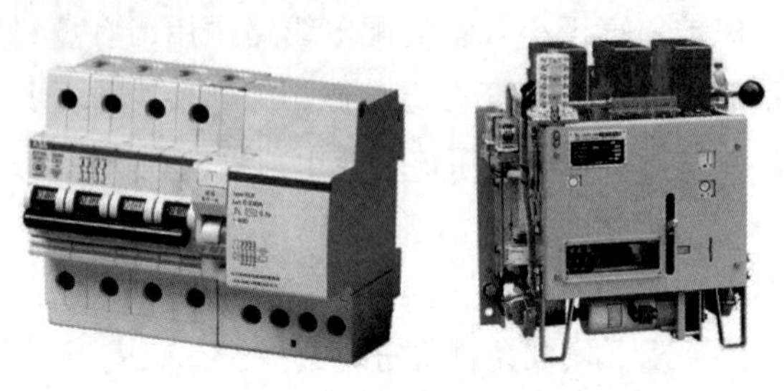

图 2-12　自动开关的外形结构

1. 自动开关的技术参数及型号含义

（1）自动开关的技术参数

自动开关的技术参数有额定电压、额定电流、极数、脱扣器类型及额定电流、整定电流、主触点与辅助触点的分断能力和动作时间。

（2）自动开关的型号含义及图形符号

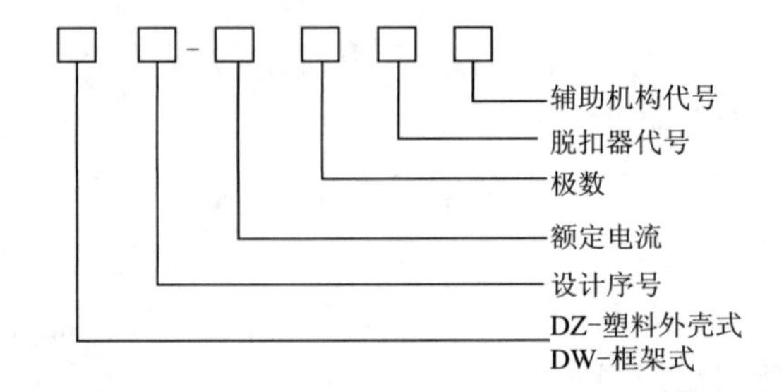

自动开关的图形符号如图 2-13 所示。

2. 自动空气开关的工作原理

① 脱扣器是自动开关的主要保护装置，包括电磁脱扣器、热脱扣器、失电压脱扣器等许多种类。电磁脱扣器的线圈串联在主电路中，当电路或设备发生短路，主电路电流增大，线圈磁场增强，吸动衔铁，使得操作机构动作，断开主触点，分断主电路起到短路保护作用，电磁脱扣器上有调节螺钉，可以随时调节脱扣器动作电流的大小，其内部结构图如图 2-14 所示。

② 热脱扣器是一个双金属片热继电器。其发热元件串联在主电路中，当电路过载时，过载电流使发热元件温度升高，双金属片由于受热弯曲，顶动自动操作机构动作，这样便断开主触点，切断主电路起到过载保护作用。热脱扣器同样有调节螺钉，可以根据需要随时调节热脱扣器电流的大小。

3. 自动空气开关的特点

① 结构紧凑，安装方便，操作安全。

② 线路或负载故障时，脱扣器自动动作，动作后不用更换元件。

③ 具有开关作用及短路、过载及欠电压保护。

④ 脱扣器动作电流由实际情况整定。

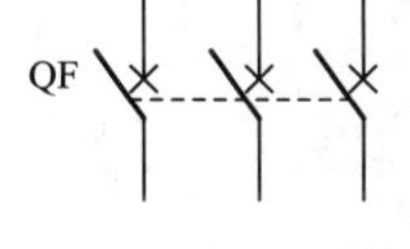

图 2-13　自动开关的图形符号

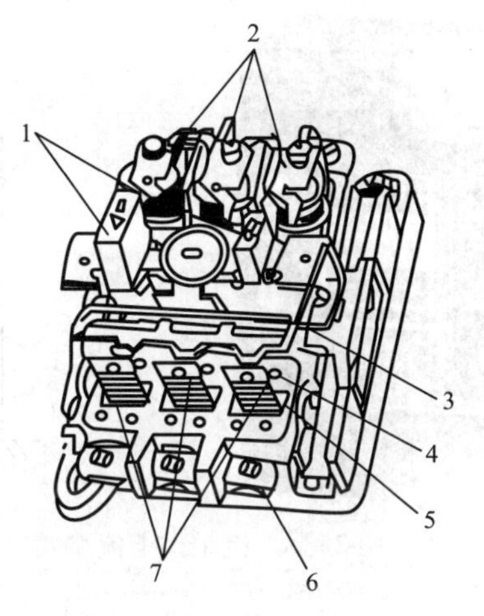

图 2-14　常用塑料外壳式自动空气开关内部结构图
1—按钮；2—电磁脱扣器；3—自由脱扣器；4—动触点；5—静触点；6—接线柱；7—热脱扣器

4. 自动空气开关的选用

① 开关的额定电流和额定电压不小于电路的正常工作电流和电压。

② 热脱扣器的额定电流应与所控制的负载的额定电流一致。

③ 电磁脱扣器的瞬时动作整定电流应大于负载电路正常工作时的尖峰电流，如电动机的启动电流。

$$I_{动作整定电流} \geqslant K_{安全系数} I_{电动机的启动电流}$$

九、漏电保护器

漏电保护器是一种保安开关电器，当发生人身触电、设备漏电或短路时能迅速自动切断电源，有些还具有电气设备过载保护的功能。

1. 漏电保护器的型号含义

常用的漏电保护器有 DZ15L－40 和 DZ5－20L 系列，含义如下：

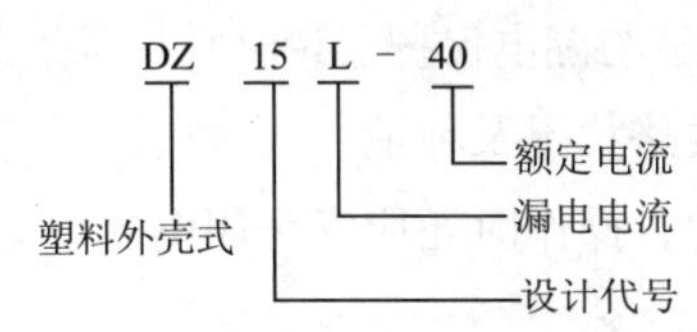

2. 漏电保护器的分类

（1）按工作原理分

可分为电压型漏电保护器、电流型漏电保护器、电流漏电型继电器。

（2）按动作电流分

可分为高、中、低灵敏度漏电保护器。

（3）按时限特性分

可分为高速型、延时型、反时型。

通常用的漏电保护器主要是电流型的，它包括电磁式、电子式、中性点接地式。图 2-15 所示为电子式电流型漏电保护器的外形及结构图，表 2-9 为其技术参数。

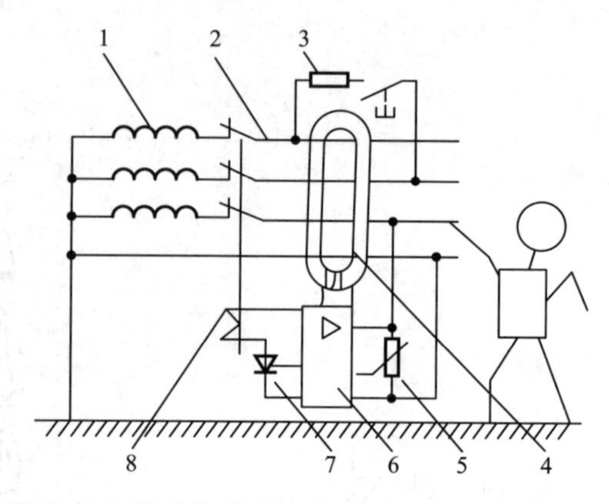

图 2-15　电子式电流型漏电保护器的外形及结构图

1—电源变压器；2—主开关；3—试验回路；4—零序电流互感器；5—压敏电阻；6—电子放大器；7—晶闸管；8—脱扣器

表 2-9　电子式电流型漏电保护器的技术参数

型号	DZL18—20/1 -1	DZL18—20/2 -1	DZL18—20/1 -2	DZL18—20/2 -2
额定电压 U_o/V	AC 220			
额定电流 I_{nm}/A	20	10、16、20	20	10、16、20
极数	2			
额定剩余动作电流 $I_{\Delta n}/mA$	30、15、10			
额定剩余不动作电流 $I_{\Delta no}/mA$	15、7.5、6			
过电压动作值/V	—		280×（1±5%）	
额定剩余接通分断能力 I_{cu}/mA	500			

3. 漏电保护器的选用

① 额定电压及电流大于或等于线路的额定电压及计算电流。

② 脱扣器的动作电流和额定电流应大于计算电流。

③ 极限通断能力应大于或等于线路最大短路电流。

④ 线路末端单相对地短路电流与漏电保护器瞬时脱扣器整定电流之比应大于或等于 1.25。

⑤ 应考虑被保护的对象、线路状况及环境。

⑥ 漏电保护器也不是万能的，操作时还应安全用电。

任务实施

根据所学的基础知识对工程中的图样进行电气识图，并能进行常用低压控制电路的安装与接线。

一、任务说明

这里以××工厂需要进行常用低压电器电路的识图为例进行说明。

1. 电气图的基本构成

电气图一般由电路图、技术资料和标题栏 3 部分组成。

（1）电路图

电路图包括主电路和辅助电路，如图 2-16 所示。

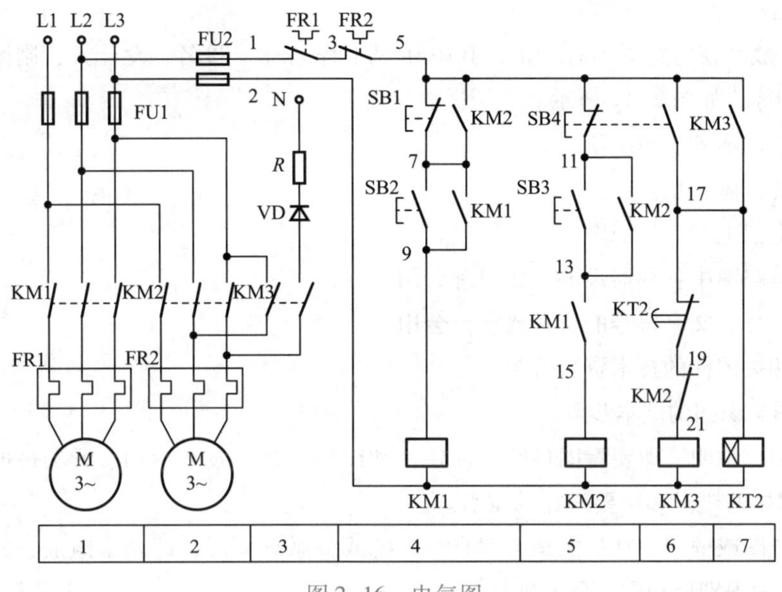

图 2-16　电气图

主电路：又称一次回路，是电源向负载输送电能的电路，通常包括发电机、变压器、开关、接触器、负载等。

辅助回路：又称二次回路或控制回路，是对主电路进行控制、保护、监测、指示的电路。通常包括继电器、指示灯、控制开关、控制仪表、控制器等。

（2）技术资料

电气图中的文字说明和元件明细表等称为技术资料，如图 2-17 所示。

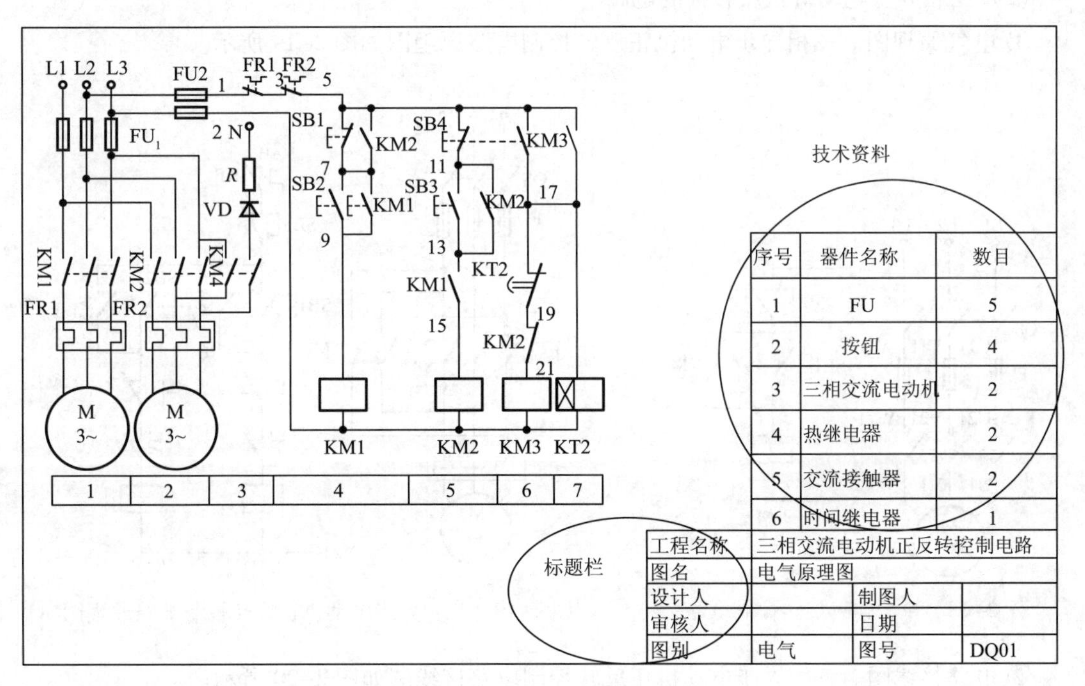

序号	器件名称	数目
1	FU	5
2	按钮	4
3	三相交流电动机	2
4	热继电器	2
5	交流接触器	2
6	时间继电器	1

工程名称	三相交流电动机正反转控制电路		
图名	电气原理图		
设计人		制图人	
审核人		日期	
图别	电气	图号	DQ01

图 2-17　技术资料和标题样

（3）标题栏

标题栏一般画在电路图的右下角，其中注明工程名称、图名、设计人、制图人、审核人的签名和日期等，如图 2–17 所示。

2. 读图的基本方法和步骤

（1）读图的基本方法

① 结合电工电子知识识图；

② 结合电路图中各种器件的工作原理看图；

③ 图形符号、文字符号的含义要牢记会用；

④ 结合相关图样的技术资料看图。

（2）读图与识图的基本步骤

① 详看图样说明，即要看图样的主标题栏和图样目录、技术说明、元器件明细表等，从整体上了解图样的概况和所要表述的重点。

② 看系统图或框图，其目的是了解整个系统或分系统概况，即基本组成、相互关系及其主要特征等，为识别原理图打下基础。

③ 看原理图，首先要看文字符号和图形符号，了解图中各组成部分的作用，分清主、辅回路，然后再按照先主回路，再辅助回路的方法识读。

④ 原理图要与放线表对照识读，可以弄清楚线路的走向和电路的连接方法，搞清每个回路是怎样通过各个元件构成闭合回路的，进而弄清整个电路的工作原理和来龙去脉。

3. 电气识图

（1）单向连续旋转控制电路（见图 2–18）

（2）三相异步电动机正反转控制电路

① 电气原理图。三相异步电动机正反转控制电路原理图如图 2–19 所示。

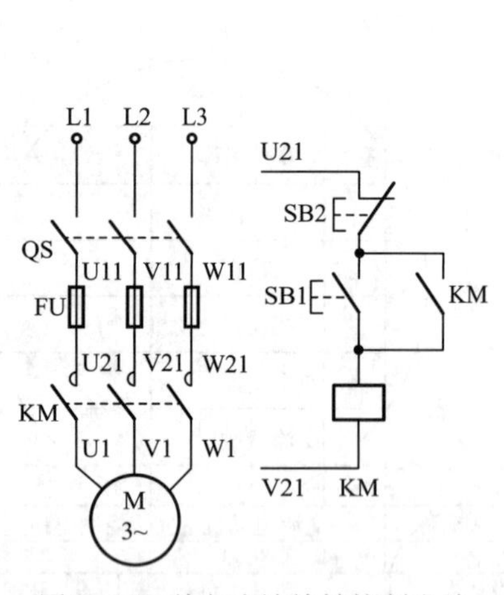

图 2–18　单向连续旋转控制电路

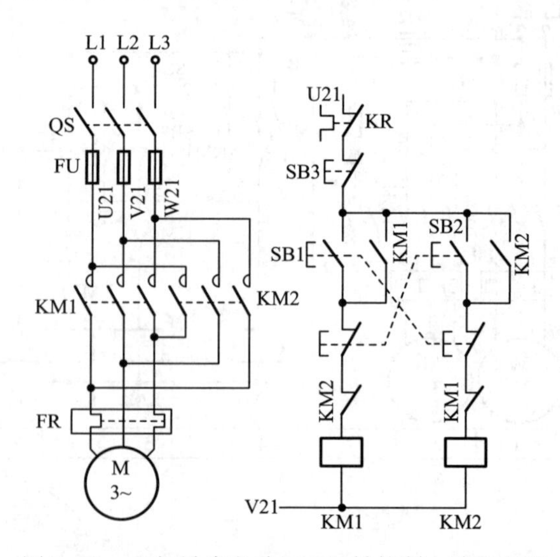

图 2–19　三相异步电动机正反转控制电路原理图

② 电路接线图。三相异步电动机正反转控制电路接线图如图 2–20 所示。

（3）C650 型卧式车床电气控制电路（见图 2–21）

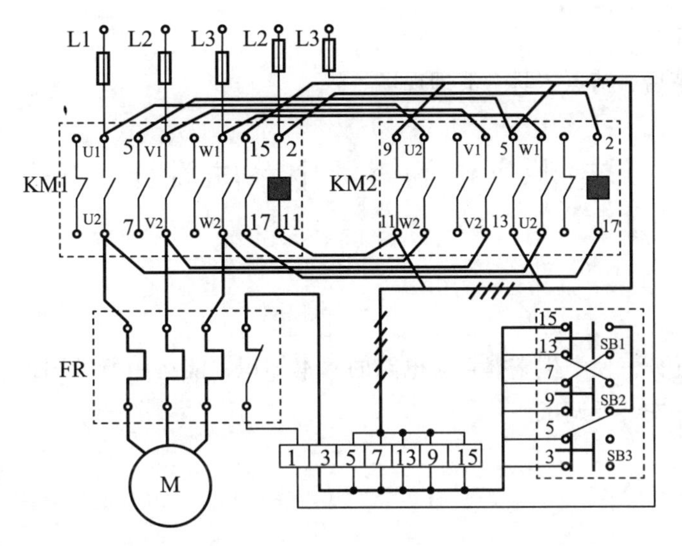

图 2-20　三相异步电动机正反转控制电路接线图

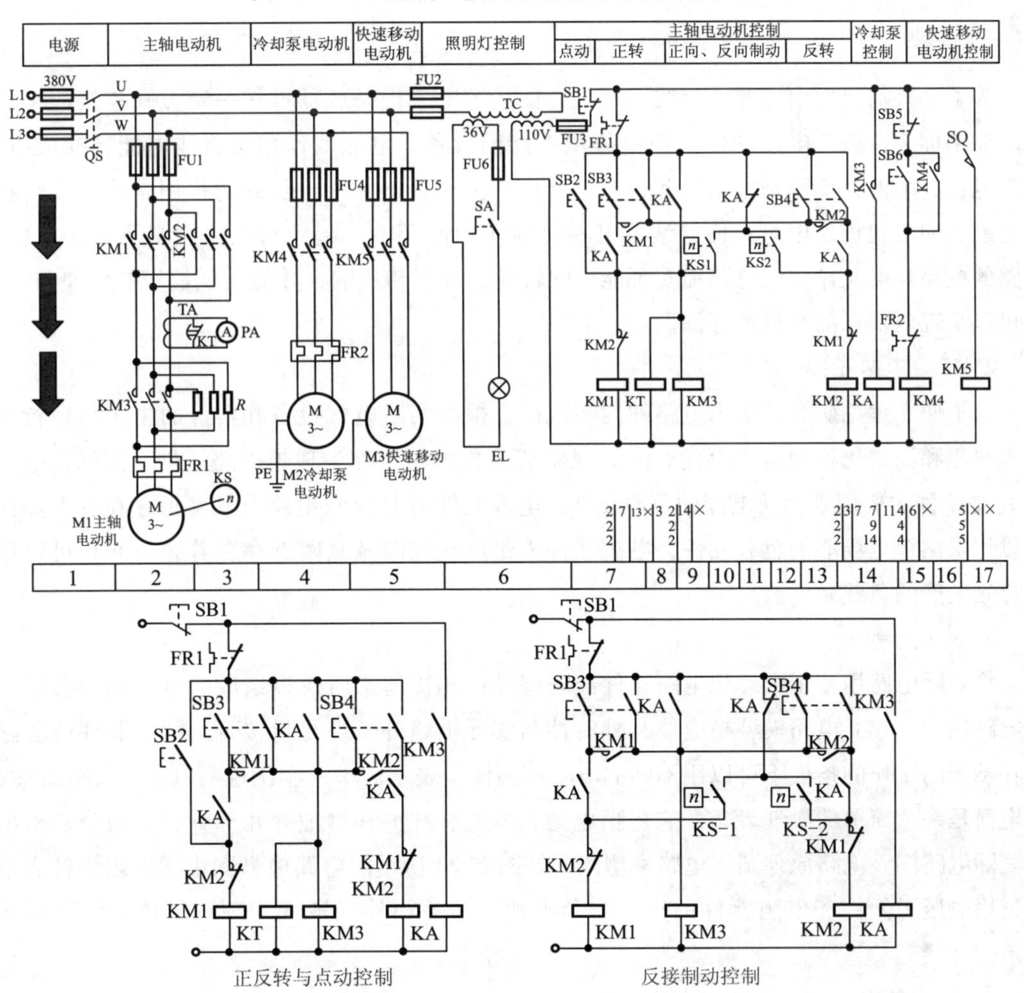

图 2-21　C650 型卧式车床电气控制电路

二、任务结束

工作任务结束后，清点工具、清理现场。

任务4　双电源供电的直流电路的设计、安装及调试

任务解析

通过完成本任务，使学生掌握直流电路的基本知识，能运用所学知识进行双电源供电的直流电路的设计、安装及调试。

知识链接

一、电路及其模型

1. 电路

为了某种需要而由电源、导线、开关、负载等电气设备或器件按一定方式连接起来的电流的通路称为电路。电路中的电源是提供电能的设备，电源的作用是将非电能转换成电能，如发电机、电池；负载是用电设备，是电路中的主要耗能器件，负载的作用是将电能转换成非电能，如电视机、电灯；而导线和开关则属于中间环节，起到对电路控制及连接的作用。电路的主要功能及作用：电路能实现能量的转换、分配和传输，并能实现信号的传递与处理，还可以实现对信息的测量和存储。

2. 理想电路元件

为了便于理论研究，揭示电路的内在规律，根据实际电气设备和器件的主要物理特性进行理想化和简单化处理，从而建立的物理模型或数学模型称为理想电路元件。例如，电阻元件 R 是一种主要用来消耗电能的负载元件；电容元件 C 是反映电路及其附近存在着电场而且可以用来储存电场能的负载元件；电感元件 L 是反映电路及其附近存在着磁场而且可以用来储存磁场能的负载元件。

3. 电路模型

将实际电路用若干个理想电路元件经理想导体连接起来所模拟组成的电路称为实际电路的电路模型。建立电路模型是应使其外特性与实际电路外特性尽量接近。同一器件或实际电路在不同的工作的条件下可以用不同的电路模型模拟表示。举一实例说明电路元件的理想化：手电筒是一个简单的电气设备，它包括电池、外壳、开关和灯泡等几部分，下面分别给出它的实际电路图、电路原理图、电路模型图，如图2-22所示。电路模型图中用电阻元件表示灯泡，用电压源元件和电阻元件的组合表示电池，开关和外壳被视为理想导体，外壳用导线表示。

4. 相关名词

（1）串联和并联

如果电路中有两个或多个二端元件依次顺序相连，并且中间没有其他分支，这样的连接方法称为串联；如果电路中有两个或多个二端元件连接在两个公共的节点之间，这样的连接方法称为并联。如图 2-23 中，元件 A1 和 B1 是串联连接，元件 A2 和 B2 则是并联连接。

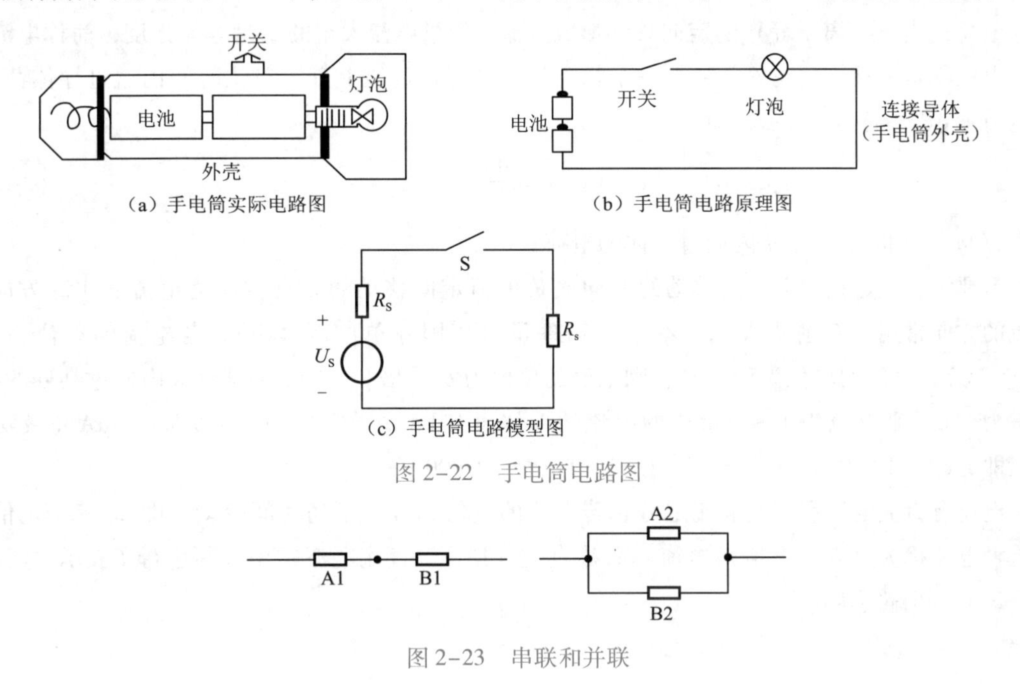

图 2-22　手电筒电路图

图 2-23　串联和并联

(2) 支路和节点

几个二端元件串联而成的没有分支的一段电路称为支路；电路中 3 条或 3 条以上的支路相连接的点称为节点。流过支路的电流称为支路电流，支路两端之间的电压称为支路电压。

(3) 回路和网孔

由几条支路构成的闭合路径称为回路，即回路就是一个闭合的电路；网孔是回路的一种，是未被其他支路分割的单孔回路，即回路内部不另含有支路。

例 2-1　如图 2-24 所示，请说明电路中是否有元件串联和并联的情况，有几个节点，有几条支路，有几个回路和网孔。

图 2-24　例 2-1 电路图

解　在图 2-24 中，元件 1、2、3 为串联，元件 4、5、6 为串联，没有出现并联的情况；有 3 条支路：元件 1、2、3 为一条支路，元件 4、5、6 为一条支路，元件 7 为一条支路；有 2 个节点：节点 b 和节点 e；有 3 个回路：元件 1、2、3、7 组成一个回路，元件 4、5、6、7 组成一个回路，元件 1、2、3、4、5、6 组成一个回路；有 2 个网孔：元件 1、2、3、7 组成一个网孔，元件 4、5、6、7 组成一个网孔。

二、电路的主要物理量

在进行电路理论的研究过程中常涉及一些基本物理量，如电荷、磁通（磁通链）、电流、电压、电动势、能量和电功率。电压、电流是客观存在的物理现象，是电路中最基本的物理量，也是具有方向的物理量，首先理解电流、电压的定义及其关于方向（又称极性）的规定并在电路中进行相应的标注，才能列出求解电路问题的计算方程。

1. 电流及参考方向

(1) 电流

电荷（电子、离子等）的定向移动形成电流。衡量电流大小的量是电流强度，简称电流。所以电流既是一种物理现象，又是一个物理量。电流在量值上等于单位时间内通过导体截面的电荷量 q，用符号 i 表示，即

$$i = \frac{\mathrm{d}q}{\mathrm{d}t} \tag{2-1}$$

式中，$\mathrm{d}q$ 是在极短时间 $\mathrm{d}t$ 内通过导体的电荷量。

习惯上，规定正电荷定向移动的方向或负电荷定向移动的相反方向为电流的实际方向，电流的方向常用一个箭头表示。本书中物理量采用国际单位制（SI），若电荷的单位为库［仑］（C），时间的单位为秒（s），则电流的单位为安［培］（A），即若 1 s 内通过某处的电荷量为 1 C，则电流为 1 A。常用的电流的单位还有 kA（千安）、mA（毫安）、μA（微安）等，即 1 kA = 1 000 A，1 A = 1 000 mA，1 mA = 1 000 μA。

电流有直流电流和交变电流之分。若电流的量值和方向不随时间变动，即 $\mathrm{d}q$ 等于定值，则这种电流称为直流（恒定）电流，简称直流（DC）。直流电流常用大写字母 I 表示，所以式（2-1）可缩写为

$$I = \frac{q}{t} \tag{2-2}$$

式中，q 是在时间 t 内通过某处的电荷量。

大小和方向随时间变化的电流称为交变电流，简称交流（AC）。

(2) 电流的参考方向

电路中每一条支路的电流只可能有两个方向，如支路的两个端钮分别为 b、a，其电流的方向不是从 a 到 b，就是从 b 到 a。电流的方向是客观存在的，但在分析较为复杂的电路时，往往就难于事先判定某支路中电流的方向，尤其对于交流量，其方向随时间的变化而变化，无法用一个固定的方向表示它的方向。为此可任意假设某一方向作为电流数值为正的方向，称为电流的参考方向，用箭头表示在电路图上，并标以电流符号 i，如图 2-25 所示。规定了参考方向以后，电流就是一个代数量，如果最后求出的电流值为正，说明参考方向与实际方向一致［如图 2-25（a）所示］，否则说明参考方向与实际方向相反［如图 2-25（b）所示］。这样，可以利用电流的参考方向和正负值来表明电流的方向。应当注意，在未规定参考方向的情况下，电流的正负号是没有意义的。

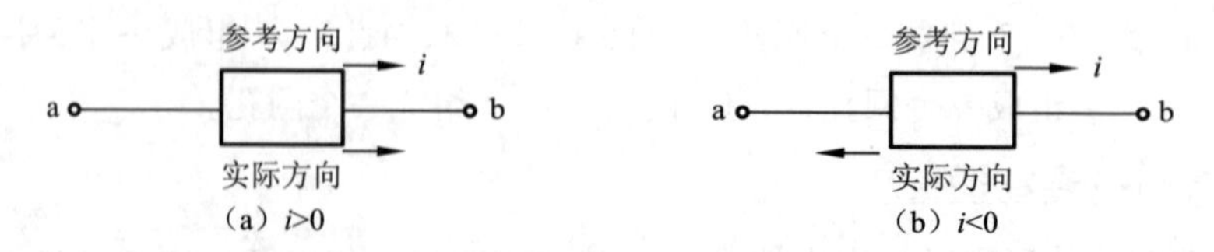

图 2-25　电流的方向

电流的参考方向除用箭头在电路图上表示外，还可用双下标表示，如对某一电流，用 i_{ab} 表示其参考方向由 a 指向 b。

2. 电压、电位、电动势及参考方向

(1) 电压

电荷在电路中运动，必定受到力的作用。为了衡量其做功的能力，引入了“电压”这一物理量。电路中 a、b 两点间的电压定义为单位正电荷在电场力的作用下由 a 点转移到 b 点时所做的功，用符号 u_{ab}表示，即

$$u_{ab}=\frac{\mathrm{d}W}{\mathrm{d}q} \tag{2-3}$$

式中，dq 为由 a 点转移到 b 点时的电荷量，dW 为转移过程中所做的功。

按电压随时间变化的情况，可分为直流电压与交流电压。当电压的大小和方向不随时间变化时，称为直流（恒定）电压，通常用大写字母 U 表示。若功的单位为焦［耳］(J)，电荷的单位为库［仑］(C)，则电压的单位为伏［特］(V)，即若电场力将 1 C 正电荷由 a 点转移到 b 点时所做的功为 1 J，则 a、b 两点间的电压为 1 V。常用的电压的单位还有 kV（千伏）、mV（毫伏）、μV（微伏）等，即 1 kV = 1 000 V，1 V = 1 000 mV，1 mV = 1 000 μV。

电压表明了单位正电荷在电场力作用下转移时所做的功，也就是转移过程中电能的减少，而减少电能体现为电位的降低，电压的实际方向是电位降低的方向。

(2) 电位

若任取一点 o 作为参考点，则由某点 a 到参考点 o 的电压 u_{ao}称为 a 点的电位，可简写为 u_a（有时也用 V_a或 Φ_a表示），所以电路中某点的电位定义为单位正电荷由该点移至参考点时电场力所做的功。电位参考点可以任意选取，常选择大地、设备外壳或接地点作为参考点；在一个连通的系统中只能选择一个参考点，参考点电位为零。电路中 a、b 两点间的电压等于 a、b 两点的电位差，电压的实际方向就是由高电位点（即“+”极）指向低电位点（即“-”极），所以有时也将电压称为电压降，即

$$u_{ab}=u_a-u_b \tag{2-4}$$

电压和电位差一般可以认为意义相同，在电路中选定参考点后，知道电路上各点电位，便可求得各段的电压，也可由电路各段电压求得电路各点的电位。如图 2-26 所示，当 $u_a=3$ V，$u_b=2$ V 时，$u_{ab}=1$ V；而当 $u_a=3$ V，b 点为接地点时，$u_{ab}=3$ V。

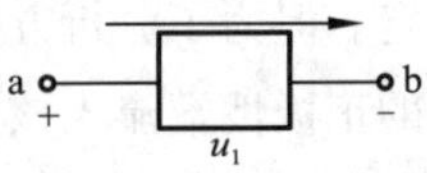

图 2-26 电压和电位

(3) 电动势

将电源力克服电场力把单位正电荷从电源的负极搬运到正极所做的功称为电源的电动势，用符号 e 表示，即

$$e=\frac{\mathrm{d}W}{\mathrm{d}q} \tag{2-5}$$

式中，dW 为转移过程中所做的功；dq 为转移的电荷。

电动势是衡量外力做功能力的物理量，表明了单位正电荷在电源力作用下转移时增加的电能，而增加电能体现为电位的升高（从低电位点到高电位点），所以电动势的方向是电位升高的方向，规定为在电源内部由低电位端（“-”极）指向高电位端（“+”极），可见电动势的实际方向与电压实际方向相反。按电动势随时间变化的情况，可分为直流电动势与交流电动势。如果电动势的大小和方向都不随时间变化时，称为直流（恒定）电动势，通常用大

写字母 E 表示。若功的单位为焦［耳］（J），电荷的单位为库［仑］（C），则电动势的单位为伏［特］（V）。由能量守恒定律可知，若不考虑电源内部还可能有其他形式的能量转换，则电源电动势 e 在量值上应当与其两端电压 u 相等。

（4）电压、电动势的参考方向

虽然电压、电动势的方向是客观存在的，然而常常难以直接判断其方向，所以必须事先规定某一方向作为正方向，称为参考方向。电路中所标的电压、电动势的方向一般均为参考方向。参考方向可任意规定，一般有 3 种表示方式：采用参考极性表示，在电路图上标出正（+）、负（-）极性；采用箭头表示，用箭头表示在电路图上，并标以电压符号 u 或电动势符号 e；采用双下标表示，如 u_{ab}表示电压的参考方向是由 a 指向 b，u_{ba}表示电压的参考方向是由 b 指向 a，3 种表示方式如图 2-27 所示。规定了参考方向以后，电压、电动势就是一个代数量，如果最后求出的电压、电动势值为正，说明参考方向与实际方向一致，否则，说明电压、电动势参考方向与实际方向相反。

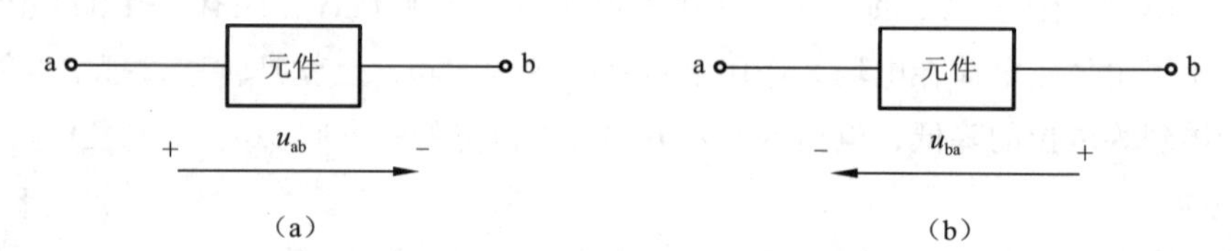

图 2-27　电压的 3 种表示方式

参考方向是人为规定的电流、电压数值为正的方向，通常在电路分析前需要先规定参考方向然后根据规定的参考方向列写方程，并且参考方向一经规定，在整个分析计算过程中就必须以此为准，不能变动。不标明参考方向而说某电流或某电压的值为正或负是没有意义的。参考方向可以任意规定而不影响计算结果，因为参考方向相反，解出的电流、电压值也有正负号的变化，最后得到的实际结果仍然相同。电流参考方向和电压参考方向可以分别独立地规定。但为了分析方便，常使同一元件的电流参考方向与电压参考方向相一致，即电流从电压的正极性端流入该元件而从它的负极性端流出，这时该元件的电流参考方向与电压参考方向是一致的，称为关联参考方向；反之，则称为非关联参考方向。如果采用关联参考方向，在标示时电流参考方向与电压参考方向标出一种即可；如果采用非关联参考方向，则电流参考方向与电压参考方向必须全部标出。

3. 电功率及电能

（1）电功率

在电路中，正电荷 dq 受电场力作用从高电位点 a 流向低电位点 b，设 ab 间电压为 u_{ab}，则根据式（2-3）可知，在转移过程中减少的电能为 dW。减少电能意味着电能转换为其他形式的能量，被电路吸收（消耗）。这里将电能转换的速率称为电功率，简称功率，即电功率就是电场力在单位时间内所做的功，用符号 p 表示，即

$$p = \frac{\mathrm{d}W}{\mathrm{d}t} \tag{2-6}$$

设元件中的电流和电压参考方向相关联，应用式（2-1）和式（2-3），可将式（2-6）改写为式（2-7）。

$$p = \frac{\mathrm{d}W}{\mathrm{d}t} = \frac{\mathrm{d}W}{\mathrm{d}q} \times \frac{\mathrm{d}q}{\mathrm{d}t} = ui \tag{2-7}$$

式（2-7）表明，电路元件所吸收的电功率等于元件中的电压和电流的乘积。若时间的单位为秒（s），功的单位为焦［耳］（J）时，功率的单位为瓦［特］（W），即若1s内电场力所做的功为1J，则电功率为1W。常用的电功率的单位还有kW（千瓦）、MW（兆瓦）和mW（毫瓦）等，即1 MW = 1 000 kW，1 kW = 1 000 W，1 W = 1 000 mW。可见，式（2-7）中当电压和电流的单位分别取伏［特］（V）和安［培］（A）时，功率的单位为瓦［特］（W）。当元件上的电压和电流为直流电压 U 和直流电流 I 时，电功率通常用大写字母 P 表示，即

$$P = UI \tag{2-8}$$

必须注意，根据电流与电压的关联方式的不同，进行功率计算时，式（2-7）和式（2-8）是应该带有正号或负号的。即当电压和电流的参考方向是相关联的，则两式带正号（可省略），如图2-28（a）所示；当两者的参考方向是非关联的，则两式带负号，如图2-28（b）所示。

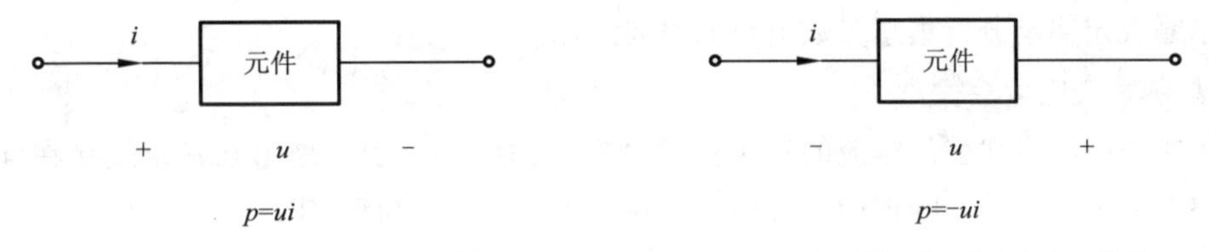

（a）电流与电压参考方向相关联　　（b）电流与电压参考方向非关联

图2-28　电流与电压的关联方式

当计算得到的功率为正值（$p>0$）时，表示这部分电路吸收（消耗）功率；若为负值（$p<0$）时，则表示这部分电路发出（产生）功率，即表示其他能量转换为电能，此功率供给电路的其余部分。对整个电路而言，任一时刻电路中各元件吸收的电功率总和应等于发出的电功率总和，即总功率的代数和必为零，也就是说必须满足能量守恒定律。

例2-2　各元件电流和电压参考方向如图2-29所示。已知 $U_1 = 3$ V，$U_2 = 5$ V，$U_3 = U_4 = -2$ V，$I_1 = -I_2 = -2$ A，$I_3 = 1$ A，$I_4 = 3$ A。试求各元件的功率，并指出各元件是吸收功率还是发出功率？是电源器件还是负载器件？整个电路的总功率是否满足能量守恒定律？

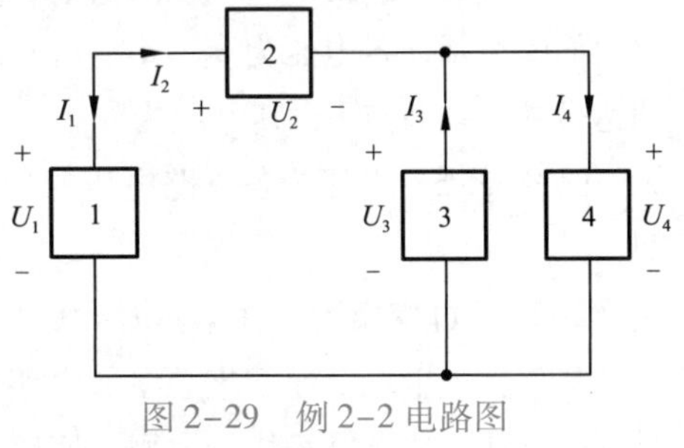

图2-29　例2-2电路图

解　元件1的电流和电压是关联参考方向，$P_1 = U_1I_1 = [3 \times (-2)]$ W $= -6$ W，$P<0$，发出6 W功率，此元件是电源。

元件2的电流和电压是关联参考方向，$P_2 = U_2I_2 = (5 \times 2)$ W $= 10$ W，$P>0$，吸收10 W功率，此元件是负载。

元件3的电流和电压是非关联参考方向，$P_3 = -U_3I_3 = -[(-2) \times 1]$ W $= 2$ W，$P>0$，吸收2 W功率，此元件是负载。

元件4的电流和电压是关联参考方向，$P_4 = U_4I_4 = [(-2) \times 3]$ W $= -6$ W，$P<0$，发出6 W功率，此元件是电源。

$$P_1+P_2+P_3+P_4=[-6+10+2+(-6)]\ \text{W}=0\ \text{W}$$

所以，整个电路的总功率满足能量守恒定律。

(2) 电能

根据式（2-6），从 t_1 到 t 时间内，电路吸收（消耗）的电能

$$W=\int_{t_1}^{t} p\mathrm{d}t \tag{2-9}$$

当电路是直流电路时

$$W=P(t-t_1) \tag{2-10}$$

电能的SI单位是焦［耳］，符号为J，它等于功率1 W的用电设备在1 s内消耗的电能。在实际应用时还采用kW·h（千瓦·时）作为电能的单位，它等于功率1kW的用电设备在1 h（3 600 s）内消耗的电能，俗称为1度电。$1\text{kW}\cdot\text{h}=10^3\ \text{W}\times 3\ 600\ \text{s}=3.6\times10^6\text{J}=3.6\ \text{MJ}$（兆焦）。

三、基尔霍夫定律

基尔霍夫定律是分析集总参数电路的重要定律。

1. 基尔霍夫电流定律

基尔霍夫电流定律就是电流的连续性原理在电路中的体现，是用来确定连接在同一节点上各支路电流之间的关系的定律，又称基尔霍夫第一定律，简称KCL。

基尔霍夫电流定律：集总参数电路中任一节点，在任意时刻，流入该节点的全部支路电流之和等于流出该节点的全部支路电流之和，即

$$\sum i_{\text{入}}=\sum i_{\text{出}} \tag{2-11}$$

2. 基尔霍夫电压定律

基尔霍夫电压定律就是电压与路径无关这一性质在电路中的体现，是用来确定连接在同一回路中各支路电压之间的关系定律，又称基尔霍夫第二定律，简称KVL。

图2-30所示电路中的一个回路abcda，各支路电压的参考方向如图所示，各电压为 u_1、u_2、u_3。由节点a开始经路径ab到达另外一个节点b，其电压为 $u_{ab}=u_1$。而从节点a出发经过另一路径adcb，电压为各支路电压的代数和 $u_{ab}=u_3-u_2$。则

$$u_1=u_3-u_2 \tag{2-13}$$

式（2-13）可变换为 $u_1+u_2-u_3=0$。

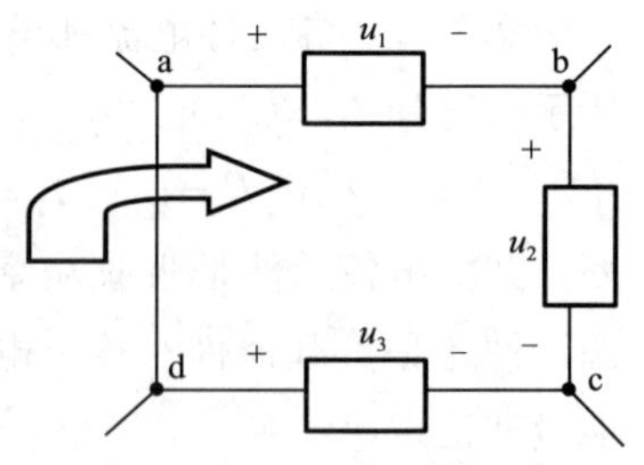

图2-30　KVL说明电路

基尔霍夫电压定律：集总参数电路中的任一回路，在任意时刻，沿任一闭合路径绕行一周，回路上的各支路电压的代数和恒等于零，即

$$\sum_{k=1}^{b} u_k=0 \tag{2-12}$$

式中，b为该回路所包含的支路个数；u_k为回路中第k个支路的电压。

在式（2-12）中，按电压的参考方向列写方程，可按顺时针方向绕行，支路电压参考方向与回路绕行方向一致时（从“+”极性向“−”极性）电压取正号，相反时（从“−”极性向“+”极性）电压取负号。当然，也可按逆时针方向绕行列写方程，其结果是等效的。

在分析电路时，必须先假定电压的参考方向，在图上明确标示出来，然后再列写方程。

例 2-3　如图 2-31 所示，所有回路按顺时针方向绕行一周，请列出 KVL 方程。

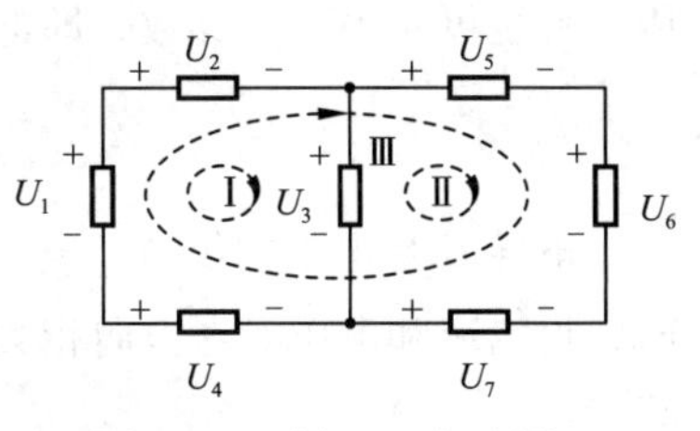

图 2-31　例 2-3 电路图

解　对回路Ⅰ列写 KVL 方程：$U_2+U_3=U_1+U_4$　或　$-U_1+U_2+U_3-U_4=0$。

对回路Ⅱ列写 KVL 方程：$U_5+U_6=U_7+U_3$　或　$U_5+U_6-U_7-U_3=0$。

对回路Ⅲ列写 KVL 方程：$U_2+U_5+U_6=U_7+U_4+U_1$　或　$-U_1+U_2+U_5+U_6-U_7-U_4=0$。

四、电阻元件

电路的基本元素是元件，电阻元件是用来模拟电能损耗或电能转换为热能等其他形式能量的理想元件，是电路中阻碍电流流动和表示能量损耗大小的参数。

1. 电阻元件简介

电阻元件是一种最常见的理想电路元件，是一个二端元件。二端元件的端钮电流、端钮间的电压分别称为元件电流、元件电压。电阻元件的特性可以用元件电压与元件电流的代数关系表示，这个关系称为电压电流关系，简称 VCR。由于电压、电流的 SI 单位分别是伏［特］和安［培］，所以电压和电流关系又称伏安特性。在 $u-i$ 坐标平面上表示元件电压和电流关系的曲线称为伏安特性曲线。

若一个二端元件在任一时刻其端电压 u 和流经的电流 i 二者之间的关系，可由 $u-i$ 平面上的一条曲线来确定，则此二端元件称为二端电阻元件，该曲线称为电阻的伏安特性曲线，如图 2-32 所示。电阻元件习惯上也简称电阻。

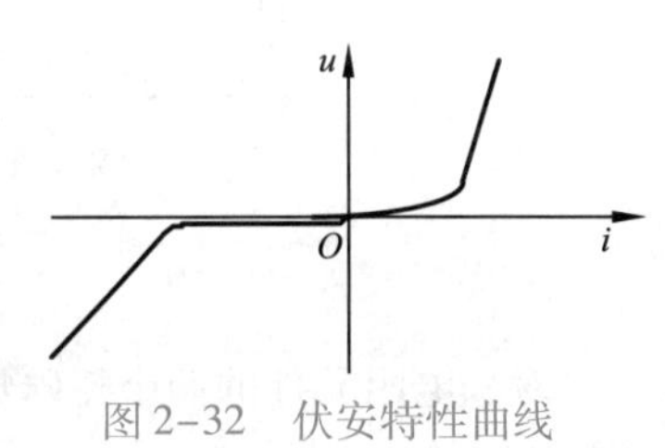

图 2-32　伏安特性曲线

电阻元件从元件特性上可分为线性、非线性、时不变和时变电阻。若电阻的电压电流关系不随时间变动，则称为时不变电阻，否则称为时变电阻。

2. 线性电阻元件及其定律

线性电阻元件是一种理想电路元件。线性电阻元件的伏安特性曲线如图 2-33（a）所示，由特性曲线可知线性电阻是双向元件。它在电路图中的图形符号如图 2-33（b）所示。图中电压和电流为关联参考方向，即

$$u=iR \tag{2-13}$$

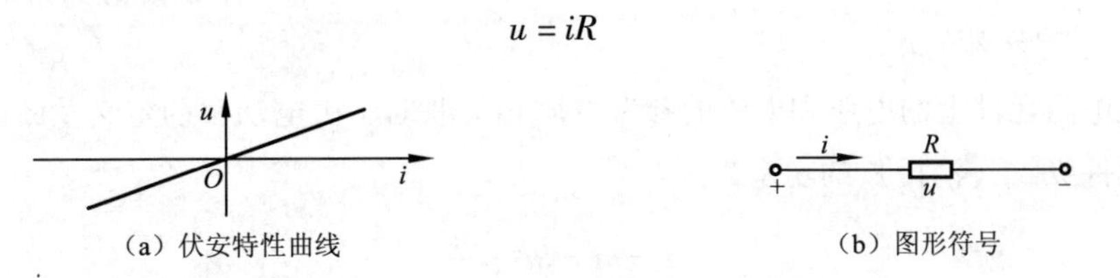

图 2-33　线性电阻元件的伏安特性曲线及图形符号

式（2-13）中的 R 用来表示元件的电阻值，它是一个常量，是一个反映电路中电能损耗的电路参数。式（2-13）中 u、i 是电路的变量，它们可以是直流的也可以是交流的。在式（2-13）中，如电压单位用 V，电流单位用 A，则电阻 SI 单位为欧［姆］，符号为 Ω。常用

的电阻单位还有 kΩ（千欧）、MΩ（兆欧）等，即 1 kΩ = 1 000 Ω，1 MΩ = 1 000 kΩ。线性电阻元件也可用另一个参数，即电导表征，电导用符号 G 表示，其定义为

$$G=\frac{1}{R} \tag{2-14}$$

电导 G 是电阻的倒数，电导的 SI 单位为西［门子］，符号为 S。用电导表征线性电阻元件时，设电流和电压参考方向相关联，线性电阻欧姆定律的约束方程表示为

$$i=Gu \tag{2-15}$$

线性电阻元件中的电流实际方向从电压的正极性端流向负极性端，即从高电位流向低电位。所以式（2–13）和式（2–15）只在关联参考方向时才能成立，当电压、电流为非关联参考方向时，公式的右侧应添加负号“ – ”。

3. 短路及开路的概念

电源与线性电阻元件构成闭合回路，开关闭合，电路中有电流流过，此时电路处于正常的有载工作状态，如图 2–34（a）所示。

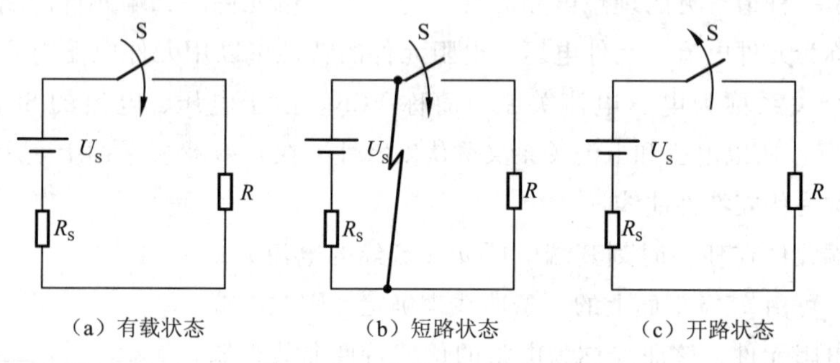

图 2–34　电路的工作状态

对于电阻元件的两个特殊情况值得注意，一种情况是若电阻元件的电阻值为零，则当电流是有限值时其电压总是零，这时就把这种情况称为短路，如图 2–34（b）所示，当电路中两点间用理想导体（电阻值为零的导线）连接时，此时电路处于短路状态，这时将两点间的导线称为短路线，短路线中的电流称为短路电流；另一种情况是，若电阻元件的电阻值为无限大，则当电压是有限值时其电流总是零，此时把这种情况称为开路，如图 2–34（c）所示，开关 S 断开或将电路中某处断开，切断的电路中没有电流流过，此时电路处于开路状态（相当于电路中接入了电阻值为无限大的电阻），这时将断开的两点间的电压称为开路电压。

4. 线性电阻元件的功率

当线性电阻元件上的电压和电流的参考方向相关联时，由电功率的定义及欧姆定律可知，线性电阻元件吸收（消耗）的功率为

$$p=ui=Ri^2=\frac{u^2}{R} \tag{2-16}$$

计算值总是正值，表明线性电阻元件是一种耗能的无源元件，总是吸收功率的，可见线性电阻元件表征了消耗电能转换成其他形式能量的物理特征。

若电流不随时间变动，即线性电阻元件上通过直流时，$t-t_1$ 是电流通过线性电阻元件的总时间。这段时间内线性电阻元件消耗的电能为

$$W = Ri^2\ (t - t_1) \qquad (2-17)$$

式（2-16）和式（2-17）称为焦耳定律。当电阻值一定时，线性电阻元件消耗的功率与电流（或电压）的二次方成正比，而不是电流（或电压）的线性函数。

五、电流源与电压源

为了对实际电源进行模拟，理论上定义了两种理想的独立电源：理想电流源和理想电压源。

1. 电流源

（1）理想电流源

理想电流源是一个二端理想电路元件，元件的电流与它的电压无关，总保持为某恒定值或给定的时间函数。在实际应用中，有些电源近似具有这样的性质。例如，在具有一定光照强度的光线照射下，光电池将被激发产生一定值的电流，这时电流与光照强度成正比而与它的电压无关；又如交流电流互感器，二次［侧］输出电流由一次［侧］决定，它是时间的正弦函数。

电流源有两个基本性质：

① 它输出的电流是某恒定值或给定的时间函数，与其端电压无关；

② 它的端电压不是由电流源本身就能确定，而是由与其相连接的外电路共同决定的，端电压可以是任意的。

交流电流源在电路中的图形符号如图2-35（a）所示。其中，i_S为电流源的电流，箭头表示其参考方向。

直流电流源的图形符号如图2-35（b）所示，I_S表示其电流等于恒定值，用箭头表示其参考方向。图2-35（c）为直流电流源的伏安特性曲线，它是一条与电压轴平行且横坐标为I_S的直线，表明其输出电流恒等于I_S，与电压大小无关。当电压为零，亦即电流源短路时，它发出的电流仍为I_S。如果一个电流源的电流$I_S=0$，则此电流源的伏安特性曲线为与电压轴重合的直线，它相当于开路，即电流为零的电流源相当于开路。

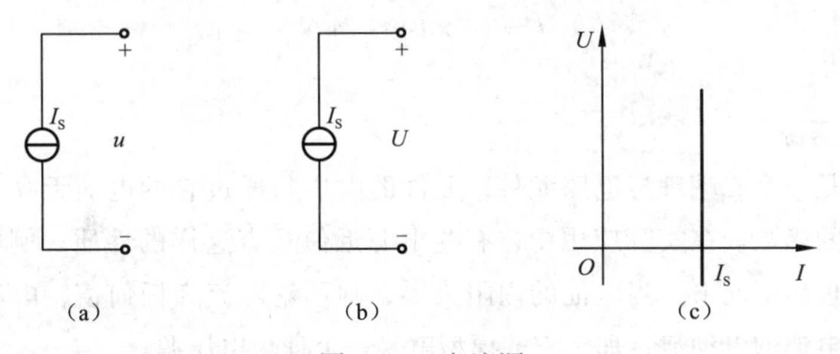

图2-35　电流源

电流源可对电路提供功率，但有时也从电路吸收功率，可以根据电压、电流的参考方向，应用功率计算公式，由计算所得功率的正负判定。

（2）电流源构成的实际直流电源模型

理想电流源实际上是不存在的。如光电池的特性与电流源是有差别的，可以用电流源和电阻并联组合作为实际直流电源模型，如图2-36（a）所示。图中I_S为电流源产生的定值电流，G_S等于实际电源内电导（简称内导），R为负载电阻，实际直流电源电压为U，电流为I。

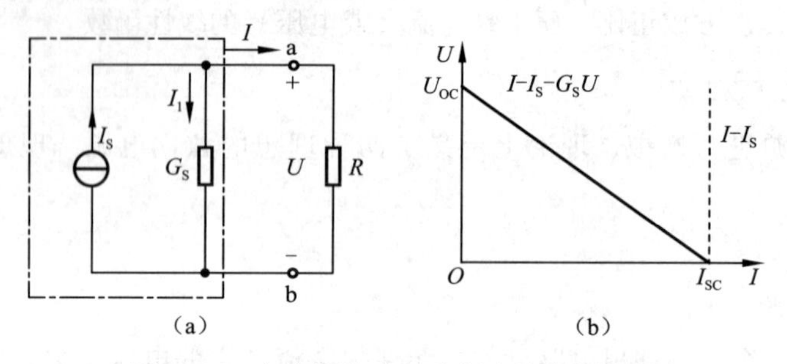

图2-36　电流源构成的实际直流电源模型

由图2-36（a）可知，当这一模型a、b端与外电路相连（即接上负载电阻）时，就有电流通过，按图中参考方向，根据基尔霍夫第一定律（$I+I_1-I_S=0$）和欧姆定律（$I_1=G_SU$）得到表达式

$$I=I_S-G_SU \tag{2-18}$$

当a、b端外接短路（相当于外接负载电阻为零）时，$U=0$，$I=I_S=I_{SC}$，I_{SC}称为短路电流，电路处于短路状态；当a、b端外接开路（相当于外接负载电阻为无穷大）时，$I=0$，$U=I_S/G_S=U_{OC}$，U_{OC}称为开路电压，这时电路处于开路状态，其特性曲线如图2-36（b）所示。

例2-4　图2-36中，电流源$I_S=3$ A，$G_S=0.5$ S，当接以外电阻$R=4\ \Omega$时，试求输出电流I及电压U。

解　输出电流I在外电阻R上压降为$U=4I$

将I_S、G_S的值及上式代入式（2-18）得

$$I=3-0.5\times 4I$$

解得

$$I=1\text{A}$$

$$U=(4\times 1)\text{V}=4\ \text{V}$$

2. 电压源

（1）理想电压源

理想电压源是一个二端理想电路元件，元件的电压与通过它的电流无关，总保持为某恒定值或给定的时间函数。在实际应用中，有些电源近似具有这样的性质。例如，电池就是这样一种电源，在理想情况下，当电池的内阻为零，则不论电流为任何值，电池的电压就为恒定值，其值等于电池的电动势，那么它的模型就是一个理想电压源。

理想电压源有两个性质：①它的电压是给定的时间函数，与流过的电流无关；②它的电流不是由电压源本身就能确定的，而是由与其相连接的外电路共同决定的，流过的电流可以是任意的。

交流电压源在电路中的图形符号如图2-37（a）所示。其中u_S为电压源电压，“+”“-”表示其参考极性。

直流电压源的图形符号如图2-37（b）所示，U_S表示电源电压等于恒定值（E表示电源

电动势等于恒定值，同一电源的电动势在量值上与其两端的电压相等），这里用“+”“-”符号或长、短横线以及箭头表示直流电压源的参考方向。图2-37（c）所示为直流电压源的伏安特性曲线，它是一条与电流轴平行且纵坐标为U_S的直线，表明其输出电压恒等于U_S，与电流大小无关。电流为零，亦即电压源开路时，其电压仍为U_S。如果一个电压源的电压$U_S=0$，则此电压源的伏安特性曲线为与电流轴重合的直线，它相当于短路，即电压为零的电压源相当于短路。

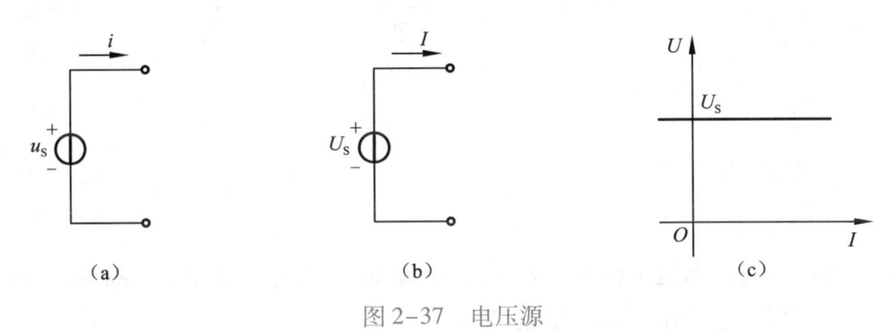

图2-37　电压源

电压源一般对电路提供功率，但有时也从电路吸收功率，可以根据电压、电流的参考方向应用功率计算公式，由计算所得功率的正负判定。

（2）电压源构成的实际直流电源模型

理想电压源实际上是不存在的，以直流电源电池为例，它有一定的内阻，因此，只有电源两端不接负载时（称为空载）才能保持定值电压；只要一接上负载，就有电流通过，由于存在内阻，必然在电源内部产生电能消耗，于是电源电压就要下降，因而不能保持恒定值电压。流过电源的电流越大，电压下降越多，因此可以用电压源和电阻串联组合作为实际直流电源模型，如图2-38（a）所示。图中U_S为电压源的电压，R_S等于实际直流电源的内阻，R为负载电阻，实际直流电源的电压为U，电流为I。

由图2-38（a）可知，当这一模型a、b端与外电路相连（即接上负载电阻）时，电路中就有电流通过，形成了回路，按图中参考方向，根据基尔霍夫第二定律（$U+U_1-U_S=0$）和欧姆定律（$U_1=R_SI$）得到表达式

$$U=U_S-R_SI \tag{2-19}$$

式（2-19）反映了实际直流电源的电压电流关系（又称外特性），如图2-38（b）所示。显然实际电流源的内阻R_S越小，内部的分压就越小，就越接近于理想电压源。当a、b端外接开路（负载电阻为无穷大）时，如图2-38（c）所示，$I=0$，$U=U_S=U_{OC}$（开路电压），这时电路处于开路状态；当a、b端外接短路（负载电阻为零）时，如图2-38（d）所示，$U=0$，$I=U_S/R_S=I_{SC}$（短路电流），这时电路处于短路状态。

例2-5　图2-38中，电压源$U_S=12$ V，$R_S=1\Omega$，当接以外电阻$R=3\Omega$时，试求输出电流I及电压U。

解　输出电压U、电流I及外电阻R的关系为$I=U/R$，即$I=U/3$。

将U_S、R_S的值及上式代入式（2-19）得

$$U=12-1\times U/3$$

解得　　$U=9\ \text{V}$　　　　　　$I=(9/3)\ \text{A}=3\ \text{A}$

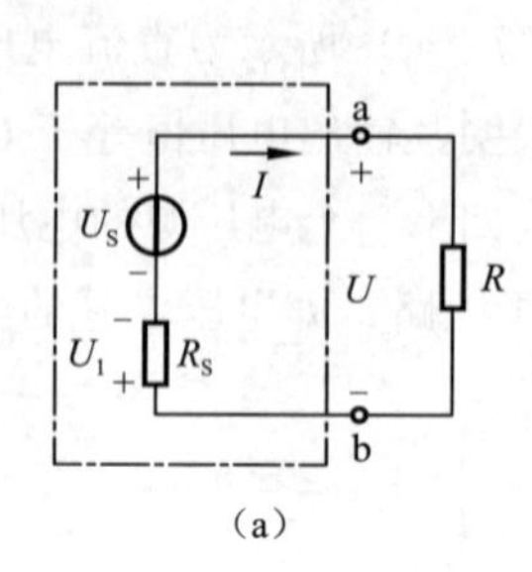

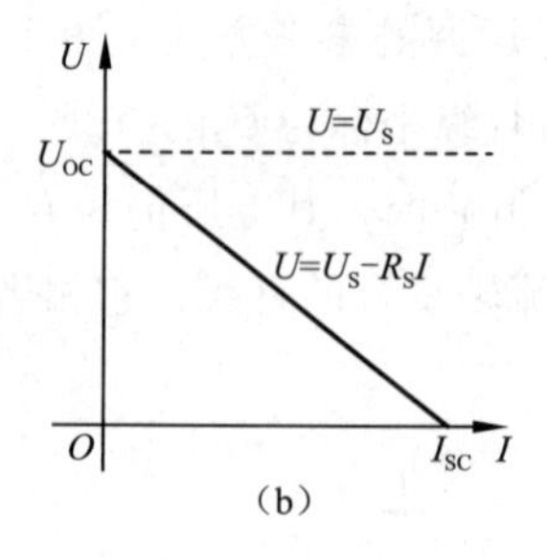

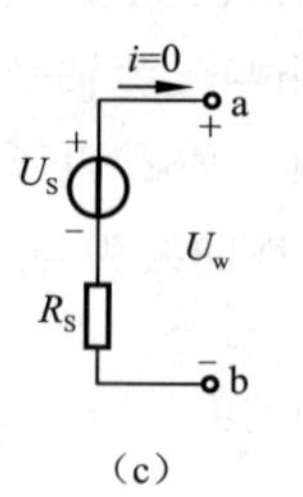

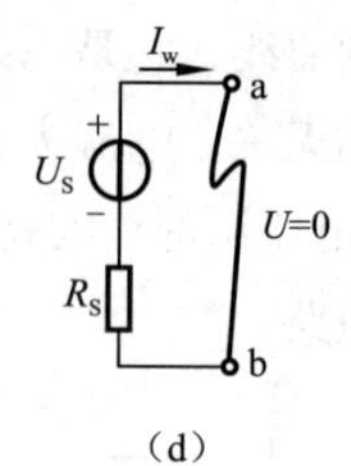

图 2-38　电压源构成的实际直流电源模型

六、电阻的串并联

1. 串联电阻的计算

如图2-39（a）所示，若这个整体只有两个端钮与外电路相连，则称为二端网络。图2-39（b）所示也为一个二端网络，它只由一个电阻元件构成。

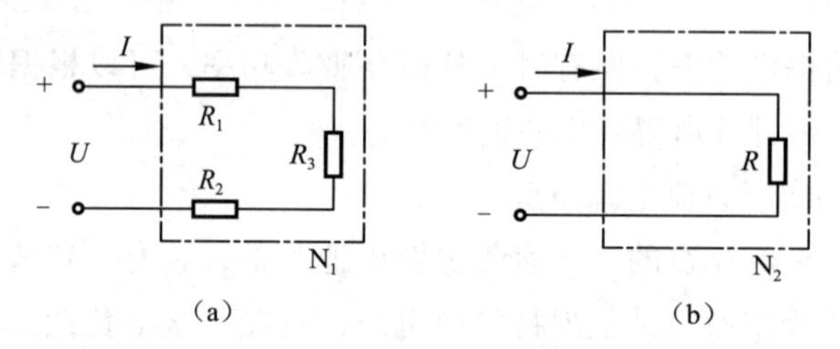

图 2-39　串联电阻的等效

分析以上电路，设 N_1和 N_2两个电路均由线性电阻组成，其内部不含独立电源，由基尔霍夫电压定律和欧姆定律得到 N_1电路中电压与电流的关系为

$$U=R_1I+R_2I+R_3I=(R_1+R_2+R_3)I \tag{2-20}$$

同理可知，N_2电路中的电压与电流的关系为

$$U=RI \tag{2-21}$$

假设

$$R=R_1+R_2+R_3 \tag{2-22}$$

那么式（2-20）和式（2-21）是相同的，所以 N_2 中电阻 R 就是 N_1 中串联电阻 R_1、R_2、R_3的等效电阻。

由以上等效电阻的概念可知，当有多个电阻 R_1、R_2、…、R_k、…、R_n串联时，总的等效电阻计算公式为

$$R=R_1+R_2+\cdots+R_k+\cdots+R_n \tag{2-23}$$

当多个电阻串联时，其各自电压为

$$U_k=R_kI=\frac{R_k}{R}U \tag{2-24}$$

式（2-24）称为分压公式，从式中可知各个串联电阻的电压与电阻值成正比；同理，串联电路中电阻的功率与电阻值也成正比。

例2-6　如图2-40 所示，用一个满刻度偏转电流为50 μA，电阻 R_g为2 kΩ 的表头制成100 V

量程的直流电压表，应串联多大的附加电阻 R_f？

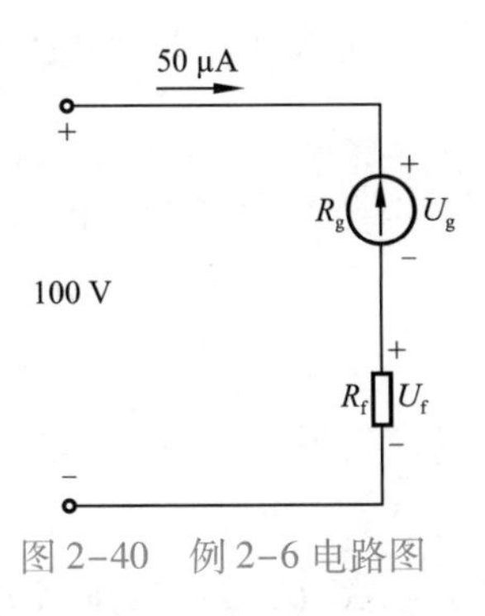

图 2-40　例 2-6 电路图

解　满刻度时表头电压为

$$U_g = R_g I = (2\times10^3\times50\times10^{-6})\,\text{V} = 0.1\ \text{V}$$

附加电阻电压为

$$U_f = (100-0.1)\,\text{V} = 99.9\ \text{V}$$

代入式（2-24），得

$$99.9 = \frac{R_f}{2+R_f}\cdot 100$$

解得

$$R_f = 1\ 998\ \text{k}\Omega$$

2. 并联电阻的计算

如图 2-41（a）所示，根据基尔霍夫电流定律和欧姆定律，并考虑关联参考方向，N_1 电路端口电压电流的关系为

$$I = G_1U + G_2U + G_3U = (G_1+G_2+G_3)U \tag{2-25}$$

如图 2-41（b）所示，同理可知 N_2 电路端口电压电流的关系为

$$I = GU \tag{2-26}$$

由式（2-25）和式（2-26）可知，当 $G = G_1+G_2+G_3$ 时，这两个电路是等效的，所以 N_2 中电导就是 N_1 中的等效电导。

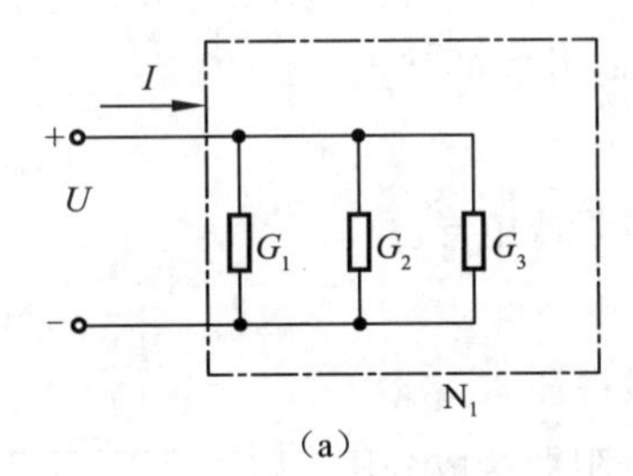

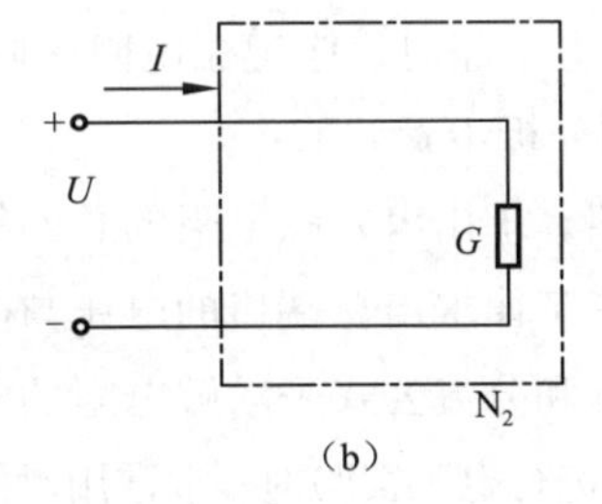

图 2-41　并联电阻的等效电导

当多个电阻并联时，各自的电流为

$$I_k = G_kU = \frac{G_k}{G}I \tag{2-27}$$

式（2-27）称为分流公式。

如果图 2-42 为两个电阻 R_1 和 R_2 并联，则等效电阻为

$$R = \frac{R_1R_2}{R_1+R_2} \tag{2-28}$$

（a）　　（b）

图 2-42　电阻的并联

将式（2-28）代入式（2-27）中得

$$I_1=\frac{G_1}{G}I=\frac{\frac{1}{R_1}}{\frac{1}{R}}I=\frac{R_2}{R_1+R_2}I$$

$$I_2=\frac{G_2}{G}I=\frac{\frac{1}{R_2}}{\frac{1}{R}}I=\frac{R_1}{R_1+R_2}I \tag{2-29}$$

式（2-29）为两个电阻并联时的电流的计算公式，又称分流公式。

例 2-7　如图 2-43 所示，用一个满刻度偏转电流为 50 μA、电阻 R_g 为 2 kΩ 的表头制成量程为 50 mA 的直流电流表，应并联多大的分流电阻 R_2？

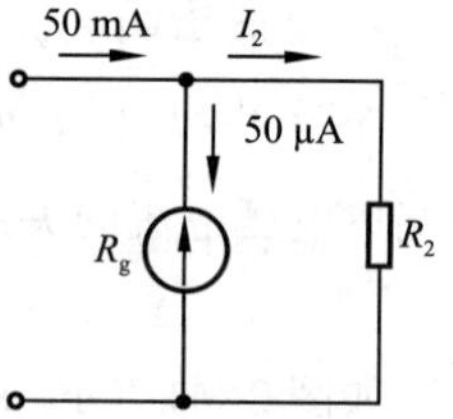

图 2-43　例 2-7 电路图

解　由题意 $I_1=50\ \mu A$，$R_1=R_g=2\ 000\ \Omega$，$I=50\ mA$，代入式（2-29），得

$$50=\frac{R_2}{2\ 000+R_2}\times 50\times 10^3$$

解得

$$R_2=2.002\ \Omega$$

3. 电阻的混联（串、并联）

电阻的混联是指电路中既有电阻的串联又有电阻的并联组合在一起，它在实际中应用广泛，在分析和计算电路时，应遵循电阻串联和电阻并联的特点。

通常采用的分析步骤如下：

① 分析电路，求出串并联电阻的总的等效电阻或电导。

② 利用欧姆定律求出总端口的电压与电流。

③ 利用分压和分流公式来求解电阻的电流或电压。

例 2-8　在进行电工实验时，常常用滑线式变阻器接成分压器电路来调节负载电阻上电压的高低。图 2-44 中 R_1 和 R_2 是滑线式变阻器，R_L 是负载电阻。已知滑线式变阻器额定值为 100 Ω、3 A，a、b 端上输入电压 $U_1=220$ V，$R_L=50\ \Omega$。试求：①当 $R_2=50\ \Omega$ 时，输出电压 U_2 是多少？②当 $R_2=75\ \Omega$ 时，其输出电压 U_2 是多少？滑线式变阻器是否能正常安全地工作？

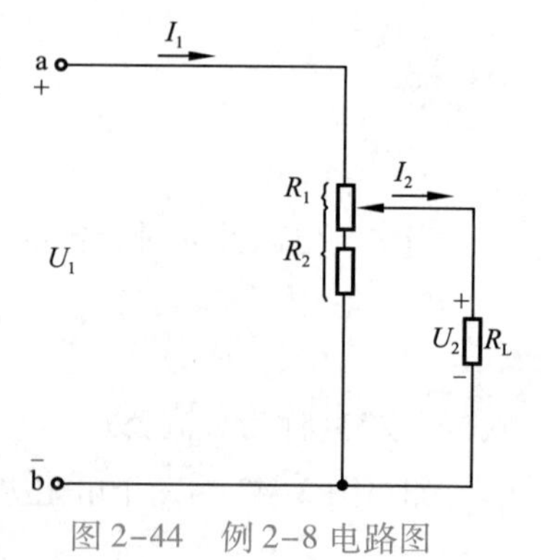

图 2-44　例 2-8 电路图

解　① 当 $R_2=50\ \Omega$ 时，则 $R_1=100-R_2=50\ \Omega$，R_{ab} 为 R_2 和 R_L 并联再与 R_1 串联组成，所以 a、b 端的等效电阻为

$$R_{ab}=R_1+\frac{R_2R_L}{R_2+R_L}=\left(50+\frac{50\times 50}{50+50}\right)\Omega=75\ \Omega$$

滑线式变阻器中流过 R_1 的电流为

$$I_1=\frac{U_1}{R_{ab}}=\frac{220}{75}\ A=2.93\ A$$

流过负载电阻 R_L 的电流由分流公式（2-29）解得

$$I_2=\frac{R_2}{R_2+R_L}\times I_1=\left(\frac{50}{50+50}\times 2.93\right)A=1.47\ A$$

$$U_2=R_LI_2=(50\times1.47)\ \text{V}=73.5\ \text{V}$$

② 当 $R_2=75\ \Omega$ 时，其计算方法同①，解得

$$R_{ab}=R_1+\frac{R_2R_L}{R_2+R_L}=\left(25+\frac{75\times50}{75+50}\right)\Omega=55\ \Omega$$

$$I_1=\frac{220}{55}\text{A}=4\ \text{A}$$

$$I_2=\left(\frac{75}{75+55}\times4\right)\text{A}=2.4\ \text{A}$$

$$U_2=(50\times2.4)\text{V}=120\ \text{V}$$

从上面计算来看，由于 $I_1=4$ A，I_1 大于滑线式变阻器额定电流 3 A，所以 R_1 段电阻有可能被烧坏。

七、支路电流分析法

1. 线性电路的一般计算方法

前面的几种分析方法都是利用等效变换的概念，将电路化简成为单回路电路后，再找出待求的电流与电压。用这种方法来分析简单的电路是可以的，但是对于比较复杂的电路，就很难或不易化简成为单回路电路，所以下面将着重介绍几种分析线性电路的常用方法。

对于这些分析方法的思路为：先选择电路的变量，电压与电流是电路的基本变量，同时也是分析电路时待求的未知数，可以选择支路电流、支路电压、网孔电流或节点电压为变量，再根据 KCL、KVL 和 VCR 建立电路的方程，注意方程数应与变量数相同，最后再从方程中解出电路的变量。列写电路方程的最基本方法是支路电流分析法，由支路电流分析法为基础得到网孔分析法和节点分析法。网孔分析法和节点分析法具有较少变量数和方程数，易于求解。

为了减少变量数与方程数，通常把流过同一电流、包括几个元件串联成的分支称为支路，含有 3 个及 3 个以上支路的连接点称为节点。

2. 支路电流分析法

以支路电流或支路电压作为变量列写的电路方程称为支路方程。支路分析法就是由支路方程求解电路的方法。以支路电流为变量列写的方程，在求得各支路电流以后，用相应的 VCR 求得各支路的电压。一般设电路有 b 条支路，那么就有 b 个未知电流可以选为变量。所以，支路电流分析法需要列出 b 个独立方程，然后解出各个未知量的支路电流。现在以图 2-45 所示的电路图为例，来说明支路电流分析法的步骤。

电路中支路数为 $b=3$，节点数为 $n=2$，以支路电流 I_1、I_2、I_3 为未知量，可以列出 3 个独立方程。在列写方程以前指定各支路电流的参考方向如图 2-45 所示。

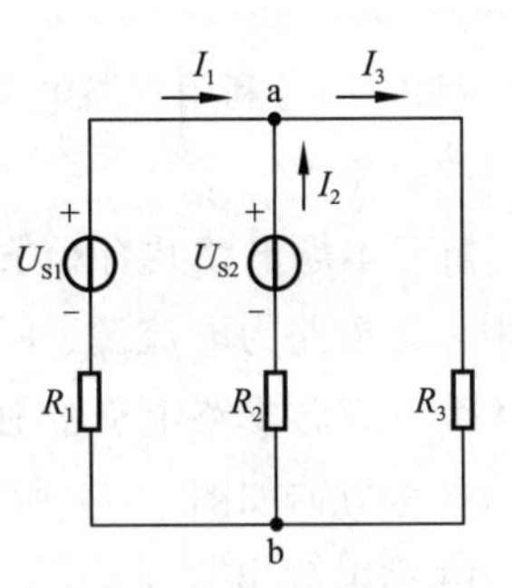

图 2-45 支路电流法的举例

首先，根据电流的参考方向，对于节点 a 列写 KCL 方程

$$-I_1-I_2+I_3=0 \tag{2-30}$$

对于节点 b 列 KCL 方程

$$I_1+I_2-I_3=0 \tag{2-31}$$

其实，式（2-30）和式（2-31）是同一个式子，两个方程中只有一个是独立的，所以对于这两个节点电路，只能有一个独立的 KCL 方程。

通常，对具有 n 个节点的电路，只能列写（$n-1$）个独立的 KCL 方程。在 n 个节点中，只能有（$n-1$）个独立的节点，余下的一个称为参考节点，注意参考节点是任意选取的。

其次，选择回路应用 KVL 列出其余［$b-(n-1)$］个方程。每次新列出的 KVL 方程与已经列过的 KVL 方程是相对独立的。一般，可选取网孔来列写 KVL 方程。在图 2-45 中有两个网孔，按顺时针方向绕行，对左面的网孔列 KVL 方程为

$$R_1I_1-R_2I_2=U_{S1}-U_{S2} \tag{2-32}$$

按顺时针方向绕行，对右面的网孔列 KVL 方程为

$$R_2I_2+R_3I_3=U_{S2} \tag{2-33}$$

这里，网孔的数目等于$[b-(n-1)]=[3-(2-1)]=2$。因此，KVL 的方程数等于$[b-(n-1)]$。通常，应用 KCL 与 KVL 一共需要列出$(n-1)+[b-(n-1)]=b$个独立的方程，由于它们都是以支路电流为变量的方程，因而需要解出 b 个支流电流。

3. 支路电流分析法的计算步骤

综上所述，支路电流分析法计算电路的一般步骤如下：

① 在电路图中先选定各支路（b 个）电流的参考方向，设出各支路电流。

② 指定参数节点，对独立节点列出（$n-1$）个 KCL 方程。

③ 通常列写网孔 KVL 方程，设定各网孔绕行方向，各网孔绕行方向必须一致，列出 $b-(n-1)$ 个 KVL 方程。

④ 联立求解上述 b 个独立方程，可得出待求的各支路电流，然后按 VCR 求各支路的电压。

例 2-9　已知各支路电流的参考方向如图 2-46 所示，计算各支路的电流。

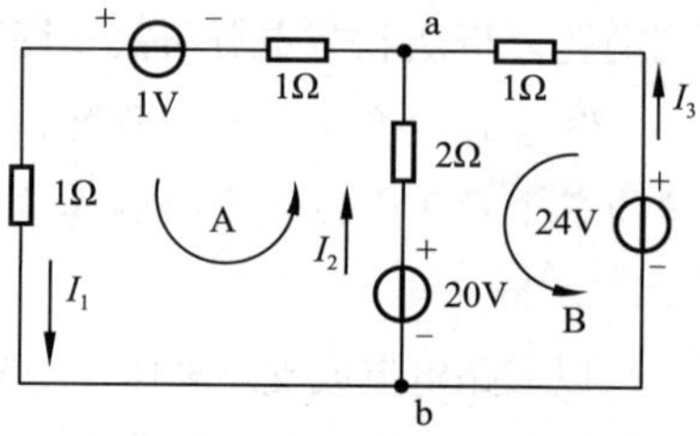

图 2-46　例 2-9 电路图

解　图中一共有 2 个节点、3 条支路和 2 个网孔，由 KCL 可列出 b 节点电流方程为

$$I_1-I_2-I_3=0$$

由 KVL 可列出 A、B 回路电压方程分别为

$$2I_1+2I_2-20=0$$

$$I_3-2I_2-4=0$$

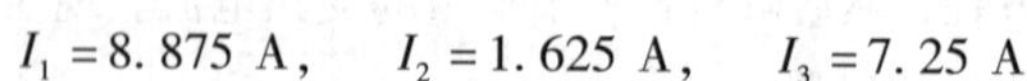

解得　$I_1=8.875\ \text{A},\quad I_2=1.625\ \text{A},\quad I_3=7.25\ \text{A}$

例 2-10　利用支路电流法计算图 2-47 所示电路中各支路的电流。

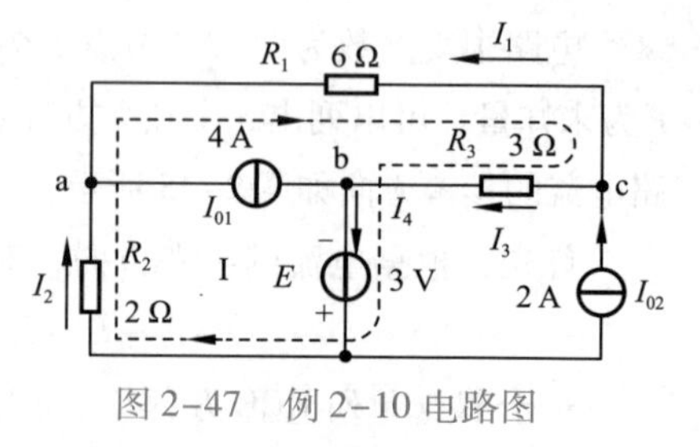

图 2-47　例 2-10 电路图

解　本题电路共有 6 条支路、4 个节点和 3 个网孔。其中 2 条支路为电流源，所以待求变量为 4 个。需要列出 4 个含有各支路电流的独立方程，并设 4 个支路的电流的参考方向如图 2-47 所示。

由 KCL 列出节点 a、b、c 的 3 个电流方程分别为

$$I_1+I_2-I_{S1}=0$$
$$I_3+I_{S1}-I_4=0$$
$$I_{S2}-I_1-I_3=0$$

由 KVL 列出回路Ⅰ的电压方程（由于电流源两端电压无法确定，在选择回路时要避开含有电流源的支路，如图 2-47 中虚线所示）：

$$I_2R_2-I_1R_1+I_3R_3-E=0$$

列方程组

$$\begin{cases} I_1+I_2-4=0 \\ I_3-I_4+4=0 \\ I_1+I_3-2=0 \\ 2I_2-6I_1+3I_3-3=0 \end{cases}$$

解得 $I_1=1\ \text{A}，I_2=3\ \text{A}，I_3=1\ \text{A}，I_4=5\ \text{A}$

任务实施

根据所学的电源的等效变换和支路电流分析法对双电源供电的直流电路进行设计、安装及调试。

一、任务说明

这里以××工厂需要进行双电源供电的直流电路的设计、安装及调试为例进行说明。

1. 双电源供电的直流电路的设计

一个实际电源可以用电压源和电阻串联组合来代替（或等效）电路的模型，或者也可以用电流源与电阻的并联组合来代替（或等效）电路的模型。

如图 2-48 所示，两种电源模型等效变换的条件是端口电压电流的关系相同：当它们的端口具有相同的电压时，端口电流必须相等。图 2-48 中，两种模型对应的端口电压为 U，其等效变换的条件为端口电流 $I=I'$。

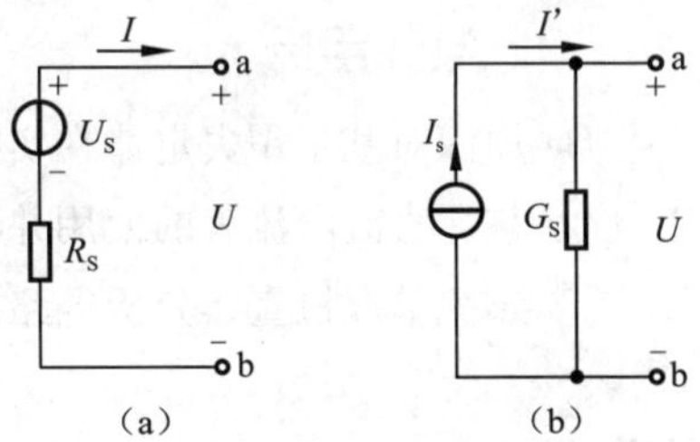

电压源与电阻的串联电路中， $$I=\frac{U_S}{R_S}-\frac{U}{R_S} \tag{2-34}$$

电流源与电阻的并联电路中， $$I=I_S-G_SU \tag{2-35}$$

图 2-48 电压源与电流源的等效

由式（2-34）和式（2-35）相对应可知：

$$\begin{cases} I_S=\dfrac{U_S}{R_S} \\ G_S=\dfrac{1}{R_S} \end{cases} \tag{2-36}$$

式（2-36）就是电压源与电流源等效变换必须满足的条件，其参考方向如图 2-48 所示。

2. 双电源供电的直流电路的安装

按照图 2-49 所示，进行电路安装。

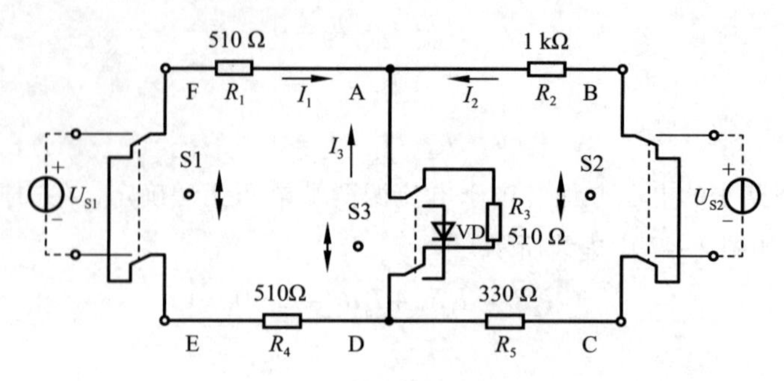

图 2-49　双电源供电的直流电路

二、任务结束

工作任务结束后，清点工具、清理现场。

项目总结

本项目主要介绍了电气识图的基础知识和电路的基础知识，通过本项目中各任务的操作完成了电气识图和双电源供电的直流电路的设计分析、安装及调试，为后续工作和学习奠定了基础。

项目实训

实训 3　双电源供电电路的调试

一、实训目标

① 加深对基尔霍夫定律在实践中的应用。

② 掌握直流电流表的使用并学会用电流插头、插座测量各支路电流的方法。

③ 熟练掌握检查、分析电路简单故障的能力。

二、实训器材

① 直流数字电压表、直流数字毫安表（EEL- Ⅰ型为单独的 MEL-06 组件，其余型号含在主控制屏上）。

② 恒压源［EEL- Ⅰ、Ⅱ、Ⅲ、Ⅳ、Ⅴ均含在主控制屏上，根据用户的要求，可能有两种配置：+6 V（+5 V），+12 V，0 ~ 30 V 可调或；双路 0 ~ 30 V 可调。］

③ EEL-30 组件（含实验电路）或 EEL-53 组件。

三、实训内容

实训电路如图 2-49 所示，图中的电源 U_{S1} 用恒压源中的 +6 V（+5 V）输出端，U_{S2} 用 0 ~ +30 V可调电压输出端，并将输出电压调到 +12 V（以直流数字电压表读数为准）。实验前先设定 3 条支路的电流参考方向，如图 2-49 中的 I_1、I_2、I_3所示，并熟悉电路结构，掌握各开关的操作使用方法。

1. 熟悉电流插头的结

将电流插头的红接线端插入数字毫安表的红（正）接线端，电流插头的黑接线端插入数字毫安表的黑（负）接线端。

2. 测量支路电流

将电流插头分别插入3条支路的3个电流插座中，读出各个电流值。按规定：在节点A，电流表读数为“+”，表示电流流出节点，读数为“-”，表示电流流入节点，然后根据图2-49中的电流参考方向，确定各支路电流的正、负号，并记入表2-10中。

表2-10　支路电流数据

支路电流	I_1	I_2	I_3
计算值/mA			
测量值/mA			
相对误差			

3. 测量元件电压

用直流数字电压表分别测量两个电源及电阻元件上的电压值，将数据记入表2-11中。测量时，电压表的红（正）接线端应插入被测电压参考方向的高电位（正）端，黑（负）接线端插入被测电压参考方向的低电位（负）端。

表2-11　各元件电压数据

各元件电压	U_{S1}	U_{S2}	U_{R1}	U_{R2}	U_{R3}	U_{R4}	U_{R5}
计算值/V							
测量值/V							
相对误差							

实训4　双电源供电电路的等效应用

一、实训目标

① 熟练掌握建立电源模型的方法。

② 熟练掌握电源外特性的测试方法。

③ 研究电源模型，实践等效变换。

二、实训器材

① 直流数字电压表、直流数字毫安表（EEL-Ⅰ型为单独的MEL-06组件，其余型号含在主控制屏上）

② 恒压源［EEL-Ⅰ、Ⅱ、Ⅲ、Ⅳ均含在主控制屏上，根据用户的要求，可能有两种配置：+6 V(+5V)，+12V，0～30 V可调或双路0～30 V可调。］

③ 恒源流（0～500 mA可调）。

④ EEL-23组件（含固定电阻、电位器）或EEL-51组件、EEL-52组件。

三、实训内容

1. 测定电压源（恒压源）与实际电压源的外特性

实验电路如图 2-50 所示，图中的电源 U_S用恒压源中的 +6 V(+5 V)输出端，R_1取 200 Ω 的固定电阻，R_2取 470 Ω 的电位器。调节电位器 R_2，令其阻值由大至小变化，将电流表、电压表的读数记入表 2-12 中。

表 2-12　电压源（恒压源）外特性数据

I /mA							
U /V							

在图 2-51 电路中，将电压源改成实际电压源，如图 2-50 所示，图中内阻 R_S取 51Ω 的固定电阻，调节电位器 R_2，令其阻值由大至小变化，将电流表、电压表的读数记入表 2-13 中。

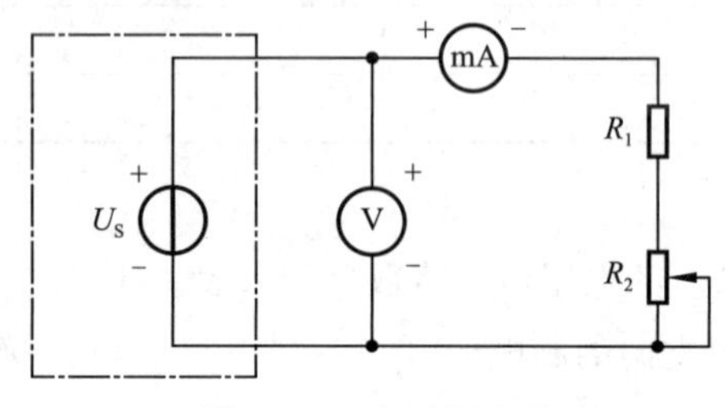

图 2-50　电压源电路

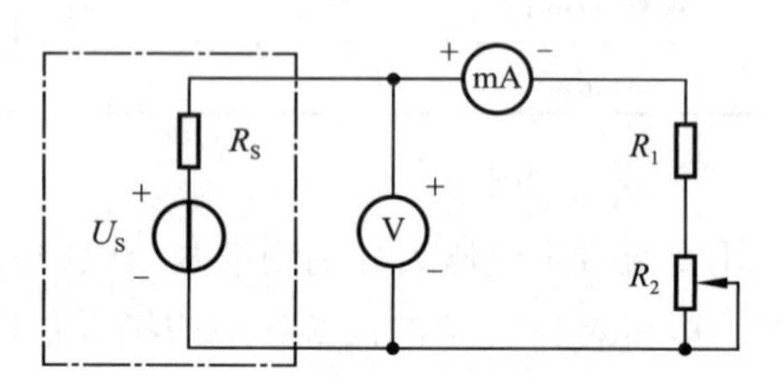

图 2-51　实际电压源电路

表 2-13　实际电压源外特性数据

I /mA							
U /V							

2. 测定电流源（恒流源）与实际电流源的外特性

按图 2-52 接线，图中 I_S为恒流源，调节其输出为 5 mA（用毫安表测量），R_2取 470Ω 的电位器，在 R_S分别为 1 kΩ 和∞ 两种情况下，调节电位器 R_2，令其阻值由大至小变化，将电流表、电压表的读数记入自拟的数据表格中。

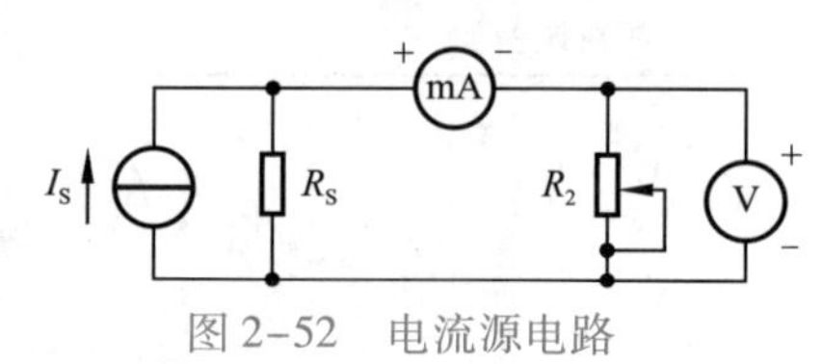

图 2-52　电流源电路

3. 电源模型实践等效变换

按图 2-53 电路接线，其中图（a）（b）的内阻 R_S均为 51 Ω，负载电阻 R 均为 200 Ω。

在图 2-53（a）电路中，U_S用恒压源中的 +6 V 输出端，记录电流表、电压表的读数。然后调节图 2-53（b）电路中恒流源 I_S，令两表的读数与图 2-53（a）的数值相等，记录 I_S之值，验证等效变换条件在实践中的应用性。

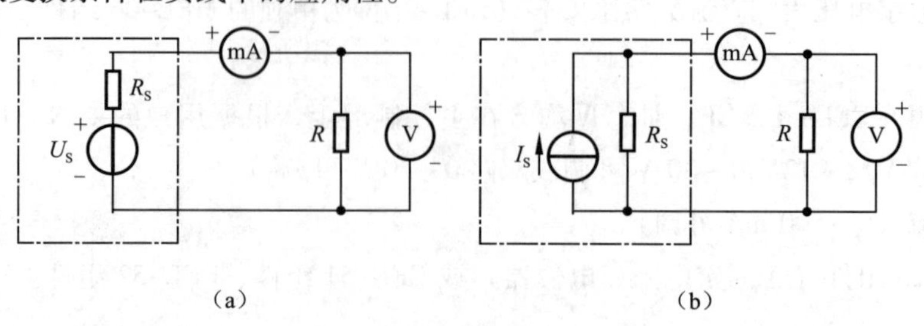

图 2-53　电压源与电流源等效电路

思考与练习

1. 什么是电路模型？如何建立电路模型？

2. 电路理论研究的对象是什么？

3. 为什么要在电路图上规定参考方向？说明实际方向与参考方向的关系及使用参考方向时需要注意的问题。

4. 说明电压、电位、电位差、电动势有何区别与联系？

5. 如图2-54所示电路中，电流参考方向已选定。已知 $I_1=3$ A，$I_2=-5$ A，$I_3=-2$ A，试指出电流的实际方向。

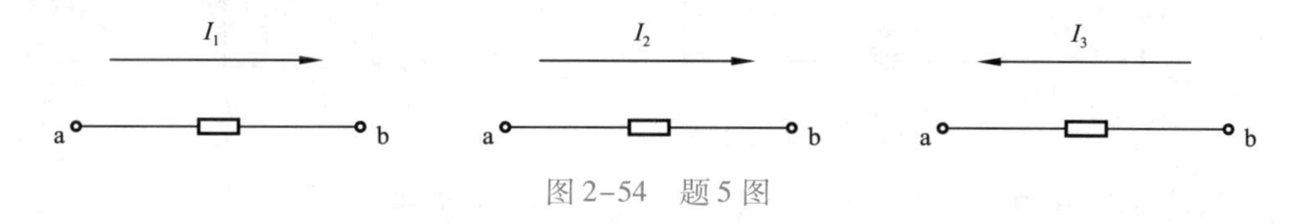

图2-54　题5图

6. 如图2-55所示电路中，已知 $U_1=5$ V，$U_{ab}=2$ V，试求：①U_{ac}；②分别以a点和c点作参考点时，b点的电位和bc两点之间的电压 U_{bc}。

7. 如图2-56所示，说明电路中有几条支路，几个节点，几个回路。并列出图中各点的KCL方程和各回路的KVL方程。

8. 线性电阻元件的电压电流关系式是线性的，吸收的功率与电压（或电流）的关系是否也是线性的？

9. 说明在什么情况下电路处于短路状态和开路状态？

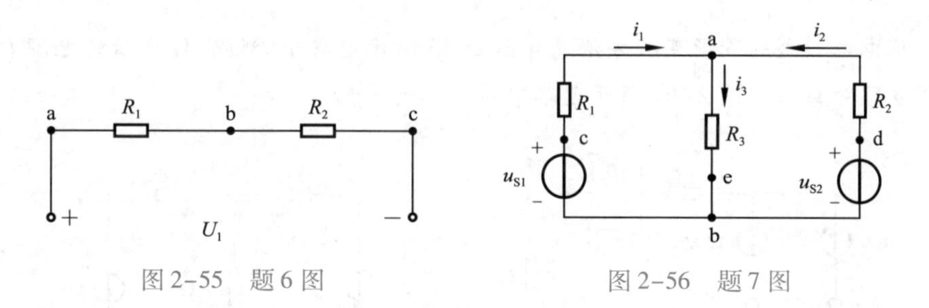

图2-55　题6图　　图2-56　题7图

10. 如图2-57所示，求电压 U_{ab}。

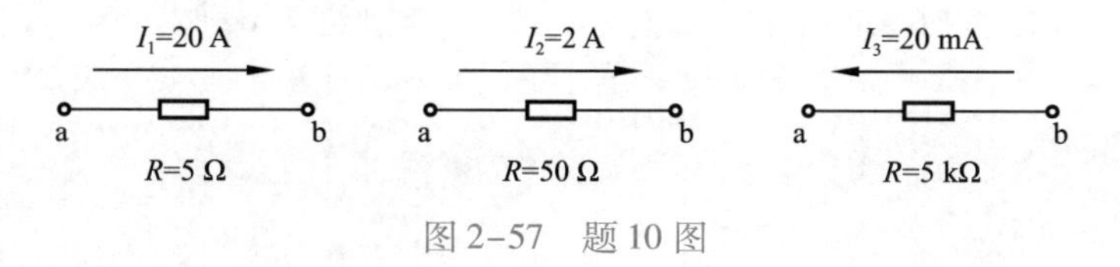

图2-57　题10图

11. 求图2-58所示各二端网络端口的等效电阻。

12. 试重新画图2-59所示电路，以判断各电阻元件的串并联关系。

13. 求如图2-60所示电路中1Ω电阻吸收的功率。

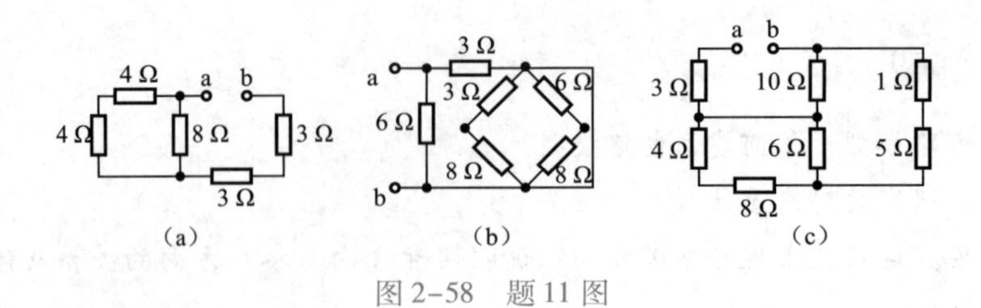

图 2-58　题 11 图

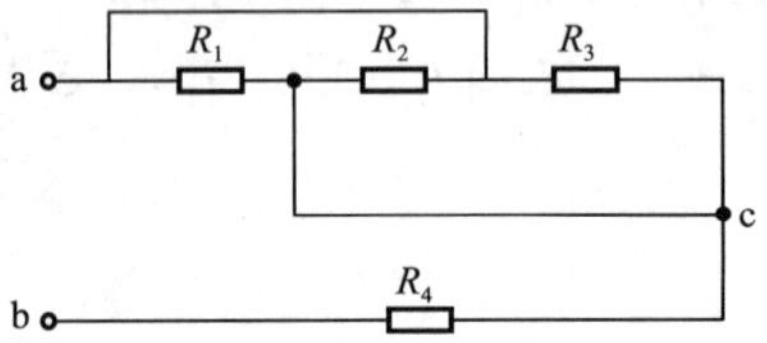

R_1　R_2　R_3　R_4　a　b　c

图 2-59　题 12 图

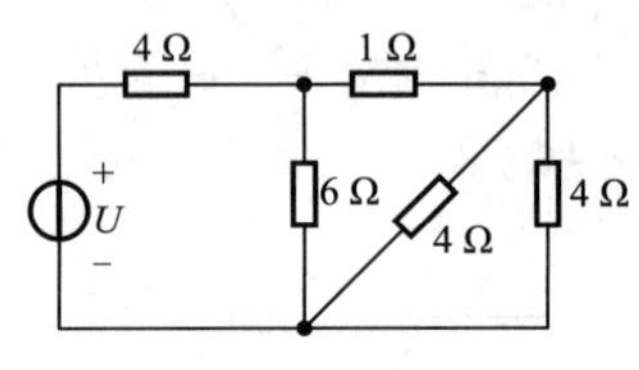

图 2-60　题 13 图

14. 试求图 2-61 所示电路中开关 S 断开和闭合时的等效电阻 R_{ab}。

15. 试求图 2-62 所示电路中的电流 I_o。

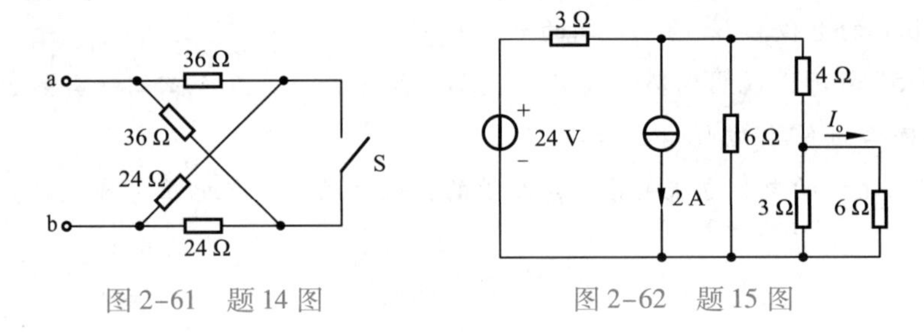

图 2-61　题 14 图　　图 2-62　题 15 图

16. 试用电源模型的等效变换方法计算图 2-63 所示电路中流过 2 Ω 电阻的电流 I。

17. 用支路分析法求图 2-64 所示电路中各支路电流。

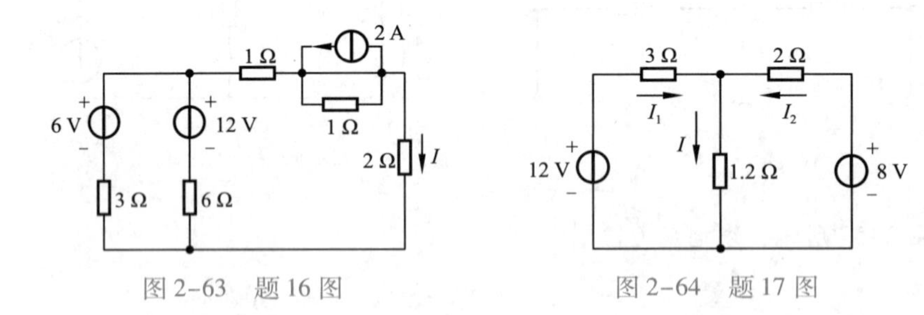

图 2-63　题 16 图　　图 2-64　题 17 图

工业现场应急灯照明电路的安装与检测

项目导入

王宇航被大通电气设备有限公司派到车间工作现场。他和师傅们对车间应急灯照明电路进行例行安全检测与维修。

学习目标

（1）通过安装车间应急灯，掌握工业现场应急灯的工作原理及制作要领；
（2）熟练掌握仪器仪表的使用及电路的焊接方法、元器件的选择；
（3）熟练掌握工业现场应急灯的检测；
（4）熟练掌握“安全第一，预防为主，综合治理”的安全生产方针；
（5）熟练掌握电工作业人员的安全职责。

项目实施

任务5　工业现场应急灯照明电路的设计

任务解析

通过完成本任务，使学生掌握安全生产规范、工业现场应急灯照明电路的原理及设计方法，充分掌握电气安全操作、触电现场的急救、车间应急灯照明的设计。

知识链接

特别提醒：需要持证上岗！

一、常用电子仪器的使用

在电子电路中经常使用的仪器仪表有万用表、示波器、信号发生器及数字频率计等。下面主要介绍毫伏表、示波器与信号发生器的使用方法。

1. 毫伏表

交流毫伏表是专门用于测量交流电压的仪表，可以对交流电压，尤其是小信号交流电压

（若干毫伏的或几十毫伏的电压）进行精确测量。下面以 MVT171 型单针交流毫伏表为例，介绍交流毫伏表的使用方法。MVT171 型交流毫伏表测量范围为交流 1 mV ~ 300 V、5 Hz ~ 1 MHz，仪器的外观及面板布置如图 3-1 所示。

（a）MVT171型交流毫伏表外观

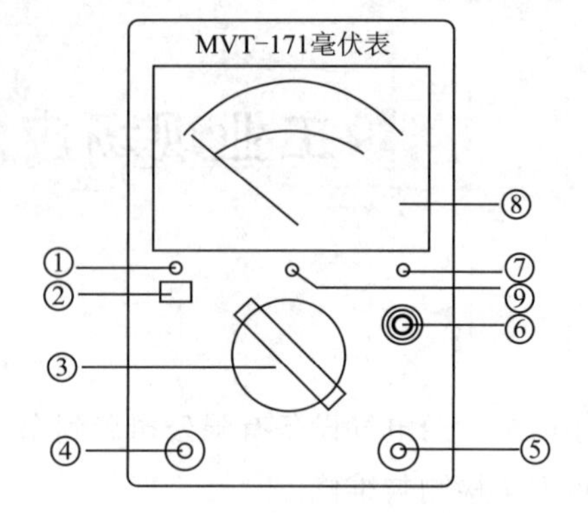

（b）MVT171型交流毫伏表的面板布置图

图 3-1　MVT171 型交流毫伏表

（1）面板说明

① 电源开关指示灯：~ 220 V 电源接通时，指示灯亮。

② 电源开关：按下开。

③ 量程选择旋钮：电压与分贝各有 12 个量程。

④ 输入端子：输入电阻 10 MΩ。

⑤ 输出端子：输出电阻 600 Ω。

⑥ 相对参考控制旋钮。

⑦ UNCAL：没有校正指示灯。

⑧ 表头：电压与分贝分别有两排刻度。

⑨ 表头零点调节位。

（2）使用方法

① 电压的测量。电压刻度为两排，分别为 0 ~ 10 和 0 ~ 3。

例：当量程选择为“1V”时，指针为 10 时，表示电压为 1V；当选择“300 mV”时，指针为 3 时，表示电压为 300 mV。

② 分贝（dB）的测量。电压的分贝值就是电压对同类基准量比值的对数值。即：

$$U_x(\mathrm{dB}) = 20\lg U_x/U_s$$

式中，U_s为基准电压，通常以 1V 作为分贝测量的基准电压，那么电压 U_x 的分贝值就是 $20\lg U_x$，即

$$U_x(\mathrm{dB}) = 20\lg U_x$$

实际电压的分贝值是量程旋钮的标称数与表分贝读数的代数和。例如，量程开关置于 +20 dB，表的读数为 -4 dB，则分贝值 = +20dB + (-4dB) = 16 dB。

dBm 也是分贝值的测量，其基准电压为0. 775 V，测量 dBm 时需要调整相对参考控制旋钮 RELATIVE REE，此时 UNCAL 指示灯亮。

③ 放大器的使用。毫伏表也可以作为一个高灵敏度的放大器来使用，面板左下的 INPUT 是信号输入端子，右下侧的 OUTPUT 是信号输出端子。量程选择旋钮处于不同的位置时，放大器的放大倍数不同，但无论何种位置，当电表输入指示在满刻度“10”时，输出电压都为 1 V。

（3）使用注意事项

① 仪器接通电源而没有使用时，量程选择旋钮应该放在最高量程 300 V 位置，接入测试电压后再适当调整量程（满刻度的 2/3 处左右）。这是因为该仪器的输入阻抗高达 10 MΩ，极易通过仪器馈线引入工频干扰，此干扰幅度使得较低量程时“打表”。

② 该仪器是按照正弦波有效值刻度的，只适宜测量失真较小的正弦波电压。所以，测量时必须确定所测波形没有明显失真，否则测量结果不正确。如果是有规律的非正弦信号，如三角波、矩形波等，可以利用波形因数和波峰因数来进行波形的换算测量得到真有效值。

2. 示波器

示波器是一种观察电信号波形的电子仪器。可测量周期性信号波形的幅度、周期或频率，脉冲波的脉冲宽度、前沿后沿时间、同频率两周期性信号间的相位差和调幅波的调幅系数等各种参量。

双踪示波器可以在一个荧光屏上同时显示出两个信号的波形，当对两个信号的幅度、相差、频率等进行比较测量时非常方便，与单踪示波器相比，其性价比高，因此得到更广泛的应用。这里以绿杨 YB4325 型双踪示波器为例来介绍示波器的使用方法，其外观及面板布置如图 3-2 所示。

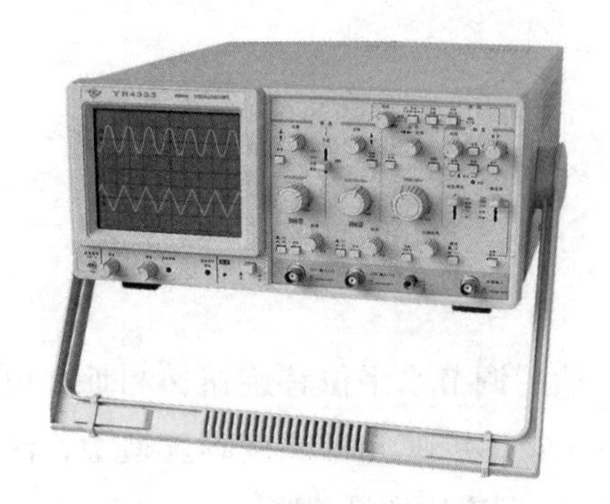
（a）YB4325型双踪示波器的外观

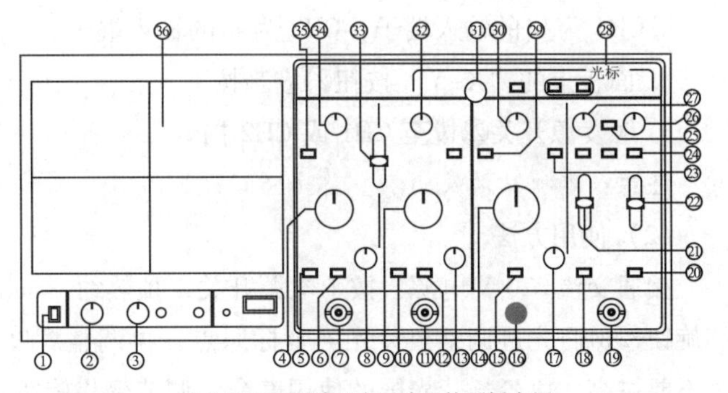

（b）YB4325型双踪示波器的面板布置

图 3-2　YB4325 型双踪示波器

图 3-2（b）中按键功能说明：

① 校准信号。

② 辉度。

③ 聚焦。

④ CH1 幅值调节。

⑤ AC 或 DC 调节按钮。

⑥ 接地。

⑦ CH1 输入探头。

⑧ 微调校准。

⑨ CH2 幅值调节。

⑩ AC 或 DC 调节按钮。

⑪ 接地。

⑫ CH2 输入探头。

⑬ 微调校准。

⑭ 时间调节。

⑮ 扫描非校准。

⑯ 接地。

⑰ 扫描微调。

⑱ 极性。

⑲ 外接输入。

⑳ 交替触发。

㉑ 触发耦合。

㉒ 触发源选择。

㉓ X-Y。

㉔ 复位。

㉕ 锁定。

㉖ 电平。

㉗ 释抑。

㉘ 光标。

㉙ X 扩展。

㉚ 水平位移。

㉛ 光标位移。

㉜ CH2 垂直位移。

㉝ 垂直方式。

㉞ CH1 垂直位移。

㉟ 断续。

㊱ 显示屏。

(1) 显示原理

示波管主要由电子枪、偏转系统和荧光屏三大部分组成。

① 普通工作方式。当随时间做周期性变化的电压只加在 Y 偏转板或 X 偏转板上时，电子束只会沿垂直方向或水平方向运动。YB4325 型双踪示波器有两个被测信号输入端子 CH1 和 CH2，可以同时观察两个信号的波形。

② X-Y 方式。示波器还可以有一种特别的工作方式，称为 X-Y 方式。在这种方式下 X、Y 两偏转板上加的都是被测信号，这种方式通常用来观察李沙育图形，以获得两被测波形在相位及频率上的关系。工作在 X-Y 方式时，有如下使用要求：

a. CH1 为 u_x的输入端子，CH2 为 u_y的输入端子。

b. 面板上的“X-Y”按钮㉓应当按下。

c. 触发源开关㉒拨至 CH1 或 CH2 挡。

注意： 本项目涉及的测量都是指示波器在普通工作方式下的测量。

(2) 使用方法

接通交流 220 V 电源，按下电源开关，预热约 1 min，然后调节水平位移旋钮㉚和垂直位移旋钮㉜㉞将光迹调整至荧光屏坐标原点，再调整辉度旋钮②，可使光迹亮度程度适中，注意不要过亮，以延长荧光屏的使用寿命。调节聚焦旋钮③可使光迹达到最清晰。

① 触发源的设置。扫描电压的来源称为触发源，触发源有 3 个：被测信号、外部输入信号、电源。YB4325 型双踪示波器的面板上有触发源选择开关㉒。开关位置选择如下：

a. 触发源为被测信号：触发源选择开关㉒位于 CH1 或 CH2。被测信号从 CH1 端子输入则位于 CH1，从 CH2 端子输入则位于 CH2。如果波形还不够稳定，可以按下“锁定”按钮，同时联调“时间调节”⑭、“释抑”㉗、“电平”㉖3 个旋钮获得同步。

b. 触发源为外部输入信号：开关位于“外接”，外部信号从“外接输入”端子⑲输入，同时还要将“X-Y”㉓键按下。

c. 触发源为电源：开关位于“电源”。

② 触发源耦合方式。YB4325 型双踪示波器还给出对 4 种触发源的耦合方式：AC、高频抑制、TV、DC。所谓耦合方式就是指触发源与扫描电路的连接方式。根据被测信号的特点，用面板上的“触发耦合”开关㉑选择耦合方式。

a. AC：这是交流耦合方式，由于触发信号通过交流耦合电路，而排除了输入信号的直流成分的影响，可得到稳定的触发。该方式在低频 10Hz 以下，适用交替方式且扫描速度较慢时，如产生抖动可使用直流方式。

b. 高频抑制：触发信号通过交流耦合电路和低通滤波器（约 50kHz，3dB）作用到触发电路，触发信号中高频成分通过滤波器被抑制，只有低频信号部分能作用到触发电路。

c. TV：电视触发，以便于观察 TV 视频信号，触发信号经交流耦合通过触发电路，将电视信号馈送到电视同步分离电路，分离电路拾取同步信号作为触发扫描用，这样 TV 视频信号能稳定显示。

d. DC：触发信号被直接耦合到触发电路，触发需要触发信号的直流部分或是需要显示低频信号以及信号占空比很小时，使用此种方式。

③ 触发方式的选择。YB4325 型双踪示波器触发方式选择开关㉔有 3 种选择：

a. 自动：在“自动”扫描方式时扫描电路进行工作，即使没有信号输入或输入信号没有被触发同步时，屏幕上仍然可以看到水平的扫描基线。

b. 常态：有输入信号时才有扫描信号，否则屏幕上无扫描基线。当输入信号的频率低于 50 Hz 时，请用常态触发方式。通常“自动”和“常态”至少有一键要按下，但“自动”的优先级要高于“常态”，即两键都同时按下时，工作在“自动”方式下。

c. 单次：当“自动”“常态”两键同时弹出，被设置于单次触发工作状态，复位键按下后，电路又处于待触发状态。

（3）示波器的校准

示波器在测量前应当先对 X 轴和 Y 轴进行校准，否则会带来测量误差。示波器左下方的校准信号①输出端子提供了 1 kHz，$2V_{p-p}$ 方波作为校准信号。将该信号通过 1：1 探头输入 CH1 通道，然后做如下设置：

① 垂直方向的电压偏转因数选择开关④可设置为 0.5 V，水平方向的扫描因数选择开关⑭设置为 0.2 ms。

② 分别调整其下方微调旋钮⑧和⑰，同时观察显示屏，当方波的波形在垂直方向偏转 4 格，水平方向的周期占满 5 格，则 X 轴和 Y 轴校准完毕。注意，X 轴校准时须将“扫描非校准”⑮键按下，才能进入调节状态。不按下时，X 轴处于已校准状态，旋钮调节无效。

当然，如果偏转因数和扫描因数选择其他值，偏转位移是不同的，总之应当满足下式：

$$2V_{p-p} = \text{垂直位移} \times \text{偏转因数}$$

$$1\text{ms} = \text{水平位移} \times \text{扫描因数}$$

如果将校准信号改为由 CH2 通道输入，可以进行该通道的校准，校准方法同上。示波器校准之后，调整微调旋钮在测量中禁止再动。YB4325 型双踪示波器的 3 个微调旋钮在正常情况下应当位于顺时针方向旋到底的位置。

（4）探头的调整

探头上设有衰减比选择开关，分别为 1：1 和 10：1。1：1 的衰减比适用于观察小信号，当输入信号过大时（YB4325 型双踪示波器的输入电压的最大值是 400 V）可采用 10：1 的探头，将输入信号的幅度衰减 10 倍输入，因此应当将测得的幅度乘 10。

10∶1 探头内部采用的是阻容并联电路，而示波器输入的阻容并联阻抗是有差异的，从而对不同频率的信号的衰减会有不同，即输入信号产生畸变，如果是方波则表现为方波前后不平坦。因此，在使用 10∶1 探头之前必须对探头进行调整，方法是将校准用方波输入 CH1、CH2 任一通道后，用螺丝刀调整探头上的电容补偿螺钉，直至方波前后平坦不发生畸变为止。波形如图 3-3 所示。

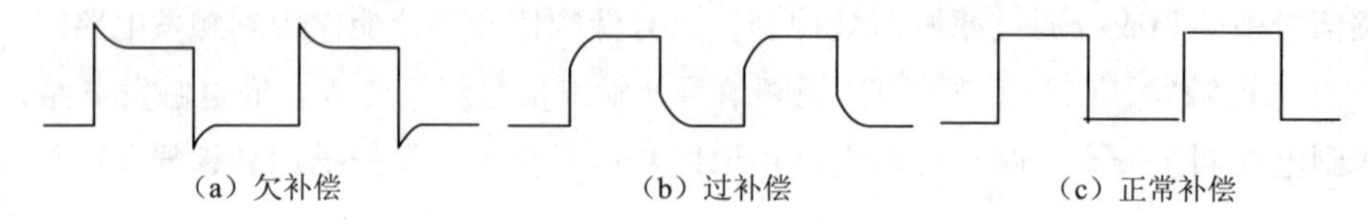

图 3-3　示波器探头对方波的补偿作用

注意：由于结构上的特殊性，示波器的探头不能与其他仪器探头互换，同型号示波器间的探头也要尽量避免互换使用，尤其是在高频测量中。

（5）面板布置补充说明

面板上的多数旋钮及按键功能已经在显示原理和使用方法中进行了详细的介绍，下面对剩余部分的按键及旋钮的功能进行简要说明。

读出字符加亮：用于调节读出字符和光标亮度。

⑯ 接地端子：示波器外壳接地端。㉘光标，包括“光标开/关”和“光标功能”两个按键：“光标开/关”，按此键可以打开/关闭光标测量功能；“光标功能”，按此键可以选择下列测量功能：

ΔV：电压差测量；

ΔV%：电压差百分比测量（5div＝100%）；

ΔVdB：电压增益测量（5div＝0dB）；

ΔT：时间差测量；

1/ΔT：频率测量；

DUTY：占空比（时间差的百分比）测量（5div＝100%）

PHASE：相位测量（5div＝360°）

光标－▽－▼（基准），按此键选择移动的光标，被选择的光标带有“－▽或－▼（基准）”键的同时旋转光标“位移”。

3. 低频信号发生器

低频信号发生器是最基本、应用最广泛的电子测量仪器之一。它负责提供电子测量所需要的各种电信号，即作为电路测试的信号源使用。下面以绿杨 YB1615P 型功率函数信号发生器为例介绍信号发生器的使用方法。其外观及面板设置如图 3-4 所示。

该信号发生器可以通过输出端子“TTL/CMOS”“功率输出”“电压输出”向外部提供各种频率、幅度和波形的输出信号。该信号发生器还可以作为频率计使用，测量外部输入信号的频率或计数值。

（1）使用方法

① 电压输出与功率输出。“电压输出”主要用于不需要功率的小信号场合；“功率输出”是将“电压输出”信号经功率放大器放大后的信号输出，主要用于需要一定功率输出的场合。

功率输出时，功率按键按入，按键左上方绿色指示灯亮，功率输出端口输出信号，当输出过载时，右上红色指示灯亮。

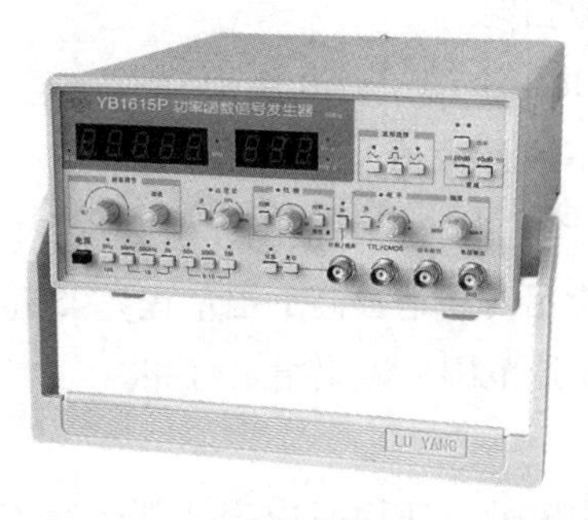

（a）外观

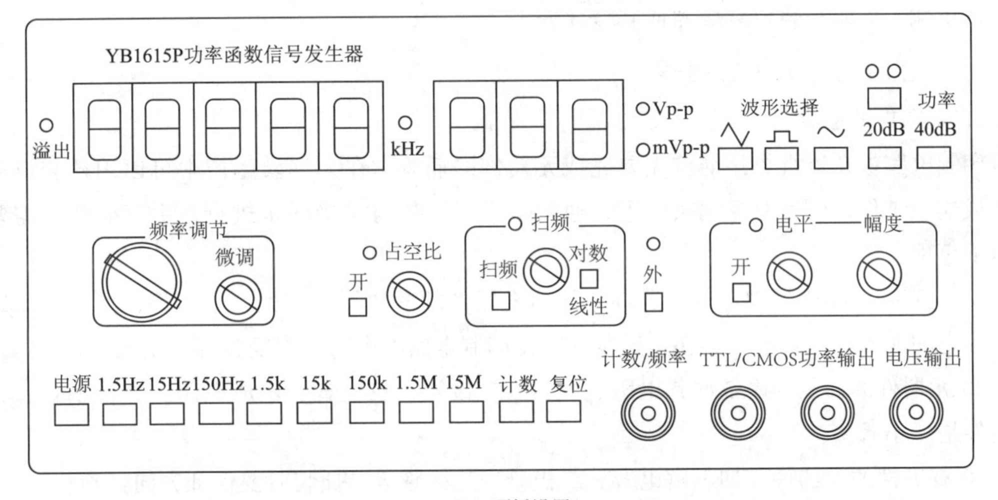

（b）面板设置

图 3-4　YB1615P 型功率函数信号发生器

a. 频率设置：频率范围为 0. 2Hz ~ 2MHz。7 个按键开关 2 Hz、20 Hz、200 Hz、2 kHz、20 kHz、200 Hz、2 MHz 用于选择频率范围。在相应的频段范围内，可以通过频率调节旋钮和微调旋钮进行频率的连续调节。5 位 LED 显示器指示输出信号的频率，如超出测量范围，溢出指示灯亮。

b. 输出波形设置：波形选择开关提供了 3 种输出波形：三角波、方波、正弦波。按对应波形的某一键，可选择需要的波形。将占空比开关按入，调节占空比旋钮，可改变波的占空比，从而获得斜波、矩形波。TTL/CMOS 端口输出可作为 TTL/CMOS 数字电路实验时钟信号源，应当设置为方波或矩形波。

函数信号发生器的默认输出为 10 kHz 的正弦波。

c. 输出幅度设置：调节幅度调节旋钮，可以连续改变输出电压的大小。当电压设置过大时，衰减开关 20 dB 和 40 dB 可分别将电压衰减 10 倍和 100 倍，3 位 LED 显示输出的电压值。注意，输出接 50 Ω 负载时应将读数除以 2。

d. 直流偏置设置：按入电平调节开关，电平指示灯亮，调节电平旋钮，可以改变直流偏置电平。

② 扫频输出。按下扫频开关，此时电压输出端口输出的信号为扫频信号，即频率随时间变化的正弦信号，用于幅频特性的测量。调节扫频旋钮可以改变扫频速率。线性/对数开关弹出时为线性扫频，按下时为对数扫频。

③ 外测频率。信号发生器共4个端子，其中只有一个是输入端子，即“计数/频率”端子，用于测量外输入信号的频率或计数值。按下“外测”开关，外测频率指示灯亮，外测信号由计数/频率输入端输入，选择适当的频率范围，由高量程向低量程选择合适的有效数，确保测量精度（注意，当有溢出指示时，请提高1挡量程）。5位的LED显示器此时指示的是外测信号的频率。同样，如超出测量范围，溢出指示灯亮。

（2）注意事项

输出端看进去的输出阻都比较低，使用时应当特别注意不能有任何信号电流倒流入该仪器的输出端，以防止烧毁衰减器或其他部分。

二、电路板的安装与焊接

1. 元器件的插装

印制电路板在进行焊接前首先要完成元器件的插装。在大规模生产中可以用插装机来自动完成这一工作，而非专业化条件下，通常是手工插装与焊接同步进行。手工插装时需要注意以下事项：

① 先安装需要机械固定的元器件，如功率器件的散热器、支架、卡子等，然后再安装靠焊接固定的元器件；否则，会在机械紧固时使印制电路板受力变形而损坏其他元器件。

② 元器件的插装顺序依次是电阻、电容、二极管、三极管、集成电路、大功率管，其他元器件是先小后大。

③ 有极性的元器件，如电解电容、二极管、三极管等，插装时要保证方向正确。

④ 元器件的高度应尽量一致。

⑤ 各种元器件的安装应当使它们的标记向上或看着易于辨认的方向，并注意标记的读数方向一致。

⑥ 元件引线不能齐根弯折，弯脚时应当留出至少2 mm的距离，如图3-5所示。

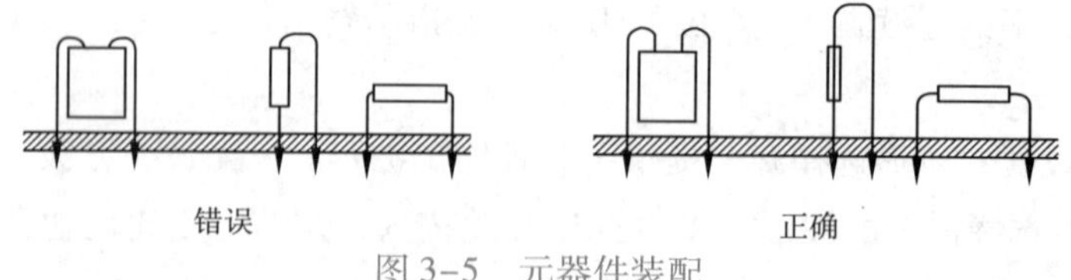

图3-5　元器件装配

⑦ 为保证足够的机械强度，可以通过将焊件引线打弯后再装焊的方法实现，如图3-6所示。

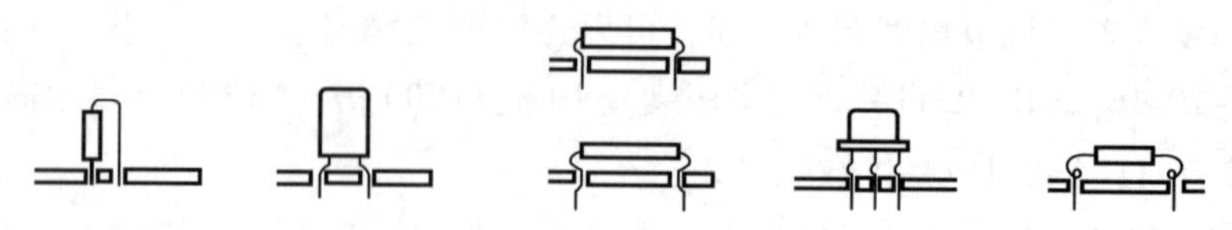

图3-6　元器件引线弯曲成形

⑧ 卧式安装的元器件，尽量使两端引线的长度相等对称，把元器件安放在两孔中央，排列要整齐，如图 3-7 所示。

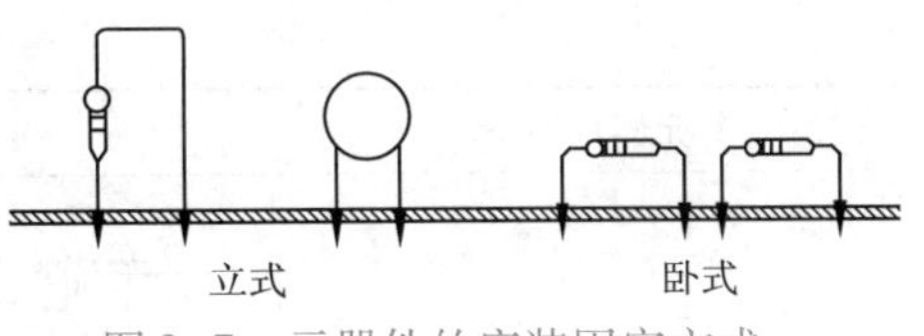

图 3-7　元器件的安装固定方式

⑨ 卧式安装单面板时，小功率器件可平行地紧贴板面；而双面板上，则应在元器件与印制电路板之间垫绝缘薄膜或元器件离开板面 1 ~ 2 mm，避免因元器件发热而减弱铜箔对基板的附着力，并防止元器件的裸露部分同印制导线短路。

⑩ 立式安装时，电阻的起始色环向上，以方便检查。

⑪ 立式装配时，元器件机械性能较差，上端的引线不要留得太长以免与其他元器件短路，并且如果元器件倾斜，就有可能与邻近元器件短路。为使引线相互隔离，往往会采用加套绝缘套管的方法。元器件各条引线所加绝缘套管的颜色应当一致，便于区别不同的电极。

⑫ 大功率三极管应当加装散热片。如要加垫绝缘薄膜片，引脚与电路板上的焊点需要连接时必须用塑料导线。

⑬ 重而大的元器件安装高度要尽量降低，一般元件体离开板面不要超过 5 mm，以防止受震动或冲击发生倒伏，与相邻元器件碰撞。

⑭ 面板调节部件、开关的安装参照表 3-1。

表 3-1　面板调节部件、开关的安装

元器件种类	习惯安装方式	不建议采用方式
按键开关	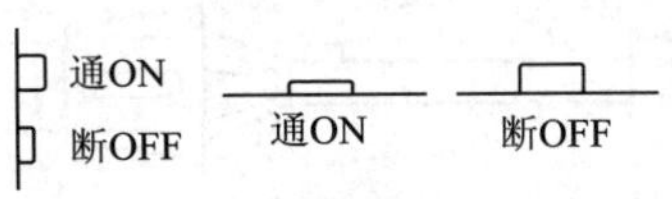 通ON 断OFF；通ON；断OFF	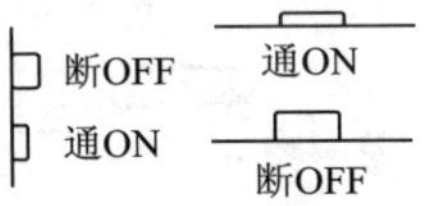 断OFF 通ON；通ON；断OFF
船型开关	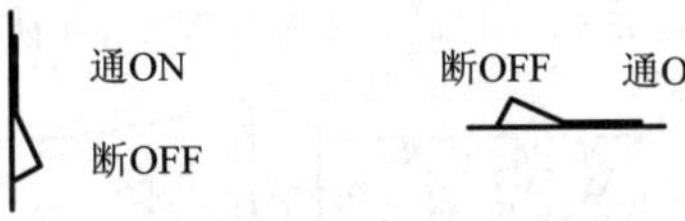 通ON 断OFF；断OFF 通ON	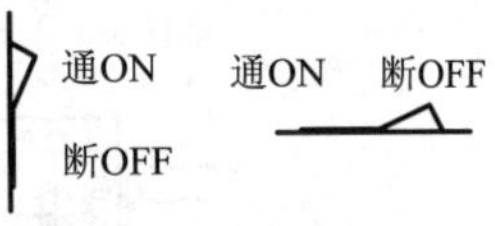 通ON 断OFF；通ON 断OFF
钮子开关	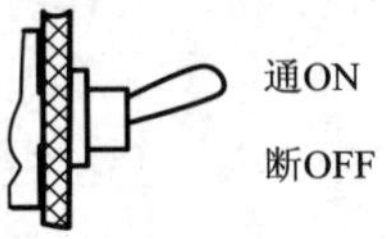 通ON 断OFF	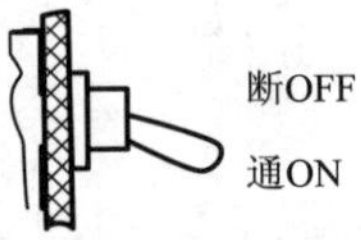 断OFF 通ON
拨动开关	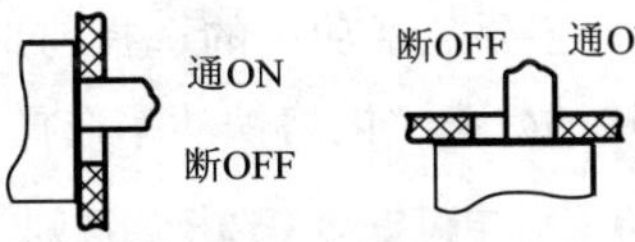 通ON 断OFF；断OFF 通ON	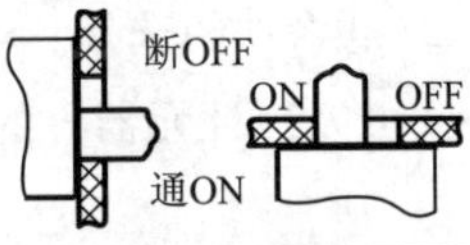 断OFF；ON OFF 通ON
旋钮开关	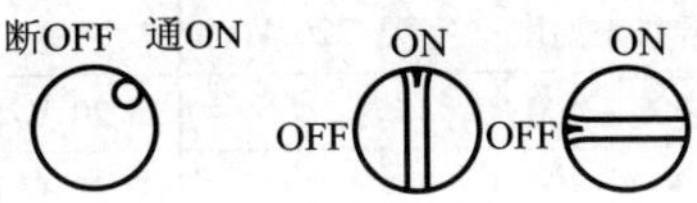 断OFF 通ON；ON OFF；ON OFF	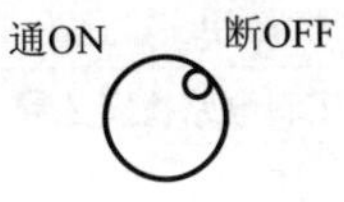 通ON 断OFF
电位器旋钮	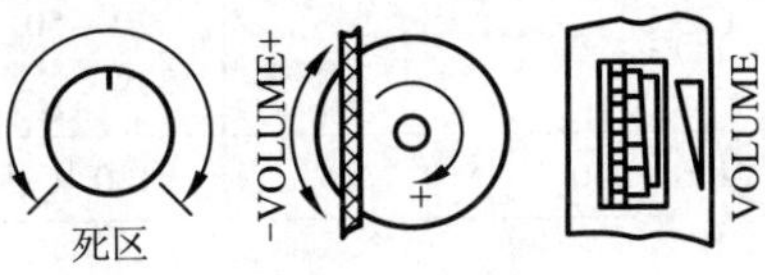 死区；−VOLUME+；VOLUME	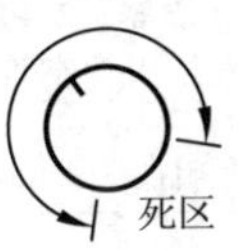 死区

续表

元器件种类	习惯安装方式	不建议采用方式
直滑电位器	L 0 R BALANCE +10 0 −10 100 1k 10k Graphics EQ 向上音量增加 L R 音量电位器	R 0 L BALANCE

2. 元器件的焊接

（1）焊接材料

焊接材料包括焊料和助焊剂。

在一般电子产品装配中常使用的助焊剂是酒精松香水，要注意焊接时的温度。手工焊接经常使用管状焊锡丝，焊锡制成管状，内部是优质松香并添加活化剂作为助焊剂，使焊接效果更好。在使用的时候最好能选用多股焊锡丝，以保证内部松香填充的连续性。

（2）焊接工具

手工焊接中常用的焊接工具是电烙铁。

① 电烙铁的种类。根据加热方式，电子产品装配中常用的电烙铁有外热式与内热式两种，如图 3-8 和图 3-9 所示。

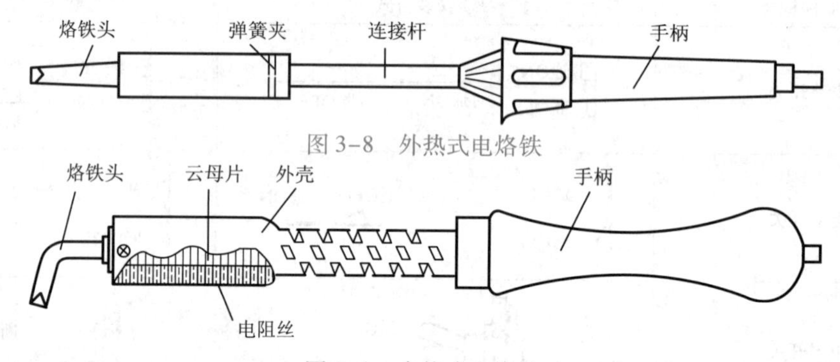

图 3-8　外热式电烙铁

图 3-9　内热式电烙铁

② 电烙铁的选择。电烙铁的选择主要包括功率的选择与形状的选择两部分。功率合适的电烙铁可以保证元器件的安全与焊接的效率，电烙铁功率选择的原则见表 3-2。

表 3-2　电烙铁功率选择的原则

用　　途	烙铁头温度（室温/220 V）	选用烙铁
一般印制电路板安装导线	300 ~ 400 ℃	20 W 内热式、30 W 外热式、恒温式
集成电路	300 ~ 400 ℃	20 W 内热式、恒温式
焊片、电位器、2 ~ 8W 大电阻、大电解电容、大功率管	350 ~ 450 ℃	20 ~ 50 W 内热式、恒温式、50 ~ 75 W 外热式
8 W 以上电阻、2 mm 以上导线	400 ~ 550 ℃	100 W 内热式、150 ~ 200 W 外热式

续表

用　　途	烙铁头温度（室温/220V）	选 用 烙 铁
汇流排、金属板	500～630 ℃	300 W 外热式
维修调试一般电子产品		20 W 内热式、恒温式、感应式、储能式

常用烙铁头的外形如图 3-10 所示。有经验的操作人员会根据焊接焊点的密集程度与个人习惯灵活选择电烙铁。对于一般技术人员来说，复合型烙铁头能够适应大多数情况。

③ 电烙铁的握法。电烙铁有 3 种握法：反握法、正握法、握笔法，如图 3-11 所示。

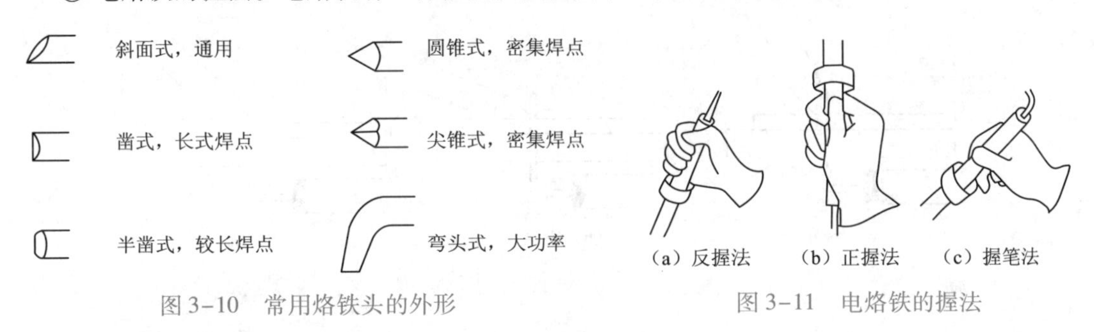

图 3-10　常用烙铁头的外形

图 3-11　电烙铁的握法

（3）焊接技术

① 焊件的可焊性处理。对于待焊的元器件的引线也要进行可焊性处理，而目前市场上出售的元器件引线出厂前都已经过可焊性处理，在使用前应当用砂纸进行打磨或用小刀轻刮，露出金属层，然后再镀锡、浸涂助焊剂。操作过程如图 3-12 所示。如果镀锡后立即使用可以免去浸蘸助焊剂的步骤。

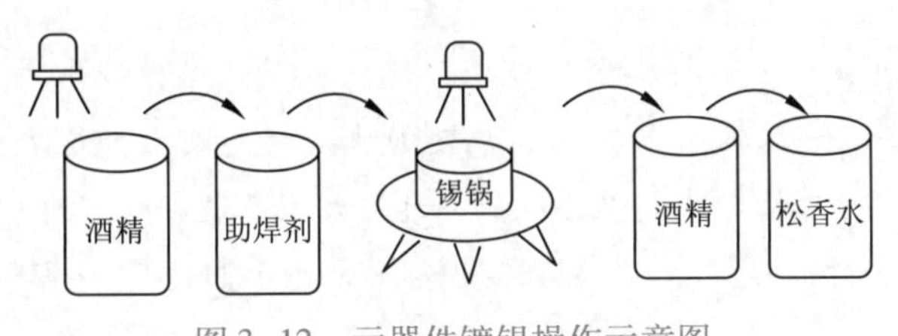

图 3-12　元器件镀锡操作示意图

② 手工焊接。手工焊接步骤如下：

a. 准备工作：

可焊性处理：印制电路板、元器件引线、多股导线镀锡。

· 准备焊接工具和材料：电烙铁、镊子、剪刀、桃口钳、尖嘴钳、松香水（或松香膏）、粗细合适的焊锡丝。焊锡丝有 0.5 mm、0.8 mm、1.0～5.0 mm 等多种规格，应选择直径略小于焊盘的焊锡丝。

· 检查电烙铁：

电烙铁的导线应当无破损。

烙铁头刃口完整、干净、光滑、无毛刺和凹槽，否则进行适当修整或清洁。

注意保护电烙铁，无论何种材质的电烙铁，通电以前，都要先浸松香水，并挂锡，减小氧化层的形成。

一般电烙铁都有 3 个接线柱，其中一个是接金属外壳的，如果考虑防静电问题，接线时应三芯线将外壳保护接零。

b. 进行焊接：

加热焊件：烙铁头靠在两焊件连接处，均匀加热整个焊件 1 ~2 s。

注意：

· 要想均匀地加热，应当使烙铁头与两焊件同时接触而不是直接触到其中的焊盘或引线，如图 3-13 所示。

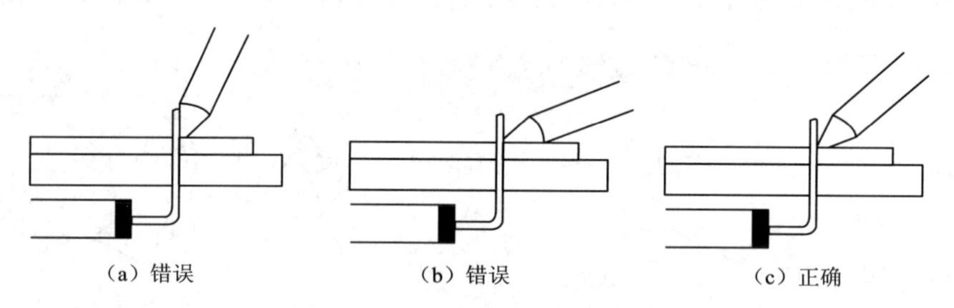

图 3-13　焊接时烙铁头的位置

· 不要试图用烙铁头对焊件施加压力来提高焊接效率，这可能会造成机械损坏或其他隐患。

· 采用合适的电烙铁握法，烙铁到鼻子的距离要大于 20 cm，以减少焊接时挥发出的有害气体的吸入。

送入焊丝：焊锡丝从烙铁对面接触焊件。

移开焊丝：当焊锡丝熔化扩散的范围达到需要后，立即向左上 45°方向移开焊锡丝。

注意：

· 焊接温度和时间要适中。焊接温度过低，焊锡流动性差，很容易凝固形成虚焊；温度过高，焊锡流淌，焊点不易存锡，焊剂分解速度加快，金属表面加速氧化，导致印制电路板上的焊盘脱落。焊接时间太长会造成焊锡堆积；时间太短会造成焊锡过少，机械强度不够。

· 判断焊接温度和时间是否合适的标准是焊点光亮、圆滑，如果焊点不亮、外观粗糙，则说明温度不够，时间太短。

移开烙铁：焊锡浸润到整个焊点后，向上提拉或向右上 45°方向移开烙铁。

注意：

· 焊接三极管时用镊子夹住引脚可帮助散热，焊接时间要尽量短。

· 焊锡凝固过程中不要晃动元器件引线，如使用镊子夹住元器件时，一定要等焊锡凝固后再移走镊子，否则容易造成虚焊。

整个焊接的过程如图 3-14 所示。焊接时，注意随时用烙铁架或湿布蹭去烙铁头上的杂质；焊接结束后，电烙铁要稳妥地插放在烙铁架上。注意，导线等物不要碰到烙铁头，以免烫坏导线。

③ 检验修整。检验修整步骤如下：

a. 检验焊点：典型的焊点焊锡量适当，焊点表面无裂纹、针孔、夹渣，有金属光泽，表面平整，成半弓形下凹，焊料与焊件交界处平滑过渡，外形以焊点为中心，均匀、成裙形拉开，典型焊点外观如图 3-15 所示。

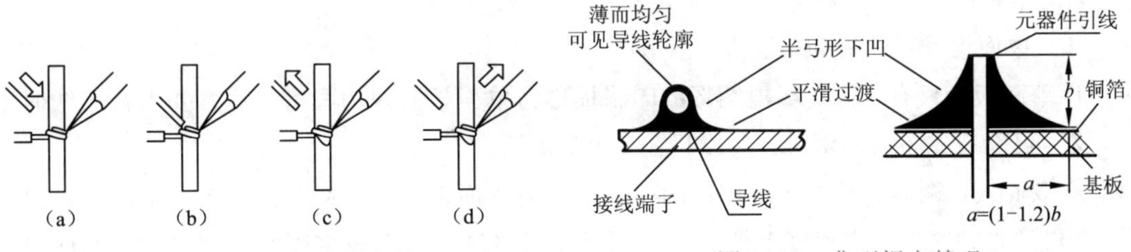

图 3-14　进行焊接的步骤　　　　图 3-15　典型焊点外观

b. 剪除引脚：焊接后将露在印制电路板表面上的元器件引脚齐根剪去。

注意：铅属于有毒金属，在人体中积蓄能够引起铅中毒。焊接完毕后要洗手，以免食入铅尘。

④ 自动化焊接：

a. 自动化焊接的工艺流程。自动化焊接工艺流程如下：

印制板准备、元器件准备 →元器件安装→加助焊剂→预热→焊接→冷却→清洗

在大规模生产中，从元器件筛选测试到电路板的装配焊接，都由自动化装置来完成，如自动测试机、元器件清洗机、浸锡设备、插装机、波峰焊机、助焊剂自动涂覆设备等，已开始广泛使用。

b. 自动化焊接技术。自动化焊接技术主要包括浸焊、波峰焊和近年来发展迅猛的再流焊等焊接技术。

⑤ 焊点要求：

a. 可靠的电气连接。

b. 足够的机械强度。

c. 光洁整齐的外观。

⑥ 拆焊：维修、调试或焊接错误时，经常需要将元器件从电路板上拆除下来，这就是拆焊。

a. 吸锡器与吸锡电烙铁。吸锡器属于拆焊专用工具。使用时将吸锡器里面的空气压出并卡住，再用电烙铁将被拆的焊点加热，使焊料熔化；然后把吸锡器的锡嘴对准熔化的焊料，按一下吸锡器上的小凸点，焊料就被吸进吸锡器中，如图 3-16 所示。

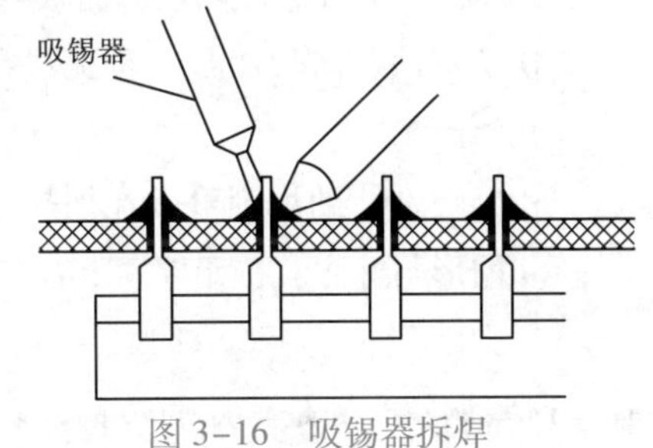

图 3-16　吸锡器拆焊

b. 铜编织线拆焊。屏蔽线编制层、细铜网以及多股铜导线等都可以用作吸锡材料。

三、印制电路板的设计与制作

1. 印制电路板基本知识

印制电路板（Printed Circuit Board，PCB）简称印制板。它用于承载各种电子元器件，并利用铜膜走线实现各个电子元器件间的电气连接。

在绝缘基板上附着上一层铜箔就形成了敷铜板。敷铜板有单面敷铜的，也有双面敷铜的，

它是制造印制板的基础材料。

（1）单面板、双面板和多层板

① 单面板：只有一面是导电图形的印制板称为单面板。因为只有一面，要求在布线时不能交叉，可能造成布线的困难，所以只在简单的电路中有应用。

② 双面板：两面上均有导电图形的印制板称为双面板。当布线在一面走不通时，可以在另一面继续走，这在一定程度上解决了单面板在线路设计上有较多限制的问题。当然此时必须有实现两面导线连通的“桥梁”，这个“桥梁”称为过孔。

③ 多层板：由三层或三层以上导电图形于绝缘基板层叠粘接在一起，层压而成的印制板称为多层板。多层板经常是若干个双面板压合成的，因此层数通常都为偶数。多层板使布线更加容易、便捷，除了少数双面板外，大多电子产品为4～20层的多层板，如大部分的计算机主板是4～8层的，而技术上是可以做到100层的。

（2）铜膜走线

铜膜走线用于连接印制板上的焊盘，从而实现印制板上电子元器件的电气连接。目前，我国制板业已达到线宽线距在0.2 mm以下的制作水平，但是从可靠性与工艺性的角度考虑，尽量采用较宽的线宽与线距，电源线与地线应当更宽一些。

① 焊盘。焊盘也是通过对敷铜板的蚀刻获得的，其作用是通过焊锡将电子元器件固定在印制板上。

② 通孔。通孔又称贯孔、过孔、导孔、中继孔，用于实现不同层面上的导线的连接。通孔的内壁必须有金属层，作为贯通不同层面铜膜走线的导电介质，因此通孔必须是金属化孔。通孔主要有以下几种：

a. 穿透式通孔：贯穿印制板顶层与底层的通孔。

b. 盲孔：只连接内部印制电路，没有穿透到表层的通孔。

c. 半盲孔：将内部印制电路与表层印制电路连接起来。

③ 金属化孔。孔壁经过金属沉积处理的孔。通孔必是金属化孔，而焊盘则不一定要，尤其是单面板。孔的金属化是双面板与多层板制造过程中必不可少的一道工序。

④ 防焊漆。防焊漆是一种无法在其上面进行焊接操作的油漆材料。防焊漆一般都是绿色的，又称绿漆。

⑤ 助焊剂。助焊剂可以在加热时破坏待焊面的氧化层，提高可焊性。

⑥ 图形与标注。在元件面上有一些标注元器件安装位置的图形、符号或说明性参数、文字。

⑦ 大面积的敷铜。有时在一些印制板上的表面上可以看到有较大面积的铜膜没有被腐蚀掉，这些铜膜有的是整片的敷铜，有的是网格型的敷铜；有的与印制板上的焊盘、导孔或走线在电气上有连接，而有的会绕开这些对象，只在电路板上没有布线的地方铺满铜。

⑧ 坐标网格。两组等距离平行正交而成的网格（又称格点），它用于元器件在印制电路板上的定位。

2. 印制电路板的设计

（1）焊盘尺寸

关于焊盘的内径：通孔基板焊盘内径应当比所装焊的元器件引脚直径大0.2～0.3 mm。

关于焊盘的外径：单面板的一般要比引线孔直径大 1.3 mm 以上。

（2）焊盘形状

常用的焊盘有：方形、圆形、岛形、长圆形和椭圆形，最常用的是圆形焊盘。岛形焊盘外形如图 3-17 所示，焊盘与焊盘间的连线合为一体。岛形焊盘铜箔面积大，焊盘和导线的抗剥离强度增加，可降低敷铜板档次；适用于元器件密集、无规则排列的情况。

大面积敷铜会使散热加快，焊接时间延长，因此大面积的敷铜在与焊盘进行连接时应做成十字花焊盘，俗称热焊盘，其外形如图 3-18 所示。这样可使在焊接时因过分散热而产生虚焊点的可能性大大减少。

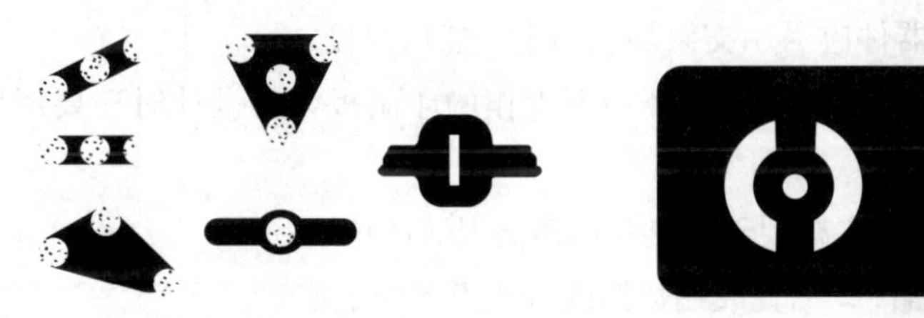

图 3-17　岛形焊盘外形　　图 3-18　热焊盘外形

（3）导线宽度

印制导线的最小宽度主要由导线与绝缘基板间的黏附强度和流过它们的电流值决定。一般导线宽度应大于 10 mil［mil（密尔），英制长度单位，1mil = 0.025 4 mm］。考虑到美观、整齐，导线宽度应当尽量宽一些，一般可取 20 ~ 50 mil。实验证明，导线宽度为 40 ~ 60 mil 时，完全可以满足一般电路的要求。

尽量加宽电源、地线宽度，最好是地线比电源线宽，它们的线宽关系是：地线 > 电源线 > 信号线，如有可能，接地线应在 2 ~ 3 mm 以上。也可大面积铜层作地线用，在印制板上把没被用上的地方都与地线相连接。

（4）导线间距

两条导线间的最小距离应当满足电气安全要求。考虑到工艺方便，导线间距应当大于 10 mil，通常取值为 40 ~ 60 mil。在允许条件下，导线间距应当尽量宽一些。

走线越多铜膜越细，制作的成功率也越低。集成芯片两引脚间距为 100 mil，通常最多允许走 3 条，如采用手工制作，建议只走 1 条。当导线平行时，各导线之间的距离应当均匀一致。

（5）网格尺寸

一般分米制和英制两种标准。最基本的米制坐标网格间距为 2.5 mm，当需要更小的网格时，采用 1.25 mm 和 0.625 mm。国外生产的集成电路一般采用英制标准，所以在放置元器件时一般可以采用英制坐标网格。

3. 印制电路板的手工设计步骤

① 确定印制电路板尺寸。印制电路板的形状及尺寸通常与整机外形有关，不过在设计时还是要尽量避免异形板，以减小制板成本与难度。一般采用长方形，其长宽比以 3 : 2 或 4 : 3 为最佳。

② 进行元器件布局。在元器件布局时应遵循以下原则：

a. 尽量使所有元器件布置在印制电路板的同一面，并且分布均匀、疏密一致。

b. 元器件不要占满整个板面，边沿的焊盘孔径中心与板边距离至少应大于板的厚度，通

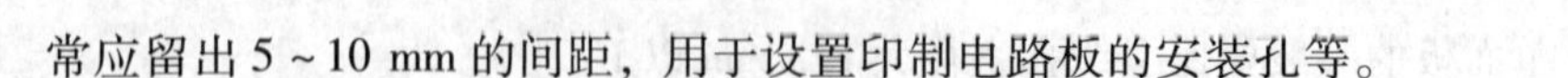

常应留出 5～10 mm 的间距，用于设置印制电路板的安装孔等。

c. 以每个功能电路的核心元件为中心，围绕它来进行布局。元器件应均匀、整齐、紧凑地排列在 PCB 上。尽量减少和缩短各元器件之间的引线和连接。

d. 某些元器件或导线之间可能有较高的电位差，应加大它们之间的距离，以免放电引起意外短路。

e. 低频线路，元器件尽量采用相互平行或垂直的规则排列方式，以求整齐、美观。

f. 高频线路，元器件可以采用不规则排列布局方式，以利于抑制干扰。

g. 尽量采用卧式安装布局。

h. 质量超过 15 g 的元器件应当用支架加以固定，然后焊接。

i. 对于面积较大、元器件较重或震动环境下工作的印制板，在设计时还要用增加支撑点等方法进行加固。

j. 发热元器件应优先安排在有利于散热且远离高温区的位置。

k. 对于温度敏感的元器件，不宜放在热源附近或设备的上部。

l. 抑制低频干扰的电容应安置在印制板的电源线上；抑制高频干扰的电容应安置在集成电路的近处。

布局的总原则就是合理地安排元器件位置，减少不利因素。

③ 确定并标出焊盘位置。焊盘要按照如下原则确定位置：

a. 布置焊盘位置时，不要考虑焊盘间距是否一致，而应根据元器件大小、形状而定。最终保证元器件装配后均匀、整齐、疏密适中。

b. 每个元器件的引脚要单独占用一个焊盘。

c. 焊盘中心距不能小于板的厚度，以方便加工。

d. 焊盘跨距应稍大于元器件本体的轴向尺寸。因为引线不能齐根折断，弯脚时应留出至少 2 mm 的距离，以免损坏元器件。

e. 有时可能要在电路板上布置一些看似多余的通孔（或焊盘），它们的作用不是电气连接，而是作为电气测试点存在。

④ 勾画印制导线。先用细线绘出导线的走向，不需要把印制导线按照实际宽度画出来，但应考虑线间的距离，以及地线、电源线等产生的公共阻抗的干扰。

在布线设计时为使线路走向合理、美观，需要考虑以下几点：

a. 先设计公共通路的导线，主要指地线和电源线。这些线要连接每个单元电路，走线距离最长，所以应当先设计它们。

b. 按信号流向布线，逐步设计各个单元电路的导线。

c. 弱信号线尽量短。两条距离相近的平行导线，当信号从一条线中通过时，另一条线内也会产生感应信号，为了抑制这种干扰，排版前应当分析原理图，区别强弱信号线，使弱信号线尽量短，并避免与其他信号线平行。

d. 地线应尽量宽，如有可能，应在 2～3 mm 以上。最好使用大面积敷铜，这对减小地线阻抗带来的干扰有良好的改善作用。

e. 保持良好的导线形状：

· 导线的长度最短，不能交叉，必要时可用跨线。

· 在导线转弯时避免出现锐角，应尽量采取圆弧状、135°钝角的拐角形式。因为夹角太小时，会造成过度蚀刻、拐角铜箔剥离或翘起等问题。

· 在导线进入焊盘或导孔时，也要避免出现小尖角和尖锐的连接。因为在进行钻孔加工的时候，应力将集中于走线和焊盘（或过孔）的连接处，可能会导致断裂。为加强焊盘和导线的附着力，在设计时可以让导线接近焊盘或导孔时逐渐变宽，形成泪滴状。

· 如果是双面板布线，同一层面上的导线方向应当尽量一致，不同层面上的导线相互垂直。

4. 印制电路板的计算机辅助设计软件

常用的印制电路板辅助设计软件有 Protel、ORCAD、PADS、Workbench 等几种。

Protel 99se 为用户提供了 70 多个图层，有些教材中称之为板层。这些图层都有其专用的使用意义，同时也从不同的角度反映了电路板结构图。但需要注意的是并不是所有的图层都与电路板的实体结构有着对应关系，不要将二者混为一谈。如某些图层是对应到电路板实体铜膜走线的分布图；而有些图层没有电气性质，只是为了在电路板上标注说明文字或符号；还有些图层负责提供加工数据给电路板制造机具使用。

Protel 99se 的 70 多个图层分配如下：32 个信号层（signal layer），16 个内电源层（internal plane layer），16 个机构层（mechanical layer），2 个防焊层（solder mask layer），2 个锡膏层（paste mask layer），2 个绢印层（silkscreen layer），2 个钻孔层（drill layer），1 个禁止层（keep out layer），1 个多任务层（multi layer）和多个显示用图层（display - only）。

5. 印制电路板的制作

下面主要介绍比较简单的单面板和双面板的工艺流程。

（1）单面板制作基本流程

单面板常见于布线比较简单的电子设备中，其制作流程如下：

单面敷铜板下料→表面去污处理→图形转移→化学蚀刻→去除抗蚀印料→清洗干燥→孔加工→外形加工→清洗干燥→印制阻焊涂料→固化→印制标记符号→固化→清洗干燥→图保护层（助焊层）→干燥→成品

（2）双面板制作基本流程

双面板与单面板的主要区别在于增加了金属孔化工艺，即实现了两面印制电路的电气连接。其制作流程如下，相应的工序示意图如图 3-19 所示。

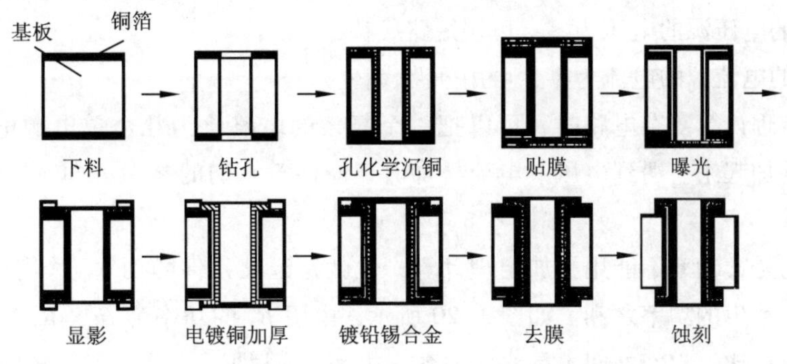

图 3-19　图形电镀法各道工序示意图

双面敷铜板下料→钻孔→孔化学沉铜→孔电镀铜一次加厚→贴膜或网印→电镀铜二次加厚→孔电镀铅锡合金→去膜或印料→蚀刻→插头退铅锡→插头镀金→热风整平→印制阻焊涂料→网印标记符号→清洗干燥→检验→包装→成品

四、叠加定理

1. 叠加定理的概念

叠加定理是线性电路的一个基本定理。叠加定理可表述如下：在线性电路中，当有两个或两个以上的独立电源作用时，则任意支路的电流或电压，都可以认为是电路中各个电源单独作用时，在该支路中产生的各电流分量或电压分量的代数和。图 3-20 所示为叠加定理的实例。

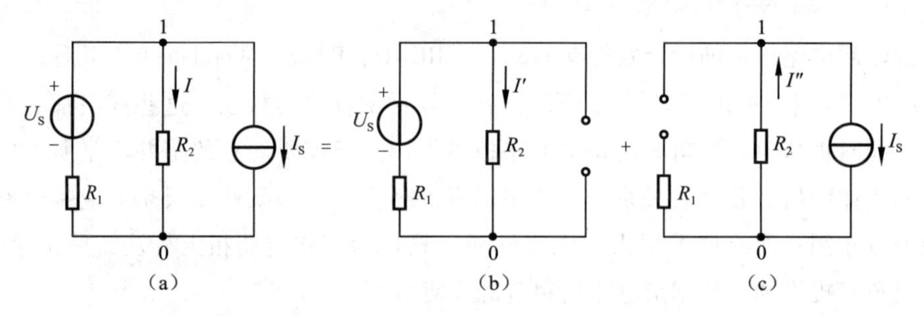

图 3-20　叠加定理的实例

图 3-20 中应用节点电压法：

$$U_{10}=\frac{\dfrac{U_S}{R_1}-I_S}{\dfrac{1}{R_1}+\dfrac{1}{R_2}}=\frac{R_2U_S-R_1R_2I_S}{R_1+R_2}$$

R_2 支路的电流 $$I=\frac{U_{10}}{R_2}=\frac{U_S-R_1I_S}{R_1+R_2}=\frac{U_S}{R_1+R_2}-\frac{R_1}{R_1+R_2}I_S$$

U_S 单独作用时的电流为 $$I'=\frac{U_S}{R_1+R_2}$$

I_S 单独作用时的电流为 $$I''=\frac{R_1}{R_1+R_2}I_S$$

以上两个电流相加为 $$I'-I''=\frac{U_S}{R_1+R_2}-\frac{R_1}{R_1+R_2}I_S=I$$

在应用时，一个独立源单独作用意味着其他独立源不作用：

① 不作用的电压源的电压为零，可用短路代替；

② 不作用的电流源的电流为零，可用开路代替。

在用叠加定理计算复杂电路时，可以把一个复杂的电路化为几个单电源电路进行计算，然后再把它们叠加起来。遇到电压或电流叠加时还应注意它们的参考方向，以便在计算时知道它们的正负号。

特别注意的是，功率不能用叠加定理计算，也就是说某元件的功率不等于各独立源单独作用在该元件上产生的功率之和。如图 3-20 所示，电阻 R_2 的功率为 $P_2=R_2I'^2-R_2I''^2$，显然电流与功率不成正比，它们之间不是线性关系。功率必须根据元件上的总电流和总电压计算。

2. 叠加定理的计算步骤及注意事项

使用叠加定理时，应注意以下几点：

① 只能用来计算线性电路的电流和电压，对非线性电路，叠加定理不适用。

② 叠加时要注意电流和电压的参考方向，求其代数和。

③ 在进行计算时，电压源不作用时，就是在该电压源处用短路代替；电流源不作用时，就是在该电流源处用开路代替。

④ 不能用叠加定理直接来计算功率。

例 3-1 已知：$R_1=12\ \Omega$、$R_2=6\ \Omega$、$E=9\ \text{V}$、$I_S=3\ \text{A}$，利用叠加定理求图 3-21（a）所示电路中的支路电流 I_1 和 I_2。

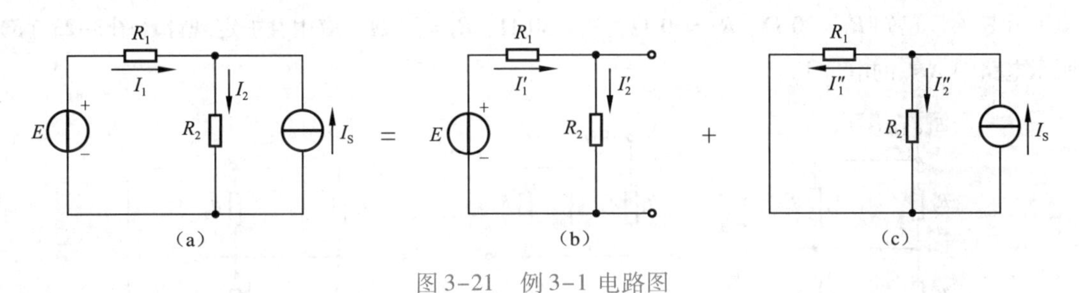

图 3-21 例 3-1 电路图

解 由电压源 E 单独作用时［见图 3-21（b）］，解得

$$I_1'=I_2'=\frac{E}{R_1+R_2}=0.5\ \text{A}$$

由电流源 I_S 单独作用时［见图 3-21（c）］，解得

$$I_1''=\frac{R_2}{R_1+R_2}I_S=1\ \text{A}$$

$$I_2''=\frac{R_1}{R_1+R_2}I_S=2\ \text{A}$$

因此

$$I_1=I_1'-I_1''=-0.5\ \text{A}$$

$$I_2=I_2'+I_2''=2.5\ \text{A}$$

例 3-2 如图 3-22（a）所示电路，利用叠加定理求电压 U 的值。

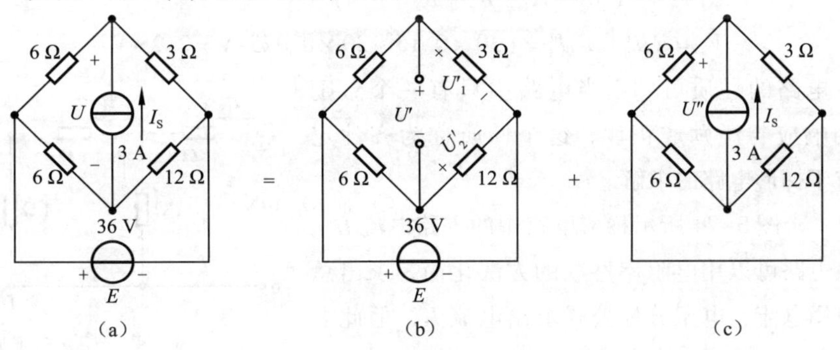

图 3-22 例 3-2 电路图

解　由电压源 E 单独作用时［见图 3-22（b）］。利用电阻串联分压公式，可得

$$U_1' = \left(\frac{3}{3+6}\times 36\right)\text{V} = 12\ \text{V}$$

$$U_2' = \left(\frac{12}{6+12}\times 36\right)\text{V} = 24\ \text{V}$$

所以

$$U' = U_1' - U_2' = (12-24)\text{V} = -12\ \text{V}$$

由电流源 I_S 单独作用时［见图 3-22（c）］。利用电阻串并联等效及欧姆定律，可得

$$U'' = \left(\frac{6\times 3}{6+3}+\frac{6\times 12}{6+12}\right)\times 3\ \text{V} = 18\ \text{V}$$

$$U = U' + U'' = (-12+18)\text{V} = 6\ \text{V}$$

例 3-3　已知 $R_1 = 30\ \Omega$、$R_2 = 30\ \Omega$、$R_3 = 30\ \Omega$、$R_4 = 30\ \Omega$，应用叠加定理计算图 3-23（a）所示电路中 A 点的电位 V_A。

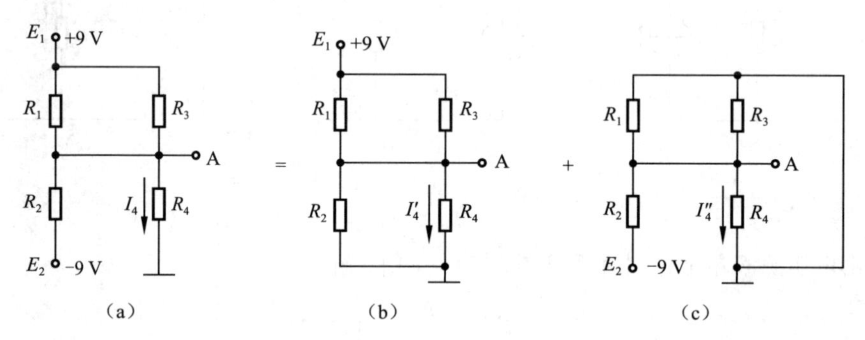

图 3-23　例 3-3 电路图

解　在图 3-23（a）中，

当 E_1 单独作用时，如图 3-23（b）所示。

$$I_4' = \left(\frac{E_1}{\dfrac{R_1R_3}{R_1+R_3}+\dfrac{R_2}{R_2+R_4}}\times\frac{R_2}{R_2+R_4}\right)\text{A} = 0.15\ \text{A}$$

当 E_2 单独作用时，如图 3-23（c）所示。

$$I_4'' = \left(\frac{E_2}{\dfrac{R_1R_3}{R_1+R_3}+\dfrac{R_2}{R_2+R_4}}\times\frac{1}{3}\right)\text{A} = -0.075\ \text{A}$$

$$V_A = R_4I_4' + R_4I_4'' = (30\times 0.15 - 30\times 0.075)\text{V} = 2.25\ \text{V}$$

由线性电路的性质可知：当电路中只有一个激励时，网络的响应与激励成正比，这个性质称为齐性定理，常被应于梯形电路的求解。

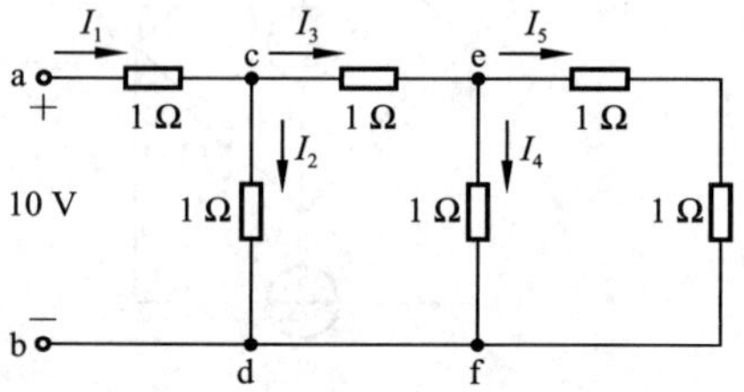

例 3-4　求图 3-24 所示梯形电路中的支路电流 I_5。

图 3-24　例 3-4 电路图

解　该电路可以用电阻串并联的方法化简，求出总电流，再应用电流、电压分配公式求出电流 I_5，但此方法比较烦琐，可以应用齐性定理来进行计算。

可先设 $I'_5 = 1\text{A}$，然后依次推出其他电压和电流的假定值为

$U'_{ef}=2\text{V}$, $I'_3=I'_4+I'_5=3\ \text{A}$, $U'_{cd}=U'_{ce}+U'_{ef}=5\ \text{V}$, $I'_1=I'_2+I'_3=8\ \text{A}$,

$U'_{ab}=U'_{ac}+U'_{cd}=13\ \text{V}$

电压 $U_{ab}=10\ \text{V}$，由齐性定理解得

$$I_5=1\times\frac{10}{13}\text{A}=0.769\ \text{A}$$

五、戴维南定理

若一个二端网络内部除线性电阻外还含有独立源，该电路称为含独立源的线性二端电阻网络，而解这种电路利用戴维南定理最为适宜。

1. 戴维南定理的内容

戴维南定理指出：含独立源的线性二端电阻网络，对其外部而言，都可以用电压源和电阻串联组合等效代替；电压源的电压等于网络的开路电压，电阻等于网络内部所有独立源作用为零情况下的网络的等效电阻。

2. 戴维南定理的应用

如图 3-25 所示，对戴维南定理给出一般证明。设一含独立源的二端网络与外部电路相连，设端口电压为 U，电流为 I。根据叠加定理，含独立源的二端网络的端口电压 U 可看成由网络内部电源和网络电压源共同作用的结果，即

$$U=U'+U''$$

上式中第一项 U' 是含独立源的二端网络的开路电压 U_{oc}，电路如图 3-25（c）所示，即

$$I'=0,\ U'=U_{oc}$$

而 U'' 为不含独立源的二端网络，端口呈现的电阻为输入电阻 R_o，电路如图 3-25（d）所示，即

$$I''=I,\ U''=-R_oI''=-R_oI$$

由上式叠加后得

$$I=I'+I''$$

$$U=U'+U''=U_{oc}-R_oI$$

由上式画出的等效电路正好是一个电压源与电阻串联组合，电压源电压等于含独立源的二端网络的开路电压 U_{oc}，电阻等于该二端网络所有独立源为零（电压源短路，电流源开路）时，端口的输入电阻 R_o，如图 3-25（e）所示，说明戴维南定理正好等效为电压源与电阻的串联。

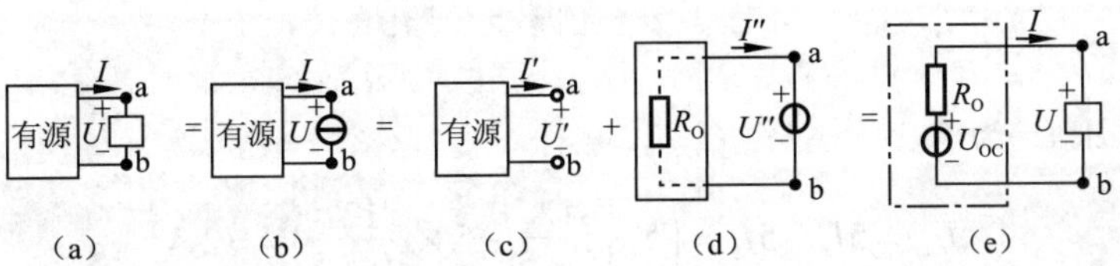

图 3-25　戴维南定理的证明

等效电阻的计算方法有以下 3 种：

① 设网络内所有电源为零，用电阻串并联或三角形与星形网络变换加以化简，计算端口 ab 的等效电阻。

② 如图 3-26 所示，设网络内所有电源为零，在端口 a、b 处施加一电压 U，计算或测量输入端口的电流 I，则等效电阻 $R_o = R_{ab} = U/I$。

③ 如图 3-27 所示，用实验方法测量，或用计算方法求得该有源二端网络开路电压 U_{oc} 和短路电流 I_{sc}，则等效电阻 $R_o = U_{oc}/I_{sc}$。

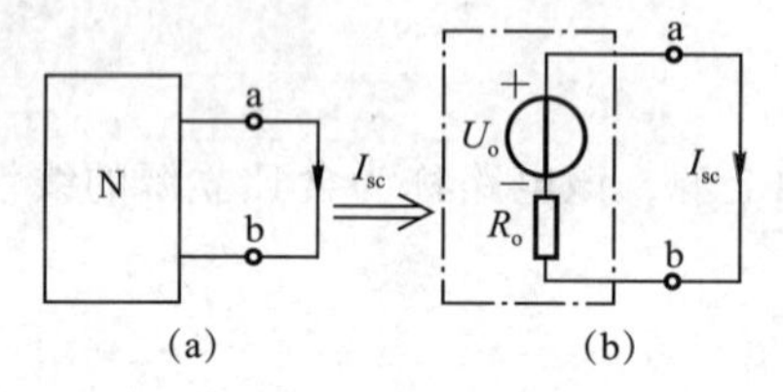

图 3-26 用外加电压法求 R_o

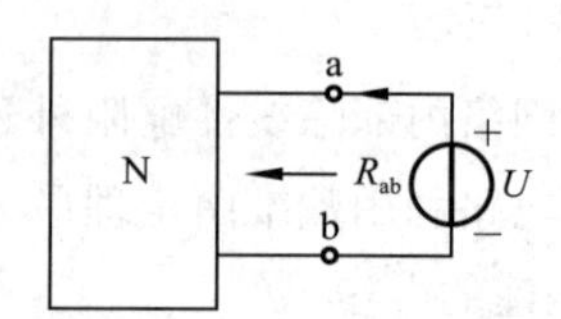

图 3-27 用短路电流法求 R_o

值得注意的是：当 $U_o = I_{sc} = 0$ 时，该方法失效。戴维南定理常用来计算电路中某一支路的电流和电压。

例 3-5 图 3-28（a）所示为一不平衡电桥电路，试求检流计的电流 I。

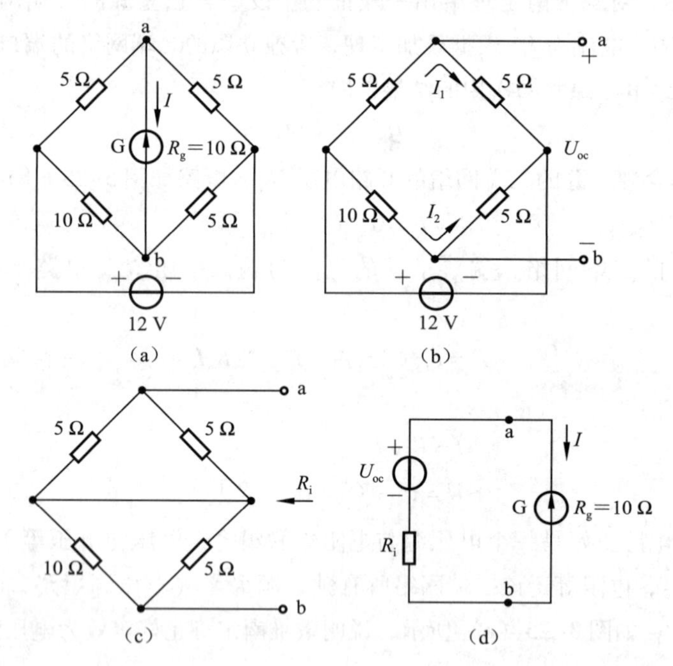

图 3-28 例 3-5 电路图

解 开路电压 U_{oc} 为

$$U_{oc} = 5I_1 - 5I_2 = \left(5 \times \frac{12}{5+5} - 5 \times \frac{12}{10+5}\right)\text{V} = 2\ \text{V}$$

$$R_o = \left(\frac{5 \times 5}{5+5} + \frac{10 \times 5}{10+5}\right)\Omega = 5.83\ \Omega$$

$$I = \frac{U_{oc}}{R_o + R_g} = \frac{2}{5.83+10}\text{A} = 0.126\ \text{A}$$

例 3-6 求图 3-29（a）所示电路的戴维南等效电路。

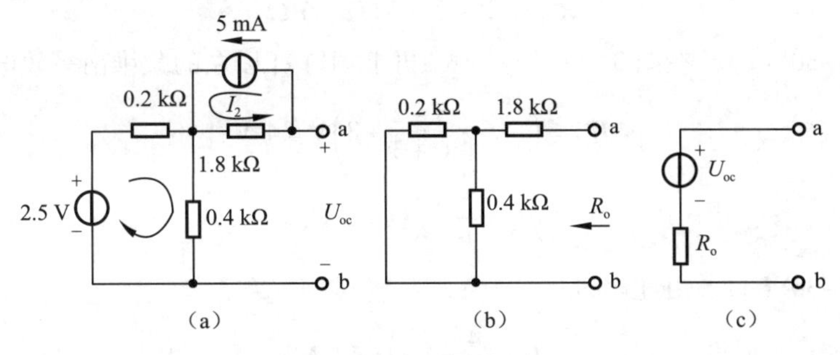

图 3-29　例 3-6 电路图

解　先求开路电压 U_{oc} ［见图 3-29（a）］

$$I_1 = \frac{2.5}{0.2+0.4}\ \text{mA} = 4.2\ \text{mA}$$

$$I_2 = 5\ \text{mA}$$

$$U_{oc} = -1.8I_2 + 0.4I_1 = (-1.8\times5+0.4\times4.2)\text{V} = -7.32\ \text{V}$$

等效电阻 R_o 为　　$R_o = \left(1.8+\frac{0.2\times0.4}{0.2+0.4}\right)\text{k}\Omega = 1.93\ \text{k}\Omega$

例 3-7　用戴维南定理，求图 3-30（a）所示电路中流过 4Ω 电阻的电流 I。

解　逐次应用戴维南定理。先求图 3-30（a）中端口 ab 以左的戴维南等效电路。

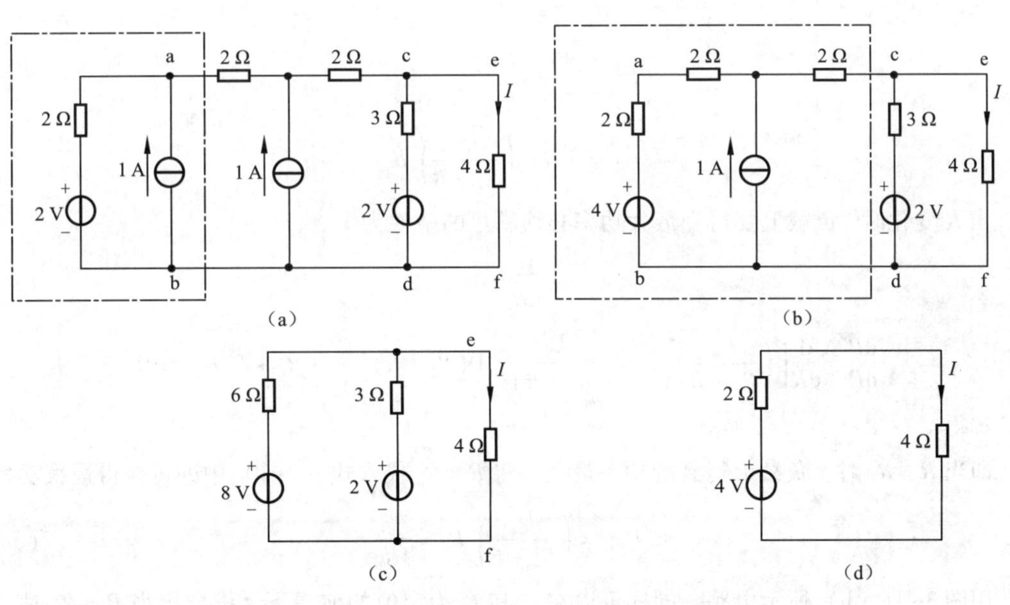

图 3-30　例 3-7 电路图

因此

$$U_{ab} = (1\times2)\text{V} = 2\ \text{V}$$

$$R_{ab} = 2\ \Omega$$

可得到图 3-30（b），在图 3-30（b）中，再求端口 cd 以左的戴维南等效电路，解得

$$U_{cd} = [1\times(2+2)+4]\text{V} = 8\ \text{V}$$

$$R_{cd}=(2+2+2)\Omega=6\ \Omega$$

可得到图 3-30（c），在图 3-30（c）中，再求端口 ef 以左的戴维南等效电路，解得

$$U_{ef}=\left(-6\times\frac{8-2}{6+3}+8\right)\text{V}=4\ \text{V}$$

$$R_{ef}=\frac{6\times3}{6+3}\Omega=2\ \Omega$$

最后得图 3-30（d）。由此解得

$$I=\frac{4}{2+4}\text{A}=0.67\ \text{A}$$

3. 最大功率的传输

一独立源的二端口网络，在什么样的条件下，负载可以获得最大的功率？将通过以下推得出答案。如图 3-31（a）所示，当 R 为任意值时，负载电阻上的功率为

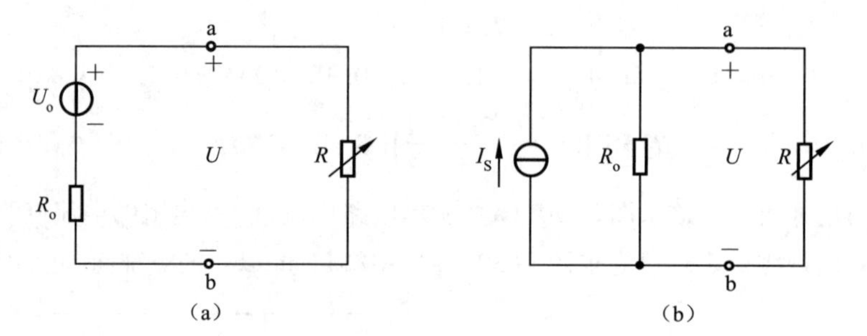

图 3-31　最大功率传输定理

$$P=I^2R=\left(\frac{U_o}{R_o+R}\right)^2R \tag{3-1}$$

当 R 变化时，负载上要得到最大功率必须满足的条件为

$$\frac{\mathrm{d}P}{\mathrm{d}R}=0 \tag{3-2}$$

$$\frac{\mathrm{d}P}{\mathrm{d}R}=\frac{\mathrm{d}}{\mathrm{d}R}\left[\left(\frac{U_o}{R_o+R}\right)^2R\right]=\frac{U_o^2}{(R_o+R)^4}\left[(R_o+R)^2-2(R_o+R)R\right]=0$$

解得

$$R=R_o$$

即当 $R=R_o$ 时，负载上得到的功率最大。将 $R=R_o$ 代入式（3-1）中即可获得最大功率

$$P_{max}=\left(\frac{U_o}{R_o+R}\right)^2R_o=\frac{U_o^2}{4R_o} \tag{3-3}$$

用图 3-31（b）所示电路，同样可以在 I_{sc} 和 R_o 为定值的前提下，推导出当 $R=R_o$ 时，负载上得到的功率为最大，最大功率为

$$P_{max}=\frac{1}{4}R_oI_{sc}^2 \tag{3-4}$$

实际的电压源或电流源向负载供电，只有当负载电阻等于电源内阻时，负载上才能获得最大功率，最大功率为 $P_{max}=\frac{U_o^2}{4R_o}$（对于电压源）或 $P_{max}=\frac{1}{4}R_oI_{sc}^2$（对于电流源）。此结论称为最大功率传输定理。通常把负载电阻等于电源内阻时的电路工作状态称为匹配状态。

这里需要注意的是，不要把最大功率传输定理理解为：要使负载功率最大，应使实际电源的等效内阻 R_o 等于 R_L。必须指出：由于 R_o 为定值，要使负载获得最大功率，必须调节负载电阻 R_L（而不是调节 R_o）才能使电路处于匹配工作状态。

例 3-8　图 3-32（a）所示电路中，已知：当 $R_5=8\ \Omega$ 时，$I_5=20$ A；当 $R_5=2\ \Omega$ 时，$I_5=50$ A，问 R_5 为何值时，它消耗的功率最大？此时最大功率为多少？

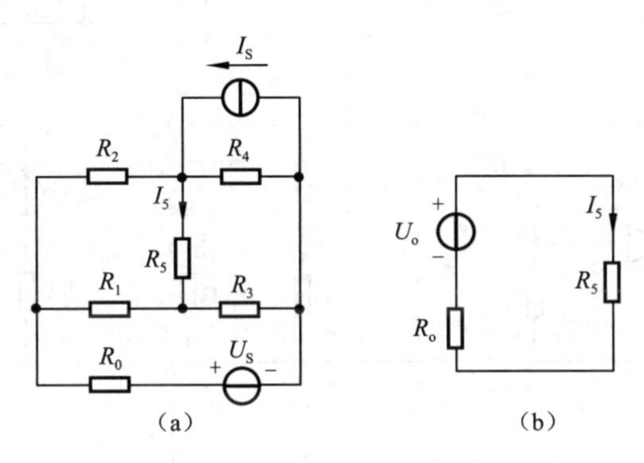

图 3-32　例 3-8 电路图

解　根据戴维南定理，可将 R_5 支路以外的其余部分所构成的有源二端网络用一个电压源 U_o 和电阻 R_o 相串联等效代替，如图 3-32（b）所示，则有

$$\frac{U_o}{R_o+R_5}=I_5$$

依题条件可列方程组

$$\begin{cases}\dfrac{U_o}{R_o+8}=20\\[2mm]\dfrac{U_o}{R_o+2}=50\end{cases}$$

联立解得 $U_o=200\text{V}$，$R_o=2\Omega$。

根据最大功率传输定理可知，当 $R_5=R_o=2\Omega$ 时，R_5 可获得最大功率为

$$P_{max}=\frac{U_o^2}{4R_5}=\frac{200^2}{4\times2}\text{W}=5\ 000\ \text{W}$$

例 3-9　求图 3-33（a）所示电路中 R_L 为何值时能取得最大功率，该最大功率是多少？

解　① 断开 R_L 支路，用叠加定理求 U_o。16V 电压源单独作用时，如图 3-33（b）所示，根据分压关系

$$U_o'=\left[\frac{16}{8+4+20}\times（4+20）\right]\text{V}=12\ \text{V}$$

当 1 A 电流源单独作用时，如图 3-33（c）所示，根据分流关系

$$I=\left(\frac{20}{8+4+20}\times1\right)\text{A}=0.625\ \text{A}$$

$$U_o''=(-0.625\times8-1\times3)\text{V}=-8\ \text{V}$$

$$U_o=U_o'+U_o''=4\ \text{V}$$

② 求 R_o，将 16 V 电压源和 1 A 电流源均变为零，如图 3-33（d）所示，可得

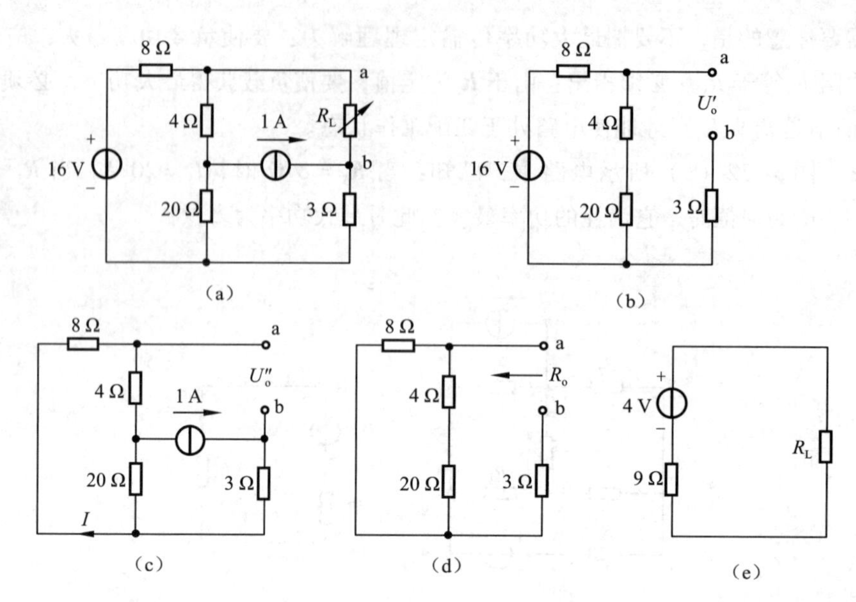

图 3-33　例 3-9 电路图

$$R_o=\left[3+\frac{8\times\ (4+20)}{8+4+20}\right]\Omega=9\ \Omega$$

③ 根据 Z 求出的 U_o和 R_o画出戴维南等效电路，再接上 R_L，如图 3-33（e）所示，根据最大功率传输定理可知，当 $R_L=R_o=9\ \Omega$ 时，可获得最大功率，R_L吸收的功率为

$$P_{max}=\frac{4^2}{4\times9}\ \mathrm{W}=0.44\ \mathrm{W}$$

任务实施

应用示波器对设备电压信号进行测量，并进行数据的读取。

一、任务说明

这里以####工厂需要车间应急灯进行设备检修为例进行说明。测试说明如下：

1. 测量交流电压

示波器可以直观地观察到所测波形的形状。根据图形偏转位移的大小和示波器偏转因数的设置，可以测得波形的峰 - 峰值 V_{p-p}和周期 T，通过相应的公式计算，还可以间接获得有效值、平均值、频率等参数。

2. 示波器测量正弦交流电压

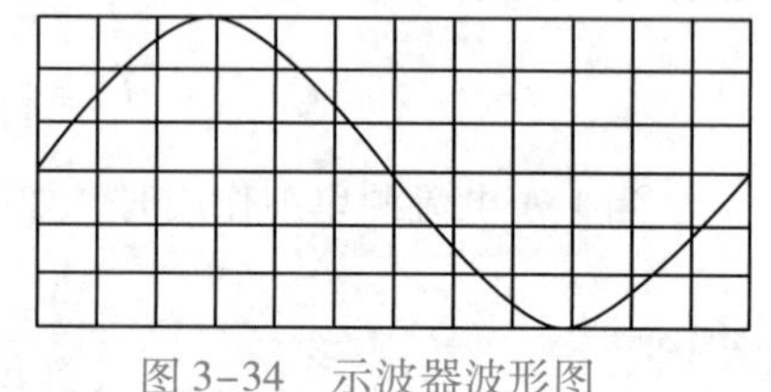

图 3-34　示波器波形图

显示波形如图 3-34 所示。偏转因数为 0.5 V/div，扫描因数为 10 ms/div，探极衰减系数为 10∶1，求其 V_{p-p}和周期 T。

3. 正弦波峰 - 峰值的读取

$$V_{p-p}=6\ \mathrm{div}\times0.5\ \mathrm{V/div}\times10=30\ \mathrm{V}$$

4. 正弦波周期的读取

$$T=10\ \mathrm{div}\times10\ \mathrm{ms/div}=100\ \mathrm{ms}$$

注意：YB4325 型双踪示波器扫描因数开关左上有一个“×10 扩展”按键㉙，适用于低频信号的测量。此键按下表明扫描时间 Time/div 开关指示数值的 1/10，因此应当将测得的时间乘 10。

5. 测量直流电压

直流电压的测量方法与交流电压的测量方法相似，但有区别。首先需要了解输入信号与示波器输入通道的连接方式，即输入耦合方式。其耦合方式有 3 种，由面板上的开关⑤⑥选择，其意义如下：

① 交流（AC）：通道输入端与信号连接经电容耦合，即显示的是输入信号中交流信号的波形。

② 直流（DC）：通道输入端与信号输入端直接耦合，即显示的是全部输入信号，交直流成分都包含。

③ 接地（GND）：输入信号与通道断开，通道的输入端接地。

在测量纯直流电压时，应当首先选用 GND 耦合方式，确定出零电平光迹在垂直方向的位置；然后选用 DC 耦合方式，将被测直流电压加到示波器上，确定出光迹相对于零电平垂直跳变高度 H（div）；再利用偏转因数计算出直流电压的大小。

如果测量输入信号中的直流成分，应当首先选用 AC 耦合方式，确定出交流成分垂直方向的位置；然后选用 DC 耦合方式，将含有交直流成分的被测电压加到示波器上，确定出光迹相对于原位置垂直跳变高度 H（div）；再利用偏转因数计算出直流电压的大小。

6. 两路信号的测量

YB4325 型双踪示波器可以同时对两路信号进行观测，以便于对两路信号进行波形、相位上的比较。相位的比较实质上就是时间差的比较。时间差的测量与周期的测量大同小异，测得时间差 Δt 相位差 Δt 后，利用 $\Delta\Phi = \Delta t/T \cdot 2\pi$ 就可以求出同频信号的相位差。

当两路信号同时观测时，要求各开关按键设置如下：

① 显示方式开关㉝处于“双踪”。

② 触发源开关㉒位于 CH1 或 CH2。

③ 将“交替触发”按键㉒或“断续”按键㉟按下。通常选择交替触发。

交替触发时，每两次扫描分别显示一次 CH1 和 CH2 通道，可以用于同时观察两路不相关信号。但如果被测信号频率较低，交替显示会发生明显的闪烁，可选择断续方式；可以每扫描一次，完成两个通道波形的显示，但显示图形由点线组成。

二、任务结束

清理工作现场，清点作业工具，摆放到规定位置。

任务 6　工业现场应急灯照明电路的安装与调试

任务解析

通过完成本任务，使学生掌握工业现场应急灯照明电路的安装与调试等方面的实际应用。

知识链接

一、电子元器件的使用方法

常用电子元器件有电阻器（以下简称“电阻”）、电容器（以下简称“电容”）、电感器（以下简称“电感”）、二极管、三极管、场效应管、晶闸管、集成电路等。

1. 电阻

电阻是具有一定电阻性能的元件，它是电路中不可缺少的元器件，起到了限流和分压的作用。

（1）电阻的种类

按结构形式可分为固定电阻、可调电阻（电位器）和敏感电阻，如图3-35所示。

图3-35　各种类型的电阻

（2）电阻的主要参数

① 标称阻值。标称阻值是指电阻上所标出的电阻值。

② 额定功率。指在一定的环境温度和湿度下，长期连续工作所能允许消耗的最大功率。

（3）电阻的标识方法

① 直标法。指在电阻上用数字或字母直接标出主要参数和性能指标。电阻的单位用Ω、kΩ、MΩ、GΩ等表示，允许误差用百分数表示，也可用精度等级Ⅰ、Ⅱ表示，Ⅲ级不标明。

② 文字符号法。指在电阻上用文字和数字符号有规律地标出主要参数和技术指标。例如0.47Ω标注为Ω47；4.7Ω标注为4Ω7；4.7kΩ误差为±5%的电阻可标注为4k7Ⅰ；10MΩ可标注为10M等。

③ 色环法。指在电阻上用不同颜色的色环标出电阻值和允许误差。色环法有四环和五环法两种。普通电阻用4条色环表示，第1条、第2条色环表示电阻的第1、2位有效数字，第3条色环表示10的倍乘数，第4条色环表示允许误差；精密电阻用5条色环表示，第1、2、3条色环表示第1、2、3位有效数字，第4条色环表示10的倍乘数，第5条色环表示允许误差。色环颜色表示的有效数字和允许误差见表3-3。

表3-3　色环颜色表示的有效数字和允许误差

色环颜色	银	金	黑	棕	红	橙	黄	绿	蓝	紫	灰	白	无色
有效数字	—	—	0	1	2	3	4	5	6	7	8	9	—
倍乘数	10^{-1}	10^{-2}	10^{0}	10^{1}	10^{2}	10^{3}	10^{4}	10^{5}	10^{6}	10^{7}	10^{8}	10^{9}	—
允许误差	±10%	±5%	—	±1%	±2%	—	—	±0.5%	±0.2%	±0.1%	—	—	±20%

(4) 电阻的测试

① 固定电阻的测试。固定电阻的阻值可用数字或指针式万用表进行测试，测试时将万用表量程开关置于合适的挡位，注意测试时不要用手触及电阻的引脚，以免增加误差。每换一次挡位都要重新调零。

② 可调电阻的测试。可调电阻也可用万用表进行测量。测量时，应先用万用表测量可调电阻的任一固定端与滑动端的电阻，慢慢旋动转轴，观察万用表的读数是否平稳变化，如有跳动的现象，说明可调电阻接触不良。

2. 电容

电容是由两个平行金属极板中间夹一层绝缘电介质构成的，是一种能储存电能的元件，主要用于耦合、交流旁路、滤波、谐振等电路中。

(1) 电容的种类

按结构可分为固定电容、半可调电容、可调电容，如图 3-36 所示，电容的图形符号如图 3-37 所示。

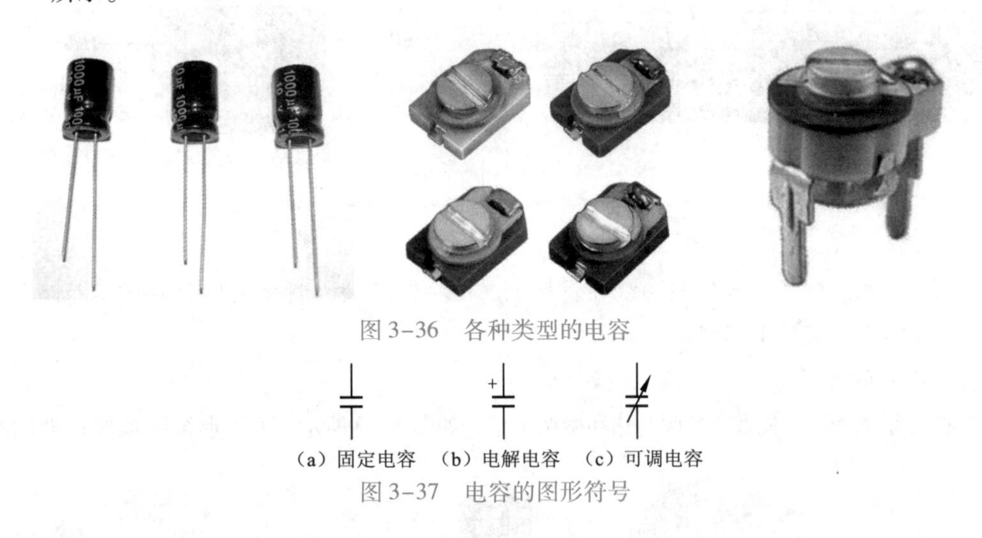

图 3-36　各种类型的电容

(a) 固定电容　(b) 电解电容　(c) 可调电容

图 3-37　电容的图形符号

(2) 电容的主要参数

① 标称容量与允许误差。标称容量是指在电容上标出的电容量值；允许误差是指电容实际容量与标准容量之间的误差允许范围。

② 额定工作电压。指电容在规定的工作温度范围内，长期工作时所能承受的最大工作电压。常用固定电容的额定工作电压有 1.6 V、4 V、6.3 V、10 V、25 V、40 V、63 V、100 V、125 V、160 V、250 V、400 V、500 V、630 V、1 000 V 等。

(3) 电容的标识方法

① 直标法。指在电容表面直接标出主要参数和技术指标。

② 文字符号法。指在电容上用字母和数字有规律地标出主要参数和技术指标。例如：47 μF 用 47 μ表示；0.47 μF 用 0.47 表示；4.7 pF 用 4p7 表示。

③ 色环法。电容的色环法与电阻的色环法类似，电容的标注单位为 pF。

(4) 电容的测试

常用电容的测试可用数字万用表、电容测试仪等仪器进行测试，如图 3-38 所示。

① 电解电容的测试。对电解电容的测试主要包括容量和漏电流的测试。电容容量的测试可直接用数字万用表的电容挡的合适量程直接测出。测量时注意不要用手触及电容，以免增加误差。电容漏电流的测试用万用表的欧姆挡测量，测量时将欧姆挡置于合适位置，将两表笔接到电容的两端，观察显示器，数字逐渐显示到“1”的位置，然后将两表笔反接，若显示数字由负变到正最后显示“1”，说明电容的漏电流基本正常，储存电荷的功能也正常。

② 非电解电容的测试。一般使用数字万用表的电容挡进行测量。测试时注意不要用手触及电容，然后用欧姆挡进行短路测试。

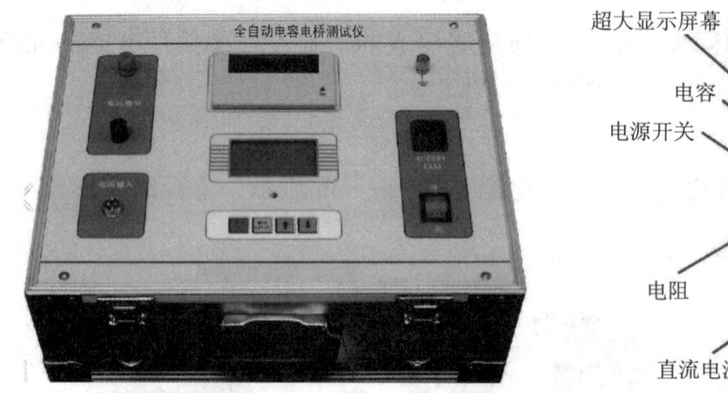

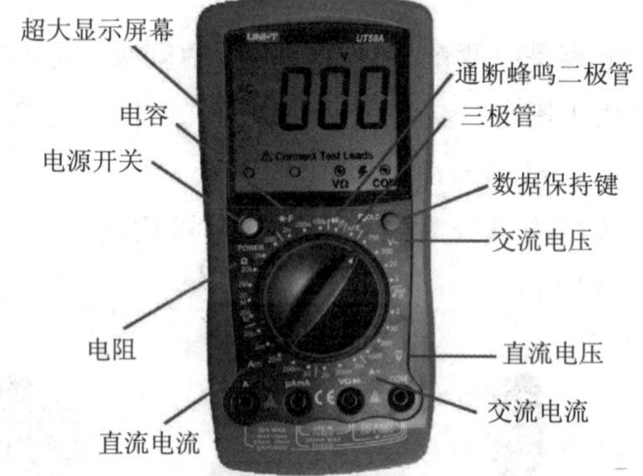

图 3-38　常用测量电容的仪表

3. 电感

电感是指用漆包线或纱包线缠绕在骨架上，再将铁芯装入骨架的内腔制成，能储存磁场能的电子元器件，又称电感线圈。

（1）电感的种类

按形式可分为固定电感、可调电感和微调电感，如图 3-39 所示，其图形符号如图 3-40 所示。

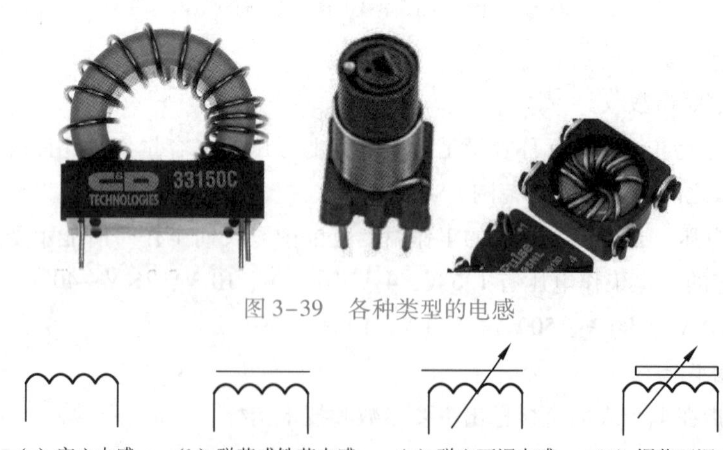

图 3-39　各种类型的电感

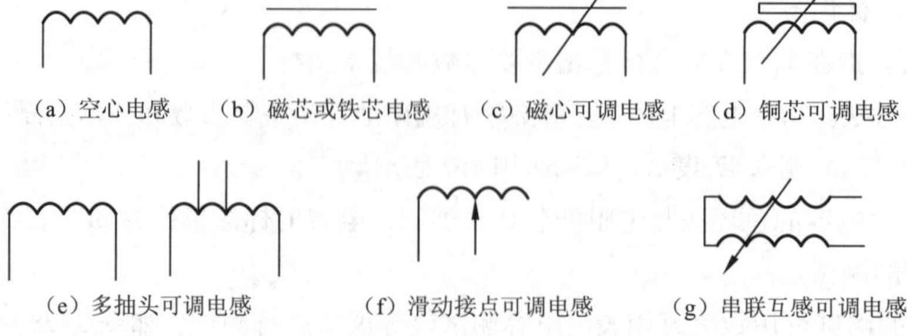

图 3-40　各种类型电感的图形符号

（2）电感的主要参数

① 电感量与允许误差。电感量是表示电感元件产生自感应能力的一个物理量，用 L 表示，其单位为亨［利］（H）。

② 品质因数。又称 Q 值，是指在某一工作频率下，线圈的感抗与线圈直流电阻的比值，$Q=\omega L/R$，品质因数是衡量线圈质量的主要参数，Q 值大，表示电感的损耗小、效率高。

③ 分布电容。指线圈的匝与匝之间，线圈与地之间以及屏蔽层之间存在的电容。它会减小线圈的品质因数，影响线圈的稳定性，所以多采用蜂房式绕法、分段绕法等来减小分布电容。

④ 额定电流。指电感长期工作时允许通过的最大电流。

（3）电感的标识方法

① 直标法。指在电感上直接标出主要参数和技术指标。

② 色环法。指在电感的外壳上涂有不同颜色的色环来表示电感的性能，其色环法与电阻的色环法相似。

（4）电感的测试

电感的测试可用电感测试仪或万用表等进行。首先观察外观，看其线圈有无松散，引脚有无折断、生锈等现象。然后用万用表的欧姆挡测量线圈的直流电阻，若为无穷大，说明线圈已经断路；若直流电阻比正常值小，说明线圈局部有短路；若直流电阻为零，说明线圈已完全短路。如有金属屏蔽罩的电感，还要检查其线圈与屏蔽罩之间是否短路，若有磁芯的可调电感，还需要检查螺纹配合是否完好。

4. 半导体二极管

半导体二极管又称晶体二极管，简称二极管。它是由 PN 结、电极引线、管壳制成的。二极管的图形符号如图 3-41 所示。

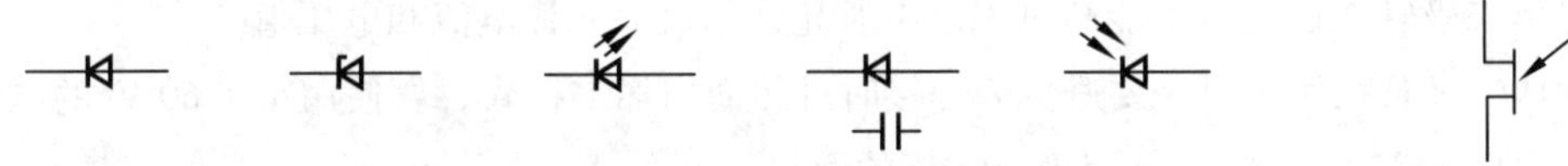

（a）普通二极管（b）稳压二极管（c）发光二极管（d）变容二极管（e）光敏二极管（f）单结晶体管（双基极二极管）

图 3-41　二极管的图形符号

常见二极管外形如图 3-42 所示。

（a）电力二极管

（b）4007二极管

图 3-42　常见二极管外形

（1）半导体二极管的种类

按材料不同可分为锗二极管和硅二极管。

（2）特殊二极管

① 整流二极管。整流二极管用于整流电路中。利用单向导电性，将交流电变换成脉动的直流电，多采用面接触型二极管，一般结面积大，结电容较大，工作效率低。常用的型号有2CZ 系列、2CP 系列等。

② 稳压二极管。稳压二极管工作在反向击穿状态下。采取一定的措施使稳压二极管在要求的反向电压时出现齐纳击穿，并在外电路加限流电阻，可避免出现热击穿现象而损坏稳压二极管。常用的稳压二极管有 2CW 系列等。

③ 变容二极管。变容二极管工作在反偏状态，是利用 PN 结之间具有的电容特性的原理制成特殊的二极管。当外加电压变大，电容就变小。常用的型号有 2CC 系列、2CB 系列等。

④ 检波二极管。检波二极管是利用 PN 结伏安特性把叠加在高频信号上的低频信号分离出来的一种二极管，多采用点接触型二极管。其特点为允许通过的正向电流小、结电容小、工作频率高、内阻大等。主要用于高频小功率电路。常用的型号有 2AP 系列等。

⑤ 开关二极管。开关二极管是利用二极管的正向导通时电阻很小，反向截止时电阻很大的特性，在电路中起控制电流接通或关断的作用。主要用于高频、检流、开关逻辑电路等。常用的型号有 2AK 系列、2CK 系列等。

⑥ 发光二极管。发光二极管是一种固态 PN 结器件，常用砷化镓、磷化镓等材料制成，能直接把电能转换成光能的器件，没有热交换过程。其特点为工作电压小、耗电少、体积小、质量小、抗冲击、寿命长、容易与集成电路配合使用，颜色有红、绿、黄、橙等。常用的型号有 BT 系列、FG 系列等。

（3）半导体二极管的使用

① 半导体二极管在选用时不能超过规范中所允许的最大允许电流和电压值。

② 半导体二极管在使用时，要避免因焊接时过热而损坏二极管，要使用小于 60 W 的电烙铁。焊接时间不应超过 2 ~ 3 s，并保证有良好的散热。

③ 对整流二极管，使用时要合理选择型号。同一型号的整流二极管才可串联、并联使用。

④ 稳压二极管的稳定电压应与电路中的基准电压值相同，最大稳定电流应大于稳压二极管工作电路中负载电流最大值的 50% 左右。

⑤ 选用变容二极管时，应选用结电容大、结电流大、反向漏电流小的二极管，并要考虑最高反向工作电压、最大正向电流、工作频率等参数是否符合电路的要求，以避免损坏变容二极管。

⑥ 硅二极管和锗二极管不能互相替代使用。替换的二极管的最高反向工作电压和最大整流电流不能小于被替换二极管，并要考虑其他特性。

（4）半导体二极管的测试

① 普通二极管的测试。用万用表欧姆挡测量二极管。测量小功率二极管时，万用表置 R × 100Ω挡或 R × 1kΩ 挡，以防止万用表的 R × 1Ω 挡输出电流过大，或 R × 10kΩ 挡输出电压过大而损坏被测二极管，对于面接触型大电流整流二极管可用 R × 1Ω 挡或 R × 10k 挡进行测

量，如图 3-43 所示。

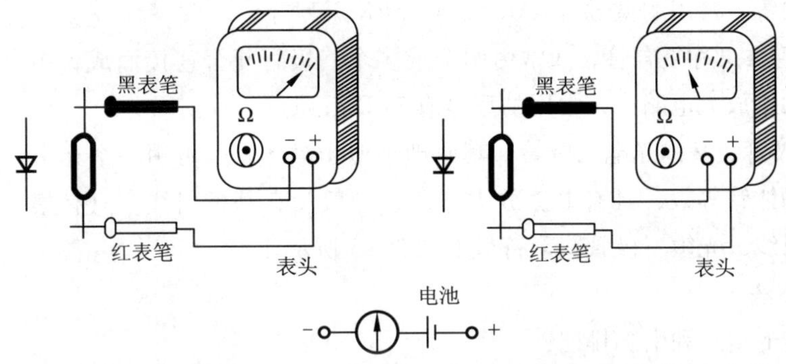

图 3-43　用万用表测试二极管示意图

测量时，若两次测得电阻的结果均很小或很大，说明二极管已经损坏。

② 用数字万用表测量二极管。一般数字万用表上都有二极管测试挡。

③ 特殊二极管的测试。稳压二极管的稳压值测试：将一个稳压二极管与可调直流稳压电源、一个适当的电阻串联，并在稳压二极管的两端并联一只万用表。将稳压电源由小逐渐增大，观察万用表的读数，直到万用表的读数不随电源电压的增大而相应地增大，这时继续增大电源电压值，但幅值要小，直到万用表读数基本不变，则此读数即为稳压二极管的稳定电压值。

5. 半导体三极管

半导体三极管又称晶体三极管，简称三极管。它分为 3 个区：基区、集电区和发射区，分别引出 3 个极，基极（B）、集电极（C）和发射极（E）。组成三极管的 3 个区构成了 2 个 PN 结，即集电结、发射结，三极管的结构图、图形符号及外形如图 3-44 所示。

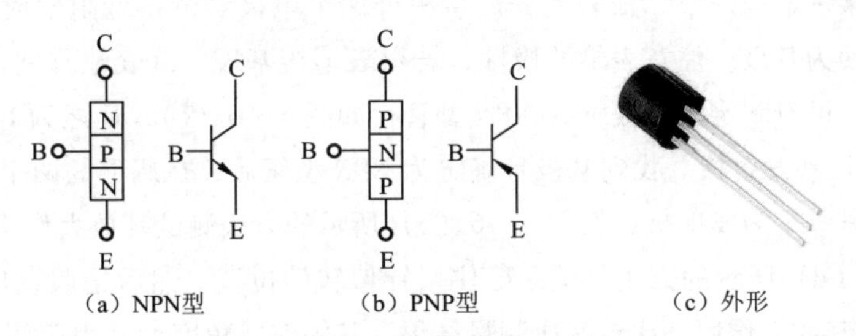

图 3-44　三极管的结构图、图形符号及外形

(1) 三极管的种类

三极管按生产工艺可分为硅平面三极管和锗合金三极管。

(2) 常用三极管

① 硅管。硅管是用硅材料制成的，其基极－发射极电压 U_{BE} 值为 0.6～0.7 V，常用的型号有 3DG 高频小功率管、3DA 高频大功率管、3CG 高频管、3CK 开关管、3DX 和 3CX 低频管等。

② 锗管。锗管是用锗材料制成的，其基极－发射极电压 U_{BE} 值为 0.2～0.3 V，常用的型号有 3AX 低频管、3AG 高频管、3AK 开关管、3AD 低频大功率管等。

③ 开关三极管。开关三极管在电路中起接通和关断的作用。其特点是体积小、使用寿命长、开关速度快等。常用的型号有3AK系列、3CK系列等。

④ 达林顿管。又称复合管，通常由两个或多个三极管复合连接而成，主要用于低频大功率放大电路中，常用的型号有3DD系列。

⑤ 光敏三极管。又称光电三极管，其原理类似于晶体管，可用一个光电二极管和一个晶体管等效，具有电流放大作用，一般没有基极引线，只有集电极和发射极引线，光敏三极管图形符号如图3-45所示。

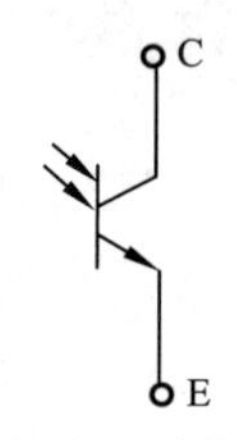

图3-45　光敏三极管图形符号

（3）判别方法

已知三极管的型号和引脚排列：

① 检查穿透电流I_{CEO}。图3-46（a）是测量NPN型管的接法，图3-46（b）是测量PNP型管的接法。量程选用R×100 Ω或R×1 kΩ挡，要求测得的阻值越大越好。对于中小功率的锗管，指示应大于数千欧才能使用，而硅管应大于数百千欧。若阻值太小，则表明I_{CEO}很大，三极管的性能不好；若阻值接近于零，表明三极管已击穿。

② 检查放大性能。如果是NPN型管可按图3-46（c）所示连接电路；如果是PNP型管可按图3-46（d）所示连接电路。在这两种情况下，指针都应向右偏转，偏转的角度越大，说明该三极管的放大倍数$\bar{\beta}$越大。若加电阻之后，指针变化不大，或者根本不变，则表明三极管的放大作用很差或已经损坏。测硅管时，电阻在50～100 Ω之间选用，测锗管时，电阻在1～20 kΩ之间选用。或利用人体电阻（用手用力捏住C、B两引脚来代替电阻），提供基极电流回路，放大后的集电极电流流过表头使指针偏转。

引脚及类型判别：

① 先判定基极。用万用表的电阻挡测量三极管三个电极中每两极之间的正反向电阻。当用第一根表笔接某一电极，第二根表笔先后接另外两个电极均测得低阻值时，则第一根表笔所接的那个电极便为基极。注意表笔的极性，若黑表笔接基极，红表笔分别接在其他两极时，测得阻值都较小，可以断定该三极管为NPN型管，如图3-46（e），反之为PNP型管。

② 判定集电极和发射极。找到基极且确定为NPN型管后，在剩下的两个引脚中可先假定一个为集电极，另一个为发射极，按图3-46（c）所示的方法测试其放大作用；若确定为PNP型管，按图3-46（d）所示的方法测试，记住指针偏转的位置。然后把假设反过来（对调C、E引脚），再测试其放大作用。比较两次测量结果，其中偏转角度大（电阻示值小）的那次假设是正确的。

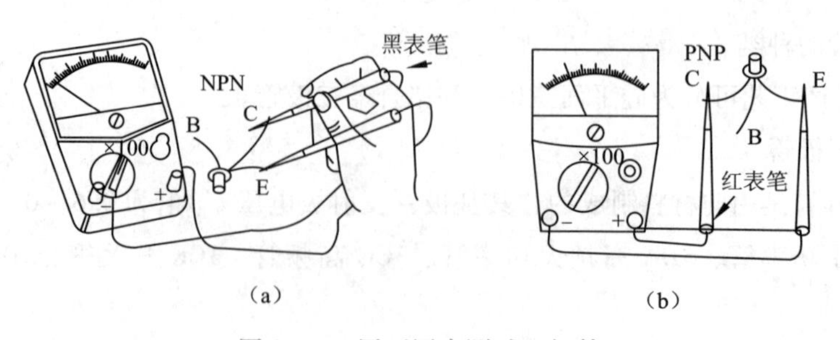

图3-46　用万用表测试三极管

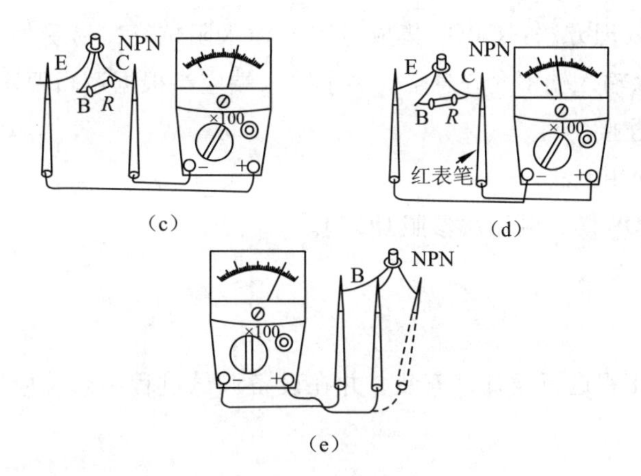

图 3-46　用万用表测试三极管（续）

二、数字逻辑电路的使用

1. TTL 集成门电路的使用

集成门电路按内部有源器件的不同可分为两大类：一类为双极型晶体管集成电路，主要有晶体管 - 晶体管 TTL 逻辑、射极耦合逻辑 ECL 和集成注入逻辑 I^2L 等几种类型；另一类为单极型 MOS 集成电路，包括 NMOS、PMOS 和 CMOS 等几种类型。常用的是 TTL 和 CMOS 集成电路。

（1）TTL 集成门电路使用注意事项

① 电源电压应满足在标准值 5×（1±10%）V 的范围内。

② TTL 集成门电路的输出端所接负载，不能超过规定的扇出系数。

③ 注意 TTL 集成门电路多余输入端的处理方法。

④ TTL 集成门电路的输出端是不允许直接相连的，否则可能因功耗过大而损坏门电路。

（2）OC 门电路使用方法

集电极开路的 TTL 门，简称 OC（Open Collector）门。它与普通 TTL 与非门不同之处是：多个 OC 门的输出端可以直接相连，实现“线与”的功能。

2. MOS 集成门电路的使用

MOS 集成门有 PMOS、NMOS 和 CMOS 三种类型，PMOS 电路工作速度低且采用负电压，不便与 TTL 电路相连；NMOS 电路工作速度比 PMOS 电路要高，集成度高，便于和 TTL 电路相连，但带电容负载能力较弱；CMOS 电路的突出优点是静态功耗低、抗干扰能力强、工作稳定性好、开关速度高，是性能较好、应用较广泛的一种电路。

常用的 CMOS 逻辑门器件有 4000 和 74C××两大系列。其中，74HCT××和 74ACT××系列可直接与 TTL 电路相兼容。它们的功能及引脚设置均与 TTL 74 系列保持一致。

（1）CMOS 集成电路使用注意事项：

TTL 集成门电路的使用注意事项，一般对于 CMOS 集成电路也适用。因为 CMOS 集成电路容易产生栅极击穿问题，所以要特别注意以下几点：

①避免静电损失。存放 CMOS 集成电路不能用塑料袋，要用金属将引脚短接起来或用金属盒屏蔽。工作台应当用金属材料覆盖并应良好接地。

②焊接时，电烙铁外壳接地。

③多余输入端的处理方法：CMOS 集成电路的输入阻抗高，易受外界干扰的影响，所以 CMOS 集成电路的多余输入端不允许悬空。多余输入端应当根据逻辑要求或接电源 V_{DD}，或接地，或与其他输入端连接。

（2）OD 门电路使用方法

漏极开路门简称 OD 门，其用法参照 OC 门。

任务实施

根据任务要求对工程进行设计、安装，并在设备调试过程中熟练应用各种电工工具及仪表，注意安全用电。

一、任务说明

数控加工中心打算改造数控车间的应急照明系统，采用一个轻触式开关电路控制应急照明灯的通断，代替原来的拨动开关控制。轻触式开关电路采用继电器控制通断，能有效防止工作过程中因手沾有油或水而去按开关导致触电的事故。要求控制电路简洁稳定，不易受到外界干扰，能可靠地控制照明灯的通断。

（1）设计方案

王宇航及同事接到这一改造任务后，综合决策后决定用 CD4013 和继电器来组装控制电路，电路如图 3-47 所示，按一次开关 S1，继电器触点吸合，照明灯点亮，工作指示灯 VD1 点亮；再按一次开关 S1，继电器触点断开，照明灯熄灭，待机指示灯 VD2 点亮。CD4013 是一块双 D 触发器，利用其逻辑功能，能方便设计一个用轻触式开关就可控制照明灯通断的电路。

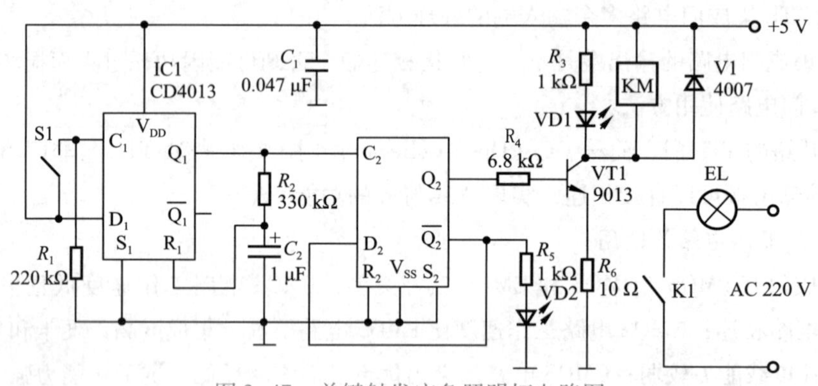

图 3-47　单键触发应急照明灯电路图

（2）设计功能

① 按动开关 S1 能在开灯和关灯之间转换，性能稳定，转换可靠。

② 根据电路图设计单面 PCB，面积小于 8 cm × 8 cm。

③ 元器件布局合理、规范，强电和弱电分开布线，大面积接地。

④ CD4013 采用集成插座安装，灯泡和 220 V 输入采用接线端钮连接。

（3）选用器件

① 基本 RS 触发器。由两个与非门交叉耦合构成，逻辑图如图 3-48（a）所示，图形符号如图 3-48（b）所示。

② 钟控 RS 触发器。具备时钟脉冲 CP 输入控制端的触发器称为时钟触发器，它的输出状态变化不仅取决于输入信号的变化，还取决于时钟脉冲 CP 的控制。数字电路中多个时钟触发器可以在统一的脉冲信号控制下协调工作，按功能划分有 RS 触发器、D 触发器、JK 触发器、T 触发器。

钟控 RS 触发器逻辑图如图 3-49 所示，由 4 个与非门组成，2 个输入端 R 和 S，1 个时钟控制端 CP。

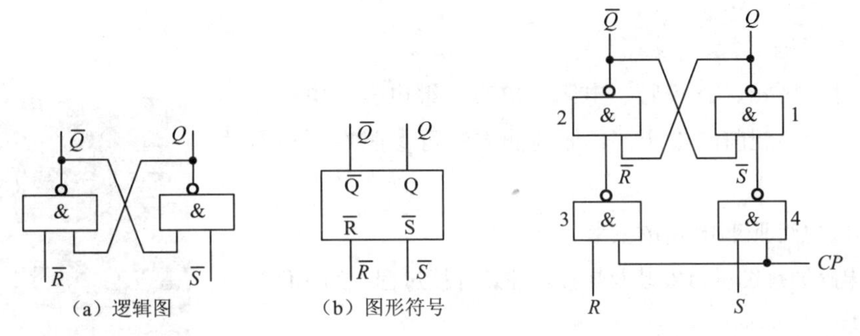

图 3-48　基本 RS 触发器　　　图 3-49　钟控 RS 触发器逻辑图

③ 继电器。继电器是一种电控制器件，使用小信号控制一组或多组触点开关接通或断开。其实质是用小电流去控制大电流的一种器件，广泛使用在自动控制电路中。常见的电磁式继电器实物、结构及引脚如图 3-50 所示。

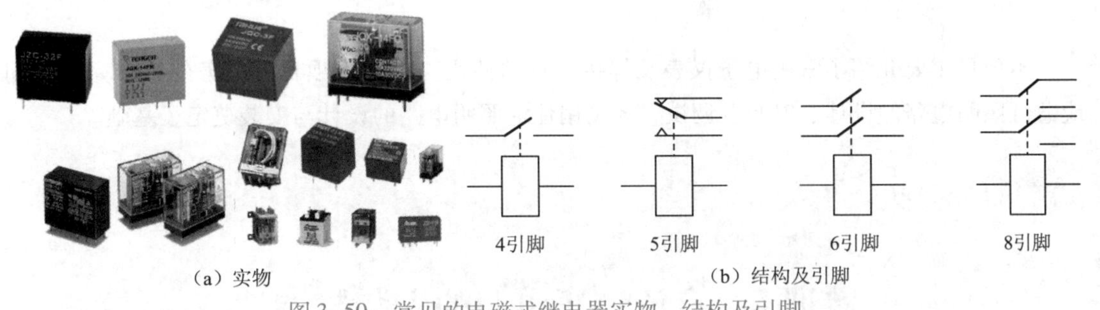

图 3-50　常见的电磁式继电器实物、结构及引脚

电磁式继电器检测：

a. 检测触点电阻：用电阻挡测量常闭触点阻值，理想阻值为 0Ω；如果有一定阻值或阻值较大，表明该触点已被氧化或被烧蚀。

b. 检测线圈阻值：额定电压较低的电磁式继电器其线圈阻值较小；额定电压较高的电磁式继电器其线圈阻值相对较大，一般在 25Ω ~ 2 kΩ 范围。若线圈阻值无穷大，表明线圈已开路损坏；若线圈阻值低于正常值，表明线圈内部存在短路故障。

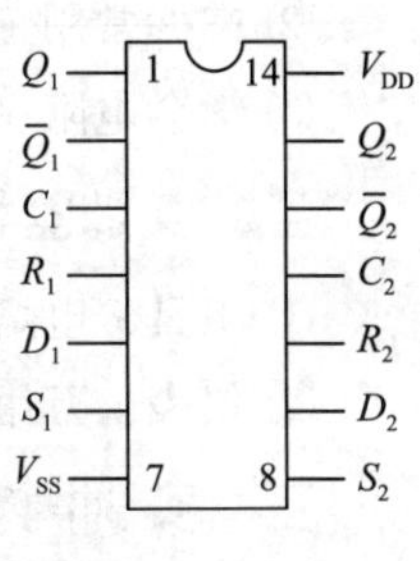

图 3-51　CD4013 引脚排列

④ CD4013 芯片。CD4013 芯片是一块双上升沿 D 触发器，由两个相同且相互独立的数据型 D 触发器构成，引脚排列如图 3-51 所示。每个触发器有独立的数据、置位、时钟输入端和 Q 及 $\overline{Q}$ 输出端。D 触发器在时钟上升沿时触发，加在 D 输入端的逻辑电平传送到 Q 输出端，置位端与时钟脉冲无关。

CD4013 主要参数说明：

电源电压 V_{DD}：5 ~ 18V；

最大工作电流：4 mA；

输入电压 U_i：0 ~ V_{DD}；

存储温度：-55 ~ +105℃；

焊接温度：+265 ℃。

（4）元件的检测

用万用表对二极管、三极管、电阻、电容、继电器、电灯、集成芯片等器件进行装配前的检测，具体检测方法可参照本项目有关器件检测说明。

（5）车间应急灯照明电路的安装

按照设计电路原理图进行安装及焊接。注意焊接过程中的元件摆放方法、元件的焊接温度等。

（6）车间应急灯照明设备成品（见图 3-52）。

图 3-52　车间应急灯照明设备成品

二、任务结束

任务结束后，清点工具、清理现场。

项目总结

本项目主要介绍了常用电子仪表及焊接工具的使用。通过本项目各任务的操作完成车间应急灯照明电路的设计、安装及调试，为民用住宅照明电路的设计与安装奠定了基础。

项目实训

实训 5　直流稳压电源的安装与调试

一、实训目标

① 掌握直流稳压电源电路的原理、安装与测试方法。

② 掌握常用工具的使用。

③ 学会电阻、电容、二极管等元器件的识别及手工锡焊。

二、实训器材

① 工具：电烙铁、偏口钳、尖嘴钳、剥线钳、螺钉旋具、电工刀、镊子等。

② 仪表：万用表、示波器。

三、实训内容

① 按电路图合理、正确设计及安装元器件。

② 安装完毕后进行手工锡焊。

③ 按电路要求加相应电压进行调试、检测。

四、测评标准

测评内容	配分	评分标准	操作时间/min	扣分	得分
选件	10	不合理，不标准，每个扣2分	10		
设计	10	不合理，每处扣2分	20		
安装	10	装错，每处扣2分	20		
手工锡焊	30	（1）焊点有虚焊，每处扣2分； （2）焊点有假焊，每处扣2分； （3）焊点有搭焊，每处扣2分； （4）焊点有松动，每处扣2分； （5）焊点有棱角，每处扣2分； （6）焊点有拉尖，每处扣2分； （7）焊点有沙眼、气泡，每处扣2分	30		
调试	10	调试不当，每处扣2分	20		
排除故障	30	（1）不验电，每处扣2分； （2）工具及仪表使用不当，每处扣2分； （3）排除故障的顺序不当，每处扣2分； （4）不能查出故障，每处扣2分； （5）查出故障点，但不能排除，每处扣2分； （6）产生新的故障或扩大故障范围，不能排除，每处扣2分； （7）排除故障方法不正确，每处扣2分； （8）损坏元件，每件扣10分	20		
安全文明操作		违反安全生产规程，视现场具体违规情况扣分			
定额时间 （120 min）	开始时间 （　　） 结束时间 （　　）	每超时3 min扣2分			
合计总分					

实训6　触摸式照明电路的焊接

一、实训目的

① 掌握实验板的使用方法。

② 掌握元器件手工安装焊接技术。

③ 初步认识元器件布局布线的原则方法。

二、实训器材

实训器材见表3-4。

表3-4　实训器材

序号	名称	规格型号	数量
1	7555定时器芯片	7555	1片
2	电阻 R_1	1 MΩ，0.25 W	1只
3	电阻 R_2	10 kΩ，0.25 W	1只
4	电位器 R_W	1 MΩ，0.5 W	1只
5	二极管VD	IN4007	1只

续表

序号	名称	规格型号	数量
6	电解电容 C_1	47 μF，25 V	1只
7	瓷片电容 C_2	0.01 μF	1只
8	继电器	3A，24V/DC	1个
9	按钮开关		1个
10	灯泡	220 V，20 W	1个
11	实验板	50 mm×50 mm	1块
12	绝缘板	100 mm×150 mm	1块
13	螺钉螺母	大	4副
14	螺钉螺母	小	4副
15	电钻	钻头与螺钉相匹配	1把
16	电烙铁及烙铁架	内热20 W	1套
17	焊锡、焊锡膏		适量
18	导线		适量
19	尖嘴钳、桃口钳、镊子		各1把

三、实训内容

电路原理图如图3-53所示。根据电路原理图搭建电路，焊接元器件。其中，灯泡安放在绝缘板上。

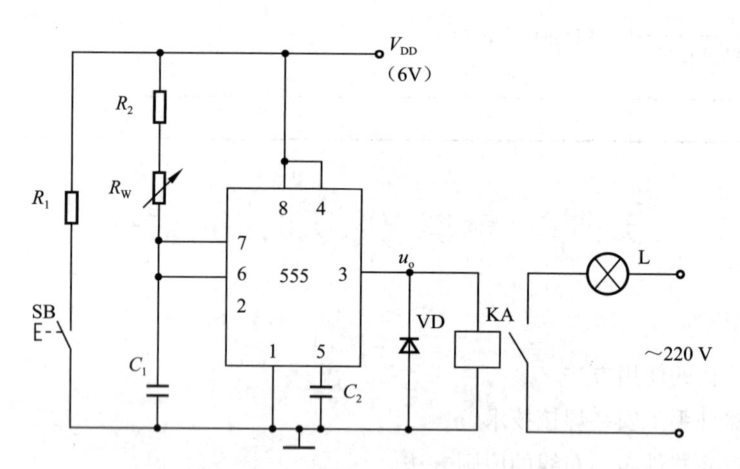

图3-53　触摸式照明电路原理图

四、测评标准

测评内容	配分	评分标准	操作时间/min	扣分	得分
选件	40	(1) 二极管连接错误，每处扣2分； (2) 电阻筛选识别错误，每处扣2分； (3) 电位器焊接错误，每处扣2分； (4) 电容极性接反，每处扣5分； (5) 555引脚识别错误，每处扣5分； (6) 按键引脚连接错误，每处扣5分； (7) 出现短路或断路，每处扣5分	20		
设计	10	设计不合理，每处扣2分	20		

续表

测评内容	配分		评分标准	操作时间/min	扣分	得分
安装	10		安装错误，每处扣2分	20		
手工锡焊	30		(1) 焊点有虚焊，每处扣4分； (2) 焊点有假焊，每处扣4分； (3) 焊点有搭焊，每处扣4分； (4) 焊点有松动，每处扣4分； (5) 焊点有棱角，每处扣4分； (6) 焊点有拉尖，每处扣6分； (7) 焊点有沙眼、气泡，每处扣4分	20		
调试	10		调试不当，每处扣2分	20		
安全文明操作			违反安全生产规程，视现场具体违规情况扣分			
定额时间（120 min）	开始时间（　）		每超时3 min扣2分			
	结束时间（　）					
合计总分						

思考与练习

1. 为什么要调整量程使指针在满刻度的2/3左右时再读取测量结果？

2. 用示波器观测桥式整流电路的输入/输出波形时，当采用两路信号同时观测时，会有什么现象发生？为什么？

3. 信号发生器显示器上显示的是输出交流电压的什么值？

4. 信号发生器输出正弦交流电如果有变形如何调整？如何形成斜波和矩形波？

5. 示波器的探头能否与其他仪器探头互换？为什么？

6. 示波器测量正弦交流电压，显示波形如图3-54所示。偏转因数为0.2 V/div，扫描因数为50 ms/div，探极衰减系数为10：1，求其V_{P-P}和周期T。

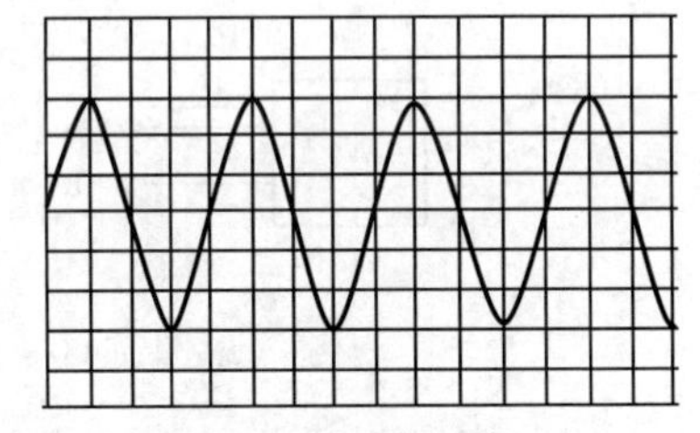

图3-54　题6图

7. 手工焊接前的可焊性处理包括哪两方面？

8. 良好焊点在外观上有哪些要求？

9. 用齐性定理求图3-55所示电路中电流I。

10. 电路如图3-56所示，①当将开关S合在a点时，求电流I_1、I_2和I_3；②当将开关S合在b点时，利用①的结果，用叠加定理计算电流I_1、I_2和I_3。

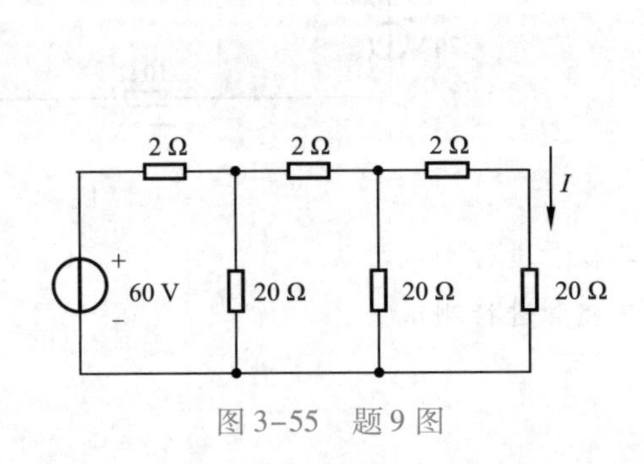

图3-55　题9图

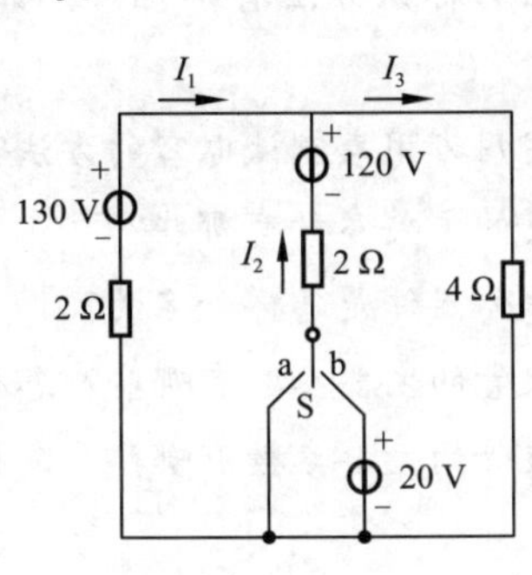

图3-56　题10图

11. 用叠加定理求解图 3-57 所示电路中的电压 U。

12. 求图 3-58 所示电路中的电压 U。

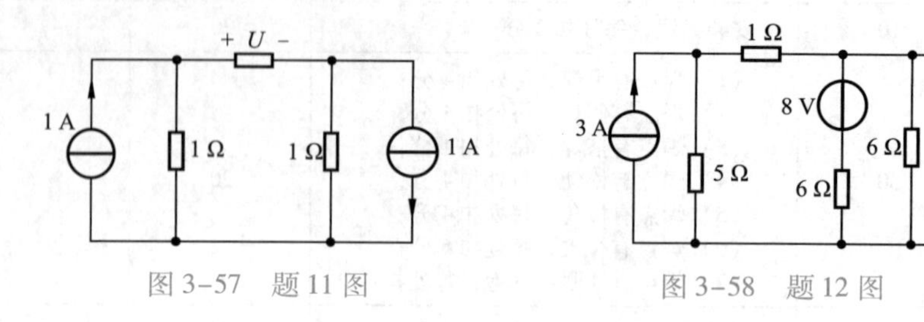

图 3-57　题 11 图　　图 3-58　题 12 图

13. 如何求得含独立源的二端网络的戴维南等效电路?

14. 试分别求出图 3-59 所示电路中各个含独立源的二端网络的戴维南等效电路。

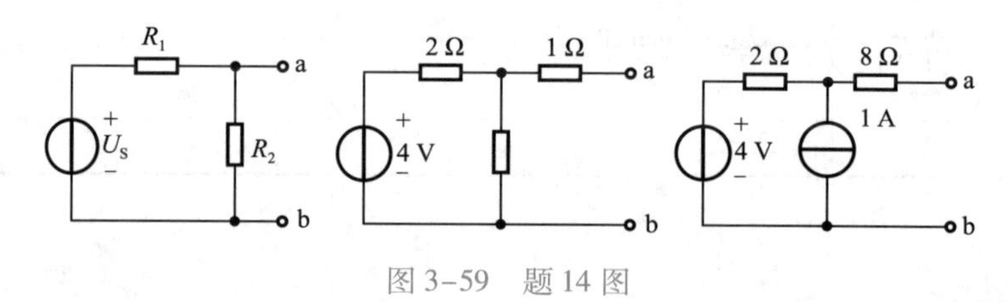

图 3-59　题 14 图

15. 电路如图 3-60（a）所示，在所标参考方向下若测得的伏安特性曲线如图 3-60（b）所示，试画出网络的戴维南等效电路。

16. 应用戴维南定理计算图 3-61 中 1Ω 电阻中的电流。

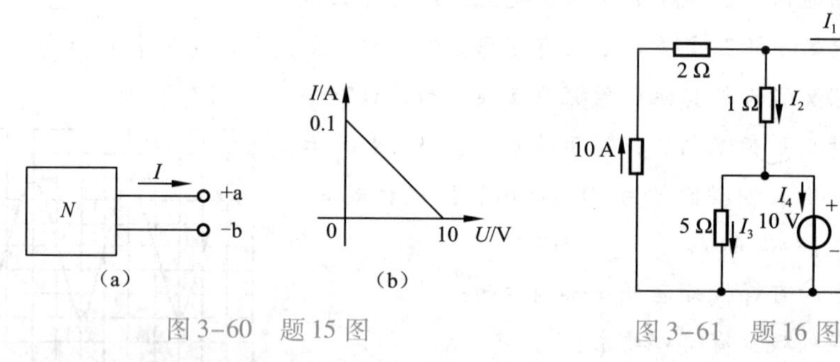

图 3-60　题 15 图　　图 3-61　题 16 图

17. 用戴维南定理计算图 3-62 所示电路的电流 I。

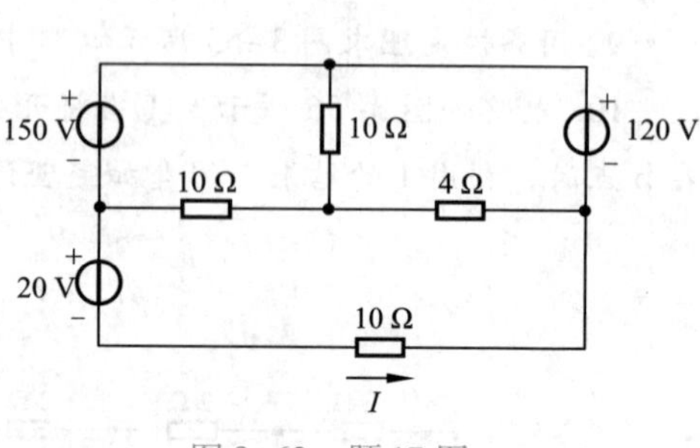

图 3-62　题 17 图

18. 电阻的标识方法有哪几种？如何用万用表进行测试?

19. 简述用万用表测试电容的方法?

20. 电感的主要参数有哪些?

21. 半导体器件是怎样命名的?

22. 二极管的主要参数有哪些？怎样对二极管进行测试?

23. 三极管的主要参数有哪些？怎样对三极管进行测试?

项目 4

民用住宅电路的设计与安装

项目导入

王宇航被华德电气设备有限公司派到客户方先生新入户的房间，应客户方先生的要求对其住宅进行电路照明设计并安装。

学习目标

（1）通过对民用住宅电路的设计，掌握民用住宅电路的设计要领；

（2）熟练掌握仪器仪表的使用及电路的焊接方法、元器件的选择；

（3）熟练掌握民用住宅照明安装及检测；

（4）熟练掌握“安全第一，预防为主，综合治理”的安全生产方针；

（5）熟练掌握电工作业人员的安全职责。

项目实施

任务 7　民用住宅电路的设计

任务解析

通过完成本任务，使学生掌握安全生产规范、民用住宅电路设计方法，充分掌握电气安全操作、触电现场的急救、民用住宅电路的安装及检测。

知识链接

特别提醒：需要持证上岗！

一、正弦量及相量表示法

1. 随时间变化的电压和电流

随时间变化的电压和电流称为时变的电压和电流，如图 4-1 所示。随时间变化的电压和电流在任意时刻的数值称为它们的瞬时值，用 $u(t)$ 或 $i(t)$ 表示，简写为 u 或 i。

若时变的电压和电流是周期性的，称为周期电压和周期电流，如图 4-1（b）、（c）、（d）

所示为周期量的几个例子。

周期量变化一次所需要的时间（s）称为周期 T。每秒内变化的次数称为频率 f，它的单位是赫［兹］（Hz）。

频率是周期的倒数，即

$$f=\frac{1}{T} \tag{4-1}$$

在我国以及大多数国家和地区采用 50 Hz 作为电力标准频率，又称工频。有些国家和地区（如美国、加拿大等）采用 60 Hz。

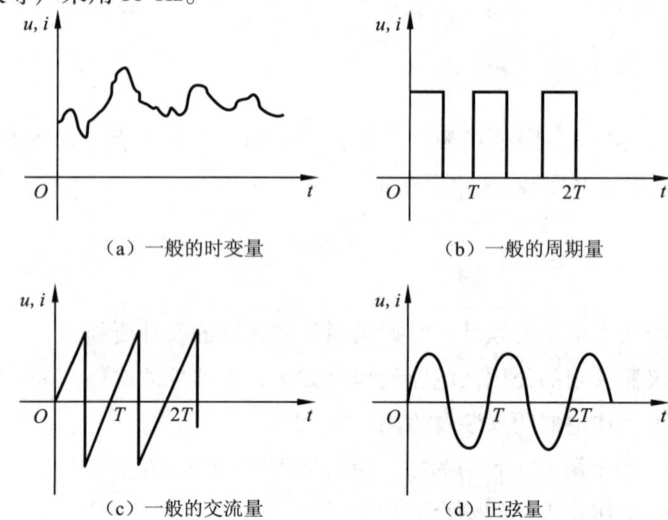

图 4-1　时变的电压和电流

2. 正弦量的三要素及相位差

(1) 正弦量的三要素

以正弦电流的瞬时值为例，其解析式为

$$i(t)=I_{\mathrm{m}}\sin(\omega t+\theta) \tag{4-2}$$

参考方向如图 4-2（a）所示，波形如图 4-2（b）所示（$\theta>0$）。

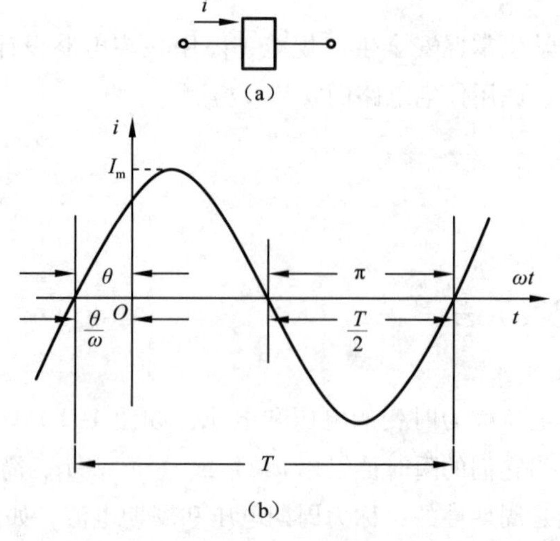

图 4-2　正弦交流电的波形

① 振幅值（最大值）。在式（4-2）中，正弦量瞬时值中的最大值是振幅值，用大写字母带下标“m”表示，如 U_m、I_m 等，振幅值为正值。

② 角频率 ω。式（4-2）中 $\omega t+\theta$ 称为正弦量的相位角，又称相位。ω 称为正弦量的角频率，单位为 rad/s（弧度每秒）。角频率和频率及周期间的关系为

$$\omega=\frac{2\pi}{T}=2\pi f \tag{4-3}$$

ω、T、f 能够反映正弦量循环变化的快慢，ω 越大，f 也大，而 T 越小，表明正弦量循环变化越快，反之亦然。而直流量的大小、方向都不改变。

例 4-1　已知工频正弦量 $f=50\text{Hz}$，试求其周期 T 及角频率 ω。

解　周期为

$$T=\frac{1}{f}=\frac{1}{50}\ \text{s}=0.02\ \text{s}$$

则角频率为

$$\omega=2\pi f=2\pi\times50\ \text{rad/s}=314\ \text{rad/s}$$

③ 初相。当 $t=0$ 时，正弦量的相位称为正弦量的初相。

由于正弦量是随时间变化的，所以在分析正弦量时应选择一个计时点。

a. 如图 4-3（a）所示正弦电流波形。选正弦量到达零点的瞬间为计时起点，则初相为 0，相位为 ωt，解析式为

$$i(t)=I_m\sin\omega t \tag{4-4}$$

b. 如图 4-3（b）所示正弦电流波形。选瞬时值为 I_m 的瞬间为计时起点，则初相为 $\frac{\pi}{2}$，相位为 $\omega t+\frac{\pi}{2}$，解析式为

$$i(t)=I_m\sin\left(\omega t+\frac{\pi}{2}\right)$$

c. 如图 4-3（c）所示正弦电流波形。选瞬时值为 $\frac{I_m}{2}$ 的瞬间为计时起点，则初相为 $\frac{\pi}{6}$，相位为 $\omega t+\frac{\pi}{6}$，解析式为

$$i(t)=I_m\sin\left(\omega t+\frac{\pi}{6}\right)$$

d. 如图 4-3（d）所示正弦电流波形。选瞬时值为 $-\frac{I_m}{2}$ 的瞬间为计时起点，则初相为 $-\frac{\pi}{6}$，相位为 $\omega t-\frac{\pi}{6}$，解析式为

$$i(t)=I_m\sin\left(\omega t-\frac{\pi}{6}\right)$$

由于正弦量是周期量，因此规定初相的绝对值不超过 π。

下面给出常用正弦交流电的函数表达式：

$$e=E_m\sin\ (\omega t+\theta_e) \tag{4-5}$$

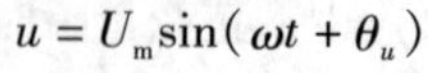

$$u = U_{\rm m}\sin(\omega t + \theta_u) \tag{4-6}$$

$$i = I_{\rm m}\sin(\omega t + \theta_i) \tag{4-7}$$

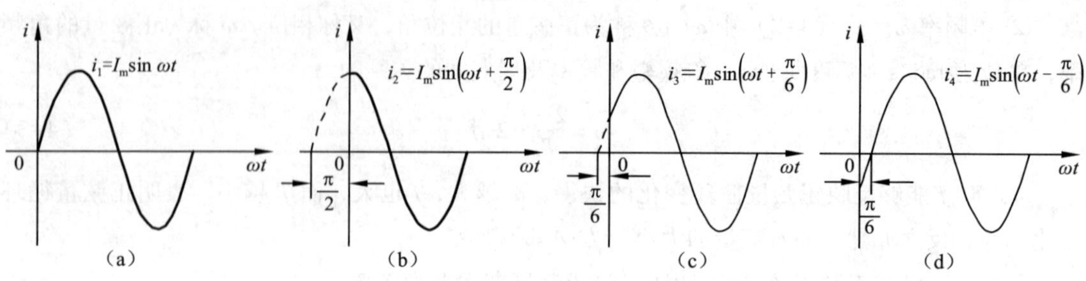

图 4-3　几种不同计时起点的正弦电流波形

例 4-2　在选定的参考方向下，已知两正弦量的解析式为 $u=220\sin(314t+60°)$ V，$i=-10\sin(314t-30°)$ A，试求：两个正弦量的三要素。

解　① 由 $u=220\sin(314t+60°)$ V 可知，电压的振幅值 $U_{\rm m}=220$ V，角频率 $\omega=314$ rad/s，初相 $\theta_u=60°$。

② 由 $i=-10\sin(314t-30°)=10\sin(314t-30°+180°)=10\sin(314t+150°)$ A 可知，电流的振幅值 $I_{\rm m}=10$ A，角频率 $\omega=314$ rad/s，初相 $\theta_i=150°$。

（2）相位差

两个同频率正弦量的相位之差，称为相位差，用字母 φ 表示。

设有两个正弦量：

$$u_1 = U_{\rm m1}\sin(\omega t + \theta_1)$$

$$u_2 = U_{\rm m2}\sin(\omega t + \theta_2)$$

则相位差为

$$\varphi_{12} = (\omega t + \theta_1) - (\omega t + \theta_2) = \theta_1 - \theta_2 \tag{4-8}$$

即两个同频率正弦量的相位差，等于它们的初相之差。

① $\varphi_{12}=\theta_1-\theta_2>0$ 且 $|\varphi_{12}|\leqslant\pi$，如图 4-4（a）所示，$u_1$ 达到零值或振幅值后，u_2 需经过一段时间才能到达零值或振幅值。因此，u_1 超前于 u_2，或称 u_2 滞后于 u_1。u_1 超前于 u_2 的角度为 φ_{12}，超前的时间为 φ_{12}/ω。

② $\varphi_{12}=\theta_1-\theta_2<0$ 且 $|\varphi_{12}|\leqslant\pi$，则 u_1 滞后于 u_2，滞后的角度为 $|\varphi_{12}|$。

③ $\varphi_{12}=\theta_1-\theta_2=0$ 称这两个正弦量同相，如图 4-4（b）所示。

④ $\varphi_{12}=\theta_1-\theta_2=\pi$ 称这两个正弦量反相，如图 4-4（c）所示。

⑤ $\varphi_{12}=\theta_1-\theta_2=\frac{\pi}{2}$ 称这两个正弦量正交，如图 4-4（d）所示。

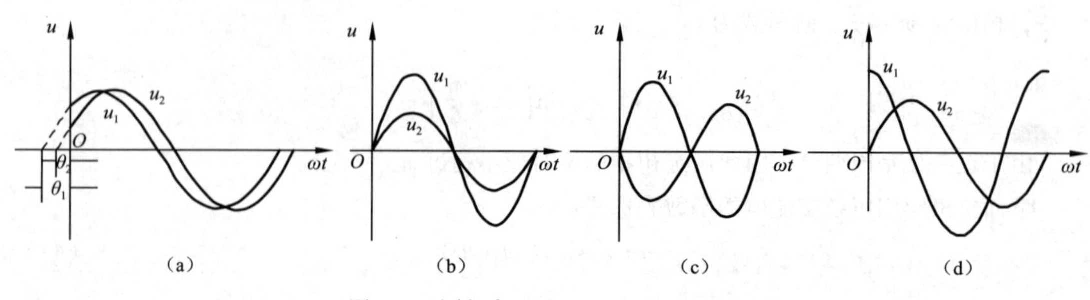

图 4-4　同频率正弦量的几种相位关系

3. 正弦量的有效值及表示方法

（1）正弦量的有效值表示法

正弦电流的有效值为 $$I=\frac{I_m}{\sqrt{2}}=0.707I_m \tag{4-9}$$

正弦电压的有效值为 $$U=\frac{U_m}{\sqrt{2}}=0.707U_m \tag{4-10}$$

在日常生活和生产中常提到的 220 V、380 V 及交流测量仪表上所指示的电压和电流都是交流电的有效值。

例 4-3　已知正弦电流，当 $t=0$ 时，其值 $i(0)=1\text{A}$，并已知初相位为 60°，试求电流的最大值和有效值。

解　根据题意，写出正弦电流的瞬时值表达式为

$$i=I_m\sin(\omega t+60°)$$

当 $t=0$ 时，$i(0)=I_m\sin 60°=1\text{ A}$

最大值为 $$I_m=\frac{1}{\sin 60°}=1.15\text{ A}$$

有效值为 $$I=\frac{I_m}{\sqrt{2}}=0.813\text{ A}$$

（2）正弦量的相量表示法

在线性正弦交流电路中，元件上的电压和电流都是与电源同频率的正弦量，如可用 $U_m e^{j\theta}$ 表示正弦量。$U_m e^{j\theta}$ 是一个复数，称为正弦电压的振幅相量，并用极坐标形式表示

$$\dot{U}_m=U_m e^{j\theta}=U_m\angle\theta \tag{4-11}$$

类似地，正弦电压的有效值相量为

$$\dot{U}=U\angle\theta \tag{4-12}$$

例 4-4　已知同频率的正弦量的解析式分别为：$i=20\sin(\omega t+30°)$，$u=220\sqrt{2}\sin(\omega t-45°)$。试写出电流和电压的相量 $\dot{I}$、$\dot{U}$，并绘出相量图。

解　由解析式可得

$$\dot{I}=\frac{20}{\sqrt{2}}\angle 30°\text{ A}=10\sqrt{2}\angle 30°\text{ A}$$

$$\dot{U}=\frac{220\sqrt{2}}{\sqrt{2}}\angle -45°\text{ V}=220\angle -45°\text{ V}$$

相量图如图 4-5 所示。

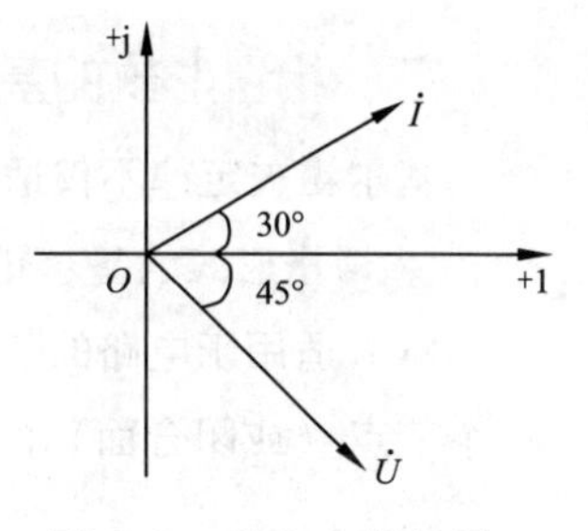

图 4-5　例 4-4 相量图

例 4-5　已知 $\dot{U}=10\angle -43°\text{V}$ 和 $\dot{I}=8\angle 150°\text{A}$，$f=50\text{Hz}$，求所表示的正弦电压和电流。

解　角频率

$$\omega=2\pi f=314\text{ rad/s}$$

因为 $\dot{U}$、$\dot{I}$ 为有效值相量，而最大值是有效值的 $\sqrt{2}$ 倍，所以

$$u=10\sqrt{2}\sin(314t-43°)\,\mathrm{V},\ i=8\sqrt{2}\sin(314t+150°)\,\mathrm{A}$$

（3）用相量求正弦量的和与差

$$\dot{I}=\dot{I}_1\pm\dot{I}_2$$

上式表明：正弦量用相量表示后，相同频率正弦量的相加（或相减）运算就变成相应的相量相加（或相减）的运算。相量之间的相加减的运算可按复数运算法则进行。

复数的加减运算用代数形式进行，复数的乘除运算用指数形式或极坐标形式较方便，利用计算器可以很容易地将复数的代数形式或极坐标形式进行互换。

例 4-6 已知两个同频率正弦电流分别为 $i_1(t)=20\sqrt{2}\sin(\omega t+60°)$ A，$i_2(t)=10\sqrt{2}\sin(\omega t-30°)$ A，试求：$i_1(t)$、$i_2(t)$ 之和。

解 用相量表示 $i_1(t)$、$i_2(t)$：

$$\dot{I}_1=20\angle 60°\ \mathrm{A}$$

$$\dot{I}_2=10\angle -30°\ \mathrm{A}$$

它们的相量图如图 4-6（a）所示。

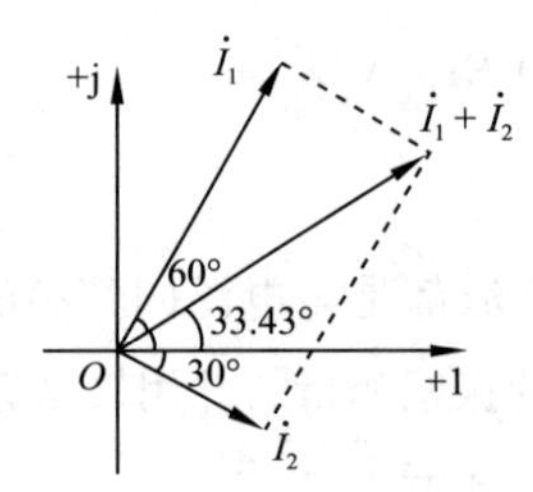

（a）用平行四边形法作 $\dot{I}_1+\dot{I}_2$

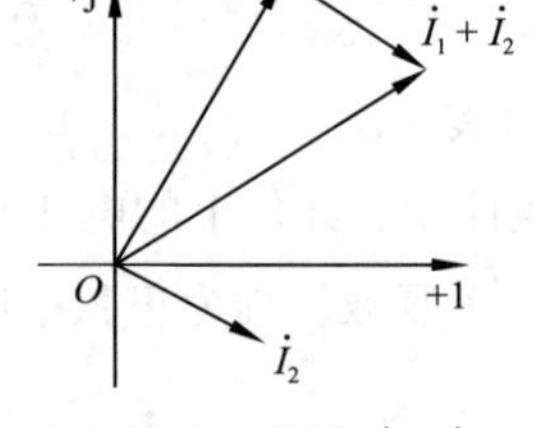

（b）用三角形法作 $\dot{I}_1+\dot{I}_2$

图 4-6 例 4-6 相量图

相量 $\dot{I}_1$、$\dot{I}_2$ 相加，得

$$\begin{aligned}\dot{I}&=\dot{I}_1+\dot{I}_2=(20\angle 60°+10\angle -30)°\ \mathrm{A}\\&=[(10+\mathrm{j}10\sqrt{3})+(5\sqrt{3}-\mathrm{j}5)]\ \mathrm{A}\\&=22.36\angle 33.43°\ \mathrm{A}\end{aligned}$$

将 $\dot{I}$ 写成它代表的正弦量（有相同的角频率）

$$i(t)=22.36\sqrt{2}\sin(\omega t+33.43°)$$

二、相量形式的基尔霍夫定律

基尔霍夫定律不仅适用于直流电路，而且也适用于交流电路。

1. 相量形式的基尔霍夫电流定律（KCL）

KCL 适用于电路的任一瞬间，与元件性质无关。在交流电路中，即任一瞬间流过电路的一个节点（或闭合面）的各电流瞬时值的代数和等于零，即

$$\sum i=0 \tag{4-13}$$

正弦交流电路中，各电流、电压都是与电源同频率的正弦量，将这些正弦量用相量表示，便有连接在电路任一节点的各支路电流相量的代数和为零，即

$$\sum \dot{I} = 0 \tag{4-14}$$

式（4-14）就是适用于正弦交流电路中的相量形式的基尔霍夫电流定律（KCL）。

应用 KCL 时，电流前的正负号是由其参考方向决定的。若支路电流的参考方向流出节点，取正号，流入节点取负号。

注意： *在正弦交流电路中，节点电流的有效值代数和不等于“0”，即* $\sum I \neq 0$。

2. 相量形式的基尔霍夫电压定律（KVL）

KVL 适用于电路的任一瞬间，与元件性质无关。在正弦交流电路中的任一瞬间，任意回路的各支路电压瞬时值的代数和为零，即

$$\sum u = 0 \tag{4-15}$$

正弦交流电路中，各段电压都是同频率的正弦量，将正弦电压用相量表示，则相量形式的基尔霍夫电压定律：在正弦交流电路中，任一个回路的各支路电压的相量的代数和等于零，即

$$\sum \dot{U} = 0 \tag{4-16}$$

应用 KVL 时，先对回路选一绕行方向，电压相量的参考方向与绕行方向一致的电压相量取正号，反之取负号。

注意： *在正弦交流电路中* $\sum U \neq 0$。

三、正弦交流电路的电阻

1. 正弦交流电路中电阻元件上电压与电流的关系

图 4-7 是一个线性电阻元件的交流电路。关联参考方向下电压和电流的关系为

$$i_R = \frac{u_R}{R} \tag{4-17}$$

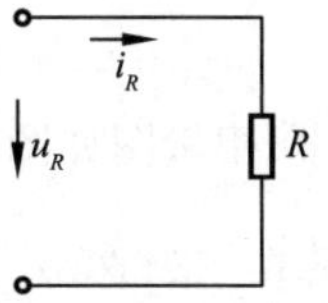

图 4-7　纯电阻电路图

如图 4-8 所示，用相量表示电压与电流的关系，则为

$$\dot{I}_R = I_R \angle \theta$$

$$\dot{U}_R = U_R \angle \theta = I_R R \angle \theta$$

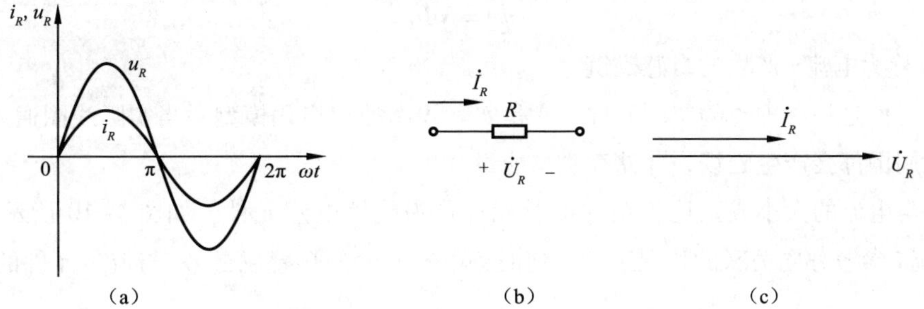

图 4-8　电阻元件上电流、电压的波形图与相量图

或

$$\dot{U}_R = \dot{I}_R R \tag{4-18}$$

式（4-18）就是电阻元件上电压与电流的相量关系，此即欧姆定律的相量形式。

2. 正弦交流电路中电阻元件的功率

知道了电压与电流的变化规律和相互关系，便可计算出电路中电阻消耗的功率。在任意瞬间，电压瞬时值 u 与电流瞬时值 i 的乘积称为瞬时功率，用小写字母 p 表示，即

$$p = ui \tag{4-19}$$

瞬时功率的单位为瓦（W），工程上也常用千瓦（kW）。

$$P = U_R I_R = I_R^2 R = \frac{U_R^2}{R} \tag{4-20}$$

由于平均功率反映了电阻元件实际消耗电能的情况，故又称有功功率。习惯上，常把平均或有功二字省略，直接称为功率。它的单位仍然是瓦（W）。

例 4-7　电阻 $R = 100\Omega$，R 两端的电压 $u_R = 200\sqrt{2}\sin(\omega t - 30°)$ V，试求：①通过电阻 R 的电流 I_R 和 i_R；②电阻 R 消耗的功率 P_R；③作 $\dot{U}_R$、$\dot{I}_R$ 的相量图。

解　① 根据

$$i_R = \frac{u_R}{R} = \frac{200\sqrt{2}\sin(\omega t - 30°)}{100}\ \text{A} = 2\sqrt{2}\sin(\omega t - 30°)\ \text{A}$$

则

$$I_R = \frac{2\sqrt{2}}{\sqrt{2}}\ \text{A} = 2\ \text{A}$$

② $P_R = U_R I_R = 200 \times 2\ \text{W} = 400\ \text{W}$ 或 $P_R = I_R^2 R = 2^2 \times 100\ \text{W} = 400$ W

③ 相量图如图 4-9 所示。

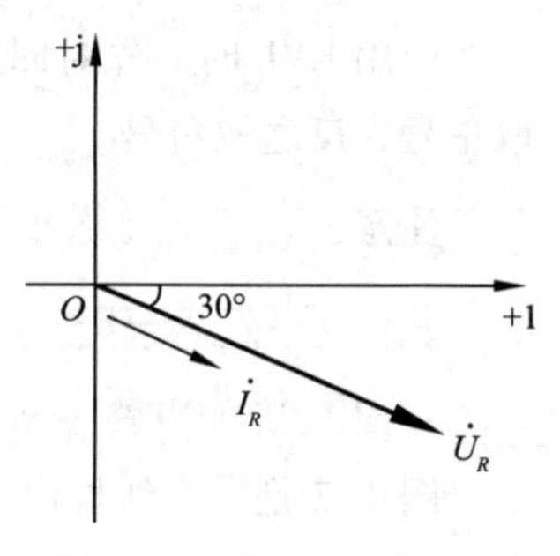

图 4-9　例 4-7 相量图

四、电感元件

1. 电感元件简介

电感元件是实际电感器的理想化模型，它表示电感器的主要物理性能。

如图 4-10 所示，用导线绕制成的线圈就构成电感器。线圈内有电流 i 流过时，电流在该线圈内产生的磁通为自感磁通。

$$\psi_L = N\Phi_L$$

式中，ψ_L 称为电流 i 产生的自感磁链。

电感元件是一种理想的二端元件，它是实际线圈的理想化模型。当实际线圈通入电流时，线圈内及周围都会产生磁场，并储存磁场能量。

磁链与电流的大小成正比关系的电感元件称为线性电感元件。如图 4-10 所示，在磁通 Φ_L 与电流 i 参考方向关联的情况下，任何时刻电感元件的自感磁链 ψ_L 与流过元件的电流 i 的比为

$$L=\frac{\psi_L}{i} \tag{4-21}$$

式中，L 称为电感元件的电感，又称自感。

电感的单位为亨［利］，符号为 H。通常还用毫亨（mH）和微亨（μH）作为其单位，它们与亨［利］的换算关系如下：

$$1\ \text{mH}=10^{-3}\text{H},\ 1\ \mu\text{H}=10^{-6}\text{H}$$

磁通和磁链单位为韦［伯］，符号为 Wb。1 H＝1 Wb/A。

线性电感元件的图形符号如图 4-11 所示，当电流 i 和磁链 ψ_L 的参考方向符合右手螺旋定则时，可用一个箭头在图中标注，以表示它们的参考方向。

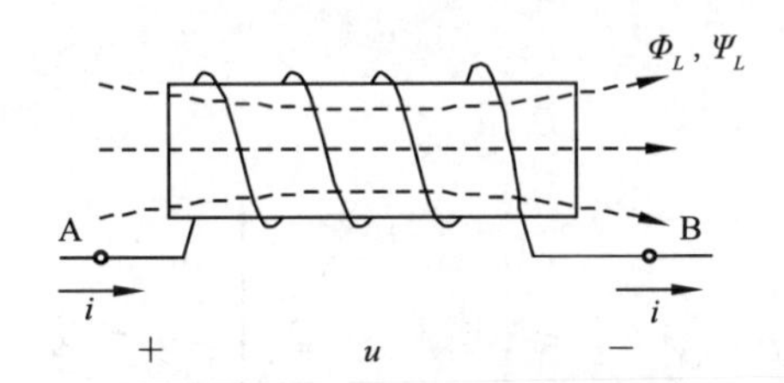

图 4-10　线圈的磁通和磁链

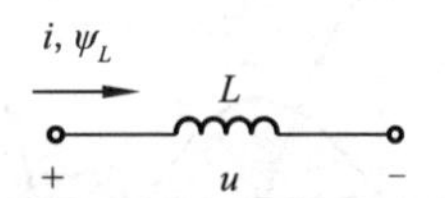

图 4-11　线性电感元件的图形符号

2. 电感元件电压与电流的关系

电感元件的电流变化时，其自感磁链也随之改变。由电磁感应定律可知，在电感元件两端会产生自感电压，若选择 u、i 的参考方向都和 Φ_L 关联（见图 4-11），则 u、i 的参考方向彼此关联。

即
$$u=L\frac{\mathrm{d}i}{\mathrm{d}t} \tag{4-22}$$

这就是关联参考方向下电感元件的电压与电流的约束关系，或电感元件的 $u-i$ 关系。

由式（4-22）可知，电感元件的电压与其电流的变化率成正比。电流变化越快，自感电压越大；电流变化越慢，自感电压越小。当电流不随时间变化时，则自感电压为零。所以，直流电路中，电感元件相当于短路。

3. 电感元件的磁场能量

当电感线圈中通入电流时，电流在线圈内及线圈周围建立起磁场，并储存磁场能量，因此，电感元件也是一种储能元件。

从时间 t_1 到 t_2，电感元件储存的磁场能量为

$$W_L=L\int_{i(t_1)}^{i(t_2)} i\mathrm{d}i=\frac{1}{2}Li^2(t_2)-\frac{1}{2}Li^2(t_1)=W_L(t_2)-W_L(t_1)$$

即电感元件储存的能量等于电感元件在 t_2 和 t_1 时刻的磁场能量之差。

因此，电感元件是一种储能元件，它不会释放出多于它吸收或储存的能量，因此它又是一种无源元件。

4. 交流电路中的电感元件

如图 4-12 所示关联参考方向下电感元件的电压和电流的关系为

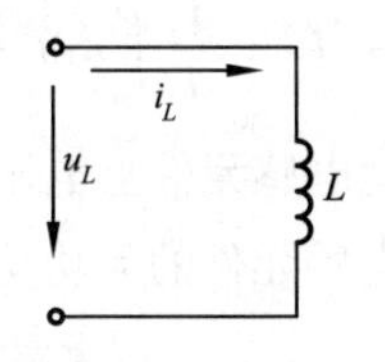

图 4-12　纯电感电路图

$$u_L = L\frac{\mathrm{d}i}{\mathrm{d}t} \tag{4-23}$$

电感元件的电压和电流的有效值关系为

$$U_L = I_L\omega L \quad 或 \quad I_L = \frac{U_L}{\omega L} \tag{4-24}$$

写成相量形式为

$$\dot{U}_L = \mathrm{j}\omega L\dot{I}_L \tag{4-25}$$

式（4-25）就是电感元件的电压、电流的相量关系式。电感元件上电流与电压的波形图如图4-13所示。电感元件电流与电压的相量图如图4-14（a）中画出电流、电压相量的参考方向，电流与电压的相量图如图4-14（b）所示。

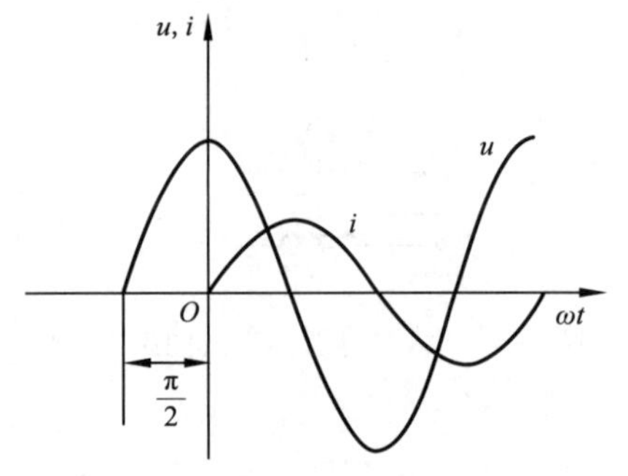

图4-13　电感元件上电流与电压的波形图

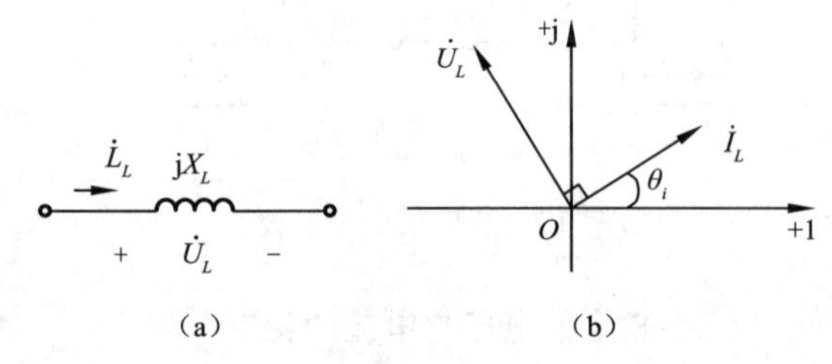

图4-14　电感元件电流与电压的相量图

电压与电流的有效值之比为

$$X_L = \frac{U_L}{I_L} = \omega L = 2\pi fL \tag{4-26}$$

式中，X_L 称为感抗，当 ω 的单位为 rad/s，L 的单位为 H，X_L 的单位为 Ω。

感抗是表示电感元件对电流的阻碍作用的一个物理量。式（4-26）表明，电感的感抗与频率（或角频率）成正比。电源频率越高，感抗越大，表示电感对电流的阻碍作用越大；反之，电源频率越低，线圈的感抗越小。对直流电而言，频率 $f=0$，感抗也就为零。电感元件在直流电路中相当于短路。在电压一定的条件下，ωL 越大，电路中的电流越小；ωL 越小，电路中的电流越大。

5. 正弦交流电路中电感元件的功率

在一个周期内，电感元件吸收功率和释放功率是相等的，这说明电感元件是储能元件，它在电路中的作用是储存与释放能量，它并不消耗能量，即平均功率为零，如图4-15所示。

$$P = \frac{1}{T}\int_0^T p\,\mathrm{d}t = \frac{1}{T}\int_0^T U_L I_L \sin 2\omega t\,\mathrm{d}t = 0$$

把电感元件上电压的有效值和电流的有效值的乘积称为电感元件的无功功率，用 Q_L 表示。

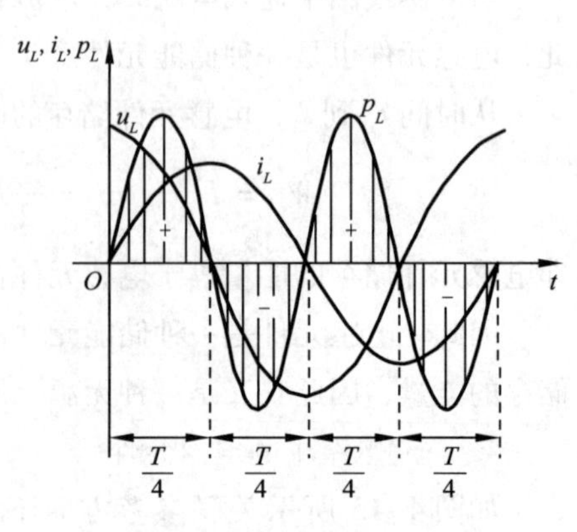

图4-15　电感元件的功率

$$Q_L = U_L I_L = I_L^2 X_L = \frac{U_L^2}{X_L} \tag{4-27}$$

无功功率的单位不用瓦（W），而用乏（var），工程中也常用千乏（kvar）。

例 4-8　已知一个电感 $L=2$ H，接在 $u_L=220\sqrt{2}\sin$（$314t-30°$）V 的电源上，试求：①X_L；②通过电感的电流 i_L；③电感上的无功功率 Q_L 和有功功率 P_L。

解　① $X_L=\omega L=314\times 2\ \Omega=628\ \Omega$

② $\dot{I}_L=\dfrac{\dot{U}_L}{\mathrm{j}X_L}\ \mathrm{A}=\dfrac{220\angle -30°}{628\mathrm{j}}\ \mathrm{A}=0.35\angle -120°\ \mathrm{A}$

则

$$i_L=0.35\sqrt{2}\sin(314t-120°)\ \mathrm{A}$$

③ $Q_L=U_L I_L=220\times 0.35\ \mathrm{var}=77\ \mathrm{var}$

$$P_L=0\ \mathrm{W}$$

五、电容元件

1. 电容元件简介

电容元件是实际电容器的理想化模型，它表征电容器的主要物理性能。

线性电容元件是一个理想的二端元件，它的图形符号如图 4-16 所示。图中，$+q$ 和 $-q$ 代表该元件正、负极板上的电荷量。若电容元件上的电压参考方向规定为由正极板指向负极板，则任何时刻都有以下关系：

$$C=\frac{q}{u} \tag{4-28}$$

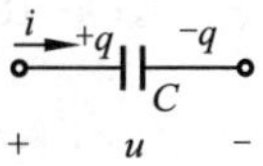

图 4-16　线性电容元件的图形符号

式中，C 是用以衡量电容元件容纳电荷本领大小的一个物理量，称为电容元件的电容量，简称电容。电容的单位为法［拉］，符号为 F；1 F＝1 C/V。常用的单位还有微法（μF）和皮法（pF），其换算关系如下：

$$1\ \mu\mathrm{F}=10^{-6}\mathrm{F},\ 1\ \mathrm{pF}=10^{-12}\mathrm{F}$$

“电容”这一术语及其代表符号 C，有时表示电容元件（或电容器），有时表示电容元件（或电容器）的电容量。

实际的电容器均标出电容量和额定工作电压两个参数。使用时应注意电容量的电压不应超过其额定值，否则电容器就有可能损坏或击穿，失去其功能。

2. 电容元件的电压与电流的关系

当电容元件极板间的电压 u 变化时，极板上的电荷也随着变化，电路中就有电荷的移动，于是该电容电路中出现电流，即

$$i=C\frac{\mathrm{d}u}{\mathrm{d}t} \tag{4-29}$$

由式（4-29）可知：任何时刻，线性电容元件的电流与该时刻电压的变化率成正比，当电压 u 增大，$\frac{\mathrm{d}u}{\mathrm{d}t}>0$ 时，则$\frac{\mathrm{d}q}{\mathrm{d}t}>0$，$i>0$，极板上电荷增加，电容充电；当电压 u 减小，$\frac{\mathrm{d}u}{\mathrm{d}t}<0$ 时，则$\frac{\mathrm{d}q}{\mathrm{d}t}<0$，$i<0$，极板上电荷减少，电容反向放电。只有当极板上的电荷量发生变化时，

极板间的电压才发生变化，电容支路才形成电流。因此，电容元件又称动态元件。如果极板间的电压不随时间变化，则电流为零，这时电容元件相当于开路。故电容元件有隔断直流的作用。

3. 电容元件的电场能量

从 t_1 到 t_2 的时间内，电容元件吸收的电场能量为

$$W_C = \int_{t_1}^{t_2} p\mathrm{d}t = \int_{t_1}^{t_2} Cu\frac{\mathrm{d}u}{\mathrm{d}t}\mathrm{d}t = C\int_{u(t_1)}^{u(t_2)} u\mathrm{d}u = W_C(t_2) - W_C(t_1) = \frac{1}{2}Cu^2(t_2) - \frac{1}{2}Cu^2(t_1) \quad (4\text{-}30)$$

即电容元件吸收的能量等于电容元件在 t_2 和 t_1 时刻的电场能量之差。

电容元件充电时，$|u(t_2)|>|u(t_1)|$，$W_C(t_2)>W_C(t_1)$，$W_C>0$，电容元件吸收能量，并全部转换成电场能量；电容元件放电时，$|u(t_2)|<|u(t_1)|$，$W_C(t_2)<W_C(t_1)$，$W_C<0$，电容元件释放电场能量。可见，电容元件并不消耗能量，所以，电容元件是一种储能元件。同时，它不会释放出多于它所吸收或储存的能量，因此它也是一种无源元件。

4. 正弦交流电路中电容元件电压与电流的关系

如图 4-17 所示，关联参考方向下电容元件的电压电流关系为

$$I_C = \omega CU_C \quad (4\text{-}31)$$

电压与电流相量的形式

$$\dot{I}_C = \omega CU_C\angle\left(\theta_u + \frac{\pi}{2}\right) \quad (4\text{-}32)$$

式（4-29）说明，关联参考方向下电容元件的电流的相位超前于电压$\frac{\pi}{2}$，或电压滞后于电流$\frac{\pi}{2}$。图 4-18 给出了电流和电压的波形图。

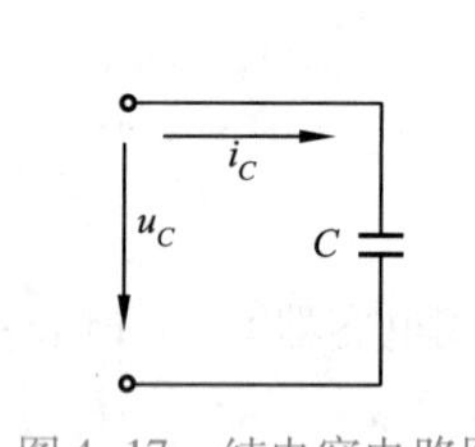

图 4-17　纯电容电路图

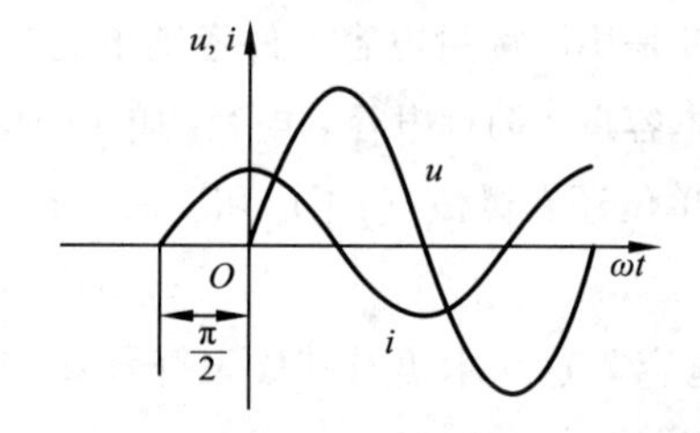

图 4-18　电容元件上电流与电压的波形图

图 4-19（a）所示为电压与电流相量的参考方向，相量图如图 4-19（b）所示，$\dot{I}_C$超前于$\dot{U}_C\frac{\pi}{2}$。

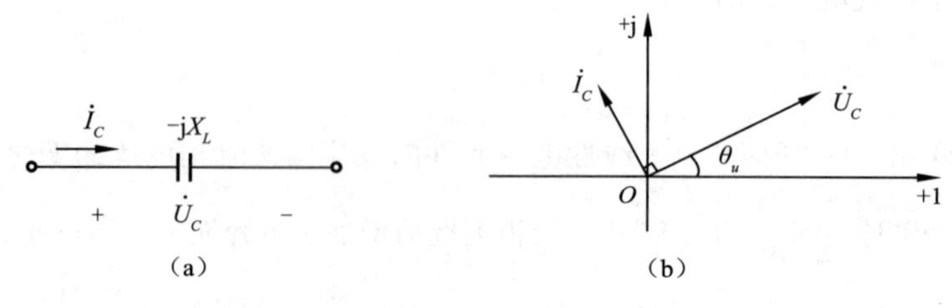

图 4-19　元件上电压与电流的相量图

电压与电流的有效值之比为

$$X_C = \frac{U_C}{I_C} = \frac{1}{\omega C} = \frac{1}{2\pi fC} \tag{4-33}$$

式中，X_C 称为容抗，当 ω 的单位为 rad/s，C 的单位为 F 时，X_C 的单位为 Ω。

容抗表示电容元件在充放电过程中对电流的一种阻碍作用。由式（4-33）可看出，在一定的电压下，容抗与电源的频率（角频率）成反比。频率不同的正弦电压作用于容抗时，频率越低，容抗越大；频率越高，容抗越小。在直流电路中，频率为零，电容元件的容抗为无穷大，此时电容元件相当于开路。

5. 正弦交流电路中电容元件的功率

电容元件是储能元件，它在电路中的作用是储存和释放能量，它并不消耗能量，平均功率为零。

$$P = \frac{1}{T}\int_0^T p\mathrm{d}t = \frac{1}{T}\int_0^T p\mathrm{d}t = \frac{1}{T}\int_0^T u_C i_C \sin 2\omega t\,\mathrm{d}t = 0$$

把电容元件上电压的有效值与电流的有效值乘积的负值，称为电容元件的无功功率，用 Q_C 表示，即

$$Q_C = -U_C I_C = -I_C^2 X_C = -\frac{U_C^2}{X_C} \tag{4-34}$$

这是容性无功功率。Q_C 和 Q_L 一样，单位也是乏（var）或千乏（kvar）。

例 4-9　已知电容 $C=5\ \mu\text{F}$，接到 220 V，50 Hz 的正弦交流电源上，试求：① X_C；②电路中的电流 I_C 和无功功率 Q_C；③电源频率变为 1 000 Hz 时的容抗。

解　①

$$X_C = \frac{1}{\omega C} = \frac{1}{2\pi fC} = \frac{1}{2\times 3.14\times 5\times 10^{-6}\times 50}\ \Omega = 637\ \Omega$$

②

$$I_C = \frac{U_C}{X_C} = \frac{220}{637}\ \text{A} = 0.345\ \text{A}$$

$$Q_C = -U_C I_C = -220\times 0.345\ \text{var} = -75.9\ \text{var}$$

③ 当 $f=1\ 000$ Hz 时

$$X_C = \frac{1}{2\pi fC} = \frac{1}{2\times 3.14\times 1000\times 5\times 10^{-6}}\ \Omega = 31.8\ \Omega$$

六、电阻、电感、电容元件的串联电路

如图 4-20 所示，RLC 串联电路根据 KVL，电路的瞬时值电压方程为

$$u = u_R + u_L + u_C$$

则相量形式的 KVL 为

$$\begin{aligned}\dot{U} &= \dot{U}_R + \dot{U}_L + \dot{U}_C = \dot{I}R + \dot{I}\mathrm{j}X_L - \dot{I}\mathrm{j}X_C \\ &= \dot{I}\left[R + \mathrm{j}(X_L - X_C)\right]\end{aligned} \tag{4-35}$$

所以

$$\dot{U} = \dot{I}(R + \mathrm{j}X) = \dot{I}Z \tag{4-36}$$

式（4-36）称为欧姆定律的相量形式，式中 $X = X_L$

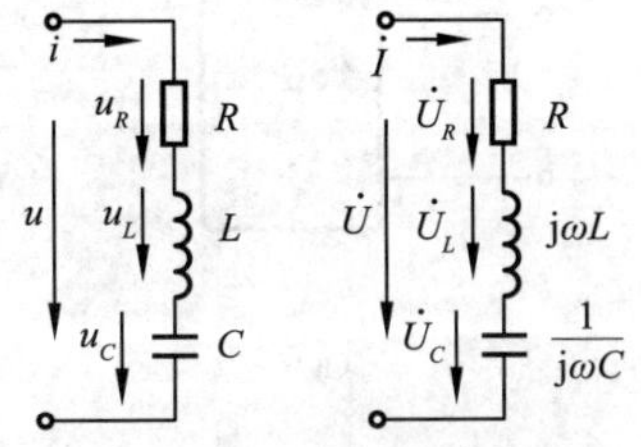

（a）电路图　（b）相量形式的电路图

图 4-20　RLC 串联电路的电路图及相量形式的电路图

$-X_C$称为 RLC 串联电路的电抗，复数 Z 称为复阻抗。

例 4-10　图 4-21（a）所示 RC 串联电路中，已知 $X_C=100\sqrt{3}\ \Omega$。要使输出电压滞后于输入电压 30°，求电阻 R。

解　以 $\dot{I}$ 为参考相量，作电流、电压相量图，如图 4-21（b）所示。

已知输出电压$\dot{U}_o$滞后于输入电压$\dot{U}_i$30°（注意不为阻抗角），由相量图可知：总电压$\dot{U}_i$滞后于电流 $\dot{I}$ 60°，即阻抗角 $\varphi=-60°$，如图 4-21（b）所示。所以

$$R=\frac{-X_C}{\tan\varphi}=\frac{X_C}{\tan(-60°)}=\frac{-100\sqrt{3}}{-\sqrt{3}}\ \Omega=100\ \Omega$$

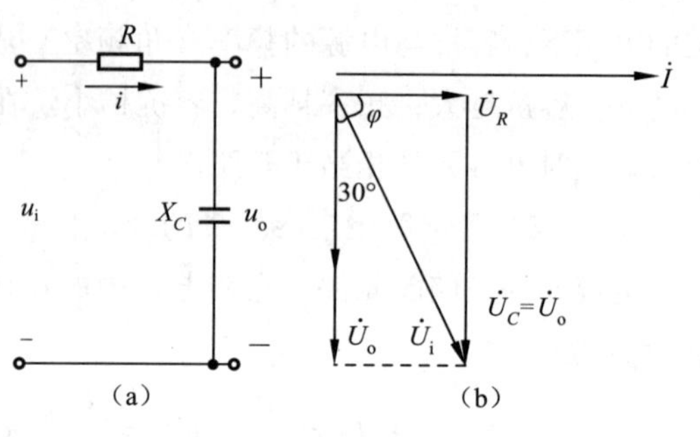

图 4-21　例 4-10　电路图及相量图

七、正弦交流电路中的功率

1. 瞬时功率

图 4-22（a）所示是一个无源二端网络 P。设端口的电流 i 和电压 u 分别为

$$i=\sqrt{2}I\sin\omega t$$

$$u=\sqrt{2}U\sin(\omega t+\varphi)$$

式中，φ 为电压与电流的相位差，且 $\varphi=\theta_u-\theta_i$。根据电路性质的不同，$\varphi$ 可以为正，也可以为负。

电路在任一瞬间吸收或发出的功率称为瞬时功率，用小写字母表示。在 u、i 取关联参考方向下，瞬时功率表示为

$$p=ui=\sqrt{2}U\sin(\omega t+\varphi)\cdot\sqrt{2}I\sin\omega t \tag{4-37}$$

由式（4-37）可知，瞬时功率 $p>0$ 时，表示二端网络吸收功率；瞬时功率 $p<0$ 时，表示二端网络向外发出功率，这主要是由于二端网络中有储能元件存在。图 4-22（b）为正弦电流、电压和瞬时功率的波形图。

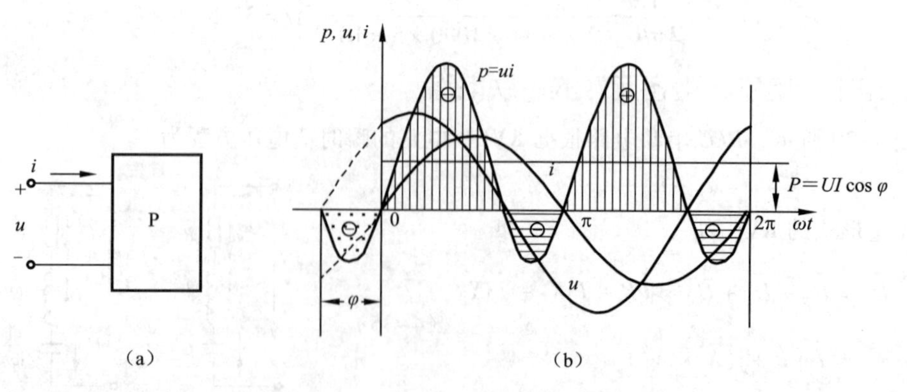

图 4-22　无源二端网络的瞬时功率

2. 平均功率

通常所说的交流电路的功率是指瞬时功率在一个周期内的平均值，称为平均功率，或称

为有功功率，用大写字母 P 表示。

无源二端网络的平均功率为

$$P=UI\cos\varphi$$

所以有

$$P=UI\cos\varphi=UI\lambda \tag{4-38}$$

$$\lambda=\cos\varphi \tag{4-39}$$

式中，$\cos\varphi$ 称为功率因数，φ 称为功率因数角，它等于二端网络等效阻抗的阻抗角。

$\cos\varphi$ 的大小取决于电路元件参数、频率和电路结构。有功功率的单位是瓦（W）、毫瓦（mW）和千瓦（kW）。通常交流用电设备的铭牌上标出的功率值均是指平均功率值。

3. 无功功率

在无源二端网络中，无功功率定义为

$$Q=UI\sin\varphi \tag{4-40}$$

若无源二端网络中只含有电阻元件时，则

$$Q=0$$

若无源二端网络中只含有电感元件时，则

$$Q=U_LI_L=I_L^2X_L=\frac{U_L^2}{X_L}>0$$

若无源二端网络中只含有电容元件时，则

$$Q=-U_CI_C=-I_C^2X_C=-\frac{U_C^2}{X_C}<0$$

对于感性电路，阻抗角 φ 为正值，无功功率为正值；对于容性电路，阻抗角 φ 为负值，无功功率为负值。这样在既有电感又有电容的电路中，总的无功功率等于两者的代数和，即

$$Q=Q_L+Q_C \tag{4-41}$$

式（4-41）中的 Q 为一代数量，可正可负，Q 为正表示吸收无功功率，为负表示发出无功功率。无功功率的单位是乏（var）、千乏（kvar）。

4. 视在功率

正弦交流电路中，把电压有效值和电流有效值的乘积称为视在功率，用大写字母 S 表示。即

$$S=UI \tag{4-42}$$

视在功率的单位为伏·安（V·A），工程上也常用千伏·安（kV·A）表示。

以上 3 种功率和功率因数 $\cos\varphi$，如图 4-23 所示。这样，有功功率和无功功率可分别表示为

$$P=UI\cos\varphi=S\cos\varphi$$

$$Q=UI\sin\varphi=S\sin\varphi$$

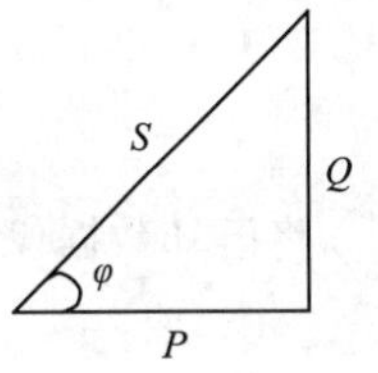

图 4-23　功率三角形

则有

$$S^2=P^2+Q^2$$

或

$$S=\sqrt{P^2+Q^2} \tag{4-43}$$

$$\tan\varphi = \frac{Q}{P} \tag{4-44}$$

$$\lambda = \cos\varphi = \frac{P}{S} \tag{4-45}$$

一般电气设备，例如发电机和变压器，它们的容量是由额定电压和额定电流来决定的。常用视在功率表示。

5. 功率因数的改善方法

为了提高经济效益和保证负载正常工作，可从两方面来考虑提高功率因数。一方面，可以提高自然功率因数，可采用合理选择电动机的容量或采用同步电动机等措施；另一方面，可以采用无功补偿，就是对于常用的电感性负载，一般用电容（补偿电容）与负载并联，利用供电线路上增加一个超前的电容电流来补偿滞后的电感电流来提高电路的功率因数。需要指出，并联电容，负载两端的电压和电流及功率都不变。

6. 正弦交流电路的计算

用相量法计算正弦交流电路时，一般分几个步骤进行：

① 将正弦量用相量表示。将正弦交流电路中所有的正弦量包括已知的和待求的都用相量表示出来，可简化和方便计算。

② 画出原电路的相量模型。在相量模型中，电压和电流用相量表示，选定它们的参考方向，标在电路图上；电路中的无源元件用复阻抗或复导纳表示，元件的连接方式不变。

③ 根据相量模型列出电路方程进行求解。采用讨论直流电路时的各种网络分析方法，根据元件的伏安关系和基尔霍夫定律这两类约束的相量形式列写电路方程，解得待求量的相量形式。

④ 根据求出的相量写出对应的正弦量。

下面举一些例子说明用相量法分析计算一般正弦交流电路时的应用。

例 4-11　在图 4-24 所示的电路中，已知$\dot{U}_1 = 220\angle 0°\text{V}$，$\dot{U}_2 = 100\angle 0°\text{V}$，$Z_1 = (1+\text{j}2)\Omega$，$Z_2 = (1+\text{j}2)\Omega$，$Z_3 = (4+\text{j}4)\Omega$。试用支路电流法求电流 $\dot{I}_3$。

解　按题意，各支路电流的参考方向如图中箭头所示，由基尔霍夫定律可列出下列相量式方程：

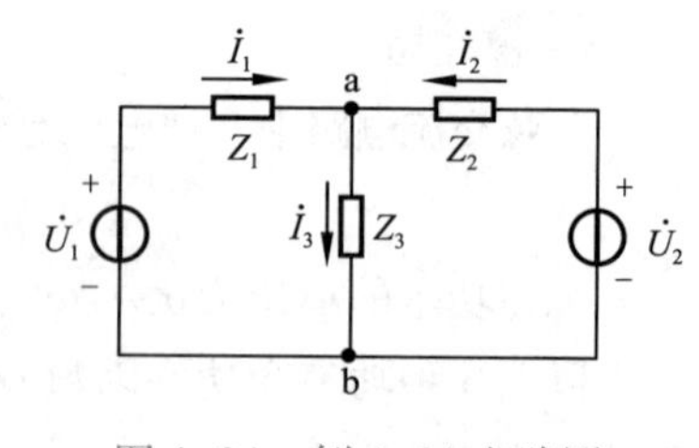

图 4-24　例 4-11 电路图

$$\begin{cases} \dot{I}_1 + \dot{I}_2 - \dot{I}_3 = 0 \\ Z_1\dot{I}_1 + Z_3\dot{I}_3 = \dot{U}_1 \\ Z_2\dot{I}_2 + Z_3\dot{I}_3 = \dot{U}_2 \end{cases}$$

将已知数据代入，可得

$$\begin{cases} \dot{I}_1 + \dot{I}_2 - \dot{I}_3 = 0 \\ (1+\text{j}2)\,\dot{I}_1 + (4+\text{j}4)\,\dot{I}_3 = 220\angle 0° \\ (1+\text{j}2)\,\dot{I}_2 + (4+\text{j}4)\,\dot{I}_3 = 100\angle 0° \end{cases}$$

解得

$$\dot{I}_3 = 23.77\angle -48.01° \text{A}$$

八、配电的相关知识

1. 等电位联结

为了安全起见，应用铜导线将各个电极连接，使它们具有相同电位，消除电压差。特别是计算机机房、数据中心、大型游泳池、卫生间等地方更应做好等电位连接。图 4-25 所示为计算机机房等电位联结示意图。我国家庭实际等电位联结示意图如图 4-26 所示。

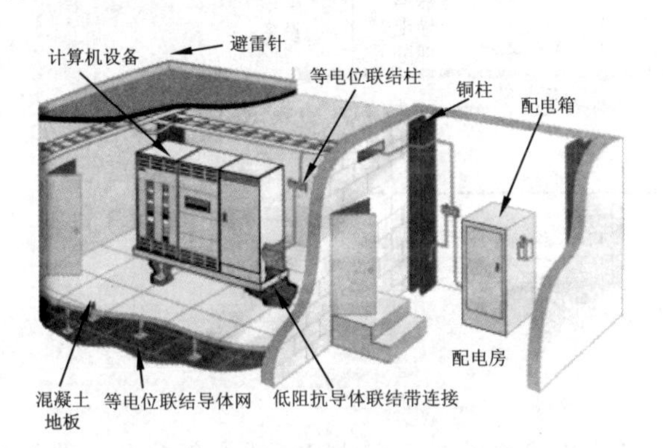

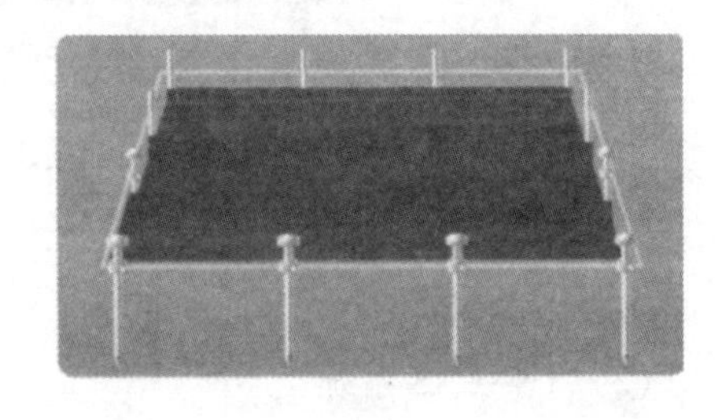

图 4-25 计算机机房等电位联结示意图

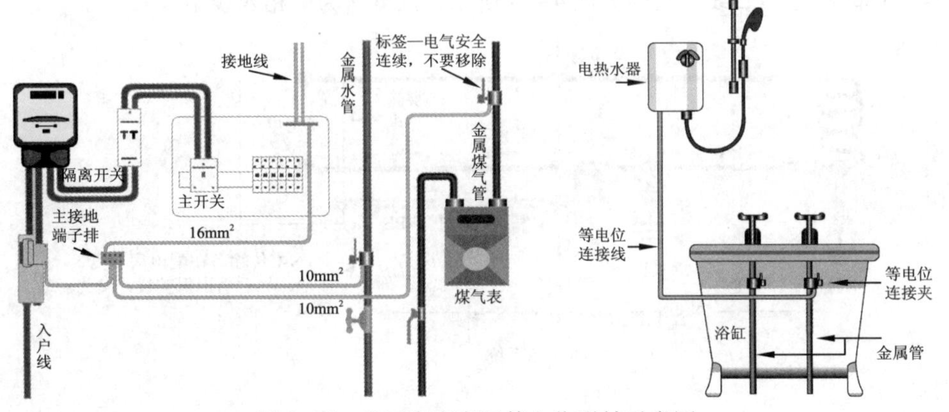

图 4-26 我国家庭实际等电位联结示意图

2. 标准接地电阻规范

① 独立的防雷保护接地电阻应小于或等于 10 Ω；

② 独立的安全保护接地电阻应小于或等于 4 Ω；

③ 独立的交流工作接地电阻应小于或等于 4 Ω；

④ 独立的直流工作接地电阻应小于或等于 4 Ω；

⑤ 防静电接地电阻一般要求小于或等于 100 Ω；

⑥ 共用接地体（联合接地）应不大于接地电阻 1 Ω。

3. 供配电系统接地

低压配电系统按接地形式分为：TN 系统、TT 系统和 IT 系统。TN 系统的中性点直接接地，所有设备的外露可导电部分均接公共的保护线（PE 线）或公共的保护中性线（PEN 线），通常称为“接零”。TN 系统又分为 TN–S 系统、TN–C–S 系统等。

（1）TN–S 系统

图 4–27 所示为 TN–S 系统结构。

该系统的 N 线与 PE 线全部分开，设备的外露可导电部分接 PE 线，具体如图 4–27 所示，该电路为三相五线制。

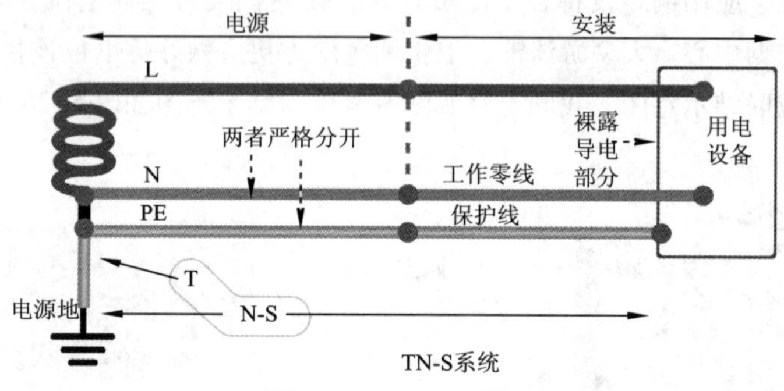

图 4–27　TN–S 系统

（2）TN–C–S 系统

图 4–28 为 TN–C–S 系统结构。

该系统由 TN–C 系统和 TN–S 系统构成，而 TN–S 系统是 N 线与 PE 线全部分开，设备的外露可导电部分均接 PE 线，具体如图 4–28 所示，该电路为三相四线制。

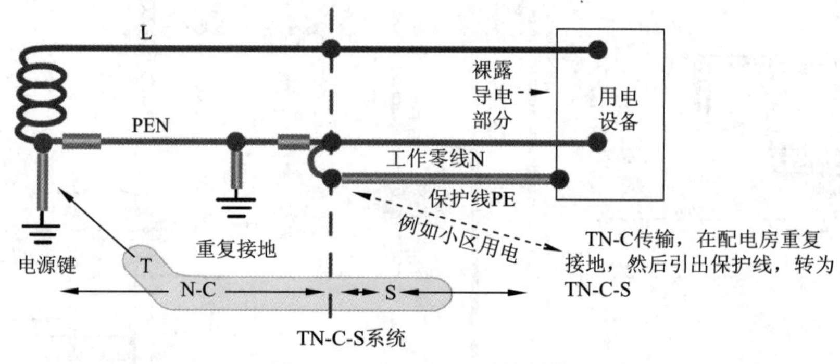

图 4–28　TN–C–S 系统结构

（3）TT 系统

TT 系统的电源中性点直接接地，电气设备的外露导电部分用保护线 PE 直接接地，结构如图 4–29 所示。通常工厂采用该方式。

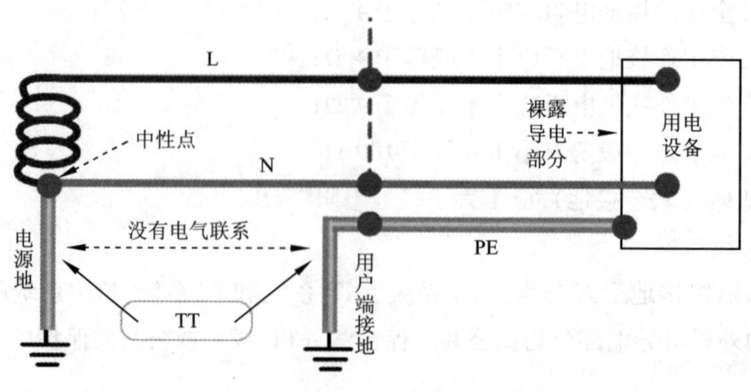

图 4–29　TT 系统结构

任务实施

应用供配电设计配电输出到住宅入户配线设计。

一、任务说明

下面以方先生家小区配电为例进行说明。

1. 配电输出（见图 4-30）

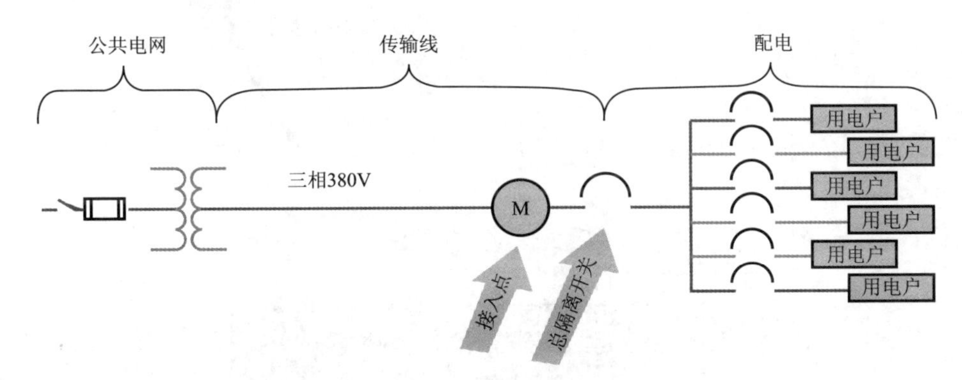

图 4-30　配电输出示意图

2. 配电输出接线（见图 4-31）

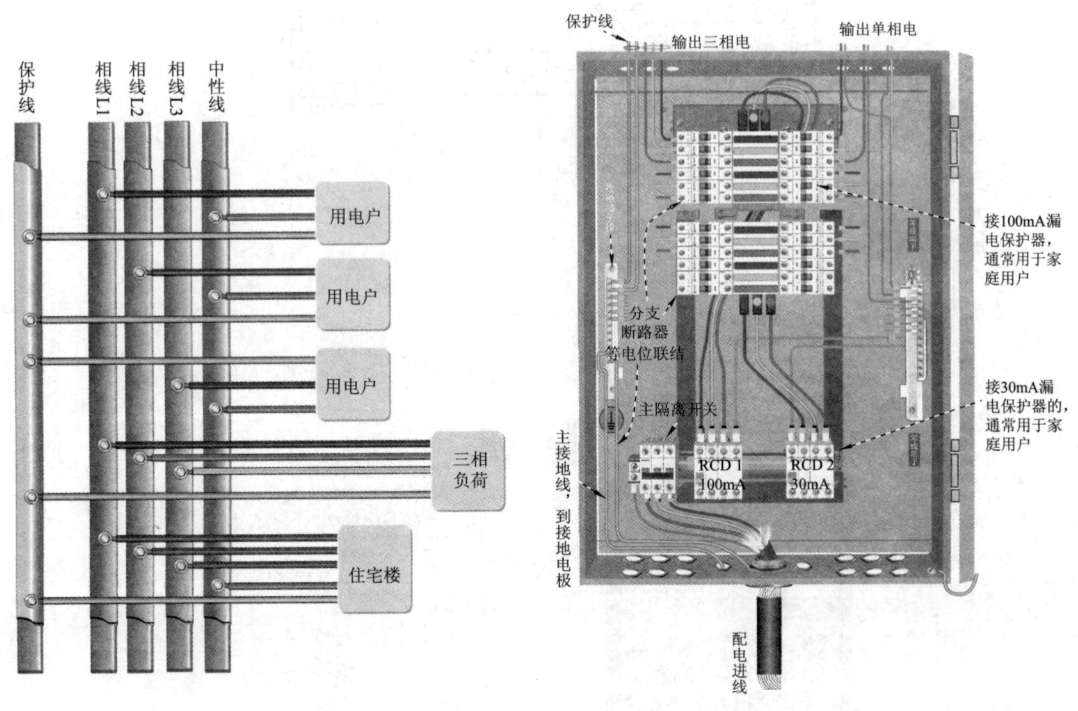

图 4-31　配电输出接线及实际配线示意图

3. 住宅入户线

住宅楼各楼层都会有一个子配电箱，配电箱内有各住户支路的电能表、断路器，从配电箱直接引出相线、中性线、保护线到各住户。具体如图 4-32 所示。

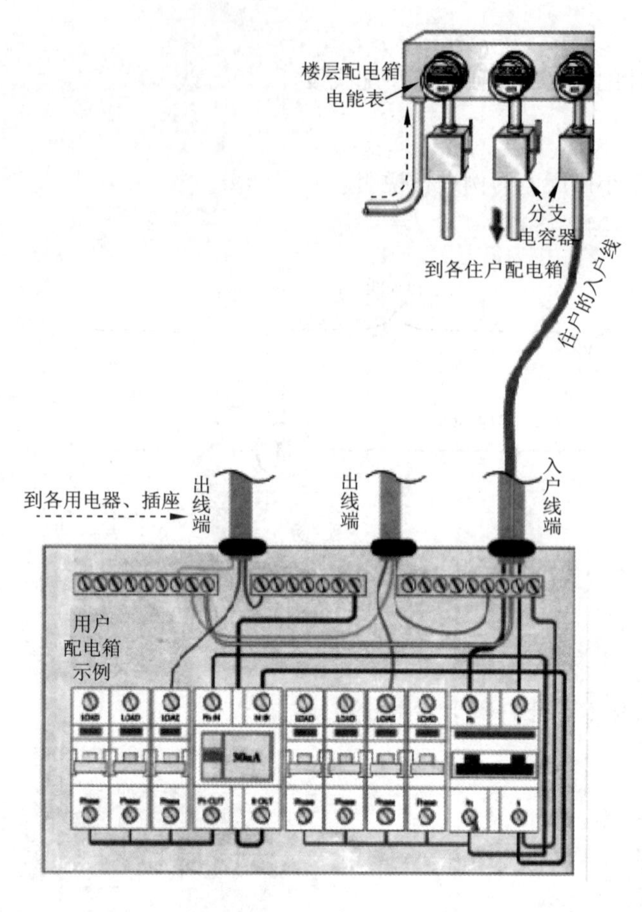

图 4-32　配电箱到入户线

4. 接线注意事项（见图 4-33）

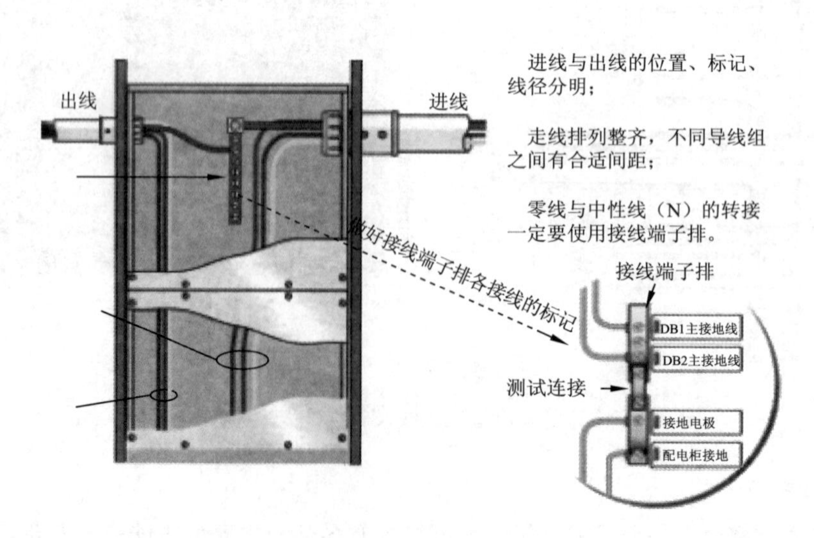

图 4-33　接线注意事项

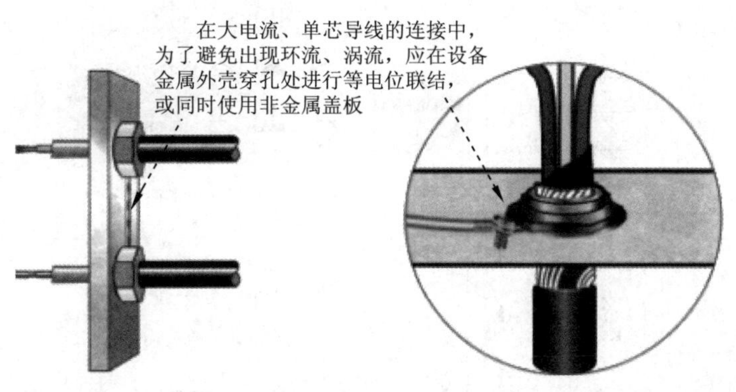

图 4-33　接线注意事项（续）

二、任务结束

清理工作现场，清点作业工具，并摆放到规定位置。

任务 8　民用住宅电路的安装

任务解析

通过完成本任务，使学生掌握民用住宅电路的安装等方面应用。

知识链接

一、电路的图形符号

电工作业中可能遇到的电路图、安装图形符号，如图 4-34 所示。

单芯　多芯　电池　AC电压源　电流源　固定　可调　电阻器　固定　可调　电容器　空心　铁芯　铁氧体芯　电感器
灯　SPST　SPDT　开关　直流　交流　交直流　导线连接　导线交叉不连接　电路接地　地接线壳　熔丝
段端器　电压表　电流表　电流表　空心　铁芯变压器　铁氧体芯　熔断器　熔断式开关
保护接地　抗干扰接地　输入　输出　整流器二极管　隔离变压器　电磁继电器常开触点　电磁继电器常闭触点　动断　动合开关
电感　变压器
铁芯电器　空心电器　白屏　铁芯　空心　电流互感器　双电压
过敏继电器　交流电动机
热　电磁　单相　三相　两相四线　绕线转子

（a）

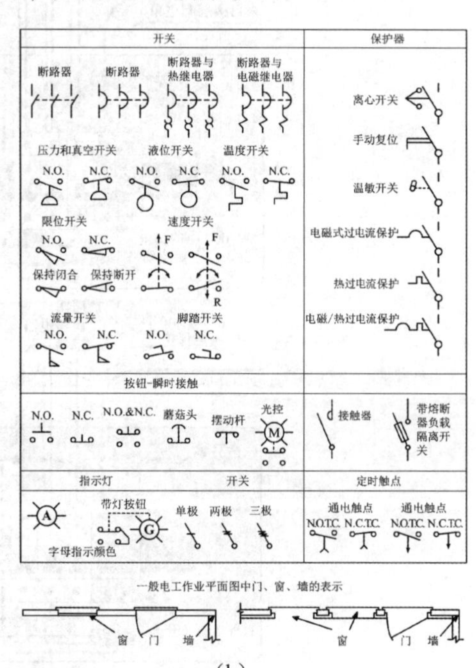

（b）

图 4-34　电工作业中可能遇到的图形符号

（c）

图 4-34　电工作业中可能遇到的图形符号（续）

二、入户配电箱

入户配电箱的配电设置通常有两种形式：一是所有的用电线路都采取漏电保护措施，二是仅部分线路采取漏电保护措施。除电灯线路外，其他所有电器、插座都应使用保护线。具体如图 4-35 所示。

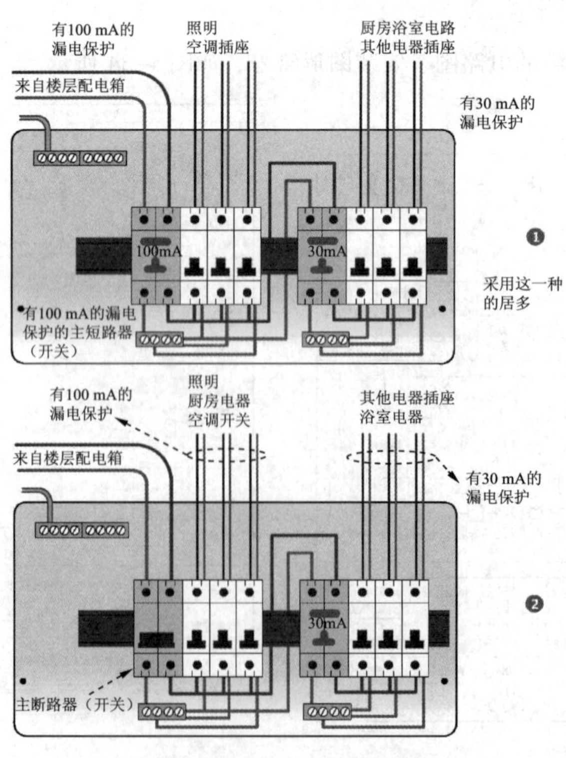

图 4-35　入户配电箱配置

三、插座安装位置

插座的空间位置及安装高度应视用户生活的习惯、房间与家具电器安装情况而定。具体如图 4-36 所示。

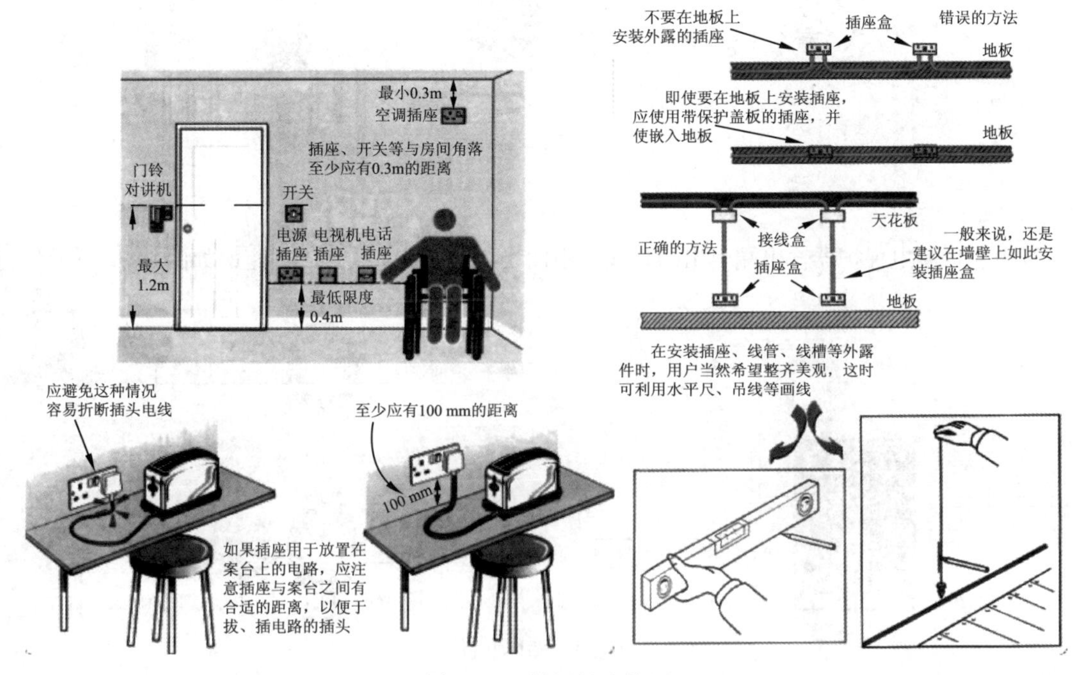

图 4-36 设置插座位置

1. 布线注意事项（见图 4-37）

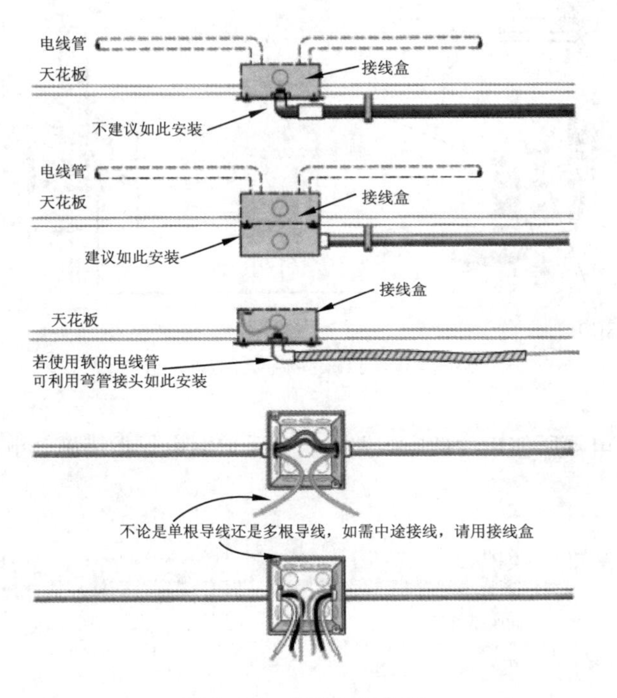

图 4-37 布线注意事项

2. 选用插座

具体选用如图 4-38 所示。

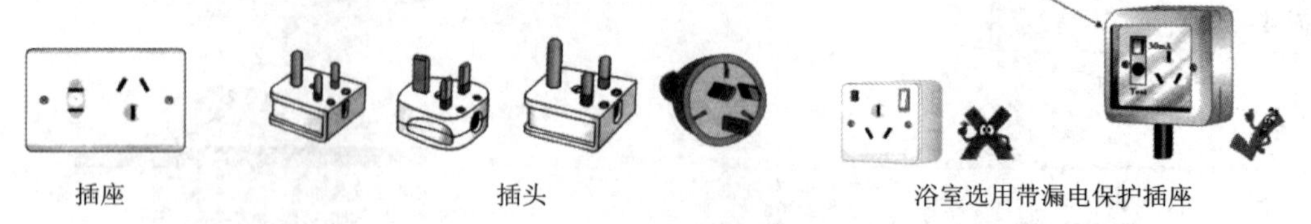

图 4-38　选用插座

3. 插座线路

配电箱内漏电保护器输出端引出的相线、中性线与保护线直接连到插座，如图 4-39 所示。

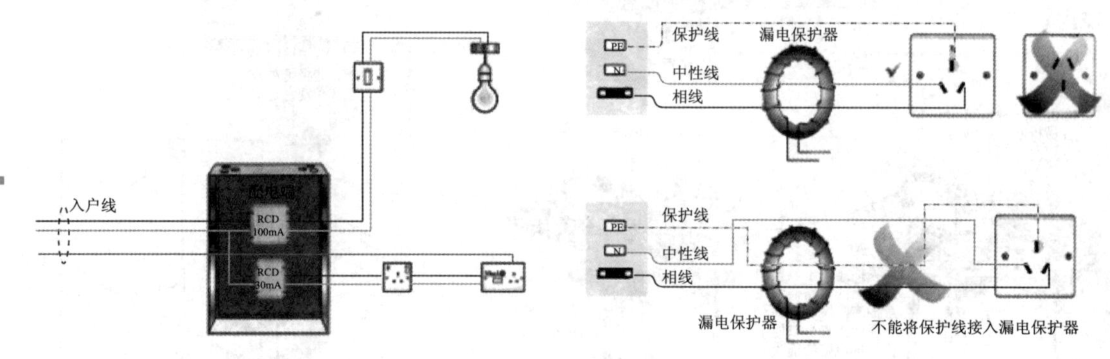

图 4-39　插座线路

注意： 插座连线要遵循“左零右火，上保护”的原则。

插座实物接线示意图如图 4-40 所示。

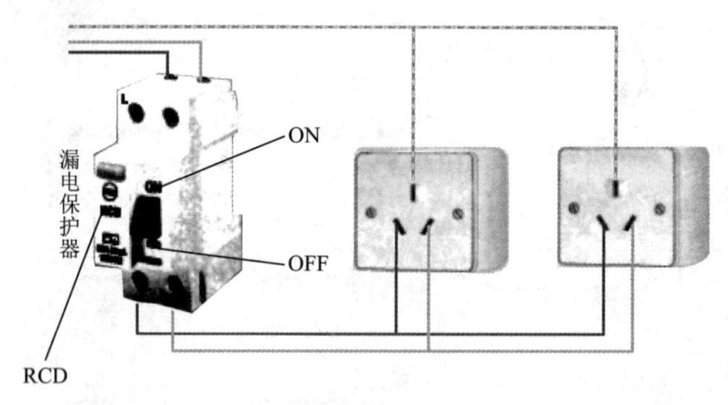

图 4-40　插座实物接线示意图

人体容易接触的电器所使用的插座线路一定要采取漏电保护措施，电路如图 4-41 所示。

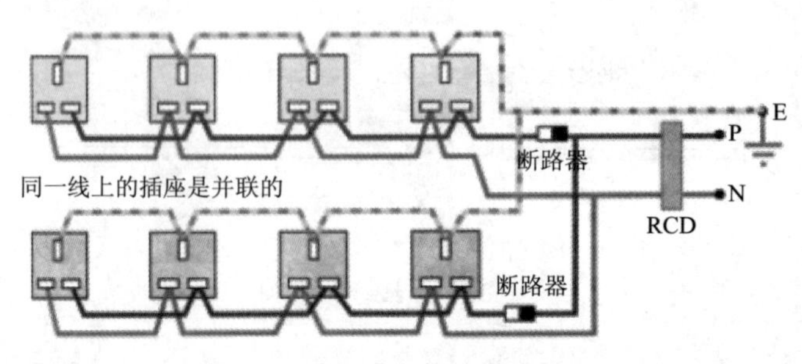

图 4-41　采取漏电保护措施的电路

需注意的是，空调、电热水器等大功率电路最好用专线插座（见图 4-42）。

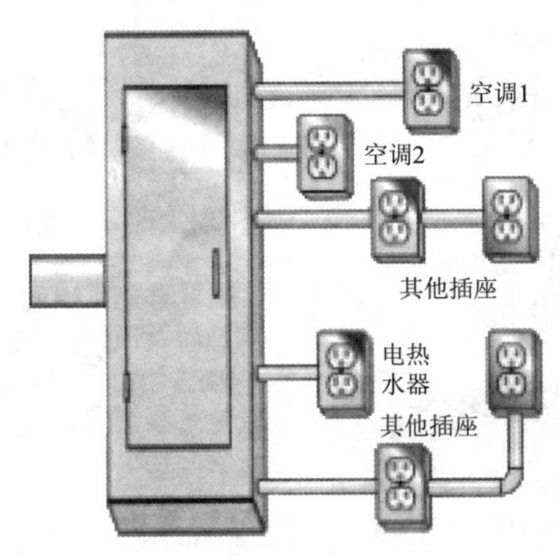

图 4-42　专线插座

一般的插座线路使用 2.5 mm^2 的铜导线，空调、热水器线路则视功率的大小选用 4 mm^2 或6 mm^2 的铜导线。一般的插座线路可使用 20 A 的断路器。空调、热水器等线路可使用 20 A 或 25 A 的断路器。电热水器等浴室电路线路上必须有 30 A 的漏电保护。

任务实施

根据任务要求对工程进行设计、安装，并在设备调试过程中熟练民用住宅照明电路的安装，应用各种电工工具及仪表，注意安全用电。

一、任务说明

王宇航为方先生家进行室内照明电路、插座等的安装，最后通电运行调试。

1. 布线安装

布线原则是注意避免各线路之间的相互干扰，若条件允许，应尽可能使不同类别电路的导线之间有一些间隔。具体如图 4-43 所示。家庭装修中常用 16 mm、20 mm 的 PVC 管用于室内照明，25 mm 的线管常用于插座或室内主线管。

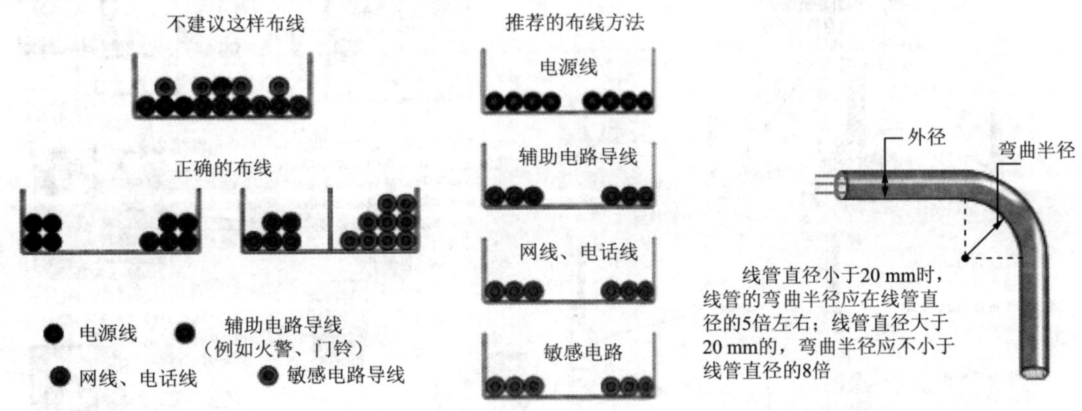

图 4-43　布线原则

小 PVC 管可人工弯曲，大的可以用弯管器来进行加工。具体如图 4-44 所示。

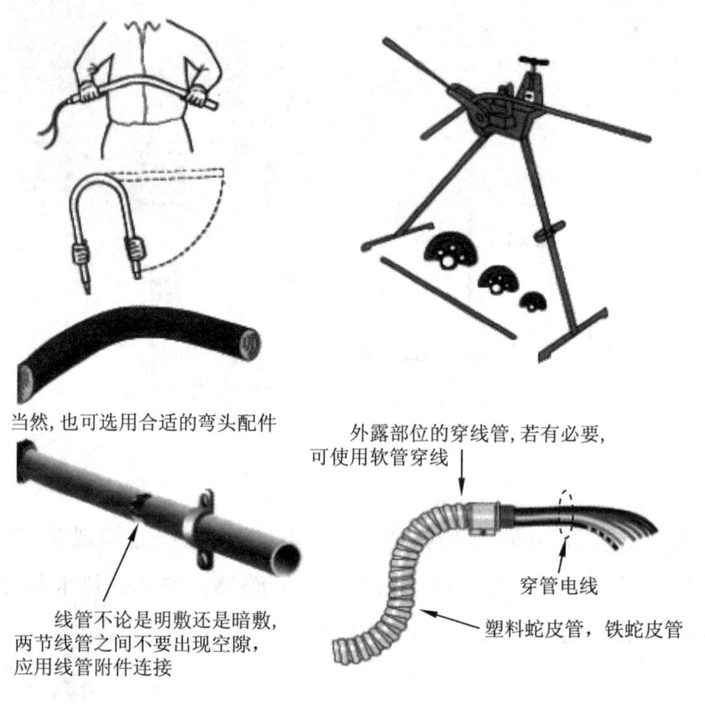

图 4-44　PVC 管加工

线管接入接线盒、开关盒或插座盒时的安装事项如图 4-45 所示。

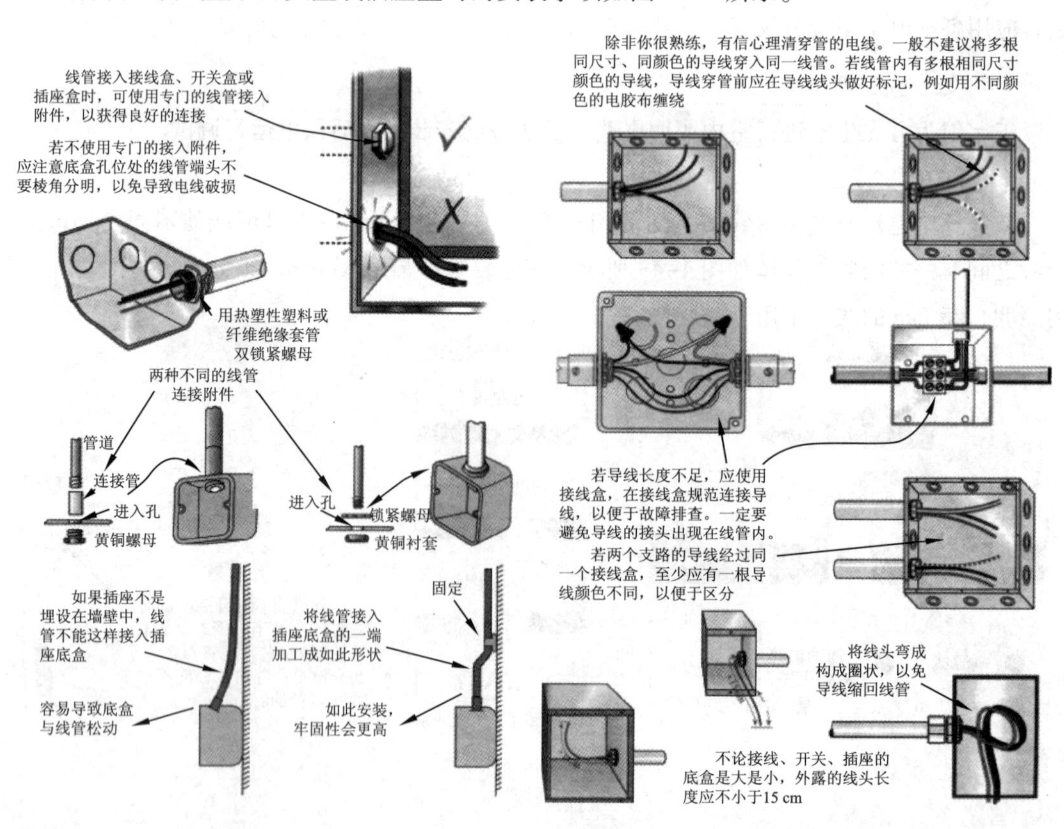

图 4-45　线管接入说明

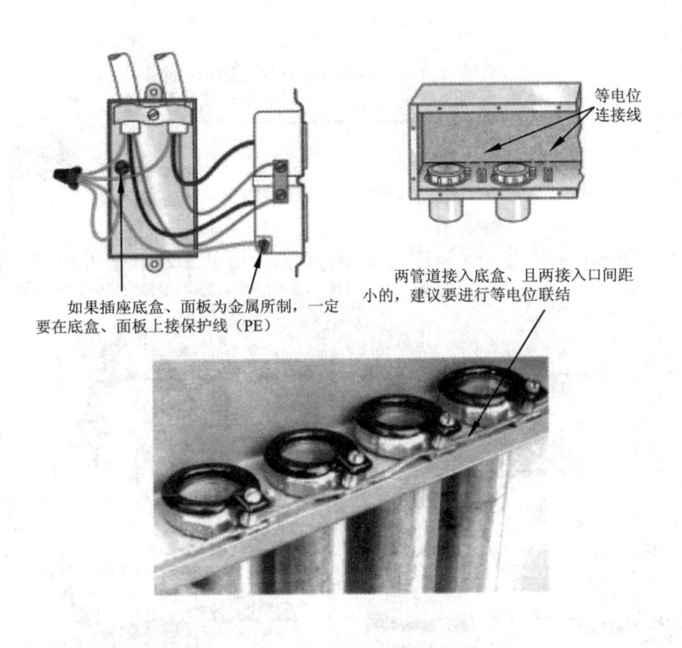

图 4-45　线管接入说明（续）

2. 插座接线

插座接线示意图如图 4-46 所示。

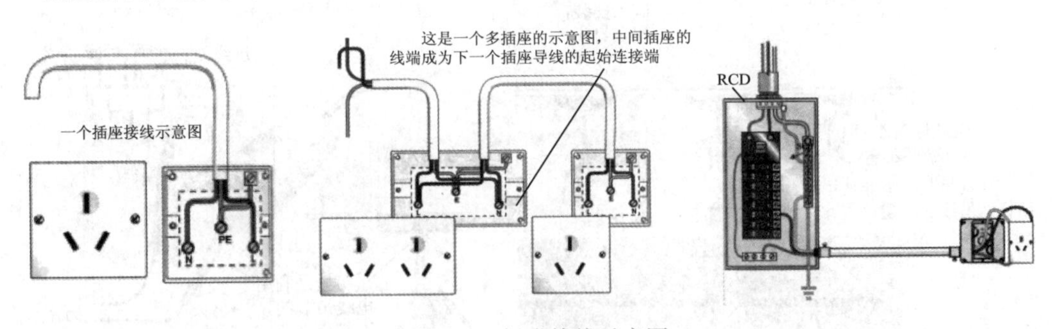

图 4-46　插座接线示意图

3. 灯具的安装

与插座线路的布线不同，电灯线路布线时通常还需要考虑到开关线路。采用暗敷布线，若电线需中间接线，一定要使用接线盒规范接线，以免出现问题无法检修。如果接线盒是金属的且人容易接触到，一定要做接地连接，如图 4-47 所示，常见电灯的安装如图 4-48 所示。

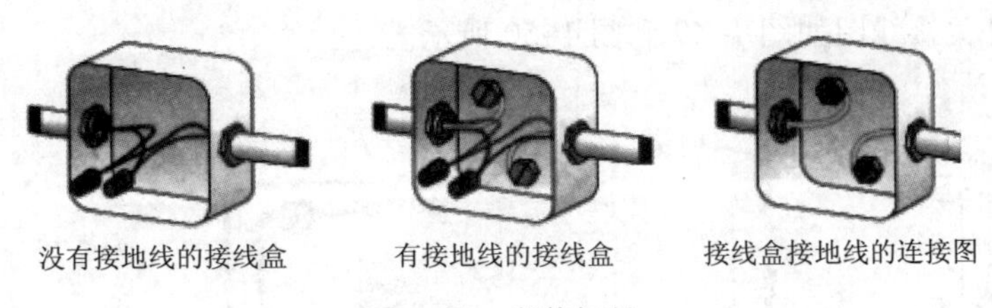

图 4-47　安装灯具

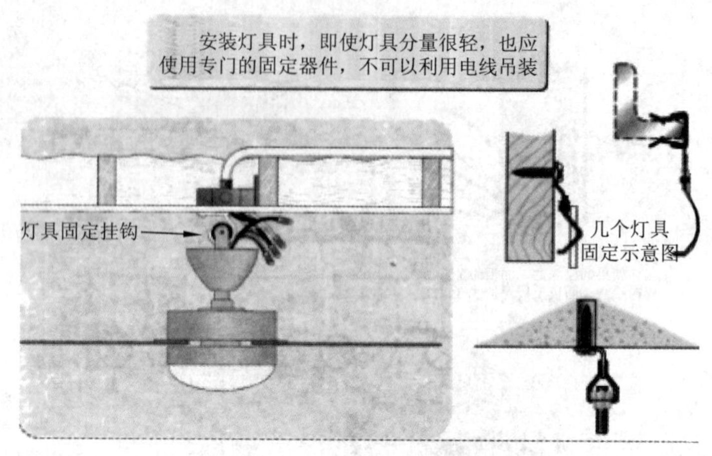

图 4-47 安装灯具（续）

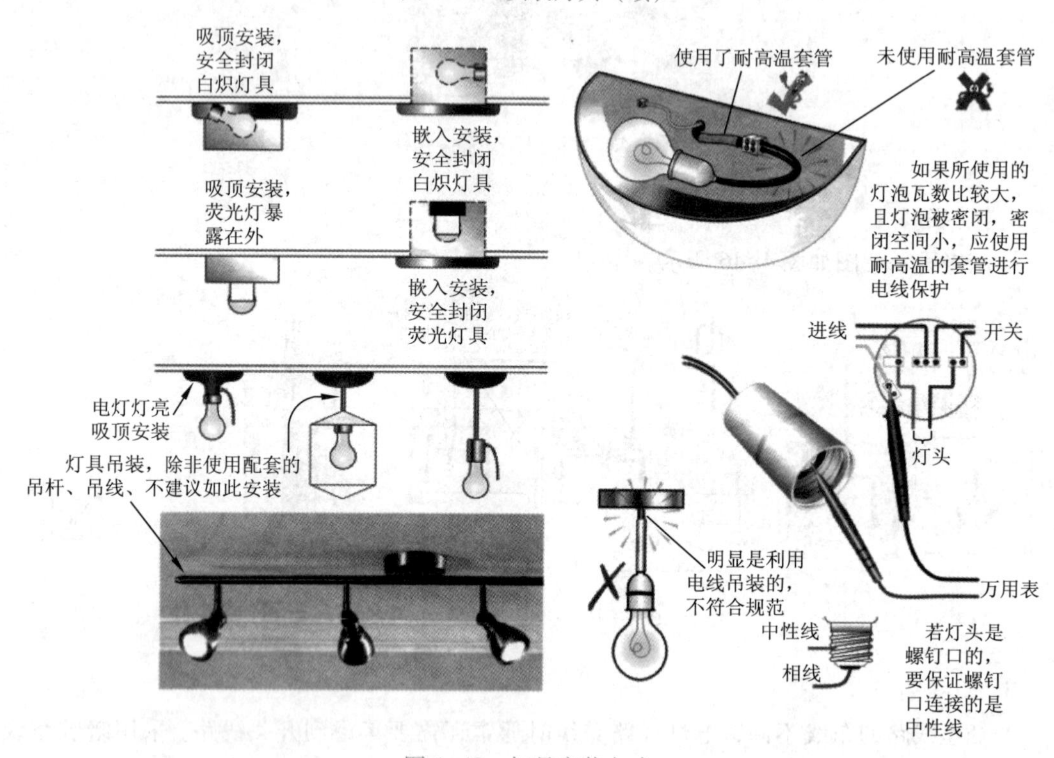

图 4-48 灯具安装方式

4. 电灯电路的接线

① 一灯一开关接线图如图 4-49 和图 4-50 所示。

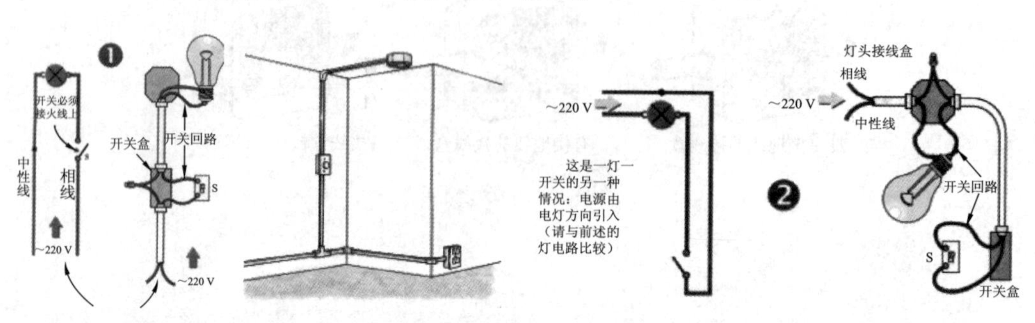

图 4-49 一灯一开关安装图

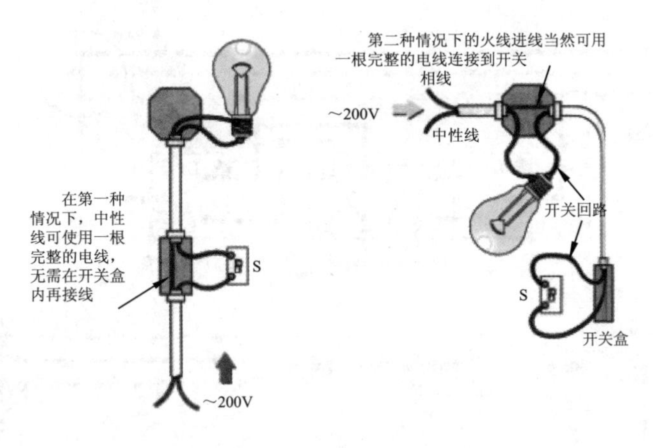

图 4-50　一灯一开关接线图

② 一灯两开关接线图如图 4-51 所示。

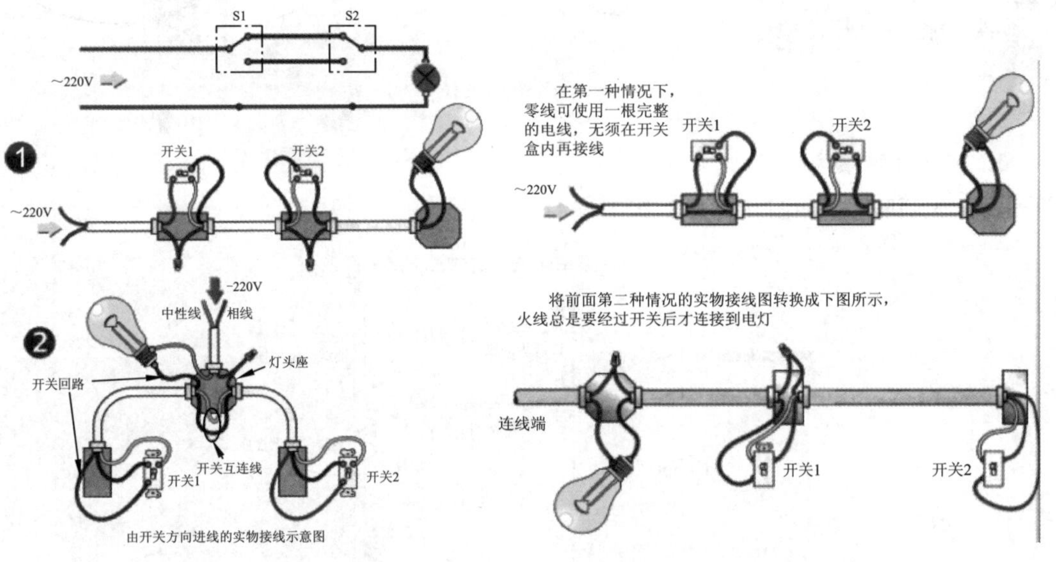

图 4-51　一灯两开关接线图

③ 电灯电路的其他接法如图 4-52 所示。

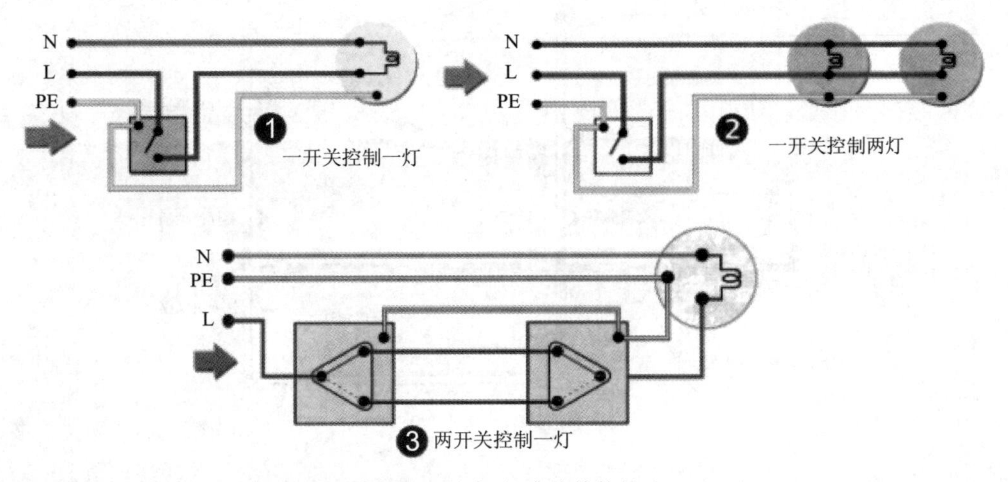

图 4-52　电灯电路的其他接法

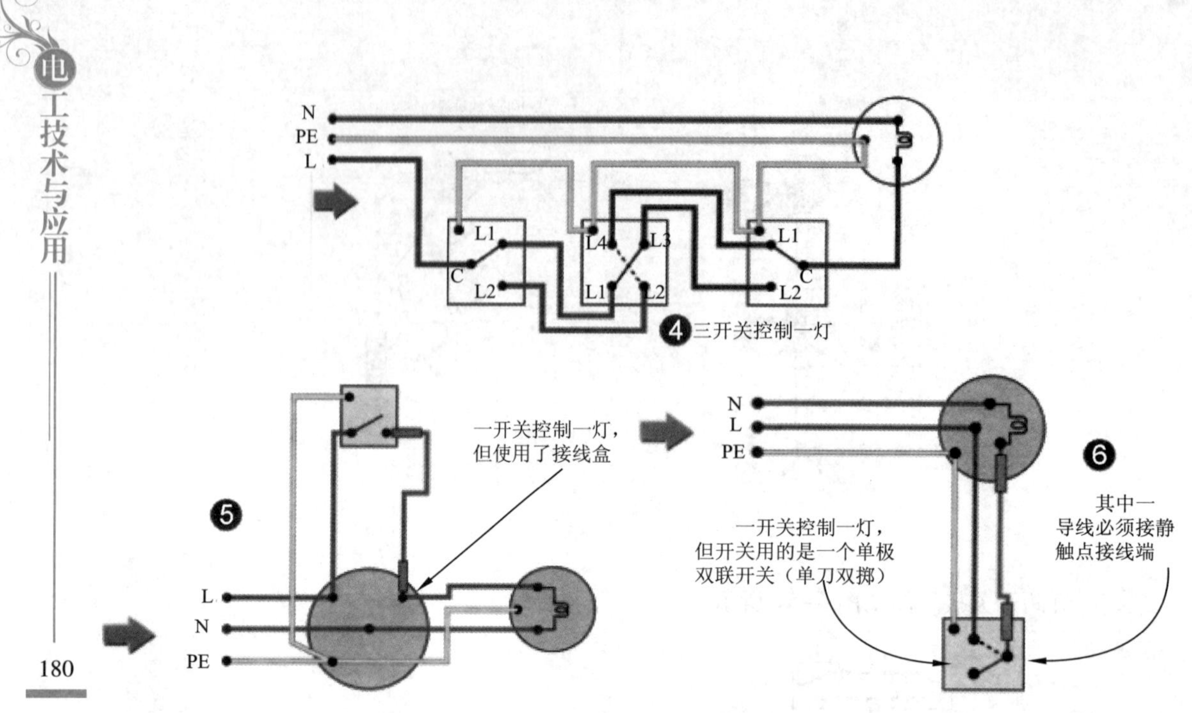

图4-52　电灯电路的其他接法（续）

5. 安装注意事项

（1）先画照明平面图（见图4-53）

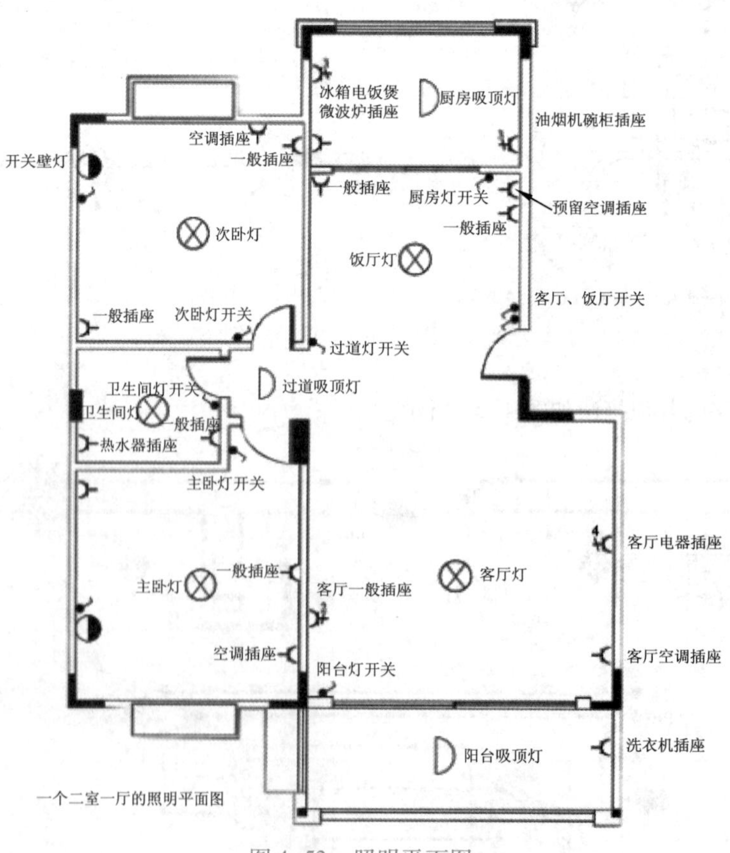

图4-53　照明平面图

（2）根据照明平面图画出安装框图（见图 4-54）

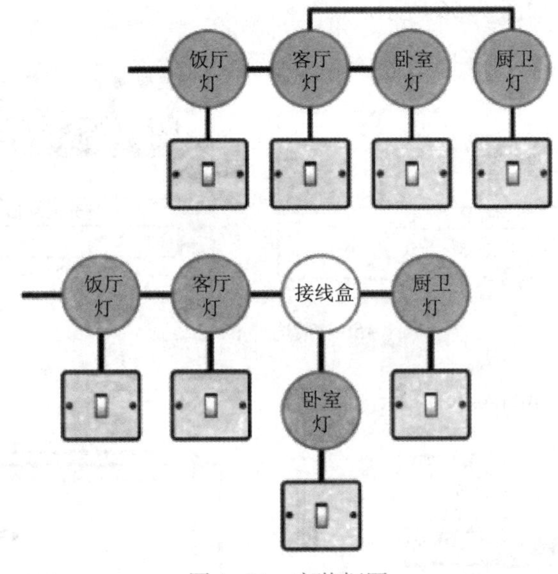

图 4-54　安装框图

（3）穿管线注意事项（见图 4-55）

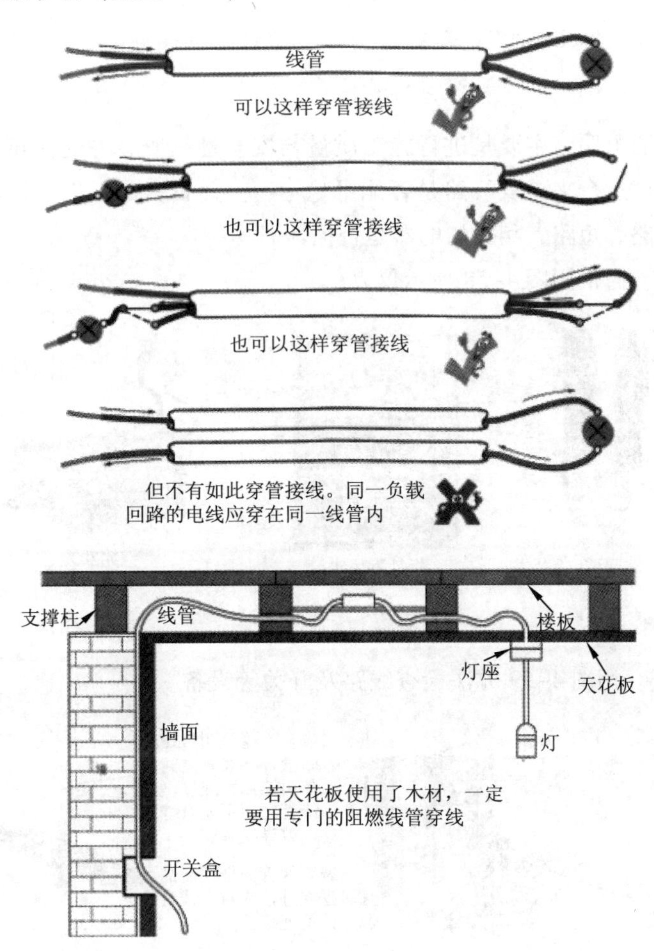

图 4-55　穿管线注意事项

6. 其他灯的安装

① 荧光灯的安装，如图 4–56 所示。

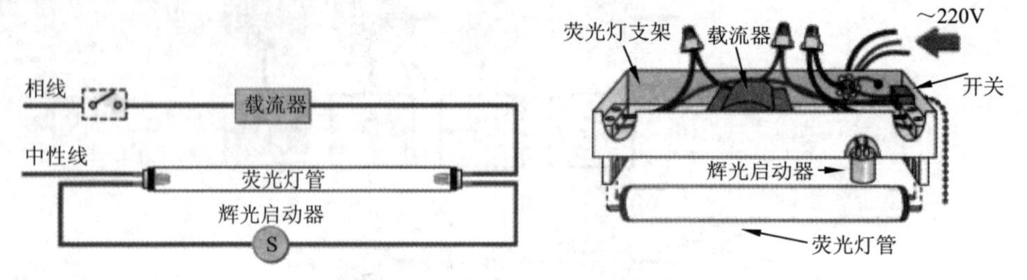

图 4–56　荧光灯的安装图

② 吊扇灯的安装，如图 4–57 所示。

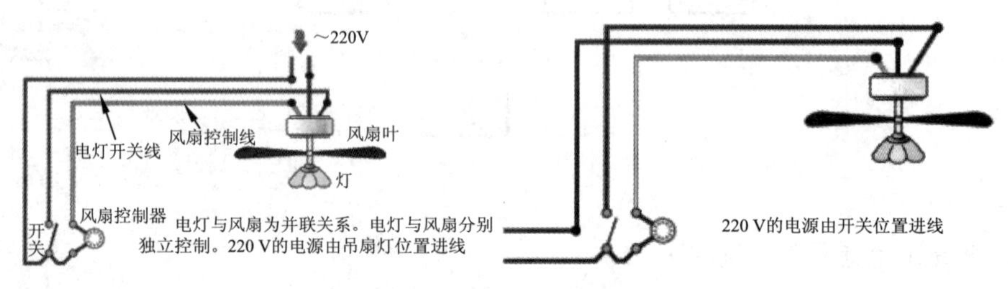

图 4–57　吊扇灯的安装图

7. 检查测试

对刚安装的照明电路，主要是进行施工质量与安全性检查，并通过试送电来检查线路连接是否正确，通过试运行来检查线路是否能平稳运行。而日常的一般故障检查主要是检查相关线路是否出现断路、短路，相关的电器是否损坏。

在调试检修中，通常用图 4–58 所示仪表。

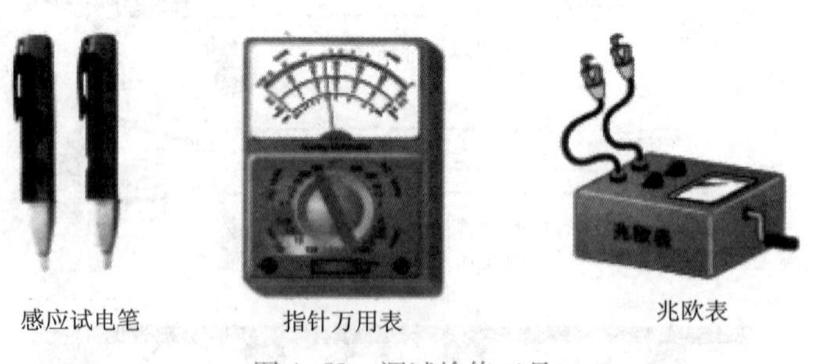

图 4–58　调试检修工具

① 目视法检查。用图 4–59 方法检查线路及开关等设备。

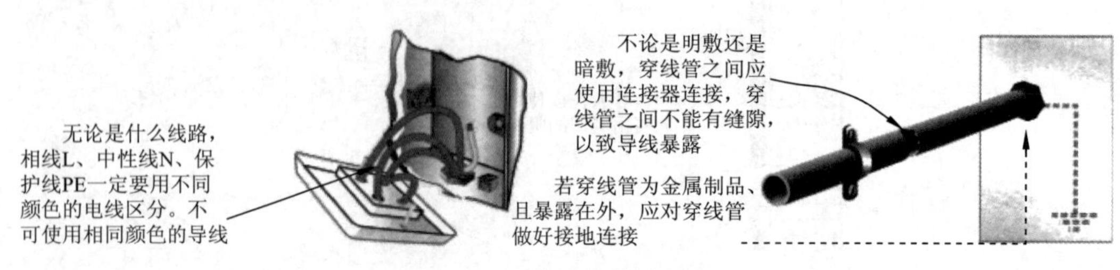

图 4–59　线路的检测方法

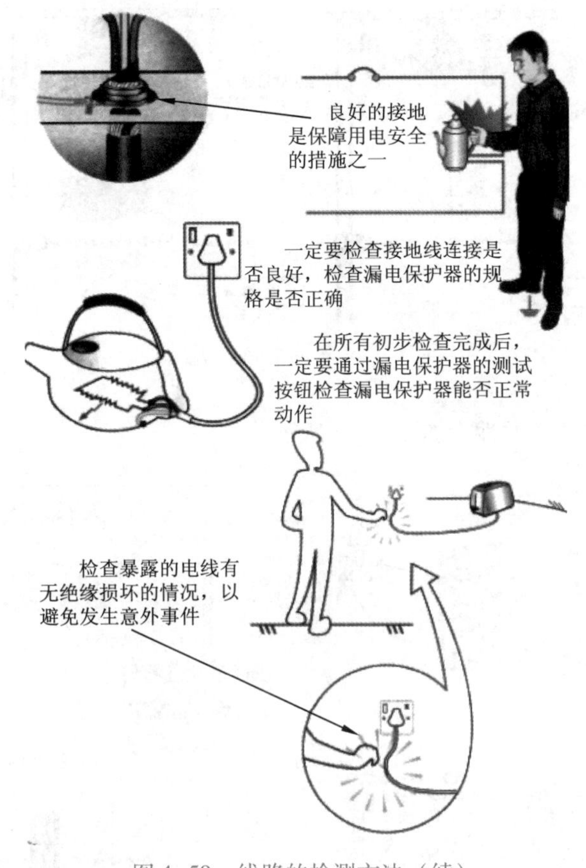

图 4-59　线路的检测方法（续）

图 4-60 所示情况不允许出现。

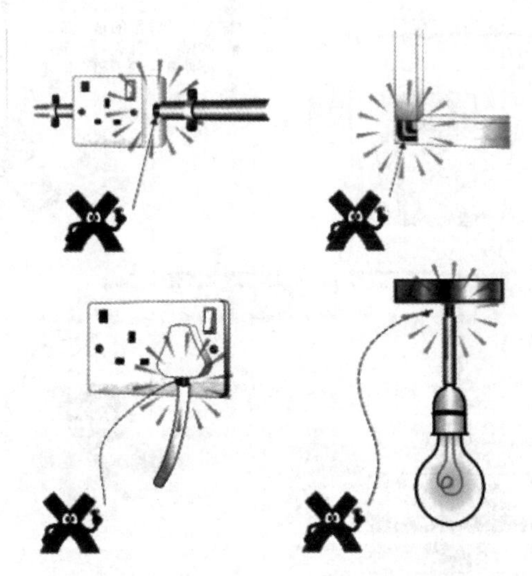

图 4-60　不允许出现的情况

② 连通性检查，如图 4-61 所示。

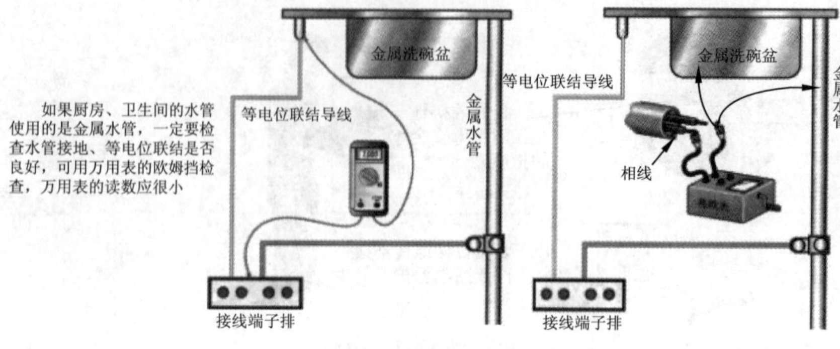

图 4-61　连通性检查方法

用万用表检查电线的连通性，如图 4-62 所示。

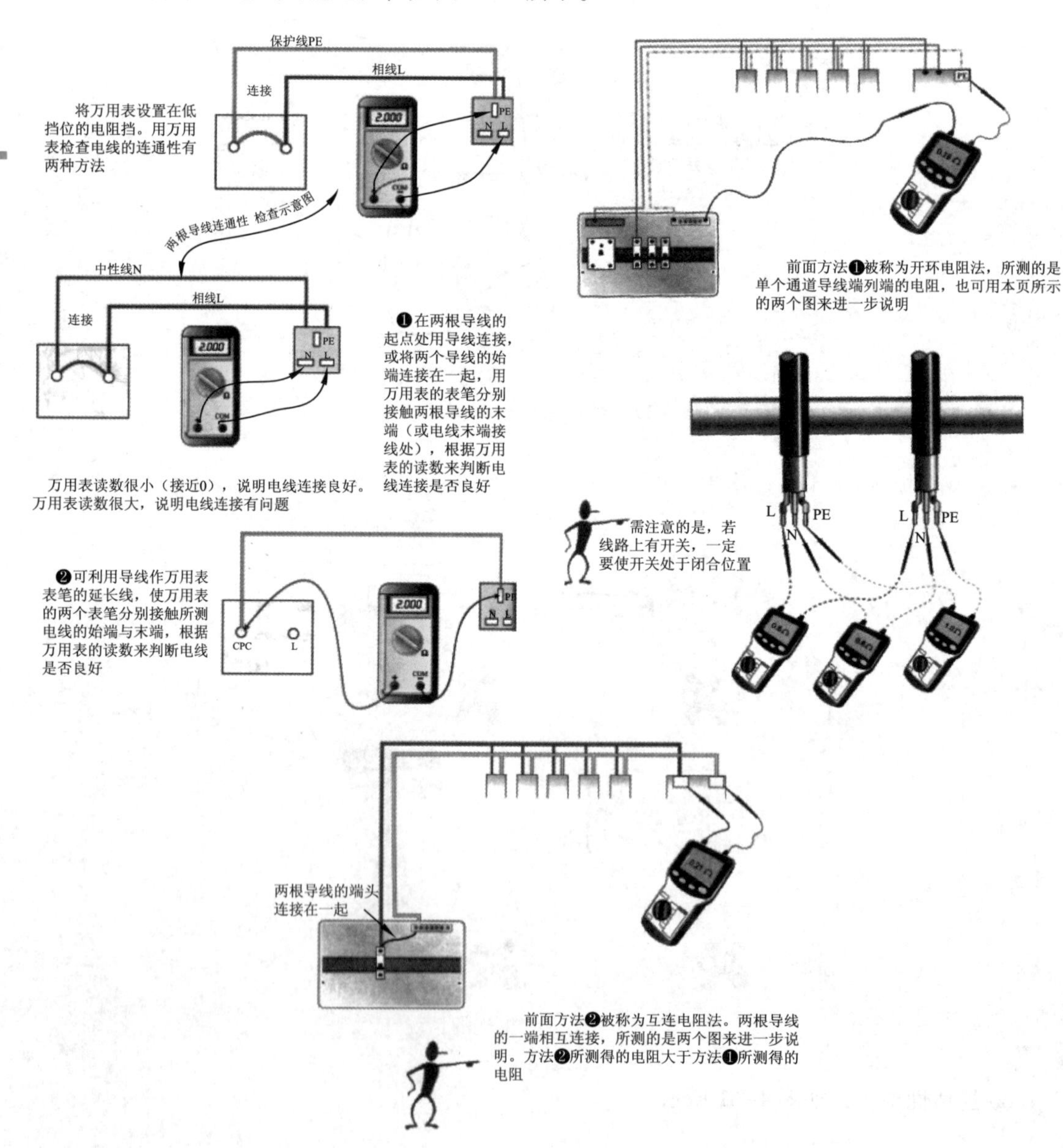

图 4-62　用万用表检查连通性方法

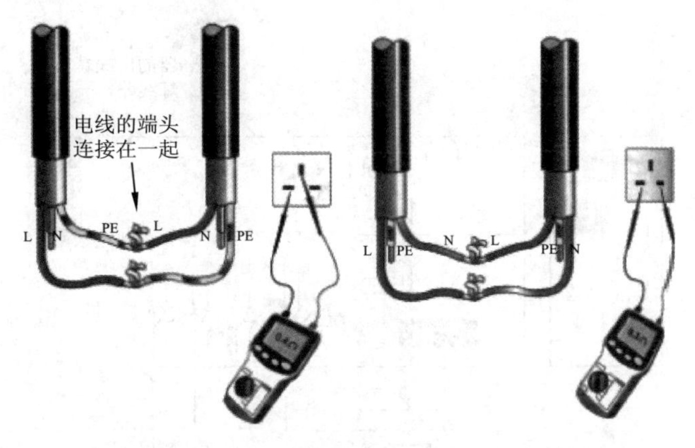

图 4-62　用万用表检查连通性方法（续）

③ 绝缘性检查。通常用兆欧表来检查绝缘性，若没有兆欧表，可以用万用表的大电阻挡来检查，具体如图 4-63 所示。

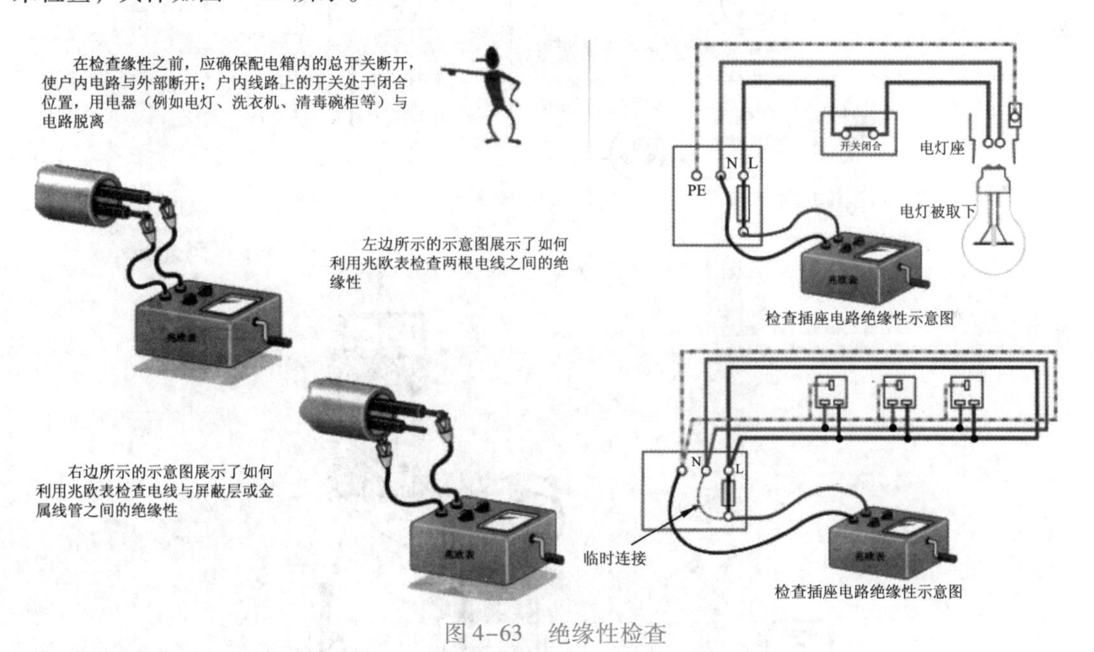

图 4-63　绝缘性检查

注意：实施不加电检查作业前，切断电源取下入户线的熔断器，或使入户配电箱中的总开关处于断开位置。

④ 短路检测用万用表，绝缘检测用兆欧表。

短路检测选择万用表的欧姆挡的最小挡位，绝缘检测用万用表的欧姆挡的最大挡位，如图 4-64所示。

⑤ 相线、中性线对地绝缘检测。切断电源的情况下，在靠近金属煤气管或金属水管的位置找一插座，用万用表或兆欧表分别检测相线与金属管、中性线与金属管的绝缘，具体如图 4-65所示。

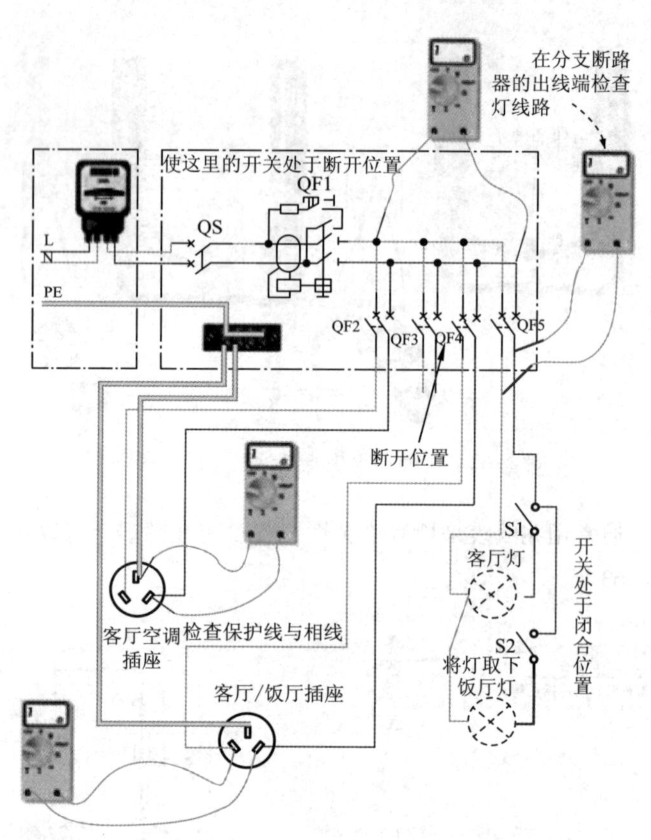

图 4-64　检查插座的相线、中性线

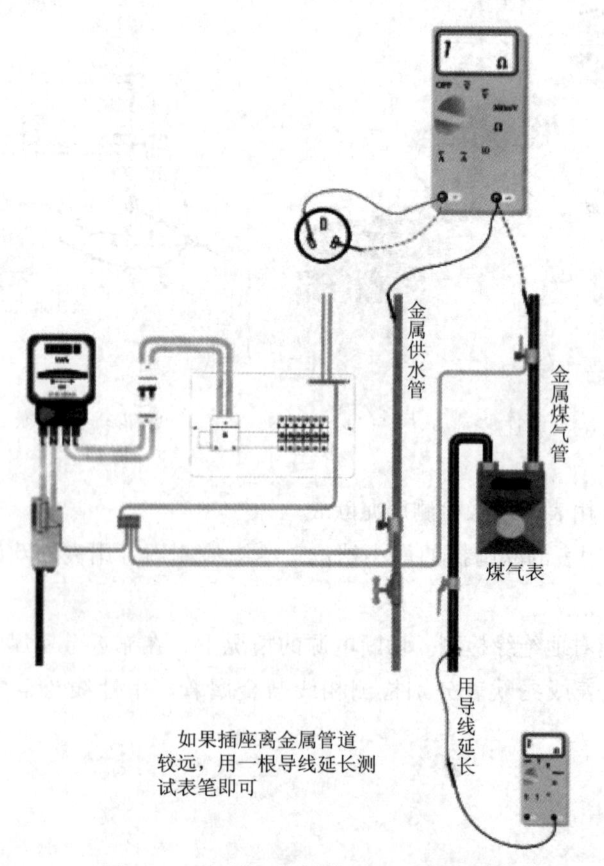

图 4-65　相线、中性线对地绝缘检测

8. 加电检测

试送电说明电路图如图4-66所示。在试送电时应注意：试送电前应先实施不加电检查作业，确保入户配电箱内的开关处于断开位置。试送电时，先合总开关，然后再依次合分支电路开关。

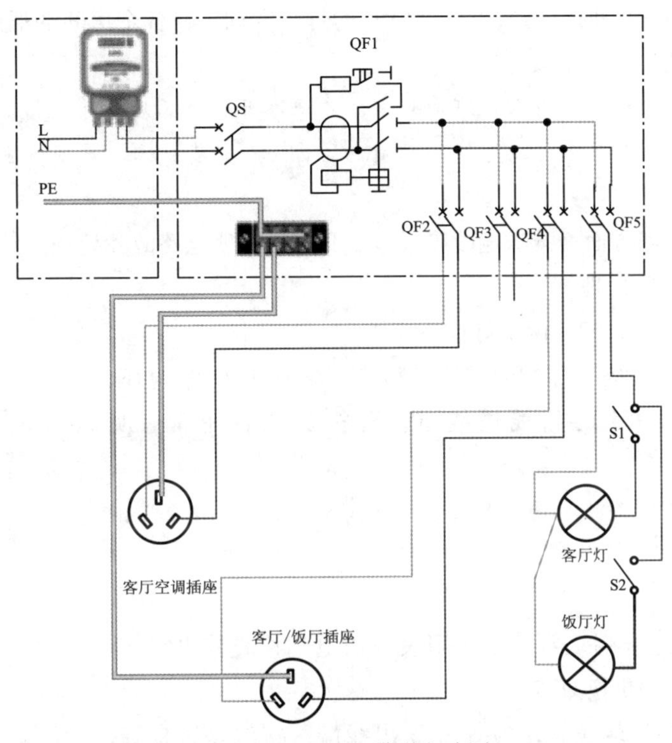

图4-66　试送电说明电路图

① 闭合总开关QS，观察电表是否能转动，若电表能转动，检查保护开关是否处于闭合位置，检查电表接线。

② 闭合带漏电保护装置的保护开关QF1。观察保护开关是否有误动作，若有，检查保护开关的接线是否正确。

③ 闭合断路器QF5。闭合开关S1，客厅灯应点亮、电表微微正转；断开S1，客厅灯熄灭，电表停转。闭合开关S2，饭厅灯应点亮、电表应微微正转；断开S2，饭厅灯熄灭，电表停转。

若断路器未跳闸，但灯不亮：

两个灯都不亮：用万用表或试电笔检查开关S1处是否有电，若开关S1处没有电，检查断路器QF5的接线是否良好，若接线良好，应是断路器QF5有问题。

某个灯不亮：检查这个灯的开关处电压是否正常，若不正常，可参照上面方法进行检修。若灯开关电压正常，检查灯的电线连接是否良好，检查开关接线是否良好，检查开关是否损坏。

④ 闭合断路器QF4。用万用表在插座处应能检测到220 V的电压。若插座处没有220 V的电压，说明电路有断路情况，应注意检查断路器的接线是否良好、插座的接线是否良好。

若断路器 QF4 跳闸：检查断路器接线是否正确、良好，检查线路是否有短路、线路的接头部位是否因某种情况潮湿。若未发现上述问题，可能是断路器质量问题。

若试送电过程中没有发现异常，用试电笔检查灯回路中的开关是否接在相线上，检查插座右边的孔是否为相线，若开关未接在相线上，或插座右孔不是相线，切断电源，重新接线。

⑤ 试运行。试运行时，通常可开启所有的灯、空调，在各个房间的插座上适当地连接一些电器，运行检测时间应持续 5～10 h。

注意： 试运行期间，应有人值班看守，注意观察开关、插座及导线接头是否有发热现象，若有发热现象，说明相关器件或导线的额定电流偏小；若有异味、冒烟，应立即切断电源。

9. 故障处理

故障处理包含两方面：试送电故障处理、日常的照明电路故障处理。

(1) 试送电故障处理

① 合上 QF5、S1、S2，两个灯都不亮：

a. 用万用表在断路器 QF5 的进线端检查、看有无 220V 电压，或用试电笔接触 QF5 的相线进线端，看指示是否正常（见图 4-67）。

若 QF5 的进线端检测不正常，检查开关 QS、保护开关 QF1 的接线端接线是否良好，若接线良好，应是开关 QS 或保护开关 QF1 有问题。

b. 若 QF5 的进线端正常。用万用表或试电笔检查其出线端。若出线端不正常，则更换 QF5。

c. 若 QF5 的出线端正常。检查 QF5 出线端的接线是否良好、检查开关 S1 的进线端接线是否良好、检查客厅灯零线接头是否良好。

② 假设客厅灯不亮：饭厅灯亮、客厅灯不亮，说明 QF5 出线线路正常。闭合开关 S1，用试电笔检查 S1 出线端是否正常［见图 4-68（a）］，若不正常，检查开关 S1 的接线是否良好；若接线良好，更换开关 S1。

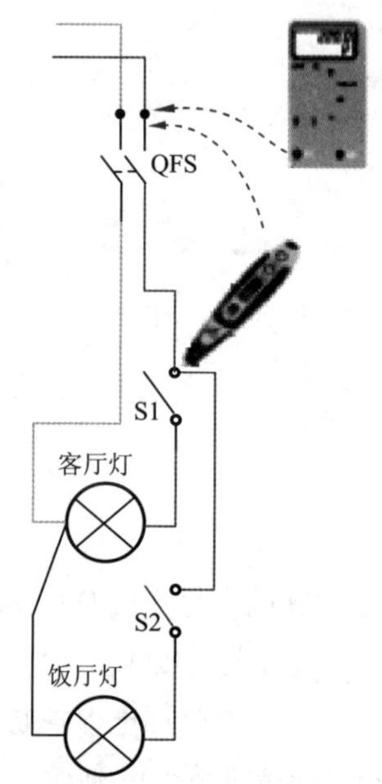

图 4-67　试送电故障处理

若开关 S1 的出线端正常，检查客厅灯的接线，或更换客厅灯。

③ 假设饭厅灯不亮：客厅灯亮，饭厅灯不亮，说明 QF5 出线线路正常。闭合开关 S2，用试电笔检查 S2 出线端是否正常［见图 4-68（b）］。若不正常，检查开关 S1 的进线端、S2 的接线是否良好、若接线良好，更换 S2。

若开关 S2 的出线端正常，检查饭厅灯的接线，或更换饭厅灯。

④ 插座无电。插座无电的故障检修比较简单，以客厅空调插座无电的故障检修为例：

a. 用万用表检查断路器 QF2 的出线端电压是否正常，若不正常、看灯能亮否（见图 4-69）。

若灯亮，说明开关 QS 与保护开关 QF1 线路正常，检查更换 QF2。

若灯也不亮，检查 QF1、QS 的接线是否良好，检查 QS、QF1 是否有问题。

b. 用试电笔检查插座处的相线是否有电，若无电，检查断路器 QF2 出线端的接线。

若相线插孔有电，但万用表不能在插座处检测到220 V的电压，检查QF2与插座之间的零线接线。

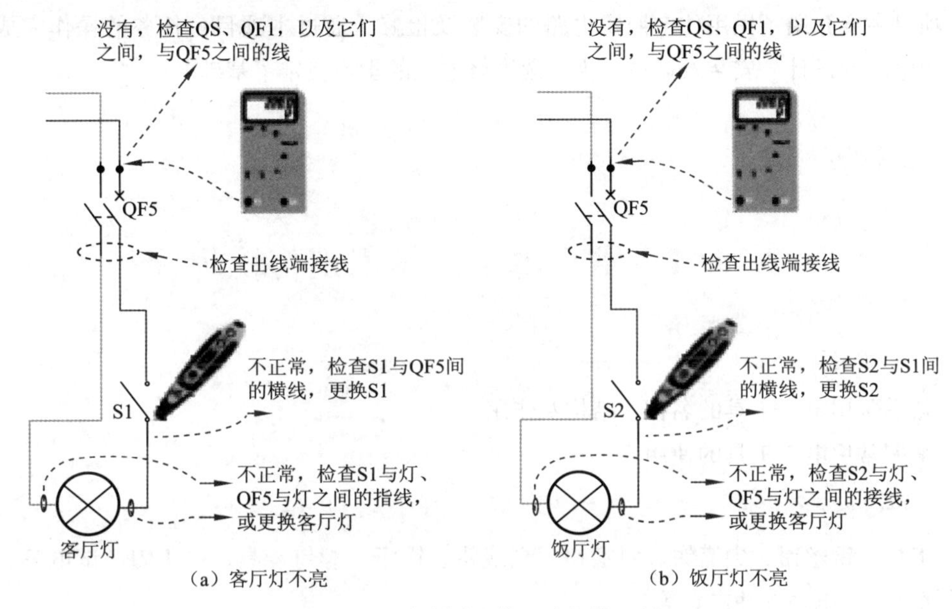

图4-68 假设客厅灯、饭厅灯不亮

(2) 日常的照明电路故障处理

日常的照明电路故障处理流程图如图4-70所示。

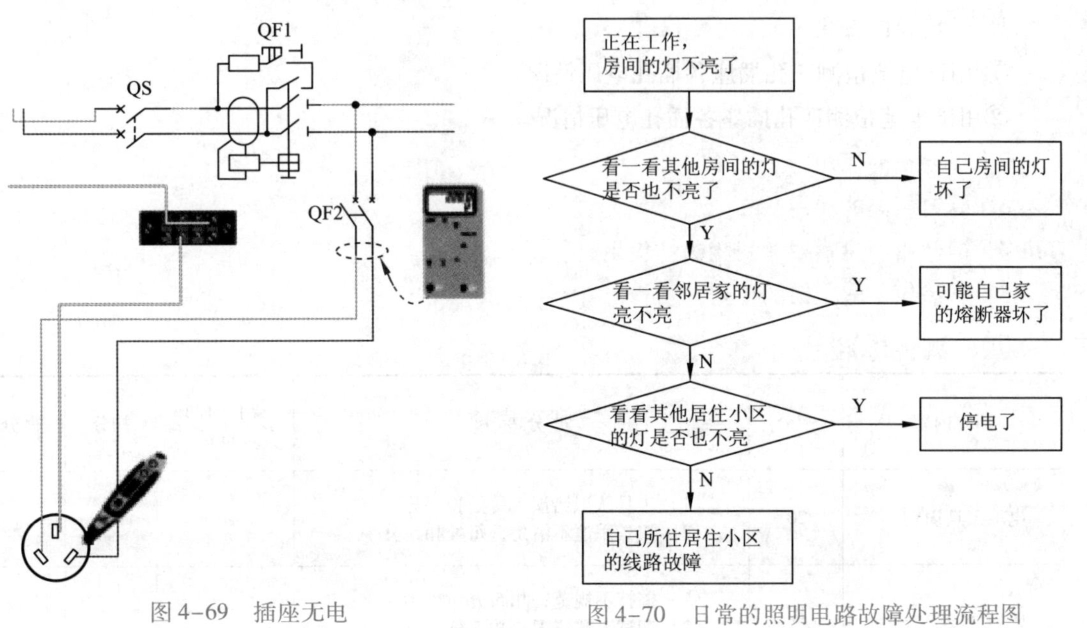

图4-69 插座无电

图4-70 日常的照明电路故障处理流程图

二、任务结束

工作任务结束后，清点工具、清理现场。

项目总结

本项目主要介绍了民用住宅照明电路的安装及检修，通过本项目各任务的操作完成民用住宅照明电路的设计、安装及调试，为后续维修电工的学习奠定了基础。

项目实训

实训7　常用电工工具识别与使用

一、实训目标

① 熟悉常用电工工具的名称、结构及作用。

② 掌握常用电工工具的使用。

二、实训器材

① 工具：钢丝钳、尖嘴钳、斜嘴钳、剥线钳、镊子、螺钉旋具、电工刀、试电笔、活扳手、手钢锯、手电钻、冲击钻等。

② 材料：木板1块，平口、十字自攻螺钉各10只，单芯硬导线若干，多芯软导线若干，螺钉、螺母若干。

三、实训内容

1. 试电笔的使用

① 用试电笔检测三孔插座各插孔电压情况。

②用试电笔检测四孔插座各插孔电压情况。

2. 手电钻的使用

3. 螺钉旋具的使用

4. 钢丝钳、尖嘴钳、斜嘴钳的使用

5. 剥线钳、电工刀的使用

四、测评标准

测评内容	配分	评 分 标 准	操作时间/min	扣分	得分
电工工具识别	20	（1）工具认识错误，每处扣5分 （2）工具用途不清楚，每处扣5分	20		
试电笔测带电体	10	（1）握持不规范，扣5分 （2）测试工艺错误，扣5分	10		
用手电钻在木板上钻孔	10	（1）钻头选用不合适，扣5分 （2）钻头未上紧，扣3分 （3）钻孔不正，扣2分	20		

续表

测评内容	配分	评分标准	操作时间/min	扣分	得分
用螺钉旋具旋螺钉	15	（1）螺钉与板面不垂直，扣3分 （2）螺钉槽口有明显损伤，扣5分 （3）螺钉旋具口损伤，扣5分 （4）螺钉旋歪，扣2分	30		
钢丝钳、尖嘴钳、斜嘴钳分别夹断导线，旋螺钉，去除导线绝缘层	25	（1）螺钉有明显损伤，每个扣3分 （2）导线端面不平整，每处扣3分 （3）导线去除绝缘层，除端部外其他地方有绝缘层损伤，每处扣3分 （4）导线芯线有损伤，每处扣3分 （5）单眼圈不规范，每个扣3分	10		
用电工刀去除导线绝缘层	10	（1）电工刀使用不规范，扣5分 （2）导线线头芯线有损伤，每处扣3分	10		
用剥线钳去除导线绝缘层	10	（1）剥线钳使用不规范，扣5分 （2）导线线头有损伤或折断，每处扣3分	10		
安全文明操作		违反安全生产规程，扣5～20分			
定额时间（110 min）	开始时间（　）	每超时2 min扣5分			
	结束时间（　）				
合计总分					

实训8　室内照明线路安装

一、实训目标

① 能正确识别照明器件与材料，并会检查好坏和正确使用。

② 能根据控制要求和提供的器件，设计出控制原理图。

③ 学会照明电路各种线路敷设的装接与维修，掌握工艺要求。

二、实训器材

① 电工刀、尖嘴钳、钢丝钳、剥线钳、螺钉旋具每组1把；弯管和切管工具1套，手电钻1把。

② 芯线截面积为1 mm^2和2.5 mm^2的单股塑料绝缘铜线（BV或BVV）若干；线槽、线管若干；塑料绝缘胶带若干；固定用材料等。

③ 照明器件：荧光灯管、荧光灯座、整流器、辉光启动器、白炽灯、白炽灯座、插座、单极断路器、两极漏电开关、计数开关、单控开关、双控开关、单相电能表、单相电动机、电容器、二极管、触摸开关、感应开关、熔断器等。

④ 电工常用仪表：万用表、兆欧表各1只。

三、实训内容

1. 电路功能要求

① 本电路应有过负载、短路、漏电保护功能。

② 能计算电路的有功功率。

③ 用1个开关控制所有负载。

④ 用1个开关控制3个白炽灯负载。

⑤ 用1个开关控制1盏荧光灯。

⑥ 有1个单相插座作为备用。

2. 电路设计

① 根据各项功能控制要求，画出室内照明原理图，如图4-71所示。

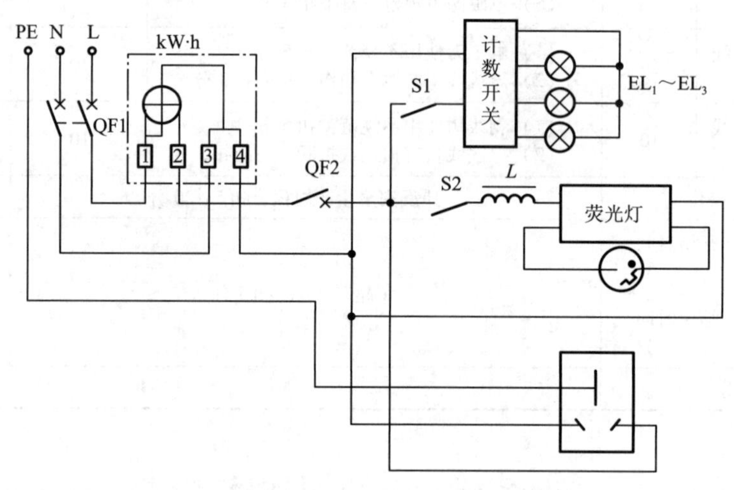

图4-71　室内照明原理图

② 原理图分析。这是一个比较简单的单相照明电路，合上QF1后，单相电能表得电，但并不转动，合上QF2，此时电路进入通电状态，在插座的相线与中性线之间可以检测到220 V的相电压。第一次合上S1的时候，有一盏白炽灯发光，单相电能表盘旋转（从左向右转），计量开始；断开S1，第二次合上S1时，有两盏白炽灯发光，由于两盏白炽灯同时发光，单相电能表盘的转速比刚才的速度快了一些；断开S1，第三次合上S1时，三盏白炽灯同时发光，表盘的转速再次加快；合上S2开关，荧光灯正常发光。

3. 选择元器件和导线

根据电路负载、电路的计算电流为5 A来计算。

① 空气断路器的选择：QF1为16 A、250 V两极带漏电断路器；QF2为10 A、250 V单极断路器。

② 单相电能表的选择：5A、DT862型单相电能表。

③ 开关的选择：S1、S2为10 A、250 V一位单控开关。

④ 插座的选择：10 A、250 V三极扁脚插座。

⑤ 计数器的选择：600 W、250 V三路控制。

⑥ 导线的选择：BV 2.5 mm^2铜单芯塑料绝缘导线；导线颜色有：红色、黑色、黄绿双色。

⑦ 白炽灯的选择：EL1、EL2、EL3 为 40 W、220 V。

⑧ 荧光灯的选择：20 W、220 V。

4. 安装

根据实验室现场条件情况，确定采用板面布线，能够在板面上安装出美观、符合要求的照明电路。

（1）布局

根据电路图，确定各器件安装位置。要求布局合理、结构紧凑、控制方便、美观大方。

（2）固定器件

将选择好的器件固定在板上，排列各个器件时必须整齐。固定的时候，先对角固定，再两边固定。要求可靠、稳固。

（3）布线

先处理好导线，将导线拉直，消除弯、折，布线要横平竖直，转弯成直角，少交叉，多根线并拢平行走。而且在走线的时候时刻牢记“左零右火”的原则。

（4）接线

由上至下，先串后并；接线正确、牢固，敷线平直整齐，无露、反圈、压胶，绝缘性能好，外形美观。红色线接电源相线（L），黑色线接中性线（N），黄绿双色线专作地线（PE）；相线过开关，中性线一般不进照明按键开关底盒；电源相线进线接单相电能表端子“1”，电源中性线进线接端子“3”，端子“2”为相线出线，端子“4”为中性线出线。

5. 检查电路

观察电路，看有没有多余的线头，每条线是否严格按要求来接，每条线有没有接错位，注意电能表有无接反，双联开关有无接错。

用万用表检查，将表打到欧姆挡的位置，断开 QF1 开关，把两表笔分别放在相线与中性线上，会呈现出电能表的电压线圈的电阻值。分别合上开关，电阻值做相应变化。

用 500 V 兆欧表测量线路绝缘电阻，应不小于 0.22 MΩ。

6. 通电

送电由电源端开始往负载依次顺序送电，停电操作顺序相反。

首先合上 QF1，按下漏电保护断路器试验按钮，漏电保护断路器应跳闸，重复操作两次；合上 QF2，然后往复合上、关断 S1 三次，三盏白炽灯有三种不同组合发光；再合上 S2，荧光灯正常发光。

电能表根据负载大小决定表盘转动快慢，负载大时，表盘转动快，用电就多。

7. 排除故障

操作各功能开关时，若不符合功能要求，应立即停电，用万用表欧姆挡检查电路；不停电用电位法排除电路故障时，要注意人身安全和万用表挡位。

四、测评标准

测评内容	配分	评 分 标 准	操作时间/min	扣分	得分
绘制控制原理图	10	绘制不正确，每处扣 2 分	10		

续表

测评内容	配分	评分标准	操作时间/min	扣分	得分
安装元件	30	（1）元件选择错误。每处扣2分； （2）元件安装不牢固，每处扣2分； （3）元件安装不整齐、不合理，每处扣2分； （4）损坏元件，扣10分；	40		
布线	30	（1）导线截面选择不正确，扣5分； （2）不按图接线，扣10分； （3）不按由上至下、先串后并接线，扣5分； （4）布线不合要求，每处扣2分； （5）接点松动，露铜过长，螺钉压绝缘层，反圈，每处扣1分； （6）损坏导线绝缘或线芯　每处扣2分	50		
通电	30	（1）第一次试车不成功，扣10分； （2）第二次试车不成功，扣10分； （3）第三次试车不成功，扣10分	20		
安全文明操作		违反安全生产规程，扣5～20分			
定额时间（120 min）	开始时间（　　） 结束时间（　　）	每超时2min扣5分			
合计总分					

思考与练习

1. 已知 $i(t)=10\sqrt{2}\sin(314t-120°)$，则 $I_m=$________ A，$\omega=$________ rad/s，$f=$________ Hz，$T=$________ s，$\theta_i=$________ rad。

2. 已知某交流工频正弦电流的初相位为30°，最大值为311 V。

① 求有效值；②写出它的瞬时值表达式，并画出它的波形图。

3. 用交流电压表测得正弦交流电压为220 V，它的幅值是多少？通过某电动机的电流 $i(t)=10\sin(314t-60°)$，它的有效值为多少？

4. 已知 $u_1(t)=66\sqrt{2}\sin(\omega t-30°)$、$u_2(t)=88\sqrt{2}\sin(\omega t+60°)$，试求：$\dot{U}_1+\dot{U}_2$，$\dot{U}_1-\dot{U}_2$，并画出相量图。

5. 有一电阻 $R=10\ \Omega$，接到 $f=50$ Hz，$\dot{U}=100\angle-30°$V 的电源上，试求：①通过电阻 R 的电流 I_R 和 i_R；②电阻 R 接受的功率 P_R；③画出 $\dot{U}_R$、$\dot{I}_R$ 的相量图。

6. 有一个100 Ω的电阻元件接到频率为50 Hz、电压有效值为10 V的正弦电源上，问：电流是多少？如果保持电压有效值不变，而电源频率改变为5 000 Hz，这时电流将为多少？

7. 为什么说电感元件在直流电路中相当于短路？

8. 指出下列各式哪些是对的，哪些是错的？

① $u_L = i_L X_L$；②$\dfrac{U_L}{I_L} = \mathrm{j}\omega L$；③$\dot{U}_L = \dot{I}\,X_L$；④$U_L = \omega L I_L$。

9. 已知流过电感元件中的电流为 $i_L = 10\sqrt{2}\sin(314t + 60°)$，测得无功功率 $Q_L = 800$ var，试求：①X_L 和 L；②电感元件中储存的最大磁场能量 W_{Lm}。

10. 指出下列各式哪些是对的，哪些是错的？

①$u_C = Ci_C$；②$\dot{I} = \mathrm{j}\dfrac{\dot{U}_C}{X_C}$；③$U_C = \omega C I_C$；④$I_C = U_C \omega C$。

11. 在电容元件的正弦交流电路中，$C = 4\mu\mathrm{F}$，$f = 50$ Hz，

① 已知 $u = 220\sqrt{2}\sin\omega t$，求电流 i；②已知 $\dot{I} = 0.1\angle -60°\mathrm{A}$，求 $\dot{U}$，并画出相量图。

12. 指出下列各式，哪些是对的，哪些是错的？

①$i = \dfrac{u}{|Z|}$；②$I = \dfrac{U}{R + X_C}$；③$\dot{I} = \dfrac{\dot{U}}{R - \mathrm{j}\omega C}$；④$I = \dfrac{U}{|Z|}$；

⑤$Z = R + \mathrm{j}(X_L - X_C)$；⑥$\dot{U} = \dot{I}\,Z$。

13. 有一 RLC 串联的交流电路，已知 $R = X_L = X_C = 10\ \Omega$，$I = 1$ A，试求电压 U。

14. 在 RLC 串联电路中，已知 $R = 10\ \Omega$，$L = 31.8$ mH，$C = 159.2\ \mu\mathrm{F}$，$u = 100\sqrt{2}\sin(314t + 30°)$ V，试求：①复阻抗 Z，并确定电路的性质；②$\dot{I}$、$\dot{U}$、$\dot{U}_L$、$\dot{U}_C$；③作出电压、电流相量图。

15. 已知阻抗 $Z = 22\angle 60°\Omega$，电压 $\dot{U} = 220\angle 30°\mathrm{V}$，试求：$P$、$Q$、$S$ 及 $\cos\varphi$。

16. 某正弦交流电源向负载 Z_1（感性）、Z_2（容性）供电，各负载有功功率分别为 P_1 和 P_2，无功功率分别为 Q_1 和 Q_2，则电源供给负载的总有功功率 $P = P_1 + P_2$，总无功功率 $Q = Q_1 + Q_2$，视在功率 $S = P + Q$。这些结果对吗？

17. 为了提高功率因数，是否可以将电容与感性负载串联？为什么？

18. 简述室内布线的方式与技术要求是什么？

19. 室内照明装置的安装要求是什么？

20. 室内照明线路的常见故障有哪些？

项目 5

三相动力配电的设计与安装

项目导入

现代电力系统中，电能的生产、输送和分配几乎都采用三相正弦交流电。王宇航在进行完双电源供电的直流电路制作与调试和车间应急灯照明电路的安装与检测的训练后，进入到三相动力配电的设计与安装的训练中。训练内容为三相动力配电的设计和三相动力配电的安装。

学习目标

（1）掌握对称三相正弦量的概念、解析式、相量式，会画相量图；
（2）掌握三相电源、三相负载的连接方式及各自特点；
（3）掌握对称三相电路电压、电流及功率的分析方法；
（4）掌握动力线路的分类、故障分析与检修；
（5）能运用三相电路的知识进行三相动力配电的设计与安装。

项目实施

任务 9　三相动力配电的设计

任务解析

通过完成本任务，充分掌握三相正弦量的知识，三相电路电压、电流、功率的测量，能进行三相动力配电的设计工作。

知识链接

一、对称三相正弦量

3 个频率相同、幅值相等和相位依次相差 120°的正弦电压（或电流）称为对称的三相正弦量。三相正弦交流电压通常是由三相交流发电机产生的。图 5-1（a）是三相交流发电机的原理图。三相交流发电机主要由定子和转子两部分组成。其定子安装有 3 个完全相同的线圈，分别称为 U1U2、V1V2、W1W2 线圈，其中 U1、V1、W1 为 3 个线圈的始端；U2、V2、W2 为

3 个绕组的末端。3 个线圈在空间位置上彼此相差 120°；在转子的铁芯上绕有励磁绕组，用直流励磁，当转子以角速度 ω 按顺时针方向旋转时，在 3 个线圈中将产生有特定相互关系的感应电动势。由于结构上采取措施，三相交流发电机产生的三相电动势和三相电压几乎总是对称的，而且也趋近于正弦。可见，三相交流发电机产生的三相电压频率相同、幅值相等和相位互差 120°，即它们是对称的三相正弦量。

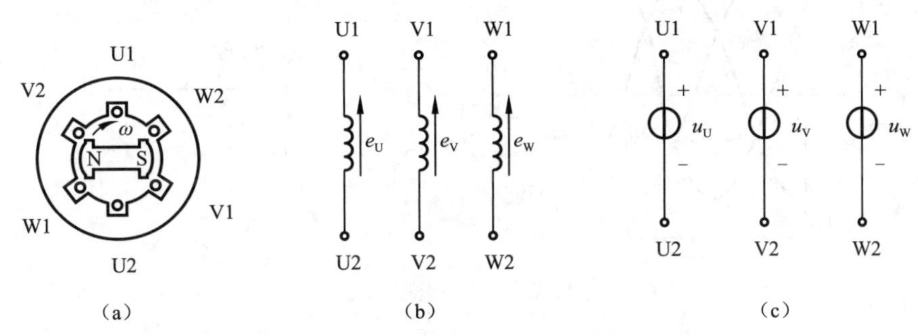

图 5-1　三相交流发电机的原理图

三相线圈产生的感应电动势的参考方向图 5-1（b）所示，通常规定电动势的参考方向由线圈的末端指向始端。若用电压源表示三相电压，通常规定电压源的参考方向由线圈始端指向末端，其参考极性如图 5-1（c）所示。每一相线圈中产生的感应电压称为电源的一相，依次称为 U 相、V 相、W 相，其电压分别记为 u_U、u_V、u_W。

以对称三相电压（U 相为参考正弦量）为例，三相交流电有如下几种表示方法：

（1）瞬时值表达式

$$\begin{cases} u_U = U_m \sin \omega t \\ u_V = U_m \sin(\omega t - 120°) \\ u_W = U_m(\omega t - 240°) = U_m \sin(\omega t + 120°) \end{cases} \tag{5-1}$$

（2）波形图表示［见图 5-2（a）］

（3）相量表示

$$\begin{cases} \dot{U}_U = U\angle 0° = U \\ \dot{U}_V = U\angle -120° = U\left(-\frac{1}{2} - j\frac{\sqrt{3}}{2}\right) \\ \dot{U}_W = U\angle 120° = U\left(-\frac{1}{2} + j\frac{\sqrt{3}}{2}\right) \end{cases} \tag{5-2}$$

（4）相量图表示［见图 5-2（b）］

从图 5-2 不难证明，对称三相交流电压瞬时值代数和恒等于零，其相量和也恒等于零。即有

$$u_U + u_V + u_W = 0$$

$$\dot{U}_U + \dot{U}_V + \dot{U}_W = 0$$

对称三相电动势和电流具有相同的特性。能够提供这样一组对称三相正弦电压的就是对称三相电源，通常所说的三相电源都是指对称三相电源。

对称三相正弦量达到最大值（或零值）的先后顺序称为相序，上述 U 相超前于 V 相，V 相超前于 W 相的顺序称为正相序，简称为正序。无特别说明，三相电源均认为是正序对称的。工程上以黄、绿、红 3 种颜色分别作为 U、V、W 三相的标志。

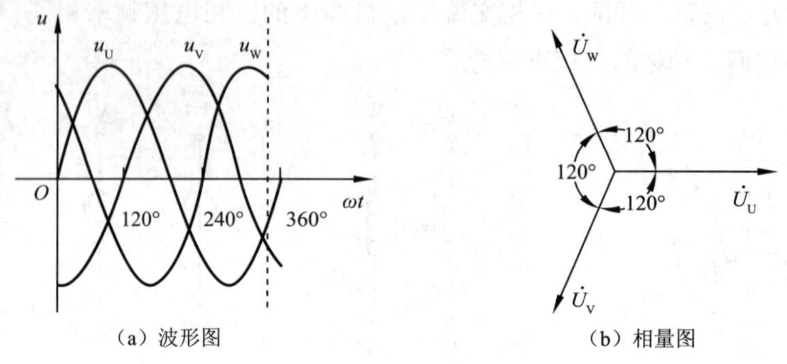

（a）波形图　　（b）相量图

图 5-2　三相交流电压

二、三相电源及三相负载的连接

1. 三相电源的连接

三相电源的连接方法有星形连接和三角形连接两种。

（1）三相电源的星形连接

三相电源的星形连接如图5-3 所示。在这种连接方法中，3 个绕组的末端 U2、V2、W2 连接在一起成为一个公共端，用 N 表示，称为中性点。从中性点引出的导线称为中性线，当中性点接地时，中性线又称地线或零线。从 3 个绕组的始端引出的导线称为相线或端线，俗称火线，这种接法又称三相四线制接法。

在图 5-3 中，相线与中性线之间的电压称为相电压，习惯上用下标字母的次序表示相电压的参考方向，分别记为$\dot{U}_{UN}$、$\dot{U}_{VN}$、$\dot{U}_{WN}$，简记为$\dot{U}_U$、$\dot{U}_V$、$\dot{U}_W$。其瞬时值用 u_U、u_V、u_W 表示，有效值用 U_P 表示。两相线之间的电压称为线电压，分别记为$\dot{U}_{UV}$、$\dot{U}_{VW}$、$\dot{U}_{WU}$，也用下标字母的次序表示其参考方向。以$\dot{U}_{UV}$为例，其参考方向由 U 指向 V。其瞬时值用 u_{UV}、u_{VW}、u_{WU} 表示，有效值用 U_L 表示。

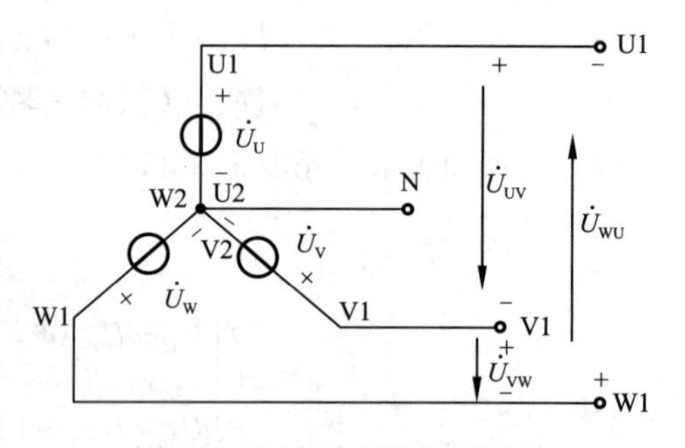

图 5-3　三相电源的星形连接

根据基尔霍夫定律不难求得线电压与相电压之间的关系，即

$$\begin{aligned}\dot{U}_{UV} &= \dot{U}_U - \dot{U}_V = \dot{U}_U - \dot{U}_U\angle -120^\circ \\ &= \dot{U}_U\left[1-\left(-\frac{1}{2}-j\frac{\sqrt{3}}{2}\right)\right] = \dot{U}_U\left(\frac{3}{2}+j\frac{\sqrt{3}}{2}\right) \\ &= \sqrt{3}\,\dot{U}_U\angle 30^\circ\end{aligned}$$

同理得出 $\dot{U}_{VW}$，$\dot{U}_{WU}$的表达式，并整理为

$$\begin{cases} \dot{U}_{UV} = \sqrt{3}\,\dot{U}_{U}\angle 30^\circ \\ \dot{U}_{VW} = \sqrt{3}\,\dot{U}_{V}\angle 30^\circ \\ \dot{U}_{WU} = \sqrt{3}\,\dot{U}_{W}\angle 30^\circ \end{cases} \tag{5-3}$$

由上述分析可知，对称三相电源作星形连接时，线电压的有效值是相电压有效值的$\sqrt{3}$倍，线电压的相位比相应相电压超前 30°。因此，线电压也是与相电压同相序的一组对称三相正弦量。

在三相交流电路中，3 个线电压之间的关系是

$$\dot{U}_{UV} + \dot{U}_{UW} + \dot{U}_{WU} = \dot{U}_{U} - \dot{U}_{V} + \dot{U}_{V} + \dot{U}_{W} - \dot{U}_{U} = 0$$

或用瞬时值表示为

$$u_{UV} + u_{VW} + u_{WU} = u_{U} - u_{V} + u_{V} - u_{W} + u_{W} - u_{U} = 0$$

即 3 个线电压的相量和总等于零；或 3 个线电压瞬时值的代数和恒等于零。

上述线电压与相电压之间的关系也可以从图 5-4 所示的相量图中求出。同样，线电压也是对称的，而且都超前于对应的相电压 30°，即

$$U_{L} = 2U_{P}\cos 30^\circ = \sqrt{3}\,U_{P}$$

因此，三相四线制电路可以提供线电压和相电压两组不同的对称三相电压，负载可根据实际需要做适当的连接。

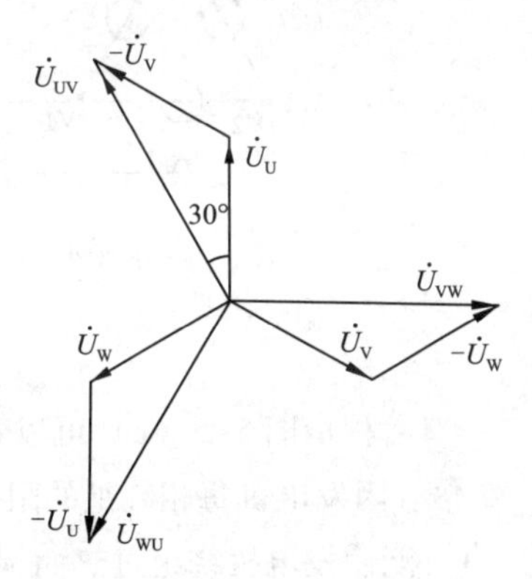

图 5-4　星形连接的相量图

流过相线的电流称为线电流，而流过电源每一相的电流称为相电流。当三相电源作星形连接时，每相的线电流与相电流相等。

例 5-1　当发电机三相绕组连成星形时，设线电压 $u_{UV} = 380\sqrt{2}\sin(\omega t - 30^\circ)$ V，写出其他各线电压和相电压的瞬时值解析式。

解　根据对称三相电源星形连接的特点，可求出各线电压分别为

$$u_{VW} = 380\sqrt{2}\sin(\omega t - 150^\circ)\,\text{V}$$

$$u_{WU} = 380\sqrt{2}\sin(\omega t + 90^\circ)\,\text{V}$$

各相电压分别为

$$u_{U} = 220\sqrt{2}\sin(\omega t - 60^\circ)\,\text{V}$$

$$u_{V} = 220\sqrt{2}\sin(\omega t - 180^\circ)\,\text{V}$$

$$u_{W} = 220\sqrt{2}\sin(\omega t + 60^\circ)\,\text{V}$$

（2）三相电源的三角形连接

三相电源的三角形连接如图 5-5（a）所示，即将三相发电机的 3 个绕组首尾依次相接，形成一个闭合回路，就可构成三相电源的三角形连接。从 3 个连接点引出的 3 根相线即为 3 根

端线。由图可见，三相电源作三角形连接时，只能是三相三线制，而且线电压就等于相电压。即

$$\dot{U}_{UV}=\dot{U}_{U},\quad \dot{U}_{VW}=\dot{U}_{V},\quad \dot{U}_{WU}=\dot{U}_{W}$$

即

$$U_{L}=U_{P}$$

应该指出，三相电源作三角形连接时，要注意接线的正确性。当三相电源连接正确时，在三角形闭合回路中总电压为零，即

$$\dot{U}_{U}+\dot{U}_{V}+\dot{U}_{W}=U_{P}(\angle 0^\circ+\angle -120^\circ+\angle 120^\circ)=0$$

相量图如图 5-5（b）所示。但是，如果将某一相电压源接反（例如 U 相），此时闭合回路内总电压为

$$-\dot{U}_{U}+\dot{U}_{V}+\dot{U}_{W}=U_{P}(\angle 180^\circ+\angle -120^\circ+\angle 120^\circ)=-2\dot{U}_{U}$$

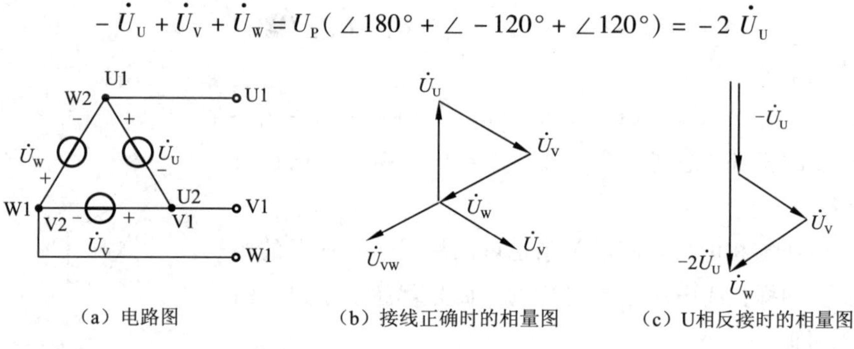

（a）电路图　（b）接线正确时的相量图　（c）U相反接时的相量图

图 5-5　三相电源的三角形连接

由相量图 5-5（c）可以看出，由于 U 相电压接反，此时闭合回路内总电压为一相电压的 2 倍。因发电机每相绕组的阻抗一般都很小，将在绕组回路中引起很大的环形电流，这一环流有可能使发电机绕组过热而损坏。因此，三相电源作三角形连接时应严格按绕组首尾依次相接进行。

2. 三相负载的连接

三相负载由互相连接的 3 个负载组成，其中每一个负载称为一相（或单相）负载。当 3 个单相负载的参数相同时，称为对称三相负载。三相负载的连接方法也有两种，即星形连接和三角形连接。

（1）三相负载的星形连接

三相负载星形连接时，电路如图 5-6 所示。将三相负载的一端连接到一个公共端点，负载的另一端分别与电源的 3 个相线相连，负载的公共端点称为负载中性点，用 N′表示。如果电源为星形连接，将负载中性点 N′与电源的中性线相连，如图 5-6（a）所示，这种用 4 根导线把电源和负载连接起来的三相电路称为三相四线制电路。

三相电路中，流过每相负载的电流称为相电流，流过每根相线的电流称为线电流，而流过中性线的电流称为中性线电流。显然，负载星形连接时，各个相电流就是对应的线电流。在三相四线制电路中，中性线电流为

$$\dot{I}_{N}=\dot{I}_{U}+\dot{I}_{V}+\dot{I}_{W}\tag{5-4}$$

在星形连接的三相电路中，如果电源线电压对称，负载对称，即 $Z_{U}=Z_{V}=Z_{W}=Z$，这就

是对称三相电路。此时三相电流对称，即$\dot{I}_U$、$\dot{I}_V$、$\dot{I}_W$大小相等，相位依次相差120°，即

$$\dot{I}_U = \frac{\dot{U}_U}{Z}$$

$$\dot{I}_V = \frac{\dot{U}_V}{Z} = \frac{\dot{U}_U \angle -120°}{Z} = \dot{I}_U \angle -120°$$

$$\dot{I}_W = \frac{\dot{U}_W}{Z} = \frac{\dot{U}_U \angle -120°}{Z} = \dot{I}_U \angle -120°$$

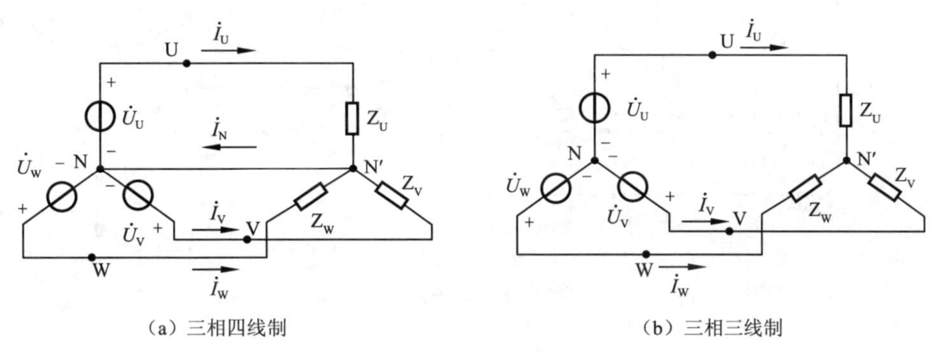

（a）三相四线制　　（b）三相三线制

图 5-6　三相负载星形连接

也是一组对称的正弦量。其相量图如图 5-7 所示。

此时，中性线电流为

$$\dot{I}_N = \dot{I}_U + \dot{I}_V + \dot{I}_W = \dot{I}_U + \dot{I}_U \angle -120° + \dot{I}_U \angle 120° = 0$$

如果三相电流接近对称，中性线电流很小，可忽略不计，所以有时省去中性线，可以接成图 5-6（b）所示的三相三线制电路。

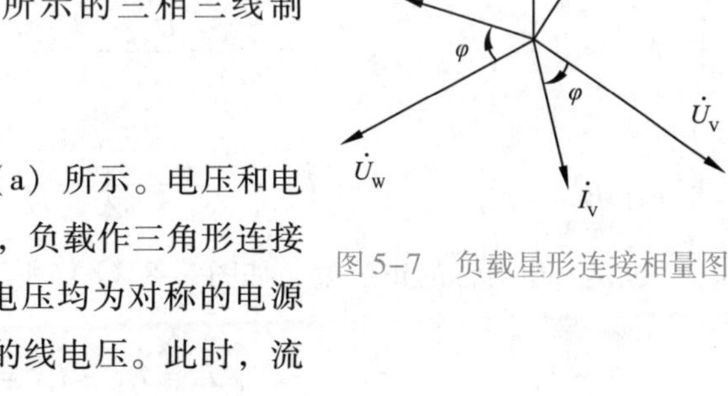

图 5-7　负载星形连接相量图

（2）三相负载的三角形连接

三相负载三角形连接时，电路如图 5-8（a）所示。电压和电流的参考方向如图 5-8（a）所示，由图可见，负载作三角形连接时，无论负载是否对称，各相负载所受的相电压均为对称的电源线电压。也就是说，负载的相电压等于电源的线电压。此时，流过各相负载的电流称为相电流，分别为

$$\dot{I}_{UV} = \frac{\dot{U}_{UV}}{Z_{UV}}$$

$$\dot{I}_{VW} = \frac{\dot{U}_{VW}}{Z_{VW}}$$

$$\dot{I}_{WU} = \frac{\dot{U}_{WU}}{Z_{WU}}$$

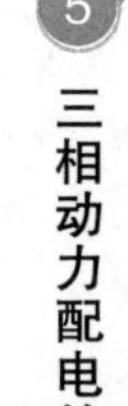

流过各相线的电流称为线电流，各线电流可根据基尔霍夫定律求得，即

$$\dot{I}_{U}=\dot{I}_{UV}-\dot{I}_{WU}$$

$$\dot{I}_{V}=\dot{I}_{VW}-\dot{I}_{UV}$$

$$\dot{I}_{W}=\dot{I}_{WU}-\dot{I}_{VW}$$

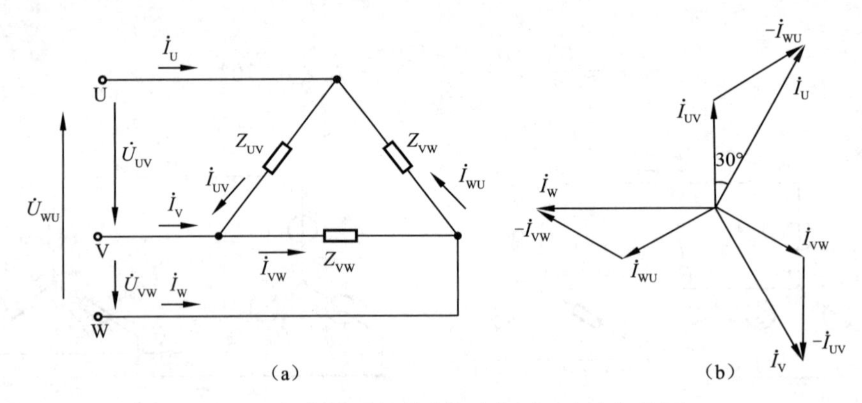

图 5-8　负载的三角形连接及电压、电流相量图

如果三相负载对称，即

$$Z_{UV}=Z_{VW}=Z_{WU}=Z$$

则各相负载电流为

$$\dot{I}_{UV}=\frac{\dot{U}_{UV}}{Z_{UV}}=\frac{\dot{U}_{UV}}{Z}$$

$$\dot{I}_{VW}=\frac{\dot{U}_{VW}}{Z_{VW}}=\frac{\dot{U}_{VW}}{Z}=\frac{\dot{U}_{UV}\angle-120^{\circ}}{Z}=\dot{I}_{UV}\angle-120^{\circ}$$

$$\dot{I}_{WU}=\frac{\dot{U}_{WU}}{Z_{WU}}=\frac{\dot{U}_{WU}}{Z}=\frac{\dot{U}_{UV}\angle120^{\circ}}{Z}=\dot{I}_{UV}\angle120^{\circ}$$

也是一组对称的正弦量，如图 5-8（b）所示。从相量图可求得各线电流为

$$\begin{cases}\dot{I}_{U}=\dot{I}_{UV}-\dot{I}_{WU}=\sqrt{3}\,\dot{I}_{UV}\angle-30^{\circ}\\ \dot{I}_{V}=\dot{I}_{VW}-\dot{I}_{UV}=\sqrt{3}\,\dot{I}_{VW}\angle-30^{\circ}\\ \dot{I}_{W}=\dot{I}_{WU}-\dot{I}_{VW}=\sqrt{3}\,\dot{I}_{WU}\angle-30^{\circ}\end{cases} \tag{5-5}$$

可见，对称三相负载作三角形连接时，线电流也是一组对称的正弦量，且线电流的有效值等于相电流的$\sqrt{3}$倍，相位滞后于相应的相电流 30°。线电流和相电流的大小关系通常记为

$$I_{L}=\sqrt{3}I_{P}$$

应该指出，负载作三角形连接时，总有线电流

$$\dot{I}_U + \dot{I}_V + \dot{I}_W = 0$$

根据三相电源和三相负载各自的连接方式，可构成Y-Y连接、Y-△连接、△-△连接以及△-Y连接等各种连接方式的三相电路。

例 5-2　三相四线制电路如图 5-8（a）所示，星形负载各相阻抗分别为 $Z_U = (6 + j8)\Omega$，$Z_V = (8 + j6)\Omega$，$Z_W = (3 - j4)\Omega$，电源线电压为 38 -0 V，求各相电流及中性线电流。

解　如图 5-8（a）所示，电源作星形连接，则有

$$U_p = \frac{U_L}{\sqrt{3}} = 220\ \text{V}$$

设

$$\dot{U}_U = 220\angle 0°\text{V}$$

则各相负载的相电流为

$$\dot{I}_U = \frac{\dot{U}_U}{Z_U} = \frac{220\angle 0°}{6 + j8}\ \text{A} = \frac{220\angle 0°}{10\angle 53.1°}\ \text{A} = 22\ \angle -53.1°\ \text{A}$$

$$\dot{I}_V = \frac{\dot{U}_V}{Z_V} = \frac{220\angle -120°}{8 + j6}\ \text{A} = \frac{220\angle -120°}{10\angle 36.9°}\ \text{A} = 22\angle -156.9°\ \text{A}$$

$$\dot{I}_W = \frac{\dot{U}_W}{Z_W} = \frac{220\angle 120°}{3 - j4}\ \text{A} = \frac{220\angle 120°}{5\angle -53.1°}\ \text{A} = 44\angle 175.1°\ \text{A}$$

中性线电流为

$$\begin{aligned}\dot{I}_N &= \dot{I}_U + \dot{I}_V + \dot{I}_W \\ &= (22\angle -53.1° + 22\angle -156.9° + 44\angle 175.1°)\ \text{A} \\ &= (13.2 - j17.6 - 20.2 - j8.6 - 43.8 + j3.8)\ \text{A} \\ &= (-50.8 - j22.4)\,\text{A} \\ &= 55.5\angle -156.2°\ \text{A}\end{aligned}$$

例 5-3　每相阻抗 $Z =(4 + j3)\Omega$ 的对称三相负载作三角形连接，接到线电压为 380 V 的三相电源上，求负载各相电流及各线电流。

解　设线电压 $\dot{U}_{UV} = 380\angle 0°\text{V}$，则负载各相电流为

$$\dot{I}_{UV} = \frac{\dot{U}_{UV}}{Z} = \frac{380\angle 0°}{4 + j3}\ \text{A} = \frac{380\angle 0°}{5\angle 36.9°}\ \text{A} = 76\angle -36.9°\ \text{A}$$

$$\dot{I}_{VW} = \frac{\dot{U}_{VW}}{Z} = \dot{I}_{UV}\angle -120° = 76\angle -156.9°\ \text{A}$$

$$\dot{I}_{WU} = \frac{\dot{U}_{WU}}{Z} = \dot{I}_{UV}\angle 120° = 76\angle 83.1°\ \text{A}$$

根据对称三相负载作三角形连接时线电流和相电流的关系，则负载各线电流为

$$\dot{I}_U = \sqrt{3}\,\dot{I}_{UV}\angle -30° = 131.6\angle -66.9°\ \text{A}$$

$$\dot{I}_V = \dot{I}_U\angle -120° = 131.6\angle -186.9°\ \text{A}$$

$$\dot{I}_W = \dot{I}_U\angle 120° = 131.6\angle 53.1°\ \text{A}$$

三、对称三相电路的分析

对称三相电路是指一组（或多组）对称三相电源通过对称的输电线接到一组（或多组）对称三相负载组成的三相电路。在分析对称三相电路时，利用对称三相电路的一些特点，可简化三相电路的分析计算。前面讨论的有关正弦交流电路的基本理论、基本定律和分析方法对三相正弦交流电路仍然适用。

现以图5-9所示的对称三相四线制电路为例说明其特点。图中电源或负载都只有一组，电源电压$\dot{U}_U$、$\dot{U}_V$、$\dot{U}_W$对称。其中，输电线阻抗Z_l、中性线阻抗Z_N、负载阻抗$Z_U = Z_V = Z_W = Z$均对称。电路中只有两个节点，故用弥尔曼定理较方便。

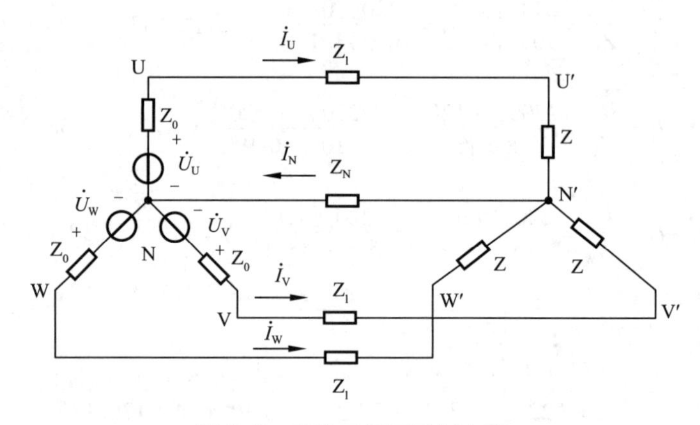

图5-9　对称三相四线制电路

根据弥尔曼定理，电路的中性点电压为

$$\dot{U}_{N'N} = \frac{\dfrac{\dot{U}_U}{Z_U + Z_l} + \dfrac{\dot{U}_V}{Z_V + Z_l} + \dfrac{\dot{U}_W}{Z_W + Z_l}}{\dfrac{1}{Z_U + Z_l} + \dfrac{1}{Z_V + Z_l} + \dfrac{1}{Z_W + Z_l} + \dfrac{1}{Z_N}} = \frac{\dfrac{1}{Z_l + Z}\left(\dot{U}_U + \dot{U}_V + \dot{U}_W\right)}{\dfrac{3}{Z_l + Z} + \dfrac{1}{Z_N}} \tag{5-6}$$

因为$\dot{U}_U + \dot{U}_V + \dot{U}_W = 0$，故$\dot{U}_{N'N} = 0$。即负载中性点N与电源中性点N′等电位，因而中性线电流为

$$\dot{I}_N = \frac{\dot{U}_{N'N}}{Z_N} = 0$$

所以，三相负载对称时，中性线不起作用，将中性线断开或者短路对电路都没有影响。负载各相电流（也等于线电流）分别为

$$\dot{I}_U = \frac{\dot{U}_U - \dot{U}_{N'N}}{Z_l + Z} = \frac{\dot{U}_U}{Z_l + Z}$$

$$\dot{I}_V = \frac{\dot{U}_U - \dot{U}_{N'N}}{Z_1 + Z} = \frac{\dot{U}_V}{Z_1 + Z} = \dot{I}_U \angle -120^\circ$$

$$\dot{I}_W = \frac{\dot{U}_W - \dot{U}_{N'N}}{Z_1 + Z} = \frac{\dot{U}_W}{Z_1 + Z} = \dot{I}_U \angle 120^\circ$$

负载各相电压分别为

$$\dot{U}_{U'N'} = Z\dot{I}_U$$

$$\dot{U}_{V'N'} = Z\dot{I}_V = \dot{U}_{U'N'} \angle -120^\circ$$

$$\dot{U}_{W'N'} = Z\dot{I}_W = \dot{U}_{U'N'} \angle 120^\circ$$

负载各线电压分别为

$$\dot{U}_{U'V'} = \dot{U}_{U'N'} - \dot{U}_{V'N'}$$

$$\dot{U}_{V'W'} = \dot{U}_{V'N'} - \dot{U}_{W'N'} = \dot{U}_{U'V'} \angle -120^\circ$$

$$\dot{U}_{W'U'} = \dot{U}_{W'N'} - \dot{U}_{U'N'} = \dot{U}_{U'V'} \angle 120^\circ$$

可见，对称三相电路的各线电流（即负载各相电流）、负载各相电压、负载端的线电压都分别对称。

由以上分析可知，对称三相星形电路具有下列一些特点：

① 中性线不起作用。电路中虽然存在中性线阻抗 Z_N，但由于三相星形电路具有对称性，结果 $\dot{U}_{N'N} = 0$，$\dot{I}_N = 0$。所以，在对称三相电路中，不论有无中性线，中性线阻抗为何值，对电路都没有影响。

② 对称三相星形电路中，各相独立，彼此互不相关，每相的电流、电压只决定于本相电压和负载，而与其他相无关。

③ 三相的电流、电压都是和电源电压同相序的对称量。

根据上述对称三相星形电路的特点，可以进一步研究对称三相电路的一般解法，即单相法。对于具有多组负载的对称三相电路的分析计算，一般可采用单相法。单相法可归纳为以下几点：

① 用等效星形连接的对称三相电源的线电压代替原电路的线电压；根据负载的星形和三角形的等效互换，将电路中三角形连接的负载，用等效星形连接的负载代换。

② 用中性线将电源中性点和负载中性点连接起来，使电路成为对称的三相四线制电路。

③ 取出一相电路，单独分析计算。

④ 根据对称性求出其余两相的电流和电压。

⑤ 求出三角形连接负载的各相电流。

四、三相电路的功率

1. 有功功率

在三相电路中，三相负载的总有功功率等于各相负载的有功功率之和，即

$$P=P_U+P_V+P_W=U_UI_U\cos\varphi_U+U_VI_V\cos\varphi_V+U_WI_W\cos\varphi_W$$

式中，U_U、U_V、U_W 分别为各相负载的相电压；I_U、I_V、I_W 分别为各相负载的相电流，$\cos\varphi_U$、$\cos\varphi_V$、$\cos\varphi_W$ 分别为各相负载的功率因数。

在对称三相电路中，各相负载的有功功率相等，即

$$U_UI_U\cos\varphi_U=U_VI_V\cos\varphi_V=U_WI_W\cos\varphi_W=U_PI_P\cos\varphi_P \tag{5-7}$$

三相总有功功率为

$$P=P_U+P_V+P_W=3U_PI_P\cos\varphi_P \tag{5-8}$$

式中，U_P 是相电压，I_P 是相电流，φ_P 是相电压与相电流之间的相位差，等于负载的阻抗角。

在对称三相电路中，无论负载接成星形还是三角形，总有

$$3U_PI_P=\sqrt{3}U_LI_L$$

总有功功率也可写为

$$P=\sqrt{3}U_LI_L\cos\varphi_P \tag{5-9}$$

式中，U_L 是线电压，I_L 是线电流，φ_P 仍然是相电压与相电流之间的相位差，等于负载的阻抗角。

2. 无功功率

同理，三相负载的总无功功率为

$$Q=Q_U+Q_V+Q_W=U_UI_U\sin\varphi_U+U_VI_V\sin\varphi_V+U_WI_W\sin\varphi_W \tag{5-10}$$

在对称三相电路中有

$$Q_P=3U_PI_P\sin\varphi_P=\sqrt{3}U_LI_L\sin\varphi_P \tag{5-11}$$

3. 视在功率

在三相电路中，三相负载的总视在功率为

$$S=\sqrt{P^2+Q^2}$$

三相负载对称的情况下，有

$$S=3U_PI_P=\sqrt{3}U_LI_L \tag{5-12}$$

三相负载的总功率因数为

$$\lambda=\frac{P}{S} \tag{5-13}$$

例 5-4　有一三相负载，每相等效阻抗 $Z=(8+j6)\Omega$，求下列两种情况下的有功功率和无功功率。①连接成星形接于 $U_L=380$ V 三相电源上；②连接成三角形接于 $U_L=220$ V 三相电源上。

解　① 三相负载接成星形。接于 $U_L=380$ V 电源上时

$$U_P=\frac{U_L}{\sqrt{3}}=\frac{380}{\sqrt{3}}\text{ V}=220\text{ V}$$

$$I_P=I_L=\frac{U_P}{|Z|}=\frac{220}{\sqrt{8^2+6^2}}\text{ A}=22\text{ A}$$

由阻抗三角形可得

$$\cos\varphi_P=\frac{8}{\sqrt{8^2+6^2}}=0.8,\ \sin\varphi_P=0.6$$

所以
$$P=\sqrt{3}U_LI_L\cos\varphi_P=\sqrt{3}\times380\times22\times0.8\ \text{W}=11.6\ \text{kW}$$
$$Q=\sqrt{3}U_LI_L\sin\varphi_P=\sqrt{3}\times380\times22\times0.6\ \text{var}=8.7\ \text{kvar}$$

② 三相负载接成三角形，接于 $U_L=220$ V 电源上时

$$U_P=U_L=220\ \text{V}$$
$$I_L=\sqrt{3}I_P=\sqrt{3}\frac{220}{\sqrt{8^2+6^2}}\ \text{A}=38.1\ \text{A}$$
$$P=\sqrt{3}U_LI_L\cos\varphi_P=\sqrt{3}\times220\times38.1\times0.8\ \text{W}=11.6\ \text{kW}$$
$$Q=\sqrt{3}U_LI_L\sin\varphi_P=\sqrt{3}\times220\times38.1\times0.6\ \text{var}=8.7\ \text{kvar}$$

例 5-5　在 380 V 三相电源上接入对称星形连接的负载，测得电路中消耗的有功功率为 6 kW，线电流为 11 A，求每相负载参数。

解　由于负载对称，则

$$\cos\varphi_P=\frac{P}{\sqrt{3}U_LI_L}=\frac{6\times10^3}{\sqrt{3}\times380\times11}=0.829$$

在星形连接中

$$U_P=\frac{U_L}{\sqrt{3}}=\frac{380}{\sqrt{3}}\ \text{V}=220\ \text{V}$$
$$I_P=I_L=11\ \text{A}$$
$$|Z_P|=\frac{U_P}{I_P}=\frac{220}{11}\ \Omega=20\ \Omega$$

根据阻抗三角形关系，可求得电阻和感抗分别为

$$R=|Z_P|\cos\varphi_P=20\times0.829\ \Omega=16.58\ \Omega$$
$$X_L=|Z_P|\sin\varphi_P=20\times0.559\ \Omega=11.18\ \Omega$$

4. 对称三相电路的瞬时功率

对称三相电路中总瞬时功率可以表示为

$$p=p_U+p_V+p_W=u_Ui_U+u_Vi_V+u_Wi_W$$

在对称三相电路中，三相电压对称，三相电流也对称，所以将各相电压、电流瞬时值表达式代入上式，经过三角函数运算可得到总瞬时功率为

$$p=\sqrt{3}U_LI_L\cos\varphi_P=3U_PI_P\cos\varphi$$

可见，在对称三相电路中，总瞬时功率是一个常量，而且正好等于总有功功率。这是对称三相电路的又一个优点。因此，当三相电动机通入对称的三相电流后，电动机的运行是稳定的。

5. 功率的测量

对于三相功率的测量要分为对称三相负载和不对称三相负载来说明。三相对称负载，可用一只功率表测出其中一相的功率，再乘 3 就是三相总功率，这种方法称为一表法，如图 5-10（a）所示。三相不对称负载的三相四线制电路中，可用三只功率表分别测出各相的功率，三相功率等于各功率表读数之和，这种方法称为三表法，如图 5-10（b）所示。

在三相三线制电路中，无论负载是否对称，负载为星形或三角形连接，常用两表法测量三相总功率，如图 5-10（c）所示。

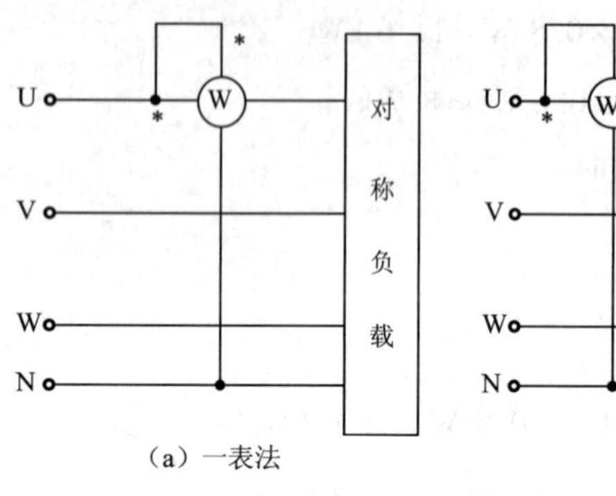

（a）一表法

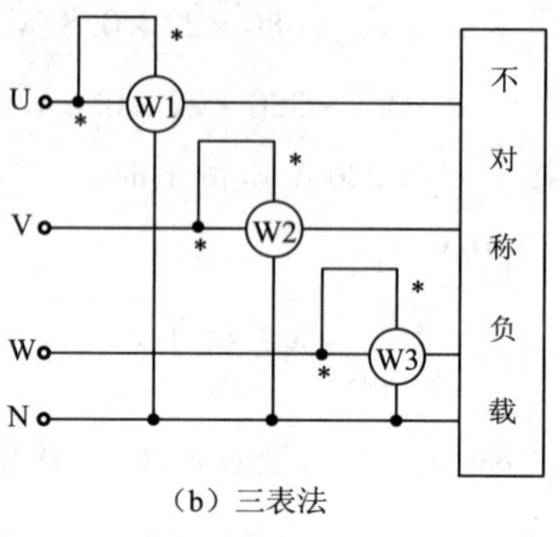

（b）三表法

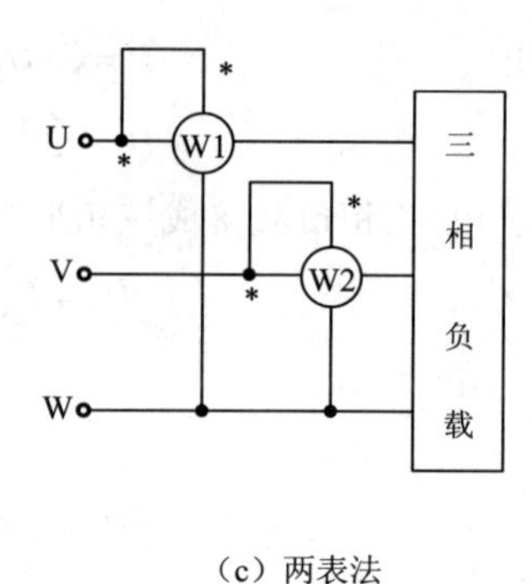

（c）两表法

图 5-10　三相功率的测量接线图

三相电路总的有功功率 P 等于两表读数之和，即 $P = P_1 + P_2$。使用两表法可以测量三相电路总功率，但要注意接线，凡是有标注“ * ”或“ ± ”号的接线柱应接在电源或负载的同一侧，这种接法称为正接，总功率为两表功率之和。实际负载中，功率因数较低时，线电压与线电流的相位差可能大于90°，其中一只功率表的指针会反偏，这时，应将电流线圈反接才能正常读数，总功率应为正接功率表的读数与反接功率表的读数之差。

例 5-6　图 5-11 所示电路中，三相电动机的功率为 3 kW，电源的线电压为 380 V，$\cos\varphi = 0.866$，求图中两功率表的读数。

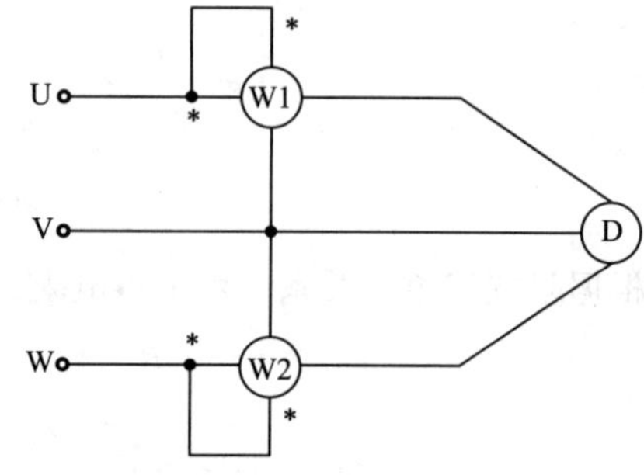

图 5-11　例 5-6 电路图

解　由 $P = \sqrt{3} U_L I_L \cos\varphi$，可求得线电流为

$$I_L = \frac{P}{\sqrt{3} U_L \cos\varphi} = \frac{3 \times 10^3}{\sqrt{3} \times 380 \times 0.866} \text{ A} = 5.26 \text{ A}$$

设 $\dot{U}_U = \dfrac{380}{\sqrt{3}} \angle 0° \text{ V} = 220 \angle 0° \text{V}$

而　$\varphi = \arccos 0.866 = 30°$

所以

$$\dot{I}_U = 5.26 \angle -30° \text{ A}$$

$$\dot{U}_{UV} = 380 \angle 30° \text{ V}$$

$$\dot{I}_W = 5.26 \angle 90° \text{ A}$$

$$\dot{U}_{WV} = -\dot{U}_{VW} = -380 \angle -90° \text{ V} = 380 \angle 90° \text{ V}$$

功率表 W1 的读数为

$$P_1 = U_{UV} I_U \cos\varphi_1 = 380 \times 5.26 \cos[30° - (-30°)] \text{ W} = 1 \text{ kW}$$

功率表 W2 的读数为

$$P_2 = U_{WV} I_W \cos\varphi_2 = 380 \times 5.26 \cos(90° - 90°) \text{ W} = 2 \text{ kW}$$

所以

$$P_1 + P_2 = (1 + 2) \text{ kW} = 3 \text{ kW}$$

由上述计算结果可知，一般情况下，即使对称电路，两表法中的两表读数也是不相等的。

五、电感的耦合

在前面已经介绍了电阻、电容和电感基本电路元件，电路中还有一类元件，它们不止一条支路，其中一条支路的电流或电压与另一条支路的电压或电流相关联，这类元件称为耦合元件。

1. 耦合电感元件

（1）耦合线圈的自感和互感

如图 5-12 所示，均画出了一对有磁耦合的线圈 1 和线圈 2，线圈芯子和周围的磁介质为非铁磁性物质。为了便于说明，规定每个线圈电流的参考方向与电压参考方向相关联，与其产生的磁链的参考方向符合右手螺旋法则，也为相关联。如果线圈 1 中有电流 i_1 存在，则在线圈芯子和周围建立磁场，在线圈 1 本身形成自感磁链 ψ_{11}，并与电流 i_1 成正比。由于 ψ_{11} 的参考方向与 i_1 的参考方向相关联，则 $\psi_{11}=L_1 i_1$，L_1 为线圈 1 的自感。电流 i_1 建立的磁场在线圈 2 中形成互感磁链 ψ_{21}，且与电流 i_1 成正比。由于 ψ_{21} 的参考方向与 i_1 的参考方向相关联，则 $\psi_{21}=M_{21}i_1$，M_{21} 为线圈 1 与线圈 2 的互感。这里，L_1、M_{21} 均为与电流和时间无关的常量。同理，如果线圈 2 中有电流 i_2 存在，产生的磁场在线圈 2 本身形成自感磁链 ψ_{22}。由于 ψ_{22} 的参考方向与 i_2 的参考方向相关联，则 $\psi_{22}=L_2 i_2$，L_2 为线圈 2 的自感。电流 i_2 建立的磁场在线圈 1 中形成互感磁链 ψ_{12}，ψ_{12} 的参考方向与 i_2 参考方向也相关联，则 $\psi_{12}=M_{12}i_2$，M_{12} 为线圈 2 与线圈 1 的互感。这里，L_2、M_{12} 均为与电流和时间无关的常量。

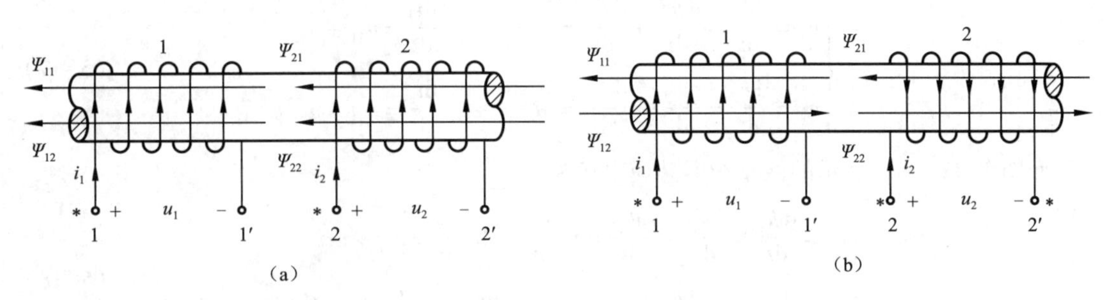

图 5-12　耦合线圈

如果磁场的介质是静止的，则 $M_{21}=M_{12}$，它们可以用 M 来表示，称为互感。其单位与自感相同，也是 H。互感的量值反映了一个线圈在另一个线圈产生磁链的能力。通常情况下，一对耦合线圈的电流产生的磁通只有部分磁通相交链，不交链的那部分磁通称为漏磁通。可以用耦合因数 k 来表征耦合线圈耦合的紧密程度。

$$k=\frac{M}{\sqrt{L_1 L_2}} \tag{5-14}$$

式中，L_1、L_2 为两个线圈的自感；M 为互感。

k 的范围是 $0\leqslant k\leqslant 1$，k 值越大，表明这两个线圈的 M 越大。

（2）耦合线圈的总磁链

如果一对耦合线圈中同时存在电流 i_1 和 i_2，则每个线圈的总磁链为自感磁链和互感磁链的合成。假设总磁链和自感磁链的参考方向相同，则图 5-12（a）所示的两个线圈有

$$\begin{cases}\psi_1=\psi_{11}+\psi_{12}=L_1i_1+Mi_2\\ \psi_2=\psi_{21}+\psi_{22}=Mi_1+L_2i_2\end{cases} \tag{5-15}$$

图5-12（b）所示的两个线圈有

$$\begin{cases}\psi_1=\psi_{11}-\psi_{12}=L_1i_1-Mi_2\\ \psi_2=-\psi_{21}+\psi_{22}=-Mi_1+L_2i_2\end{cases} \tag{5-16}$$

从式（5-15）和式（5-16）可知，计算总磁链的公式不一样，这与两个线圈的相对位置和绕法有关，也与电流的参考方向（或者与线圈首尾端规定）有关。

当电流 i_1 和 i_2 在耦合线圈中产生的磁场方向相同时，i_1 和 i_2 流入（或流出）的两个端钮称为同名端，用一对符号“*”表示，如图5-12（a）的端钮1和2（或1′和2′）是同名端。而图5-12（b）所示刚好相反，由于 i_1 和 i_2 在耦合线圈中产生的磁场方向相反，则端钮1和2（或1′和2′）是异名端。

因此，当两个线圈的电流均由同名端流入，则每个线圈的总磁链为自感磁链和互感磁链相加；当两个线圈的电流均由异名端流入，则每个线圈的总磁链为自感磁链和互感磁链相减。

（3）耦合线圈的感应电压

当电流 i_1 和 i_2 随时间变化时，线圈中磁场及磁链也随着时间变化，并在线圈中产生感应电动势。如果忽略线圈电阻，则在线圈两端出现与感应电动势量值相同的电压。设线圈电压、电流、磁链为关联参考方向，由电磁感应定律，图5-12（a）所示的两个线圈感应电压为

$$\begin{cases}u_1=\dfrac{d\psi_1}{dt}=\dfrac{d\psi_{11}}{dt}+\dfrac{d\psi_{12}}{dt}=L_1\dfrac{di_1}{dt}+M\dfrac{di_2}{dt}=u_{11}+u_{12}\\ u_2=\dfrac{d\psi_2}{dt}=\dfrac{d\psi_{21}}{dt}+\dfrac{d\psi_{22}}{dt}=M\dfrac{di_1}{dt}+L_2\dfrac{di_2}{dt}=u_{21}+u_{22}\end{cases} \tag{5-17}$$

而图5-12（b）所示的两个线圈感应电压为

$$\begin{cases}u_1=\dfrac{d\psi_1}{dt}=\dfrac{d\psi_{11}}{dt}-\dfrac{d\psi_{12}}{dt}=L_1\dfrac{di_1}{dt}-M\dfrac{di_2}{dt}=u_{11}+u_{12}\\ u_2=\dfrac{d\psi_2}{dt}=-\dfrac{d\psi_{21}}{dt}+\dfrac{d\psi_{22}}{dt}=-M\dfrac{di_1}{dt}+L_2\dfrac{di_2}{dt}=u_{21}+u_{22}\end{cases} \tag{5-18}$$

式中，u_{11}、u_{22}为自感电压，u_{21}、u_{12}为互感电压。

由式（5-17）和式（5-18）可以看出，在忽略耦合线圈电阻的条件下，每个线圈的总电压均由自感磁链产生的自感电压和互感电压组成。当取自感电压、互感电压与线圈总电压参考方向相同时，自感电压总是正的，而互感电压可能为正也可能为负。如图5-12（a）所示，当线圈电流的参考方向与另一个线圈电压的参考方向对同名端相关联时，互感电压为正；如图5-12（b）所示，当线圈电流的参考方向与另一个线圈电压的参考方向对同名端为非关联时，互感电压为负。

（4）耦合电感元件简介

耦合电感元件可以定义为由实际耦合线圈抽象出来的理想化的电路模型，它由 L_1、L_2 和 M 三个参数表征，是一种线性双口元件。如图5-13（a）所示，线圈电流的参考方向与另一个线圈电压的参考方向对同名端为相关联时，线圈电压为

$$
\begin{cases}
u_1 = u_{11} + u_{12} = L_1 \dfrac{\mathrm{d}i_1}{\mathrm{d}t} + M \dfrac{\mathrm{d}i_2}{\mathrm{d}t} \\
u_2 = u_{21} + u_{22} = M \dfrac{\mathrm{d}i_1}{\mathrm{d}t} + L_2 \dfrac{\mathrm{d}i_2}{\mathrm{d}t}
\end{cases} \tag{5-19}
$$

如图5-13（b）所示，线圈电流的参考方向与另一个线圈电压的参考方向对同名端为非关联时，线圈电压为

$$
\begin{cases}
u_1 = u_{11} + u_{12} = L_1 \dfrac{\mathrm{d}i_1}{\mathrm{d}t} - M \dfrac{\mathrm{d}i_2}{\mathrm{d}t} \\
u_2 = u_{21} + u_{22} = -M \dfrac{\mathrm{d}i_1}{\mathrm{d}t} + L_2 \dfrac{\mathrm{d}i_2}{\mathrm{d}t}
\end{cases} \tag{5-20}
$$

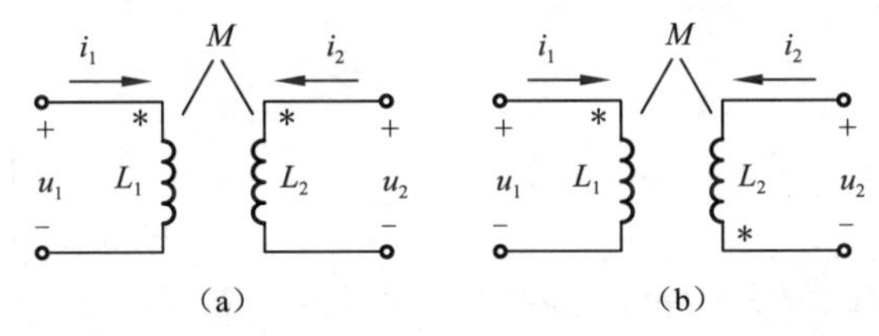

图5-13　耦合电感元件

由式（5-19）和式（5-20）可知，每个线圈的总电压由自感电压和互感电压组成。自感电压总是正的，而互感电压则有正有负，它与引起该电压的另一个线圈电流的参考方向有关。

例5-7　当耦合线圈的相对位置和绕法无法识别时，可用图5-14所示实验电路确定同名端。图中 U_S 表示直流电源，可用1.5 V干电池。图中电压表Ⓥ为高内阻直流电压表，本实验选择电压表量程较大，以免损坏电压表。一个线圈接电压表的“+”“-”极。当开关闭合瞬间，根据电压表的偏转方向来判定同名端。

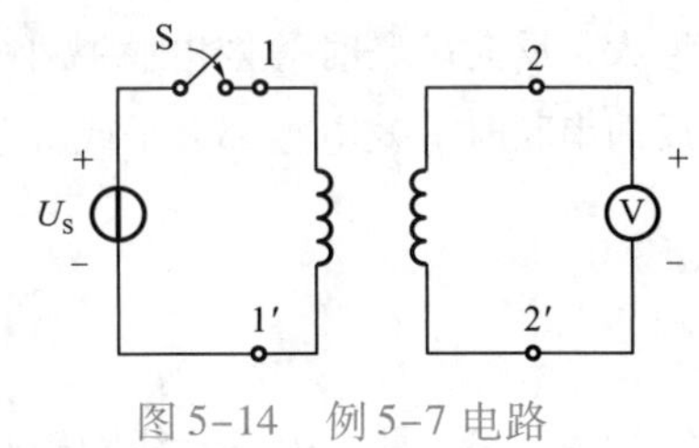

图5-14　例5-7电路

解　当开关闭合瞬间，电流由端钮1流入线圈，由零增大。当有随时间增大的电流从一线圈的端钮流入时，除使该端钮电位升高外，还使耦合线圈的同名端电位升高。此时，电压表指针正向偏转，说明端钮2为高电位，即端钮1和2为同名端。

2. 耦合电感的正弦交流电路

（1）耦合电感元件的相量

由于耦合电感上的电压不仅有自感电压，而且还有互感电压，所以含耦合电感电路的分析有一定的特殊性。直接应用节点电压法等常用方法不易考虑互感电压，故通常采用等效分析法来解决含耦合电感电路。

（2）耦合电感元件的串联

耦合电感的一对线圈串联时有两种接法：一种是顺向串联，而另一种是反向串联。

① 顺向串联。顺向串联是把两个线圈的异名端相连，如图5-15所示。

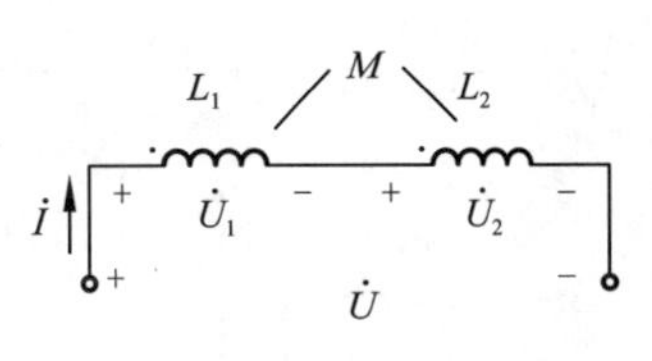

图5-15　顺向串联

则在正弦电路中有

$$\dot{U}_1=\dot{U}_{11}+\dot{U}_{12}=j\omega L_1\dot{I}+j\omega M\dot{I}$$

$$\dot{U}_2=\dot{U}_{22}+\dot{U}_{21}=j\omega L_2\dot{I}+j\omega M\dot{I}$$

则顺向串联时线圈的总电压相量为

$$\dot{U}=\dot{U}_1+\dot{U}_2=j\omega(L_1+L_2+2M)\dot{I} \tag{5-21}$$

其顺向串联等效电感为

$$L=L_1+L_2+2M \tag{5-22}$$

② 反向串联。反向串联时两个线圈的同名端相连，如图 5-16 所示。

则在正弦电路中有

$$\dot{U}_1=\dot{U}_{11}-\dot{U}_{12}=j\omega L_1\dot{I}-j\omega M\dot{I}$$

$$\dot{U}_2=\dot{U}_{22}-\dot{U}_{21}=j\omega L_2\dot{I}-j\omega M\dot{I}$$

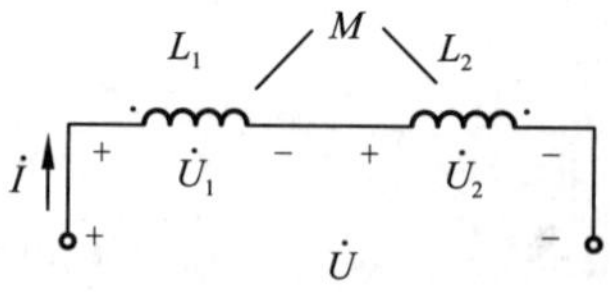

图 5-16 反向串联

则反向串联时线圈的总电压相量为

$$\dot{U}=\dot{U}_1+\dot{U}_2=j\omega(L_1+L_2-2M)\dot{I}$$

其反向串联等效电感为

$$L=L_1+L_2-2M \tag{5-23}$$

故当耦合电感串联时，其等效电感为

$$L=L_1+L_2\pm 2M \tag{5-24}$$

式（5-24）中，顺向串联时取“+”号，反向串联时取“-”号。顺向串联时等效电感增大，反向串联时等效电感减小。有了这个结论，可用实验方法可判断耦合电感的同名端。反向串联时等效电感都大于或等于零。

$$L_1+L_2-2M>0$$

则

$$M\leqslant\frac{1}{2}(L_1+L_2) \tag{5-25}$$

例 5-8 两个磁耦合线圈串联接到 220 V 的工频正弦电压源上，测得顺向串联时的电流为 2.7 A，功率为 218.7 W；反向串联时的电流为 7 A。试求互感 M。

解 设两个线圈的电阻分别为 R_1，R_2，串联耦合线圈的复阻抗为

$$Z=(R_1+R_2)+j\omega(L_1+L_2\pm 2M)$$

根据已知条件，顺向串联时可得

$$R_1+R_2=\frac{P}{I_F^2}=\frac{218.7}{2.7^2}\ \Omega=30\ \Omega$$

$$\begin{aligned}L&=L_1+L_2+2M\\&=\frac{1}{314}\sqrt{\left(\frac{220}{2.7}\right)^2-30^2}\ \text{H}\\&=0.24\ \text{H}\end{aligned}$$

反向串联时，线圈电阻不变，根据已知条件可得

$$
\begin{aligned}
L'_{\mathrm{eq}} &= L_1 + L_2 - 2M \\
&= \frac{1}{314}\sqrt{\left(\frac{220}{7}\right)^2 - 30^2}\ \mathrm{H} \\
&= 0.03\ \mathrm{H}
\end{aligned}
$$

解得

$$M = \frac{0.24 - 0.03}{4}\ \mathrm{H} = 0.053\ \mathrm{H}$$

（3）耦合电感元件的并联

互感线圈的并联也有两种连接方式，一种是两个线圈的同名端相连，称为同侧并联，如图 5-17（a）所示；另一种是两个线圈的异名端相连，称为异侧并联，如图 5-17（b）所示。

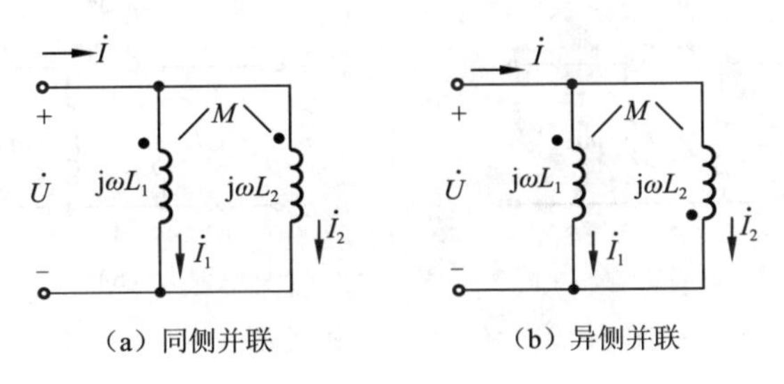

图 5-17　互感线圈的并联

在图 5-17（a）所示电压、电流的参考方向下，一个线圈的互感电压与另一个线圈的电流参考方向对同名端相关联时，可列出如下的电路方程

$$
\begin{cases}
\dot{U} = \mathrm{j}\omega L_1\dot{I}_1 + \mathrm{j}\omega M\dot{I}_2 \\
\dot{U} = \mathrm{j}\omega L_2\dot{I}_2 + \mathrm{j}\omega M\dot{I}_1
\end{cases}
\tag{5-26}
$$

将式（5-6）的第一式用 $\dot{I}_2 = \dot{I} - \dot{I}_1$代入，第二式用 $\dot{I}_1 = \dot{I} - \dot{I}_2$代入，可得

$$
\begin{cases}
\dot{U} = \mathrm{j}\omega L_1\dot{I}_1 + \mathrm{j}\omega M(\dot{I} - \dot{I}_1) = \mathrm{j}\omega M\dot{I} + \mathrm{j}\omega(L_1 - M)\dot{I}_1 \\
\dot{U} = \mathrm{j}\omega L_2\dot{I}_2 + \mathrm{j}\omega M(\dot{I} - \dot{I}_2) = \mathrm{j}\omega M\dot{I} + \mathrm{j}\omega(L_2 - M)\dot{I}_1
\end{cases}
\tag{5-27}
$$

由式（5-27）可画其耦合电感并联的等效电路，如图 5-18（a）所示。由于电路中不存在耦合电路，该方法称为去耦法，其等效阻抗为

$$Z = \mathrm{j}\omega M + \frac{\mathrm{j}\omega(L_1 - M)\times\mathrm{j}\omega(L_2 - M)}{\mathrm{j}\omega(L_1 - M) + \mathrm{j}\omega(L_2 - M)} = \mathrm{j}\omega\frac{L_1L_2 - M^2}{L_1 + L_2 - 2M}$$

即等效电感为

$$L = \frac{L_1L_2 - M^2}{L_1 + L_2 - 2M} \tag{5-28}$$

而耦合电感异名端相并联的等效电路如图 5-18（b）所示，则等效电感为

$$L = \frac{L_1L_2 - M^2}{L_1 + L_2 + 2M} \tag{5-29}$$

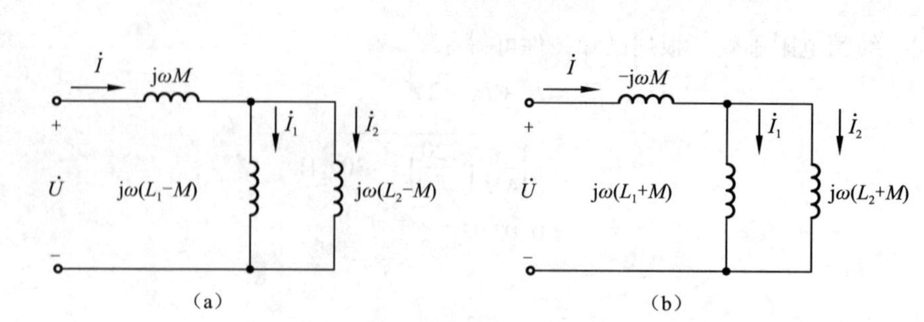

图 5-18　耦合电感并联时的去耦等效电路

如果耦合电感的两线圈即使不并联，但它们有一个端钮相连，去耦法仍适用。如图 5-19 所示电路，其耦合电感的等效电路如图 5-20 所示。

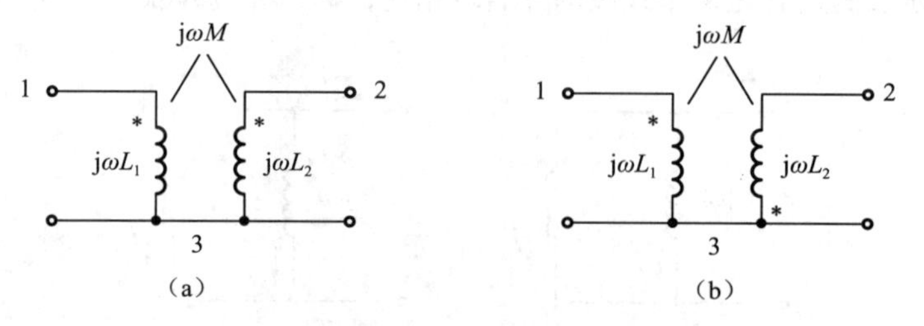

图 5-19　有一个公共端的耦合电感

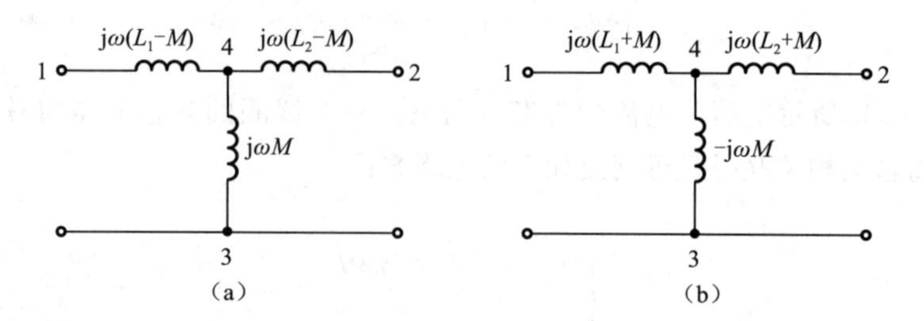

图 5-20　有一个公共端的耦合电感的等效电路

六、串联谐振

谐振现象是正弦交流电路中的一种特殊现象，它在通信与无线电技术中得到广泛的应用。最基本的谐振电路有 *RLC* 串联和并联谐振电路，下面分析 *RLC* 串联谐振电路。

1. 串联谐振产生的条件及频率

由 R、L、C 组成的串联电路，在某一特定频率的正信号弦激励下，端口电压与电流同相，发生谐振。这种串联电路的谐振，称为串联谐振。图 5-21 所示 *RLC* 串联谐振电路中，端口接正弦电源。

电路的阻抗为

$$Z = R + \mathrm{j}\left(\omega L - \frac{1}{\omega C}\right) = R + \mathrm{j}X = |Z| \angle\varphi$$

当

$$\omega_0 L = \frac{1}{\omega_0 C} \tag{5-30}$$

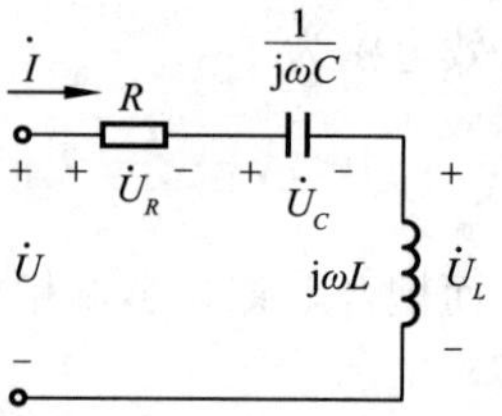

图 5-21　*RLC* 串联谐振电路

则 $X=0$，$\varphi=0$，$Z=R$，$\lambda=1$，端口电压 $\dot{U}$ 与电流 $\dot{I}$ 同相，电

路呈阻性，电路便发生 *RLC* 串联谐振。因此，式（5-30）称为串联谐振发生的条件。发生谐振的角频率称为谐振角频率，即

$$\omega_0=\frac{1}{\sqrt{LC}} \tag{5-31}$$

谐振频率为

$$f_0=\frac{1}{2\pi\sqrt{LC}} \tag{5-32}$$

式（5-32）表明，电路的谐振频率只由串联电路的元件参数 L、C 决定，而与电阻 R 无关，所以 ω_0 也是电路的一种参数。它反映了电路的固有特性，又称电路的固有角频率。

式（5-32）还表明，*RLC* 串联电路谐振的发生，不仅和元件的参数 L、C 有关，还和电源的频率有关。所以，电路谐振的发生，可以有两种方法：一种是调节激励信号的频率，目的是使信号的频率等于电路的谐振频率，即 $\omega=\omega_0$；另一种是改变电路元件 L 或 C 的参数，使电路的谐振频率等于信号的频率，例如，收音机选择广播电台就是一种常见的调谐操作。

2. 串联谐振的特点、特性阻抗、品质因数

（1）串联谐振的特点

RLC 串联电路谐振时，电路的阻抗为最小，$Z=R$，在 U 为恒定时，电路中

$$\dot{I}=\frac{\dot{U}}{Z}=\frac{\dot{U}}{R}$$

此时，电流有效值可达极大值，且只决定于电阻值而与电感和电容值无关。

（2）串联谐振的特性阻抗、品质因数

串联谐振时，电路的电抗 $X=\omega L-\dfrac{1}{\omega C}=0$，但感抗 X_L 和容抗 X_C 均不为零，且 $X_L=X_C$。

由于谐振时

$$\omega_0=\frac{1}{\sqrt{LC}}$$

则谐振时的感抗和容抗皆为

$$X_L=X_C=\omega_0 L=\frac{1}{\omega_0 C}=\sqrt{\frac{L}{C}}=\rho \tag{5-33}$$

式中，ρ 称为特性阻抗，单位为 Ω。

特性阻抗的大小由电路的参数 L 和 C 来决定，而与谐振的频率大小无关。ρ 是衡量电路特性的一个重要参数。在工程中，通常用电路的特性阻抗 ρ 与电路的电阻 R 比值来表征谐振电路的性质，此值用 Q 表示，称为串联谐振电路的品质因数。即

$$Q=\frac{\rho}{R}=\frac{\omega_0 L}{R}=\frac{1}{\omega_0 CR}=\frac{1}{R}\sqrt{\frac{L}{C}} \tag{5-34}$$

可见品质因数 Q 是由元件参数 R、L、C 决定的一个参数。

在引入品质因数这个概念后，电路发生串联谐振时，电感与电容两端的电压可表示为

$$U_L=\omega_0 LI=\frac{\omega_0 L}{R}U=QU \tag{5-35}$$

$$U_C=\frac{1}{\omega_0 C}I=\frac{1}{\omega_0 CR}U=QU \tag{5-36}$$

即

$$U_L=U_C=QU \tag{5-37}$$

由式（5-37）可知，电感与电容两端的电压的有效值都是电源电压的 Q 倍。在无线电通信技术中的串联谐振电路，一般 $R\ll\rho$，Q 值可达到几十到几百。因此谐振时，电感或电容的电压可达到激励电压的几十到几百倍，所以串联谐振又称电压谐振。

例 5-9　如图 5-21 所示 RLC 串联谐振电路，已知 $R=5\ \Omega$，$C=0.1\ \mu F$，$L=4$ mH，电源的电压有效值为 100 V（等幅变频的正弦交流电压）。试求：①谐振频率 f_0；②电路的品质因数 Q；③谐振时电感和电容两端的电压 U_L 和 U_C。

解　① 谐振时电源的角频率

$$\omega=\omega_0=\frac{1}{\sqrt{LC}}=\frac{1}{\sqrt{4\times10^{-3}\times0.1\times10^{-6}}}\ \text{rad/s}=5\times10^4\ \text{rad/s}$$

谐振频率为

$$f_0=\frac{\omega_0}{2\pi}=\frac{5\times10^4}{6.28}\ \text{Hz}=7.96\times10^3\ \text{Hz}$$

② 电路品质因数为

$$Q=\frac{\omega_0 L}{R}=\frac{5\times10^4\times4\times10^{-3}}{5}=40$$

③ 谐振时电容和电感两端的电压分别为

$$U_C=U_L=QU=40\times100\ \text{V}=4\ 000\ \text{V}$$

3. 谐振曲线

前面讲述了串联谐振电路谐振时的特性，为了进一步了解串联谐振电路的特性，下面研究串联谐振电路的频率特性。

如图 5-21 所示电路，电路中的电流为

$$\dot{I}=\frac{\dot{U}}{R+\mathrm{j}\left(\omega L-\frac{1}{\omega C}\right)}=\frac{\dot{U}/R}{1+\mathrm{j}\frac{\omega_0 L}{r}\left(\frac{\omega}{\omega_0}-\frac{1}{\omega_0\omega LC}\right)}=\frac{\dot{I}_0}{1+\mathrm{j}Q\left(\frac{\omega}{\omega_0}-\frac{\omega_0}{\omega_0}\right)} \tag{5-38}$$

则电流有效值为

$$I=I_0\frac{1}{\sqrt{1+Q^2\left(\frac{\omega}{\omega_0}-\frac{\omega_0}{\omega}\right)^2}}$$

即

$$\frac{I}{I_0}=\frac{1}{\sqrt{1+Q^2\left(\frac{\omega}{\omega_0}-\frac{\omega_0}{\omega}\right)^2}} \tag{5-39}$$

$I_0=\frac{U}{R}$称为谐振电流，$\frac{\omega}{\omega_0}$为外加电压角频率与谐振角频率的比值。由式（5-39），对不同

的 Q 值画出一组曲线，如图 5-22 所示，该曲线称为串联谐振电路的谐振曲线。发生谐振时，$\omega=\omega_0$，$\eta=1$，$\frac{I}{I_0}=1$；当$\frac{\omega}{\omega_0}$时，$\frac{I}{I_0}<1$。在一定的频率偏移下，Q 值越大，电流比下降越快，说明电路对不是谐振角频率的电流具有较强的抑制能力（即选择性较好）。

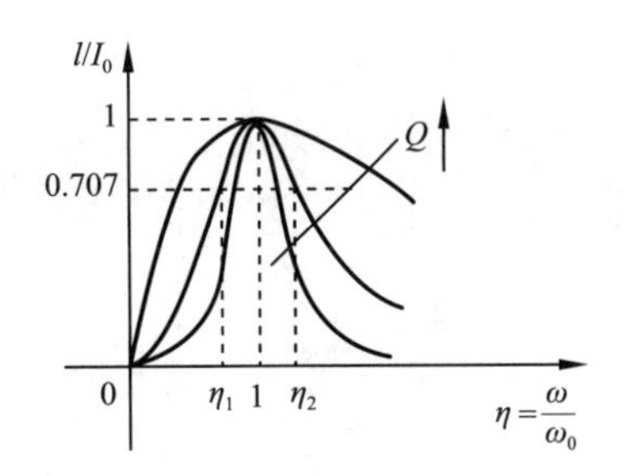

图 5-22 串联谐振电路的谐振曲线

工程上规定，以通用曲线上$\frac{I}{I_0}=0.707$，这一点对应的两个频率点之间的宽度作为衡量设计指标，该宽度又称带宽或通频带，它规定谐振电路允许通过信号的频率范围。

任务实施

根据任务要求进行三相动力配电线路的设计与分析。

一、任务说明

这里以 × ×工厂车间需要进行三相动力配电线路的设计为例进行说明。

对于工厂企业、住宅楼、办公楼等场所都要使用三相动力线路，引三相电入厂都需要对每相负载先进行平衡配电处理。

1. 入配电房

进入到配电房的应为三相电，这个三相电是不会直接入户进行使用的，通常还需经过用户变压器进行转换，最后由用户变压器的二次［侧］输出的电源才会被接入到用户中使用，如图 5-23 所示。

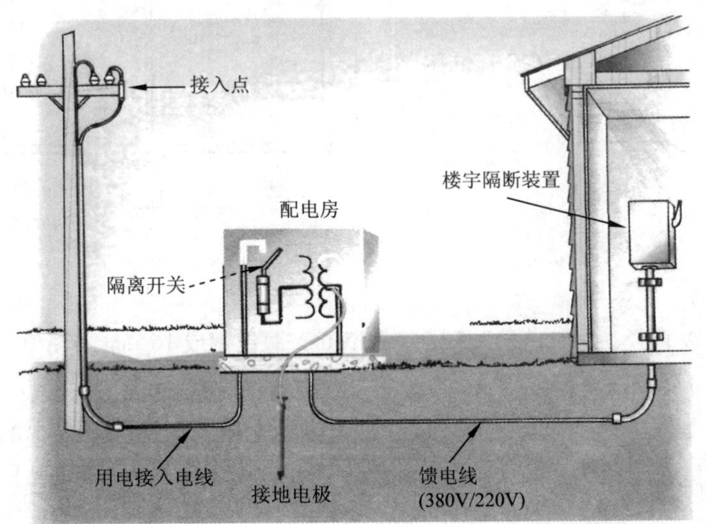

图 5-23 三相电入配电房示意图

（1）配电房的接地

在接入变电站输出的三相电时，还要考虑电源系统的接地。下面以常用的 TN-C-S 供电系统为例设计三相电进入配电房，如图 5-24 所示。图中省略了供电变压器的一、二次［侧］的其他两条相线。

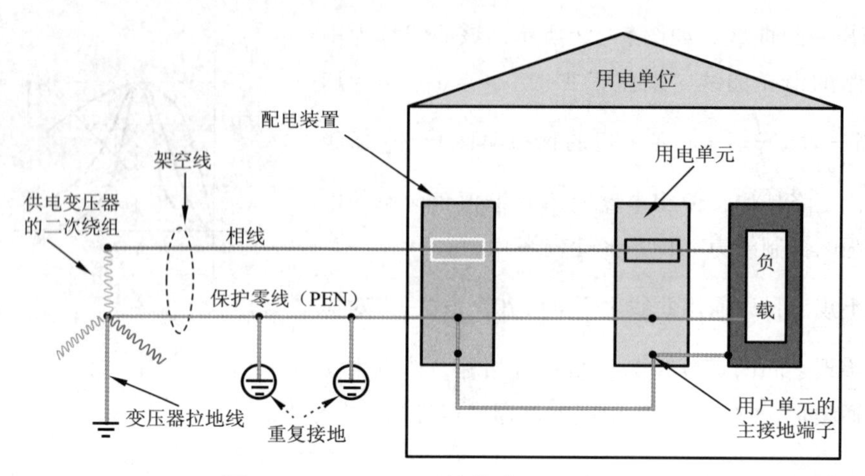

图 5-24　TN-C-S 系统供电入户示意图

接电入户的实际接线如图 5-25 所示。

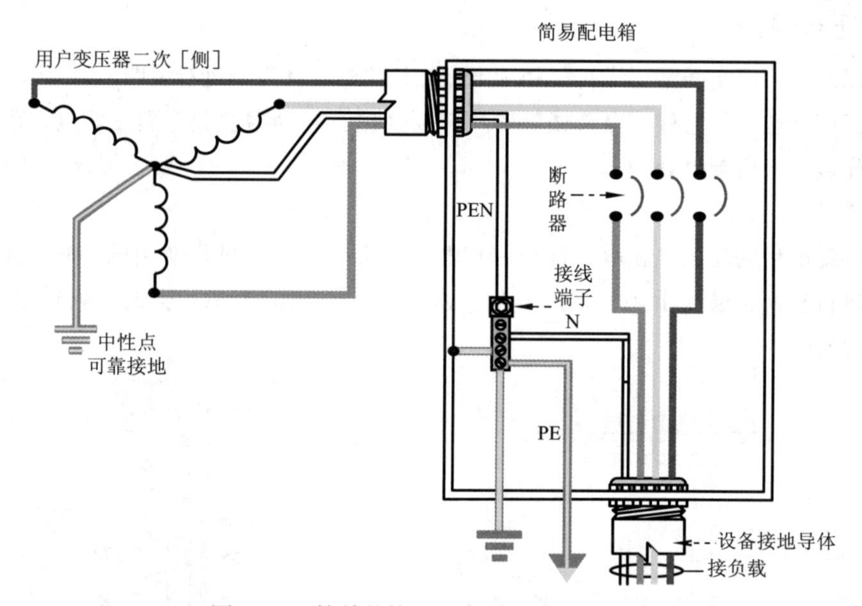

图 5-25　简单的接电入户实际接线示意图

标准接地电极直径为 9 mm、12. 5 mm 或 15 mm 铜包钢或 16 mm 不锈钢，接地电极的标准长度为 1. 2 m 或 1. 5 m。

需要注意的是，虽然接地电极的数量取决于接地电阻，但应保证最少的接地电极数量与最小的接地电极大小，可参照表 5-1。

表 5-1　最小接地电极数的选择

主断路器输入电流/A	最小接地电极数	主接地电极最小参数/mm^2
60/100	1	16
200	1	50

续表

主断路器输入电流/A	最小接地电极数	主接地电极最小参数/mm^2
300	1	50
400	1	70
500	2	70
600	2	70
800	2	70
1 000	2	70
1 600	2	70
2 000	2	150
2 500	2	150

（2）配电房内设备安装时的注意事项

每个企业的配电房可能各不相同，但在变电站输出的电接入配电房时还是有些相同的注意事项。

在配电房内安装配电柜时，配电柜与绝缘体之间的安全距离不小于1.1 m，配电柜与墙壁间的安全距离不小于1.1 m，配电柜与配电柜之间的安全距离不小于1.5 m；配电设备有通风要求的，其通风口与墙壁间的距离不小于0.8 m；两个配电柜相对放置时，其距离不小于1.5 m，使用时不能同时打开两个面板。

配电房内至少应设置一个进出口，对于有超大电流设备时要保证有一个宽0.8 m、高1.9 m的通道。当配电房内有大电流开关控制装置时，必须保证进出口的通畅，没有任何障碍物。如果配电房内只有一个进入口，但有多个大电流开关控制装置时，要保证两个控制装置之间的距离不小于2.5 m，控制装置与门口的距离不小于1.5 m。

配电房内的设备应放置在合适的位置，以便于操作，同时还应有良好的通风和照明，还可安装自动灭火装置，如图5-26所示。

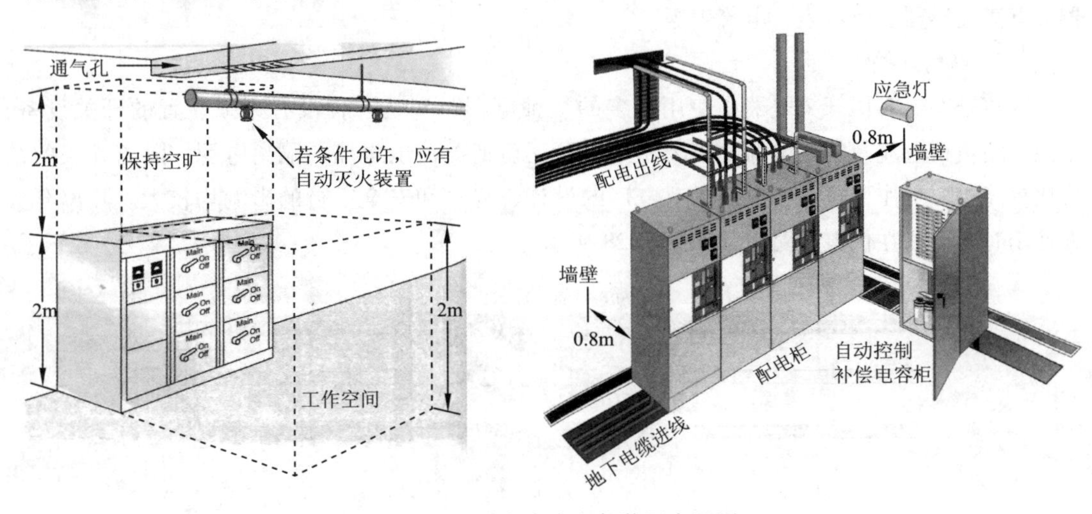

图5-26　配电房内电气装置布置图

配电房内的配电柜按其制造方式可分为自制配电箱和成套配电箱两类。成套配电箱的品种较多，应用较广。如用户有特殊要求时，可向制造厂提出非标准设计方案专门生产。在购买配电柜时应注意：配电柜必须有3C标志，产品外观完整、无损坏；应配有配电柜的系统图、原理图、接线图、柜内元器件的合格证、使用说明书、出厂检测报告；要认真对配电柜进行核对，结构是否与系统图一致，是否符合用户的设计要求；查看配电柜内元件排列位置是否合理，操作是否方便，走线是否规整；电气间隙和爬电距离是否符合国标要求，接点是否坚固可靠，线径是否符合要求，接地无断点。

（3）平衡配电

所谓配电就是为用户、负载分配合适的电源，配电时要平衡三相的负载。但平衡配电并不是绝对的，只要大致相等即可。例如某一配电房为4个单相用户供电，可按用户负荷的大小平均分配，如图5-27所示。

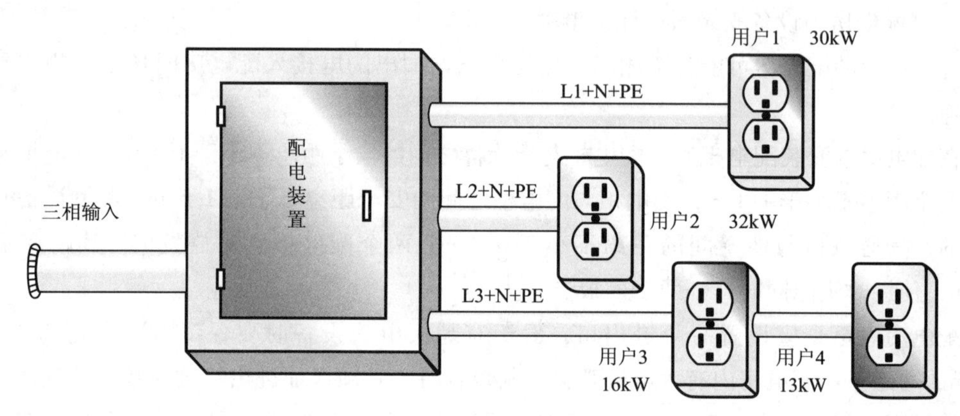

图5-27　平衡配电示意图

2．配电柜内的元器件

以某企业的配电房为例，配电柜内通常会有隔离开关、浪涌保护器、断路器、漏电保护器、电流互感器、电压表、电流表等。

（1）隔离开关

隔离开关是高压开关电器中使用最多的一种电器，它是一种没有灭弧装置的开关设备，不能切断负荷电流及短路电流，主要用来断开无负荷电流的电路，隔离电源。隔离开关的结构比较简单，工作可靠性要求高，对电厂的设计、建立和安全运行的影响均较大。隔离开关在使用时要串联在供电线路上，如图5-28所示。

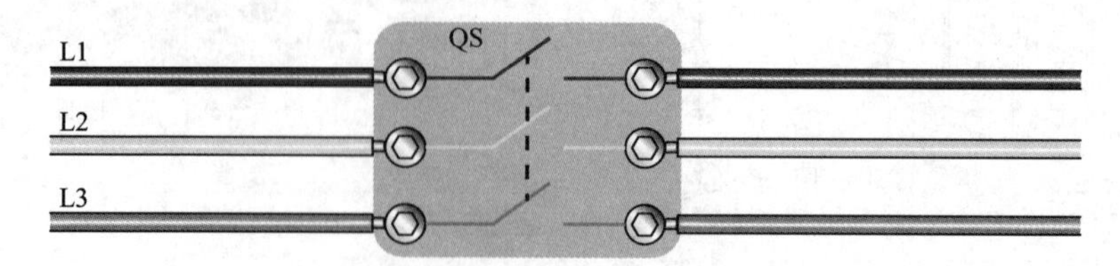

图5-28　隔离开关接线示意图

（2）浪涌保护器

浪涌保护器又称防雷器，外形如图5-29所示，是一种为各种电子设备、仪器仪表、通信线路提供安全防护的电子装置。当电气回路或者通信线路中因为外界的干扰突然产生尖峰电流或者电压时，浪涌保护器能在极短的时间内导通分流，从而避免浪涌对回路中其他设备的损害。浪涌保护器内至少有一个非线性组件，该组件在特定的情况下可在高阻抗和低阻抗状态间转换。

图 5-29　浪涌保护器外形

在正常工作状态下，浪涌保护器呈高阻抗状态。一旦一个尖峰电压或浪涌电流出现在电路中，浪涌保护器将在极短的时间内转换到低阻抗状态，则尖峰电压或浪涌电流被引到“地”，将线路电压限制在安全范围内，从而保护了电路。当尖峰电压或浪涌电流消失后，浪涌保护器恢复到高阻抗状态。

浪涌保护器可在相线与零线、相线与保护线、零线与保护线间连接。图 5-30 所示为 TN-C-S 系统中浪涌保护器连接的电路原理图。

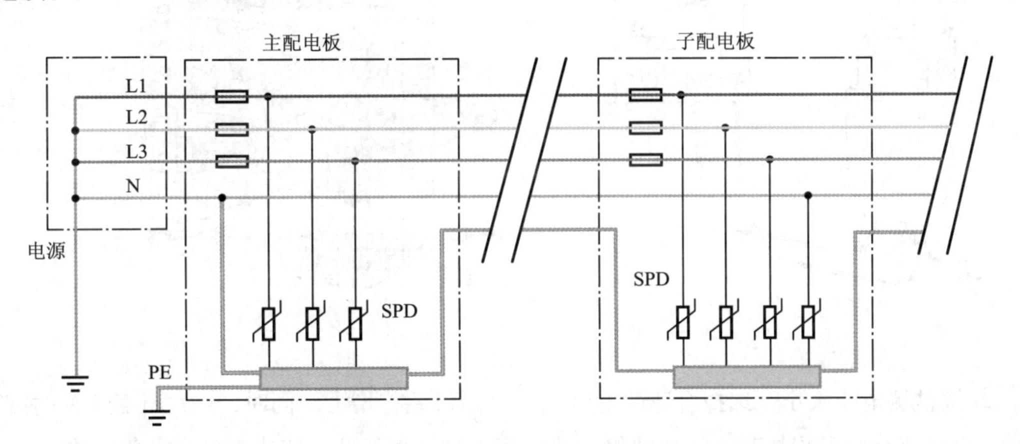

图 5-30　TN-C-S 系统中浪涌保护器连接的电路原理图

（3）电流互感器

电流互感器的作用是可以把数值较大的一次电流通过一定的变比转换为数值较小的二次电流，用来进行保护、测量等用途。电流互感器的分类方法很多，可分为母线式、贯穿式、导管式与支柱式，也可分为线绕式、窗口式、条形式，如图 5-31 所示。电流互感器是由闭合的铁芯和绕组组成的。它的一次绕组匝数很少，串在需要测量电流的电路中，因此它经常有电路的全部电流流过，二次绕组匝数比较多，串接在测量仪表和保护回路中，电流互感器在工作时，它的二次回路始终是闭合的，因此测量仪表和保护回路串联线圈的阻抗很小，电流互感器的工作状态接近短路。

线绕式

条形式

窗口式

图 5-31　电流互感器

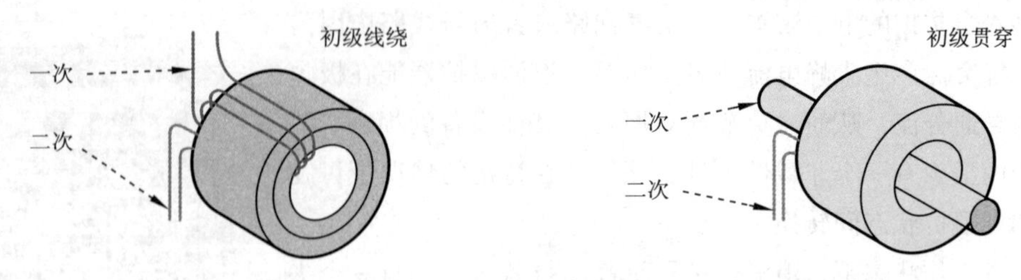

图 5-31　电流互感器（续）

电流互感器使用时的注意事项：

① 电流互感器的接线应遵守串联原则：即一次绕组应与被测电路串联，而二次绕组则与所有仪表负载串联，如图 5-32 所示。

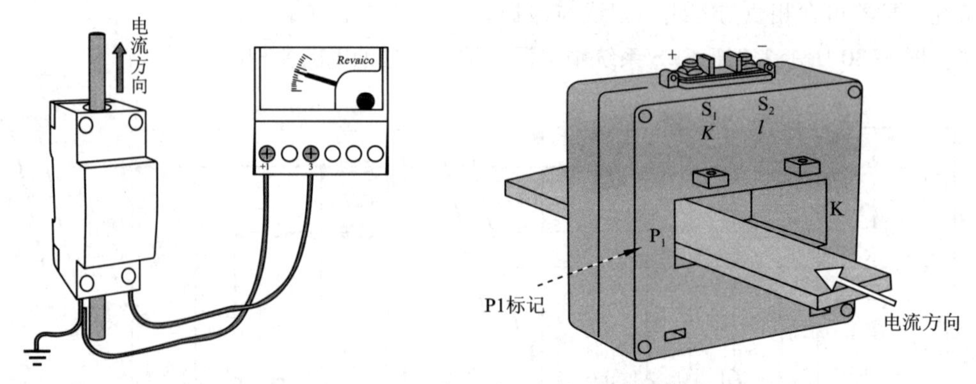

图 5-32　电流互感器的接线示意图

② 按被测电流大小，选择合适的电流比，否则误差将增大。同时，二次［侧］一端必须接地，以防绝缘一旦损坏时，一次［侧］高压窜入二次低压侧，造成人身和设备事故。

③ 二次［侧］绝对不允许开路。因一旦开路，一次［侧］电流全部成为磁化电流，引起 Φ_m 和 E_2 骤增，造成铁芯过度饱和磁化，发热严重乃至烧毁线圈；同时，磁路过度饱和磁化后，使误差增大。电流互感器在正常工作时，二次［侧］近似于短路，若突然使其开路，则励磁电动势由数值很小的值骤变为很大的值，铁芯中的磁通呈现严重饱和的平顶波，因此二次绕组将在磁通过零时感应出很高的尖顶波，其值可达到数千甚至上万伏，危及工作人员的安全及仪表的绝缘性能。另外，一次［侧］开路使二次电压达几百伏，一旦触及将造成触电事故。因此，电流互感器二次［侧］都备有短路开关，防止一次［侧］开路。在使用过程中，二次［侧］一旦开路应马上撤掉电路负载，然后，再停车处理。一切处理好后方可再用。

④ 为了满足测量仪表、继电保护、断路器失灵判断和故障滤波等装置的需要，在发电机、变压器、出线、母线分段断路器、母线断路器、旁路断路器等回路中均设 2 ~ 8 个二次绕组的电流互感器。对于大电流接地系统，一般按三相配置；对于小电流接地系统，依具体要求按两相或三相配置。

3. 配电输出

所谓配电输出是指将公共电网送来的电经变压器转换后合理地分配给最终用户，其输电过程见图 4-30。

从配电房中输出的有两个电压等级，分别为 220 V 单相电和 380 V 三相电。如图 5-33（a）所示，只使用三相电中的任一相，引出一根相线和一根零线，即可输出 220 V 单相电；如图 5-33（b）所示，直接从三相中电引出 3 根相线和 1 根零线，即可输出 380 V 三相电。

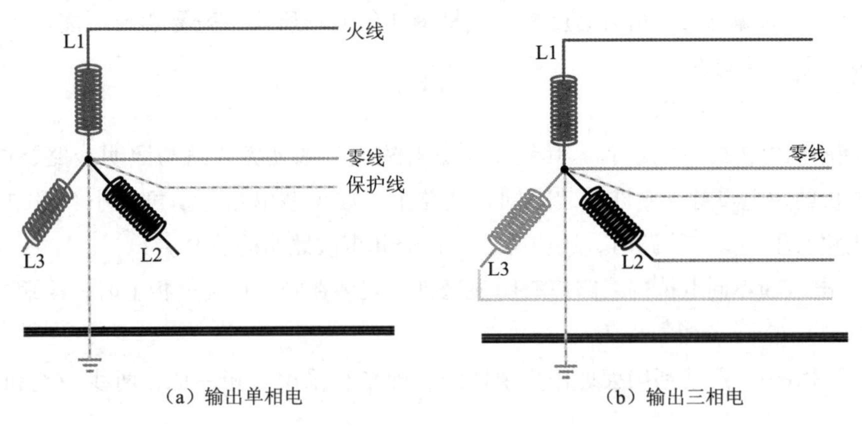

（a）输出单相电　　（b）输出三相电

图 5-33　配电房输出电压的两种形式

二、任务结束

工作任务结束后，清点工具、清理现场。

任务 10　三相动力配电的安装

任务解析

通过完成本任务，使学生掌握三相四线电能表、低压配电柜的安装方法。

知识链接

一、动力线路

动力线路的安装和维修要求比室内照明更高，以确保设备与人身的安全及生产的正常进行。所以，既要掌握动力线路的安装和维修特点，又要掌握动力设备的安装和维修技能，以保证达到动力线路的技术要求。

1. 动力线路的基本知识

动力线路中最常用的设备有电动机、电焊机、电炉、电烘箱以及电动工具等。主要由用电设备、供电线路、控制系统和保护装置组成，一般为 500 V 以下交流三相电源。动力线路广泛应用于工矿企业、车间与工厂中，但不同的使用环境对动力线路有不同的要求，并随着环境保护的要求不断地提高。

动力线路的使用环境分 6 类：

① 干燥。指相对湿度经常在 85% 以下的环境。

② 潮湿。指相对湿度经常高于 85% 的环境。

③ 户外。包括建筑物周围的廊下、亭台、檐下和雨雪可能飘淋到的环境。

④ 有可燃物质。指一般可燃物料的生产、加工或储存的环境。

⑤ 有腐蚀物质。指具有酸、碱等腐蚀性物料的生产、加工或储存的环境。

⑥ 有易燃、易爆物质。指有高度易燃、易爆炸危险物质及一般易燃或可能产生爆炸物质的工矿企业、车间及仓库。

2. 动力线路的技术要求

① 使用不同电价的用电设备，其线路应分开安装，如动力线路与照明线路、电热线路；使用相同电价的用电设备，允许安装在同一线路上，如小型单相电动机和小容量单相电炉允许与照明线路共用。安装线路时，还应考虑到检修和事故照明的需要。

② 不同电压和不同电价的线路应有明显区别，安装在同一块配电板上时，应用文字注明，以便于维修。

③ 低压网络中，严禁利用大地作为中性线，即禁止采用三相一地、两线一地和一线一地制线路。

④ 布线应采用绝缘导线，其绝缘电阻有如下规定：相线对大地或对中性线之间应不小于0.22 MΩ；相线对相线之间应不小于0.38 MΩ；在潮湿、具有腐蚀性气体或水蒸气的场所，导线的绝缘电阻允许适当降低一些。

⑤ 线路上安装熔断器的部位，一般规定设在导线截面减小的线段或线路的分支处。

3. 低压配电箱的分类、结构和选用

(1) 低压配电箱的分类

低压配电箱分为照明配电箱和动力配电箱两类，按其制造方式又分为自制配电箱和成套配电箱两类。

自制配电箱有明式和暗式两种。配电箱由盘面和箱体两大部分组成。盘面的制作以整齐、美观、安全及便于检修为原则。箱体的尺寸主要取决于盘面的尺寸。由于盘面的方案较多，故箱体的大小也多种多样。

成套配电箱是制造厂按一定的配电系统方案进行生产的，用户只能根据制造厂提供的方案进行选用。成套配电箱的品种较多，应用较广。如用户有特殊要求时，可向制造厂提出非标准设计方案专门生产。

(2) 常用成套配电箱的型号、结构与用途

① 常用照明配电箱的型号、结构特点与适用范围见表5-2。

表5-2　常用照明配电箱的型号、结构特点与适用范围

型　号	结构特点	适用范围
XM-3型	分封闭明装式和嵌入式，其中206、212的门为上下开启式；312、314的门为左右开启式。具有过载和短路保护	高层建筑、广场、车站等场所和工矿企业作为照明线路以及在正常条件下用于线路的不频繁转换之用
XM-4型	具有过载和短路保护	交流500 V以下三相四线制照明系统中作非频繁的操作控制之用

续表

型　号	结构特点	适用范围
XM（R）-7型	分嵌入式和悬挂式，其中有“R”表示嵌入式，无“R”表示悬挂式	一般工矿企业、机关、学校和医院中作为控制380 V/220V及以下具有接地中性线的照明线路之用

② 常用动力配电箱的型号、结构特点与适用范围见表5-3。

表5-3　常用动力配电箱的型号、结构特点与适用范围

型　号	结构特点	适用范围
XL-3型	内装RL1型熔断器、刀开关，户内装置悬挂式	工矿企业车间作为500 V下交流三相系统动力配电之用
XL-10型	内装转换开关及RL1型或RT0（KM3）型熔断器，分1、2、3、4回路4种，户内装置防护式	一般工矿企业车间作为交流380 V/220 V三相四线制系统控制电动机、电气设备和照明之用
XL（F）-11型	分装有RM3或RI0型熔断器和不装熔断器，带电缆头和不带电缆头，内装三极刀开关和熔断器，防尘式装置	灰尘较多的工矿企业车间作为交流380 V/220 V系统动力配电之用
XL-12型	内装HR3型熔断器式刀开关，交流380 V，cos φ 为0.6时能分断额定电流，保护式悬挂安装	一般工矿企业车间为500 V以下交流三相系统动力配电之用
XL（F）-15型	内装RT0型熔断器，户内装置分防护式和防尘式，装1副或2副单投刀开关和1副双投刀开关	发电厂及一般工矿企业中作为500 V以下交流三相系统动力配电之用
XL-21型	内装断路器、熔断器、接触器和热继电器等，户内装置靠墙安装，具有组件新型、结构紧凑、线路方案组合灵活等特点	发电厂及工矿企业中作为500 V以下交流三相三线系统动力配电之用

4. 动力线路的维护保养及故障检修

（1）动力线路的维护和保养

专职人员必须经常检查以下各项内容：

① 是否有盲目增加用电装置或擅自拆卸用电设备、开关和保护装置等现象。

② 是否有擅自更换熔体的现象，是否有经常烧断熔体或保护装置不断动作的现象。

③ 各种电气设备、用电器具和开关保护装置结构是否完整，外壳是否破损，运行是否正常，控制是否失灵，是否存在过热现象等。

④ 各处接地点是否完整，接点是否松动或脱落，接地线是否发热、断裂或脱落。

⑤ 线路的各支持点是否松动或脱落，导线绝缘层是否破损，修复绝缘层的地方是否完整，导线或接点是否过热，接点是否松动等。同时，应经常在干线和主要支线上，用钳形电流表测试电流通量，检查三相电流是否平衡，是否存在过电流现象。

⑥ 线路内的所有电气装置和设备，是否有受潮和受热现象。

⑦ 在正常用电情况下，是否存在耗电量明显增加及建筑物和设备外壳带电现象。

如果发现上述任何一项异常现象，应及时采取措施予以排除。

（2）运行检查

通常用钳形电流表来检查用电设备每相的耗电情况，从而判断运行是否正常。

（3）定期维修

定期维修应包括定期检查的项目，如每隔半年或一年测量一次线路和设备的绝缘电阻，每隔一年测量一次接地电阻等。

定期维修的主要内容如下：

① 更换和调整线路的导线。

② 增加或更新用电设备和装置。

③ 拆换部分或全部线路和设备。

④ 更换接地线或接地装置。

⑤ 变更或调整线路走向。

⑥ 对部分或整个线路重新紧线，酌情更换部分或全部支持点。

⑦ 调整布线形式或用电设备的布局。

⑧ 更换或合并进户点。

（4）动力线路常见故障和检修

① 短路故障。短路可分为相间短路和相对地短路两类，相对地短路又分为相线与中性线间短路和相线与大地间短路两种。

采用绝缘导线的线路，线路本身发生短路的可能性较少，往往由于用电设备、开关装置和保护装置内部发生故障所致。因此，检查和排除短路故障时应先使故障区域内的用电设备脱离电源，试看故障是否能够解除，如果故障依然存在，再逐个检查开关和保护装置。

管线线路和护套线线路如果存在严重过载或漏电等故障，会使导线长期过热并绝缘老化；或因外界机械损伤而破坏了导线的绝缘层，会引起线路的短路。所以，要定期检查导线的绝缘电阻和绝缘层的结构状况，如发现绝缘电阻下降或绝缘层龟裂，应及时更换。

② 断路故障。线路存在断路，线路就无法正常运行。造成断路故障的原因通常有以下几方面：

a. 导线线头连接点松散或脱落。

b. 小截面的导线被动物咬断。

c. 导线因受外物撞击或勾拉等机械损伤而断裂。

d. 小截面的导线因严重过载或短路而烧断。

e. 单股小截面导线因质量不佳或因安装时受到损伤，其绝缘层内的芯线断裂。

f. 活动部分的连接线因机械疲劳而断裂。

断路故障的排除，应根据故障的具体原因，采取相应措施使线路接通。

③ 漏电故障。若线路中有部分绝缘体轻度损坏就会形成不同程度的漏电。漏电分为相间漏电和相地间漏电两类，存在漏电故障时，在不同程度上会反映出耗电量的增加。随着漏电程度的发展，会出现类似过载和短路故障的现象，如熔体经常烧断、保护装置容易动作及导线和设备过热等。引起漏电的主要原因通常有以下几方面：

a. 线路和设备的绝缘老化或损坏。

b. 线路装置安装不符合技术要求。

c. 线路和设备因受潮、受热或受化学腐蚀而降低了绝缘性能。

d. 修复的绝缘层不符合要求，或修复层绝缘带松散。

漏电故障应根据上述原因采取相应措施排除，如：更换导线或设备；纠正不符合技术要求的安装形式；排除潮气等。

④ 发热故障。线路导线的发热或连接点的发热，其故障原因通常有以下几方面：

a. 导线规格不符合技术要求。若截面过小，便会出现导线过载发热的现象。

b. 用电设备的容量增大而线路导线没有相应地增大截面。

c. 线路、设备和各种装置存在漏电现象。

d. 单根载流导线穿过具有环状的磁性金属，如钢管之类等。

e. 导线连接点松散，因接触电阻增加而发热。

发热故障的现象比较明显，造成故障的原因也较简单，针对故障原因采取相应的措施，易于排除。

二、接地与接零

在电能广泛使用的今天，常会遇到这样的触电事故：人体经常与用电设备的金属结构相接触，如电气设备某处绝缘损坏，使外壳带电或由于某些意外事故，使不应带电的金属外壳带电，一旦人体触及电气绝缘损坏的外壳，就可能发生触电事故。解决这类问题最常用的保护措施就是保护接地与接零。另外，根据电气系统或设备的正常工作的需要也要接地。

1. 接地概述

电气设备的某部分用金属与大地做良好的电气连接，称为接地。埋入地中并直接与大地接触的金属导体，称为接地体。连接设备接地部分与接地体的金属导线，称为接地线。接地体和接地线的总和称为接地装置。

（1）电气设备接地的目的

由于电气设备某处绝缘损坏而使外壳带电，一旦人体触及设备带电的外壳就会造成对人员的触电伤害。如果没有接地装置，接地电流将同时沿着接地体和人体两条通路流过。接地电阻越小，流经人体的电流也就越小。如果接地电阻小于某个定值，流过人体的电流也就小于伤害人体的电流值，使人体避免触电的危险。为保证电气设备及建筑物等的安全，须采用过电压保护接地、静电感应接地等。

（2）接地电阻

接地电阻是指电流从埋入地中的接地体流向周围土壤时，接地体与大地远处的电位差与该电流之比，而不是接地体的表面电阻。所以，接地电阻反映了接地体周围土壤对接地电流所呈现的阻碍作用的大小。接地体的尺寸、形状、埋地深度及土壤的性质都会影响接地电阻值。严格地说，这里所指的接地电阻应称为流散电阻，而接地装置及其周围土壤对电流的阻碍作用才称为接地电阻。由于接地电阻和流散电阻相差甚小，一般把它们看作是相等的。

2. 接地类型和作用

（1）接地类型

① 工作接地：

a. 工作接地的定义：为了保证电气设备在正常和事故情况下可靠地工作而进行的接地。如变压器和发电机的中性点直接或经消弧线圈的接地、防雷系统的接地等。

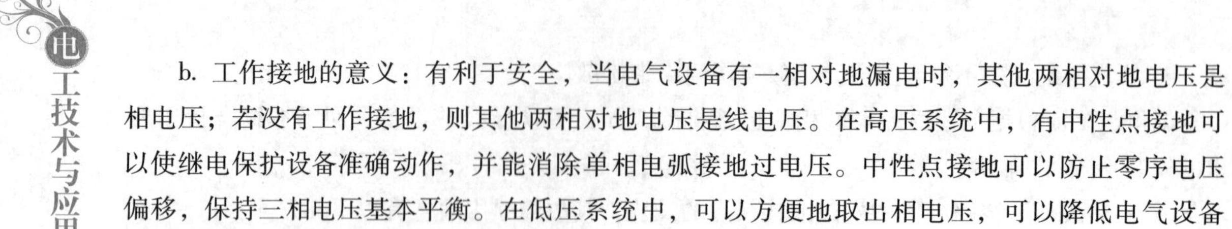

b. 工作接地的意义：有利于安全，当电气设备有一相对地漏电时，其他两相对地电压是相电压；若没有工作接地，则其他两相对地电压是线电压。在高压系统中，有中性点接地可以使继电保护设备准确动作，并能消除单相电弧接地过电压。中性点接地可以防止零序电压偏移，保持三相电压基本平衡。在低压系统中，可以方便地取出相电压，可以降低电气设备的绝缘水平。接地、接零示意图如图 5-34 所示。

② 保护接地。保护接地的定义：在中性点不接地的低压系统中，将电气设备在正常情况下不带电的金属外壳和埋入地下接地体之间做良好的金属连接，如图 5-34（b）所示。接地电阻等于接地体对地电阻和接地线电阻之和。根据安全规程规定，对 1 000 V 以下的系统，接地电阻一般不大于 4 Ω。当电气设备的金属外壳带电时，如果金属外壳没有保护接地，则外壳所带电压为电源线电压。采取保护接地后，因接地的电阻 R_d 很小，故金属外壳的电位接近零电位，漏电电流绝大部分经过导体流入大地，通过人体电流几乎为零，避免了触电的危险。

显然，在中性点不接地的系统中，不采取保护接地是很危险的。但是，在中性点不接地的系统中，只允许采用保护接地，而不允许采用保护接零。这是因为，在中性点不接地系统中，任何一相发生接地，系统虽仍可照常运行，但这时大地与接地的零线将等电位，则接在零线上的用电设备外壳对地的电压将等于接地的相线从接地点到电源中性点的电压值，这是十分危险的。

零线的存在既能保证相电压对称，又能使接零设备外壳在意外带电时电位为 0。因此，零线绝不能断线也不能在零线上装设开关和熔断器。

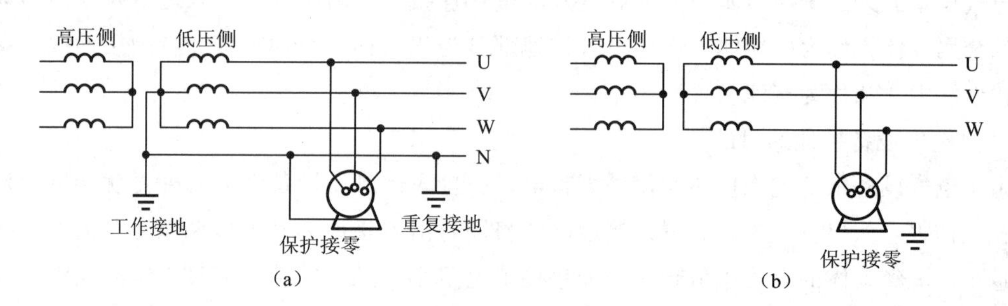

图 5-34　接地、接零示意图

（2）保护接零

发电机、变压器、电动机和电器的绕组中心以及带电源的串联回路中有一点，它与外部各接线端之间的电压的绝对值均相等，该点称为中性点或中点。当中性点接地时，该点称为零点。由中性点引出的导线称为中性线，由零点引出的导线称为零线。

所谓保护接零（又称接零保护）就是在中性点接地的系统中，将电气设备在正常情况下不带电的金属部分与零线做良好的金属连接，如图 5-34（a）所示。当某一相绝缘损坏时，外壳带电，由于外壳采用了保护接零措施，因此该相线和零线构成回路，单相短路电流很大，足以使线路上的保护装置迅速动作，将漏电设备与电源断开而消除触电的危险，同时也避免了设备的进一步损坏。

对于中性点接地的三相四线制系统，只能采取保护接零。保护接地不能有效地防止人身触电事故。如采用保护接地，若电源中性点接地电阻与电气设备的接地电阻均为 4 Ω，而电源

相电压为220 V，那么当电气设备的绝缘损坏使电气设备外壳带电时，两接地电阻间的电流将为

$$I_E = \frac{220\ V}{R_E + R_0} = \frac{220}{4+4}\ A = 27.5\ A$$

这一电流值不一定能使保护装置动作，因而使电气设备外壳长期存在着对地的电压，即

$$U = I_E R_E = 27.5 \times 4\ V = 110\ V$$

若电气设备的接地装置不良，则该电压将会更高，这对人体是十分危险的。因此，对中性点接地的电源系统，只有采用保护接零才是最为安全的。

（3）重复接地

重复接地的定义：采用保护接零时，除系统的中性点工作接地外，将零线上的一点或多点与地再做金属连接。如供电系统一旦出现零线折断的情况，接在折断处后面的用电设备相线碰壳时，保护装置不动作，相当于该设备既没有接地也没有接零。若在用户集中的地方采取重复接地，即使零线偶尔折断，带电的外壳也可以通过重复接地装置接地，只要各重复接地处接地电阻满足接地要求，就相当于设备外壳接地保护，避免触电对人体的危害。

（4）防雷接地

防雷接地一般由接闪器、引下线、接地装置组成，作用是将雷电电荷分散引入大地，避免建筑物内部电气设备及人员遭受雷电侵害。

（5）屏蔽接地

屏蔽接地的定义：为使干扰电场在金属屏蔽层感应所产生的电荷导入大地，而将金属屏蔽层接地。

（6）专用电子设备的接地

如医疗设备、电子计算机的接地。电子计算机的接地主要有：直流接地（即计算机逻辑电路、运算单元、CPU等单元的直流接地，又称逻辑接地）和安全接地；此外，还有一般电子设备的信号接地、安全接地、功率接地（即电子设备中所有继电器、电动机、电源装置、指示灯等的接地）等。

3. 保护接地和保护接零的适用范围

对于以下电气设备的金属部分均应采取保护接地或保护接零措施：

① 电动机、变压器、照明器具、携带式及移动式电器的底座和外壳。

② 电气设备的传动装置。

③ 配电屏与控制屏的框架。

④ 室内外配电装置的金属架构和钢筋混凝土的架构，以及靠近带电部分的金属挡、金属门。

⑤ 交流电力电缆的接线盒、终端盒的外壳，以及电缆的金属外皮、穿线的钢管灯。

凡是不采取保护接地或接零的电气设备的金属部分，必须是对人体安全确实没有危害的。

4. 接地、接零装置的基本要求

（1）接地体

为了节约钢材，减少施工费用，降低接地电阻，交流电气设备的接地装置应尽可能利用自然接地体。自然接地体包括与地有可靠连接的各种金属结构、管道、钢筋混凝土建筑物基

础中的钢筋以及地下敷设的电力电缆的金属外皮等；人工接地体多采用钢管、角钢、扁钢、圆钢制成，其基本埋设方法有垂直埋设和水平埋设。不论采用哪种形式的接地体，最根本的是满足接地电阻的要求。为了达到规定阻值，接地体的长度、截面、埋入深度等都有一定的要求。对于高电阻率的土壤，需采用化学处理方法来降低接地电阻。接地体还必须满足热稳定性的要求。敷设在腐蚀性较强的场所的接地装置，应进行热镀锌或热镀锡防腐处理。接地体的连接一般用一定截面的钢材焊接，以防在接地体通过电流时因接触不良而发热损坏。

（2）接地线

接地线包括接地干线和支线，也有自然接地线和人工接地线之分。在有条件的地方尽量采用自然接地线。自然接地线可采用建筑物的金属结构、配线钢管、电力电缆的金属外皮以及不会引起燃烧和爆炸的金属管道。为了保证接地线的全长为完好的电气通路，在管接头、接线盒以及仅需构件铆接的地方，都要采用跨接线连接。跨接线连接一般采用焊接。对人工接地线的要求除了电气连接可靠外，并要有一定的机械强度。接地干线与接地体之间，至少要有两处以上的连接。为了保证安全可靠，电气设备的接地支线应单独与干线连接，不许串联。当不同用途、不同电压的电气设备共用同一接地装置时，其接地电阻应满足最小值的要求。

（3）接零线

在保护接零系统中，零线起着非常重要的作用。此外，在三相四线制中，零线还起着使负荷的三相相电压平衡的作用。尽管有重复接地，也要防止零线断裂。零线的截面选择要适当，要考虑三相不平衡时通过零线的电流密度，还要使零线有足够的机械强度。零线的连接应牢固可靠、接触良好。零线的连接线与设备的连接应用螺栓压接。所有电气设备的接零线，均应以并联方式接在零线上，不允许串联。在零线上禁止安装熔丝或单独的断流开关。在有腐蚀性物质的环境中，为了防止零线的腐蚀，应在其表面涂必要的防腐涂料。

5. 各种接地电阻值的要求

在 1 kV 以下的低压配电系统中，各种接地电阻值要求如下：

① 工作接地通常还可分为交流工作接地（如三相电源变压器的中性点接地等）、直流工作接地（如计算机等电子设备的内部逻辑电路的直流工作接地等）。一般要求交流工作接地装置的电阻值小于 4 Ω；直流工作接地的电阻应按设备的说明书要求做，其电阻值一般为 4Ω 以下。

② 电气设备的安全保护接地一般要求其接地装置的电阻小于 4 Ω。

③ 重复接地要求其接地装置的电阻小于 10 Ω。

④ 防雷接地一、二类建筑防直接雷的接地体电阻小于 10 Ω，防感应雷的接地体电阻小于 5 Ω，三类建筑的防雷接地电阻小于 30 Ω。

⑤ 屏蔽接地一般要求其接地电阻在 10 Ω 以下。

⑥ 如果采用基础梁形式的自然接地体，一般地下梁体长度超过 63 m 可满足接地电阻要求。

⑦ 数据电子设备接地与防雷接地、交流工作接地、直流工作接地、安全保护接地共用一组接地装置时，接地装置的接地电阻值必须按接入设备中要求的最小值确定。

任务实施

根据任务要求进行三相动力配电线路的安装与检修。

一、任务说明

这里以××工厂车间需要进行低压配电箱和间接式三相四线电能表的安装为例进行说明。

1. 低压配电箱的安装工艺

（1）墙挂式动力配电箱的安装

这种配电箱可以直接安装在墙上，也可以安装在支架上。

① 安装在墙上的技术要点与工艺要求：

a. 安装高度除施工图上有特殊要求外，暗装时底口距地面为1.4 m；明装时为1.2 m，但对明、暗电能表板均为1.8 m。

b. 安装配电箱、配电板所需木砖、金具等均需在土建砌墙时预埋入墙内。

c. 在240 mm厚的墙内暗装配电箱时，其后壁需用10 mm厚的石棉板及铅丝直径为2 mm、孔洞为10 mm的铅丝网钉牢，再用1∶2水泥砂浆涂好，以防开裂。另外，为了施工及检修方便，也可在盘后开门，以螺钉在墙上固定。为了美观，应涂以与粉墙颜色相同的调和漆。

d. 配电箱外壁与墙有接触的部分均涂防护油，箱体内壁及盘面均涂灰色油漆两次。箱门油漆的颜色，除施工图中有特殊要求外，一般均与工程中门窗的颜色相同。铁制配电箱均需先涂红丹漆后再涂油漆。

e. 配电箱上装有计量仪表、互感器时，二次导线的使用截面积应不小于1.5 mm^2。

f. 配电箱后面的布线需排列整齐、绑扎成束，并用卡钉紧固在盘板上。盘后引出及引入的导线，其长度应留出适当的余量，以利于检修。

g. 为了加强盘后布线的绝缘性和便于维修时辨认，导线均需按相位套上不同颜色软塑料管：L1相用黄色、L2相用绿色、L3相用红色、中性线用黑色。

h. 导线穿过盘面时，木盘需用瓷管头，铁盘需装橡皮护圈。工作中性线穿过木盘时，可不加瓷管头，只套以塑料管。

i. 配电箱上的刀开关、熔断器等设备，上端接电源，下端接负载。横装的插入式熔断器的接线，面对配电箱的左侧接电源，右侧接负载。

j. 末端配电箱的中性线系统应重复接地，重复接地应加在引入线处。

k. 中性线、母线在配电箱上不得串接。中性线端子板上分支路的排列需与相应的熔断器对应，面对配电箱从左到右编排1，2，3，…

l. 安装配电箱时，用水平尺放在箱顶上，测量和调整箱体的水平；然后在箱顶上放一个木棒，沿箱面挂一线锤，测量配电箱上、下端与吊线距离，调整配电箱呈垂直状态（如用水平仪测量更方便、正确）。

② 安装在支架上的技术要点与工艺要求。如果配电箱安装在支架上，应预先将支架安装在墙上。配电箱装在支架上的技术要点与工艺要求和上述相同。

（2）落地式动力配电箱的安装

这种配电箱一般为成套动力配电箱，其安装方式有 4 种，如图 5-35 所示。安装方法可用直接埋设法和预留槽埋设法，这两种方法均按配电箱的安装尺寸，埋好固定螺栓，待水泥干后，装上配电箱进行调整。其技术要点与工艺要求和上述相同。

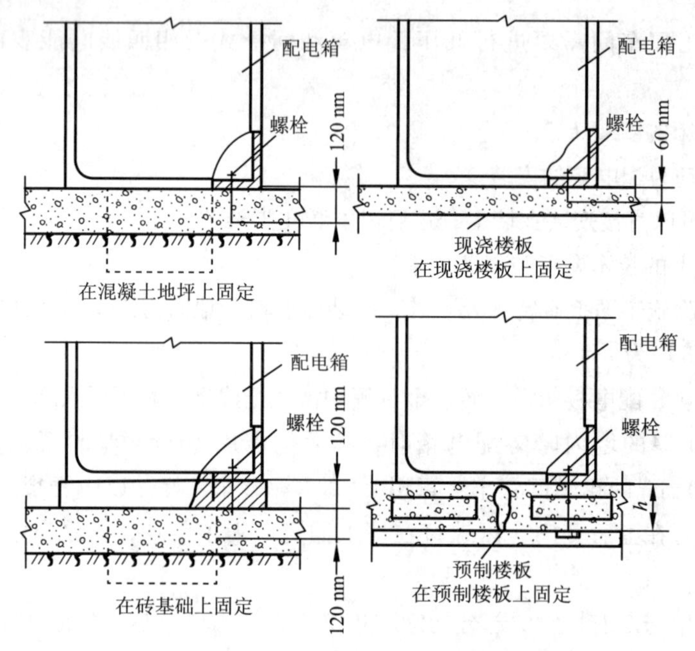

图 5-35　落地式动力配电箱的安装

2. 间接式三相四线制电能表的安装

电能表俗称电度表，是用于测量某一段时间内用电负载所消耗电能的仪表，它不仅能反映出功率的大小，而且能反映电能随时间增长的累计之和。电能表若按功能分，可分为有功电能表、无功电能表和特殊用功能电能表；按结构分，可分为电解式、电子数字式和电器机械式。常见的电能表有单相电能表、三相电能表。三相电能表又有两元件和三元件两种，分别应用在三相三线电路中和三相四线电路中。

（1）三相四线制电能表的接线

三相四线制电能表能够准确地计量三相四线电路的电能，应用十分广泛。所安装的三相动力配电板采用的三相四线制有功电能表为间接接入式，其安装外形图及接线原理图如图 5-36所示。三相四线制电能表的接线并不复杂，但在实际安装接线中由于接线端子较多，容易产生接线错误，特别是采用经互感器的间接接入方式时，更易造成接线错误。所以，安装时要熟悉有关器件的结构、作用、工作原理及有功电能表和电流互感器的接线方法。

（2）电能表的常见故障

由于电能表长期受环境影响及超负荷运行，也会出现各种故障，如计量偏差、铝盘卡死、走字时快时慢、运行时有噪声等。如涉及表内结构问题，不要自行启封拆卸，应及时由电力部门检修处理。在此就电能表日常出现的一些小故障做简单分析并介绍自行解决的方法。

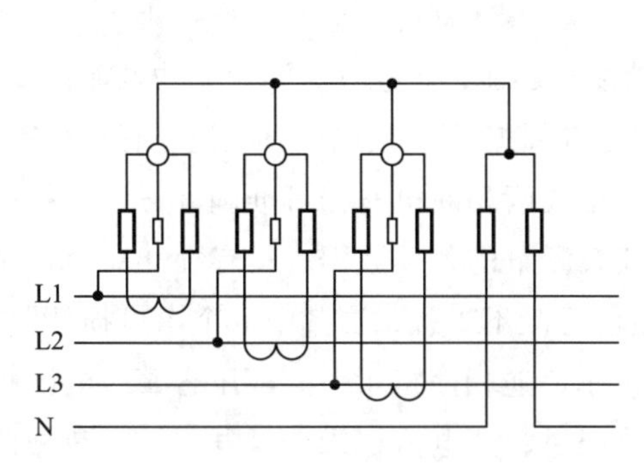

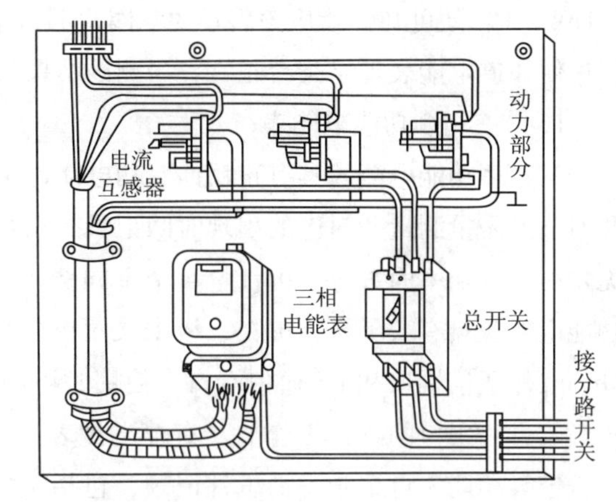

图 5-36　三相四线制电能表安装外形图入接线原理图

① 接线盒内出现烧焦煳味。表盘下端的胶木接线盒内产生烧焦煳味，主要有两方面的原因：一是在安装或更换电路导线时，盒内的固定螺钉未拧紧，当电器用电负荷增大时，螺钉柱因接触不良发热，烧坏胶木盒并伴发焦煳味。解决的方法很简单，取下胶木接线盖后拉下总闸刀，将电源导线全部拆下，重新用刀将线头残留物刮干净，装入接线柱内，拧紧全部螺钉即可以排除故障。另一个原因是，从室内接到电表上的导线质量差，引起铜柱与导线间产生氧化层（特别是安装在环境潮湿，不通风处的电能表容易产生此类问题），从而增大电阻值使接触点发热而损坏接线盒。这时应彻底清除接线盒内的油污及更换导线。有时当用电设备超过电能表实际电流值时，不仅接线盒会损坏，电能表也有可能被强电流击毁，所以当发现表的额定电流与实际所用的电器的负荷相差很大时，应错开使用时间或更换电能表，以防电能表被击毁或发生电气火灾。

② 空载时自行转动。电能表在空载时会自行转动，即住宅内的所有用电设备及照明灯具都未使用，而电能表的铝盘仍在转动或慢慢爬行。一般来说，当电源电压为额定值的 80%~110% 时，电能表铝盘的转动不会超过一圈属于正常范围（即转盘顺时针方向转动一圈），但若铝盘微微转动不止，则说明电能表线路有漏电存在，应请电工检查处理。如果没有漏电存在，那就是电能表自身的故障，应及时送电力部门检修或换新表。

③ 运行时产生不规则的响声。电能表在运行时，有轻微的“嗡嗡”声，属于正常现象。但如果表内产生不规则的杂乱响声，则是表内部的某些配件老化、电磁场部分元件松动，或转动齿轮缺油等原因所引起。应送电力部门检验并更换易损配件。有时，当电能表处于严重超负荷运行时，也会产生不规则的响声，应及时关闭部分电源，以防损坏电能表。

④ 铝盘停转或不跳字。电能表是一种精密计量仪表，它在出厂前都是经过严格校验的，其灵敏度和可靠性、稳定性应达到一定的标准。当负荷电流小于 0. 025 A 时，电能表铝盘不转动、不跳字属正常范围；如果在较大负荷时仍不转动，很可能是铝盘被卡住，铝盘已变形或电磁机构失灵等问题，应及时送检。

⑤ 走字不准。如果认为电能表走字不准，可以采用以下方法加以测试。一般在电能表的标牌上均标注着每耗电 1 kW · h 铝盘转动多少圈，如标注 3 000 r/(kW · h) 的字样，便可知该表每耗用 1kW · h 电铝盘转动 3 000 圈。如果连续点一盏 100 W 的灯泡，每小时耗电

0.1kW·h，便可知铝盘应该转动300圈，那么平均每分钟铝盘应转5圈左右，经过这样简单测试便知道电能表走字是否正常，当测试结果与实际误差很大时，应视电能表有问题。

（3）三相多功能电能表

三相多功能电能表具有正反向有功电能计量的功能，还能进行感性、容性无功电能计量，并对最大需量测量和对应的出现时间记录。三相多功能电能表可测量电压、电流、有功功率、无功功率、功率因数等。可计量4个不同费率，在一相或两相断电时仍可准确计量。三相多功能电能表具有大屏幕，可在二级中文菜单中显示仪表测量的各项数据。具有独立双串口设计、红外通信端口和RS通信端口，使用时可同时通信且互不干扰，当其中一个串口损坏时，不影响另一串口的正常工作。具有停电抄表、断相指示、逆相序指示、失电压告警、电压越限告警等功能，可记录各种事件记录，包括：失电压记录、失电流记录、停电记录、断相记录、编程记录、反向记录等。

（4）三相多功能电能表的使用

以分户单相供电12户以下，分户三相四线制供电4户以下电子式多用户电能表为例，介绍一下总进线端子和总出线端子。1为表用零线；2、8为两路公共用电相线输出端；3为工作状态/检定状态控制端；4为检定脉冲输出端；5、7为备用端；6、12为RS-485总线接口端；9为清零控制端；10、11为信号地端。总出线端子1～12为分户单相供电序号，Ⅰ～Ⅳ为分户三相供电序号。对于12户、24户或36户居民用电和1～2路公共用电都要计量时，为了减少输出端子数和配电箱体积，分共用电的相线由进线端子的2或8端输出，每路最大电流为5A，零线共用。

① 电能表的安装接线。电能表安装使用时，将三相四线制电源的L1、L2、L3三相电源总线通过进线空气开关，接入电子式多用户电能表总进线端子的三相输入端L1、L2、L3，零线由零线端子排接入1端。如果总电源进线为单相，只需将进线端子L1、L2、L3彼此相连即可。

采用分户三相四线制供电时，每户依次从出线端子O1～O3上引3根相线进入分户三相过电流保护开关，零线共用。1～4户使用出线端子O1，5～8户使用出线端子O2，9～12户使用出线端子O3，公共照明用电的相线从总进线端子的2或8端接出。

② 电能表的显示与清零。在电子式多用户电能表的前面板上有8位LED显示器，前2位为分户号，后6位为分户用电量，所显示的用电量与分户号相对应，最高显示数为9999.99 kW·h，分户循环显示，每3.5 s切换一户。如果某户显示的用电量需要清零时，待电子式多用户电能表的LED显示器显示本户的用电量时，用导线将进线端子的9、10端短接，然后拉下电源开关，待重新合上电源开关后，清零完成。将短接的9、10端断开，用户用电量可重新计量。

③ 电能表的检定。出厂前或使用一段时间后，需要对电子式多用户电能表进行检定时，只需将进线端子的3、10端用导线连接起来，就可以检定电能表此时所显示用户的计量精度。将总进线端子U、V、W端连接起来，检定电压加在此端与零线之间，并由出线端子中该户所属的相线端输出，检定脉冲信号由总进线端子的4、10（或11）端输出，检定脉冲常数为3 000 r/min/（kW·h）。

当某户检定完毕后，将3、10端断开，待显示的用户号切换到下一用户时，再将此两端连接起来，这时可对另一用户进行检定。等全部用户都检定完毕后，一定要将3、10端断开，否则，电能表不能正常计量。

二、任务结束

工作任务结束后，清点工具、清理现场。

项目总结

本项目主要介绍了三相电路的基础知识，要求掌握三相对称电路电压、电流、功率的分析方法，通过动力线路的学习能进行三相动力配电的设计与安装工作。

项目实训

实训9　三相电路电压、电流的测量

一、实训目标

① 熟练掌握三相负载的星形连接和三角形连接。

② 熟练掌握三相电路线电压与相电压，线电流与相电流之间的关系。

③ 熟练掌握线路故障的排除方法。

二、实训器材

① 三相交流电源。

② 交流电压表、电流表。

③ EEL-17组件或EEL-55组件。

三、实训内容

1. 三相负载星形连接（三相四线制供电）

实训电路如图5-37所示，将白炽灯按图5-37所示，连接成星形接法。用三相调压器调压输出作为三相交流电源，具体操作如下：将三相调压器的旋钮置于三相电压输出为0V的位置（即逆时针旋到底的位置），然后旋转旋钮，调节调压器的输出，使输出的三相线电压为220 V。测量线电压和相电压，并记录数据。

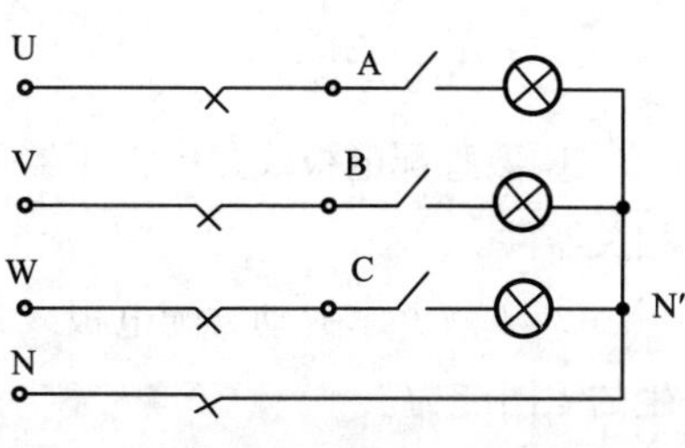

图5-37　三相负载星形连接电路

① 在有中性线的情况下，测量三相负载对称和不对称时的各相电流、中性线电流和各相电压，将数据记入表5-4中，并记录各灯的亮度。

② 在无中性线的情况下，测量三相负载对称和不对称时的各相电流、各相电压和电源中点N到负载中性点N′的电压$U_{NN'}$，将数据记入表5-4中，并记录各灯的亮度。

表 5-4　负载星形连接数据记录

中性线连接	每相灯数			负载相电压/V			电流/A				$U_{NN'}$/V	亮度比较 A、B、C
	A	B	C	U_A	U_B	U_C	I_A	I_B	I_C	I_N		
有	1	1	1									
	1	2	1									
	1	断开	2									
无	1	断开	2									
	1	2	1									
	1	1	1									
	1	短路	3									

2. 三相负载三角形连接

实训电路如图 5-38 所示，将白炽灯按图所示，连接成三角形接法。调节三相调压器的输出电压，使输出的三相线电压为 220 V。测量三相负载对称和不对称时的各相电流、线电流和各相电压，将数据记入表 5-5 中，并记录各灯的亮度。(EEL－VB 为三相不可调交流电源，输出的三相线电压为 380V)

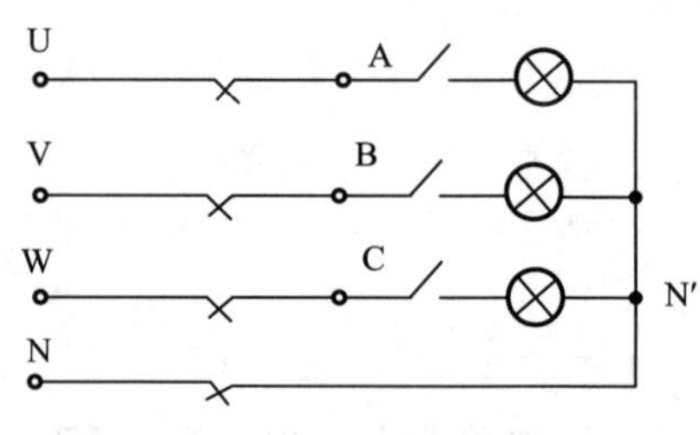

图 5-38　三相负载三角形连接电路

表 5-5　负载三角形连接数据记录

每相灯数			相电压/V			线电流/A			相电流/A			亮度比较
A-B	B-C	C-A	U_{AB}	U_{BC}	U_{CA}	I_A	I_B	I_C	I_{AB}	I_{BC}	I_{CA}	
1	1	1										
1	2	3										

实训 10　间接式三相四线制电能表的安装

一、实训目标

① 熟悉配电板线路中常用器件的结构、作用、基本原理及正确的使用方法；能正确选用相关器件。

② 了解并掌握动力配电板线路的接线原理；正确识别接线外形图及接线原理图，提高学生的识图能力。

③ 掌握动力配电板的安装与检测技能；能正确判断配电板线路中的故障并及时排除故障。

④ 进一步掌握常用电工工具的使用。

二、实训器材

① 工具：钢丝钳、尖嘴钳、斜口钳、剥线钳、螺钉旋具、电工刀、试电笔、活扳手、手钢锯、手电钻、万用表。

② 元器件及材料：电流互感器 100A/5A，3 只，三相有功电能表，1 只；自动空气开关

D220－100，1 只；接线端子板，2 块；三相插头，1 个；配电板 1 块，多色单股铜芯导线、塑料管、线卡、螺钉、螺母若干。

三、实训内容

① 根据安装接线外形图，在装配板上摆放元件，妥善安排好各自位置，元器件之间的距离应满足工艺的要求，同类元器件安装方向必须保持一致。

② 确定元器件固定孔位置，并做好标记，注意做标记时一定扶好元器件，不能使其挪动。

③ 在标记处用手电钻钻孔，并用螺钉固定各元器件。元器件安装必须牢固，稍加用力摇晃无松动感。要本着文明安装、小心谨慎，不得损伤、损坏元件的原则安装元器件。

④ 动力配电板采用明敷配线方式，根据接线外形图和接线原理图对配电板进行接线。

⑤ 配电板安装结束后，首先整体检查一遍，看其有无错误，用万用表的欧姆挡检验电路有无短路或开路，相线及中性线有无颠倒。

⑥ 初步检查无误后，经教师同意，在配电板的输出端接三相负载（三相负载灯箱或三相电动机），输入端由三相插头接至电源。有条件可接三相调压器。检测内容如下：接通电源，灯箱的亮灭或电动机的运转、停止，电能表铝盘随负载变化时的转动情况是否正常。电路中各元器件的工作是否正常，可用万用表的电压挡测试配电板上各处电压是否正常，断路器能否控制负载的工作，如发现问题及时判断检修，排出故障，使之最终正常工作。

⑦ 将配电板放平，把全部元器件置于上面，先进行实物排列安装，元器件的安装位置必须正确，倾斜度不超过 1.5～5 mm，同类元器件安装方向必须保持一致，元器件安装要牢固、可靠，而且要便于操作和维护，整体布局均匀美观。

⑧ 照图（见图 5-39）施工，配线完整、正确，不多配、少配或错配。

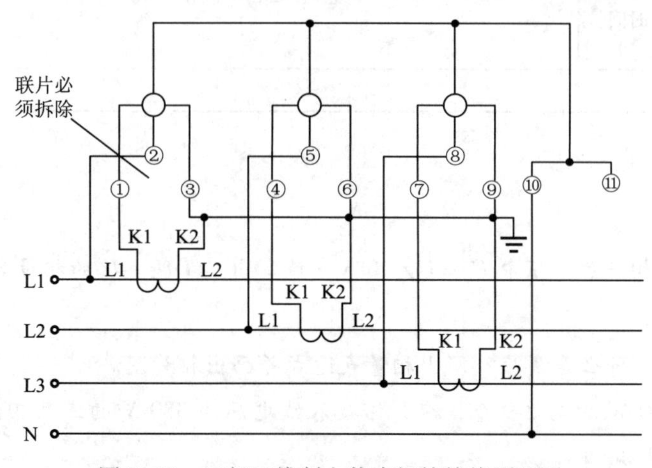

图 5-39　三相四线制电能表间接接线原理图

⑨ 相序分色：三相电源线 L1，L2，L3 分别用黄、绿、红线表示，中性线用黑色线或区别于相线的色线表示，主电路和辅助电路用不同颜色的线以示区别。

⑩ 配线线径的选择：根据用电负载的容量、线路电流的大小，选择适当线径的导线。

⑪ 配线长度适度，线头在接线柱上压接不得压住绝缘层，压接后裸线部分不得大于 1mm；凡与有垫圈的接线柱连接，线头必须做成“羊眼圈”，且“羊眼圈”略小于垫圈，线头压接应

牢固，稍用力拉扯不应有松动。

⑫ 走线横平竖直，分布均匀，转角成圆90°，弯曲部分自然圆滑，全电路弧度保持一致；转角控制在90°±2°以内；长线沉底，走线成束，同一平面内不允许有交叉线。必须交叉时应在交叉点架空跨越。

⑬ 先接主回路，再接辅助回路，即以不妨碍后续布线为原则。

四、测评标准

测评内容	配分	评分标准	操作时间/min	扣分	得分
元件的选择与安装	25	（1）元件选择错误，每处扣5分； （2）元件布置不合理，每处扣5分； （3）元件安装不符合要求，每处扣5分； （4）损坏元件，该项记为0分；	100		
导线的选择与接线布线	45	（1）导线截面选择不正确，扣5分； （2）布线不符合要求，每处扣5分； （3）布线与接线原理图不符，扣10分； （4）接点松动，露铜过长，螺钉压绝缘层，反圈，每处扣2分； （5）损伤导线绝缘或线芯，每处扣3分	140		
通电试车	30	（1）第一次试车不成功，扣10分； （2）第二次试车不成功，扣10分； （3）第三次试车不成功，扣10分	30		
安全文明操作		违反安全生产规程，每违反1处扣2分			
定额时间（270 min）	开始时间（ ）	每超时5min扣5分			
	结束时间（ ）				
合计总分					

思考与练习

1. 已知对称三相正弦电压中 $\dot{U}_A = U\angle 20°\text{V}$，试写出：①$\dot{U}_B$、$\dot{U}_C$的相量表达式；②$u_A$、$u_B$、$u_C$ 的瞬时表达式。

2. 什么是正序？什么是负序？写出相量表达式并画出相量图。

3. 有220 V、40 W的电灯9个，应如何接入线电压为380 V的三相四线制电路？求负载在对称情况下的线电流。

4. 试证明三相三线制中，不论负载是否对称，都有 $\dot{U}_{UV}+\dot{U}_{VW}+\dot{U}_{WU}=0$ 和 $\dot{I}_U+\dot{I}_V+\dot{I}_W=0$。

5. 每相阻抗为 $Z=(6+j8)\Omega$ 的对称三相三角形连接的负载，接到电压为380V三相电源，试求相电流和线电流，并画出相量图。

6. 为什么三相电路可以归结为一相进行计算？

7. 对称三角形连接的负载，每相阻抗 $Z=(200+j150)\Omega$，接到380 V对称三相正弦电源上，试求：各相电流和线电流，并画出相量图。

8. 为什么三相电动机负载可以用三相三线制电源，而三相照明负载必须用三相四线制电源？

9. 如何计算三相对称电路的功率？计算公式中 $\cos\varphi$ 的 φ 是由什么决定的？

10. 一台三相变压器的线电压为6 600 V，线电流为20 A，功率因数为0.866。试求它的有功功率、无功功率和视在功率。

11. 有一三相负载，每相负载的等效阻抗为 $(29+j21.8)\Omega$，试求下列两种情况下的功率：① 连接成星形接于三相电源上；②连接成三角形接于三相电源上。

12. 一台Y连接三相电动机的总功率、线电压、线电流分别为3.3 kW、380 V、6.1 A，试求它的功率因数和每相阻抗。

13. 在①星形负载有中性线；②星形负载无中性线；③三角形负载的电路中，一相负载的改变对其他两相有无影响？

14. 某楼有三层，每一层的照明分别由三相电源一相供电，电源线电压为380 V，每层都装有220 V、100 W的白炽灯10盏。试求：①绘出全部电路图。②在全部满载时，中性线电流和线电流为多少？③若第一层楼的电灯全部关闭，第二层楼的电灯全部开亮，第三层楼只开了一盏电灯，而电源中性线因故断掉，这时第二、三层电灯电压为多少？电灯工作情况如何？

15. 互感现象与自感现象有什么异同？

16. ①耦合线圈的 $L_1=0.01$ H，$L_2=0.04$ H，$M=0.02$ H，求其耦合因数。②线圈的 $L_1=0.04$ H，$L_2=0.06$ H，$k=0.1$，求其互感。

17. 在图1中，若同名端已知，开关原先闭合已久，若瞬时切断开关，电压表指针如何偏转？为什么？这与同名端一致原则矛盾吗？

18. 标出图5-40中耦合线圈的同名端。

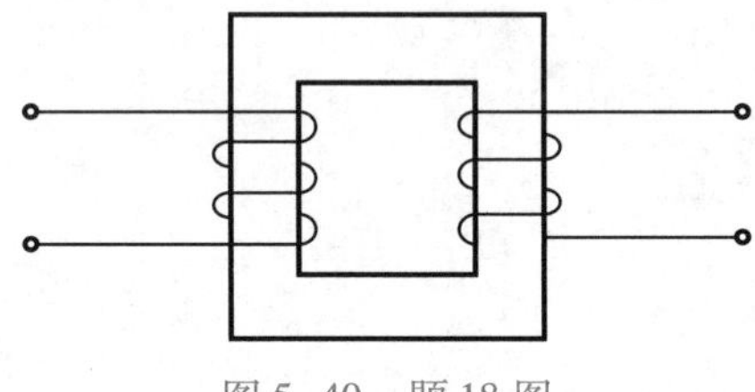

图5-40　题18图

19. 图5-41中给出有互感的两个线圈的两种连接方式，现测出等效电感 $L_{AC}=16$ mH，$L_{AD}=24$ mH，试标出线圈的同名端，并求出 M。

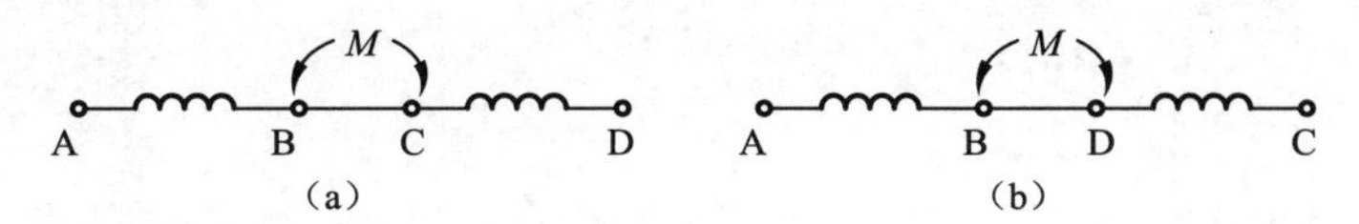

图5-41　题19图

20. 两线圈的自感分别为0.8 H和0.7 H，互感为0.5 H，电阻不计。试求：当电源电压一定时，两线圈反向串联时的电流与顺向串联时的电流之比。

21. 如图 5-42 所示的去耦等效电路，求出电路的输入阻抗。

22. 如图 5-43 所示为一 R、L、C 串联电路，已知 $R=10\Omega$，$L=500\mu H$，C 为可调电容，变化范围为 12～290 pF。若外施信号源频率为 800 kHz，则电容为何值才能使电路发生谐振。

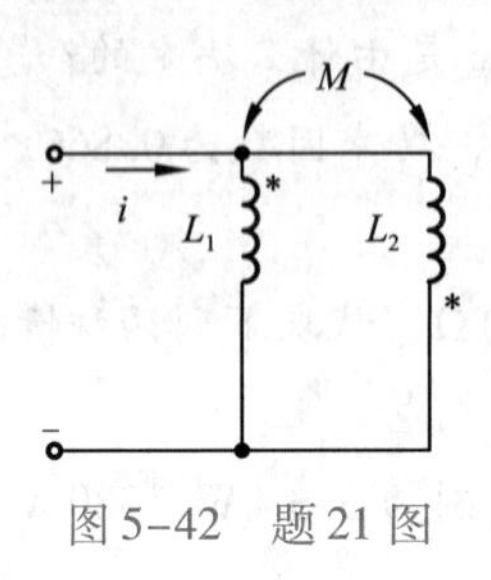

图 5-42　题 21 图

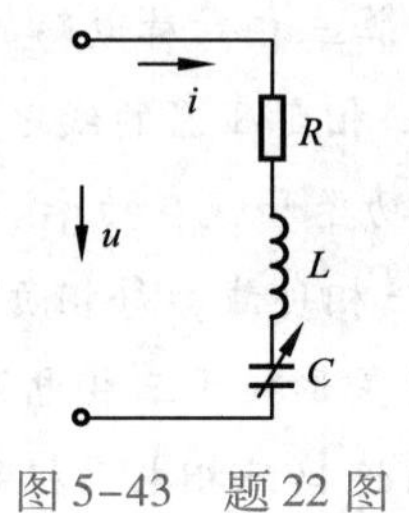

图 5-43　题 22 图

23. 有一 R、L、C 组成的串联电路，已知电感 $L=250\mu H$，$R=20\Omega$，今欲收到频率范围为 525～1 610 kHz 的中波段信号，试求电容 C 的变化范围。

常用小型单相变压器的制作

项目导入

王宇航被分配到了变压器车间，要进行小型单相变压器的绕制和绕制后的测试工作，要求王宇航在短期内掌握小型单相变压器的基础知识、小型单相变压器的设计与绕制、检查与试验工作。

学习目标

（1）掌握变压器的基础知识；

（2）掌握小型变压器的设计和重绕修理；

（3）掌握小型变压器的检查和试验。

项目实施

任务11　小型单相变压器的设计

任务解析

通过完成本任务，使学生掌握变压器的基础知识，能进行小型单相变压器的设计与重绕修理。

知识链接

变压器是一种静止的电器。它通过线圈间的电磁感应作用，可以把一种电压等级的交流电转换成同频率的另一种电压等级的交流电。还可以用来改变电流、阻抗和相位，在日常生活中应用十分广泛。小型变压器应用最广，尤其在工矿企业及电信、自动控制系统中应用更为广泛。

一、变压器基本工作原理

变压器是利用电磁感应原理工作的。图6-1所示为其工作原理示意图。

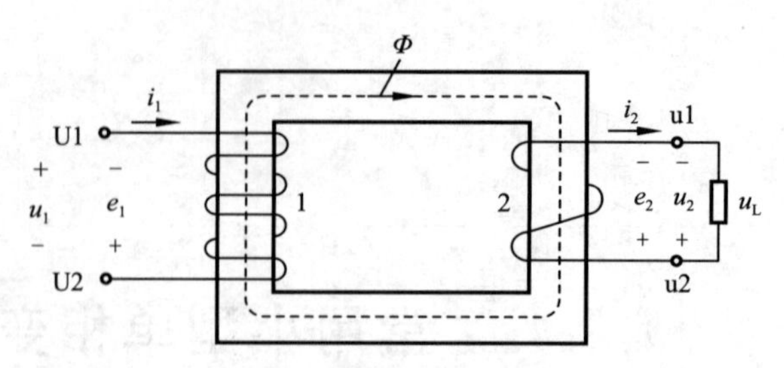

图 6-1 变压器工作原理示意图

变压器的主要部件是一个铁芯和套在铁芯上的两个绕组。这两个绕组具有不同的匝数且互相绝缘，两绕组间只有磁的耦合，而没有电的联系。其中，电源侧的绕组称为一次绕组，接负载的绕组称为二次绕组。

若将绕组 1 接到交流电源上，绕组中便有交流电流流过，在铁芯中产生与电压相同频率的且与一、二次绕组同时交链的交变磁通。根据电磁感应原理，分别在两个原组中感应出同频率的电动势 e_1 和 e_2。

$$\begin{aligned} e_1 &= -N_1 \frac{\mathrm{d}\Phi}{\mathrm{d}t} \\ e_2 &= -N_2 \frac{\mathrm{d}\Phi}{\mathrm{d}t} \\ E_1 &= 4.44 f N_1 \Phi \\ E_2 &= 4.44 f N_2 \Phi \end{aligned} \tag{6-1}$$

因为 $U_1 \approx E_1$

$$\dot{U}_2 \approx E_2$$

所以

$$\frac{U_1}{U_2} = \frac{E_1}{E_2} = \frac{N_1}{N_2} \tag{6-2}$$

式中，N_1 为一次绕组匝数；N_2 为二次绕组匝数。

若将负载接到绕组 2，在电动势 e_2 的作用下，就能向负载输出电能，即电流将流过负载，实现了电能的传递。

由式（6-1）可知，一、二次绕组感应电动势的大小正比于各自绕组的匝数，而绕组的感应电动势又近似等于各自的电压，因此，只要改变绕组的匝数比，就能达到改变电压的目地，这就是变压器的变压原理。

二、变压器的分类

变压器的分类方法很多，通常可按用途、绕组数目，相数、铁芯、调压方式和冷却方式等划分。容量为 630 kV · A 及以下的变压器称为小型变压器；容量为 800 ~ 6 300 kV · A 的变压器称为中型变压器；容量为 8 000 ~ 63 000 kV · A 的变压器称为大型变压器；容量在 9 000 kV · A及以上的变压器称为特大型变压器。

新标准的中小型变压器的容量等级为：10 kV · A、20 kV · A、30 kV · A、50 kV · A、63 kV · A、80 kV · A、100 kV · A、125 kV · A、160 kV · A、200 kV · A、250 kV · A、315 kV · A、400 kV · A、500 kV · A、630 kV · A、800 kV · A、1 000 kV · A、1 250 kV · A、

1 600 kV·A、2 000 kV·A、2 500 kV·A、3 150 kV·A、4 000 kV·A、5 000 kV·A、6 300 kV·A。

1. 按用途分类

(1) 电力变压器

在电力系统中应用的变压器称为电力变压器，它在电力网中用于输电、配电的升压和降压，是使用最广的一种变压器。电力变压器按发电厂和变电所的用途不同，又可分为升压变压器和降压变压器。

(2) 电炉变压器

工业上使用的金属材料和化工原料很多是用电炉冶炼的，而且电炉所需的电源是由电炉变压器供给的。电炉变压器的特点是二次电压很低，一般为几十伏至几百伏，但电流却很大，最大可达几万安。

(3) 试验变压器

一般为单相，产生高压，用于电气设备的绝缘高压试验。

(4) 整流变压器

很多电器控制到设备需要直流供电，如电车、直流电动机、轧钢机及电解设备等。把交流变成直流需要借助硅整流器，供硅整流器用的电源变压器，即为整流变压器。

(5) 调压变压器

用于中小容量负荷的电压调整。常用的有接触式（自耦型）和感应式。主要用于电力拖动用电源及试验变压器调压，它也是实验室常用的变压器。

(6) 启动变压器（小容量自耦变压器）

用作笼形异步电动机的降压启动器。

(7) 仪用互感器

用于测量仪表和继电保护装量，将高电压变为低电压或将大电流变为小电流，再输入检测仪表和继电保护装置，前者称为电压互感器，后者称为电流互感器。

此外还有电焊变压器，矿用变压器、船用变压器、中频变压器等特种变压器。在电力线路和自动控制系统中，还经常应用电源变压器、控制变压器、输入和输出变压器及脉冲变压器等。

2. 按绕组数目分类

分为单绕组（自耦）变压器、双绕组变压器、三绕组变压器和多绕组变压器。

3. 按相数分类

分为单相变压器、三相变压器、多相变压器。

4. 按调压方式分类

分为无励磁的调压变压器和有励磁调压变压器。

5. 按冷却介质和冷却方式分类

分为干式变压器、浸油变压器（包括油浸自冷式、油浸风冷式、强迫油循环式和强迫油循环导向冷却式）和充气式冷却变压器。三相油浸式电力变压器外形如图 6-2 所示。

图 6-2　三相油浸式电力变压器外形

三、变压器的基本结构

变压器虽品种繁多、用途各异，但其基本结构却是相同的。主要由铁芯和绕组两个基本部分组成，其次还有油箱和其他附件。

1. 铁芯

铁芯是变压器的磁路，又是绕组的机械骨架。铁芯由铁芯柱和铁扼两部分组成，套在绕组中的铁芯称为铁芯柱，连接铁芯柱以构成闭合磁路的部分称为铁轭。

接其结构又分为心式和壳式两种如图 6-3、图 6-4 所示。心式铁芯结构的变压器（简称心式变压器）的结构特点是绕组包围铁芯，结构比较简单，绕组的装配及绝缘也较容易，国产电力变压器主要采用心式结构。壳式铁芯结构的变压器（简称壳式变压器）的结构特点是铁芯包围线圈。壳式变压器的机械强度高，但制造复杂、铁芯材料消耗多，这种结构在单相和小容量变压器中普遍应用，某些特殊变压器（如电炉变压器）中也采用此结构。

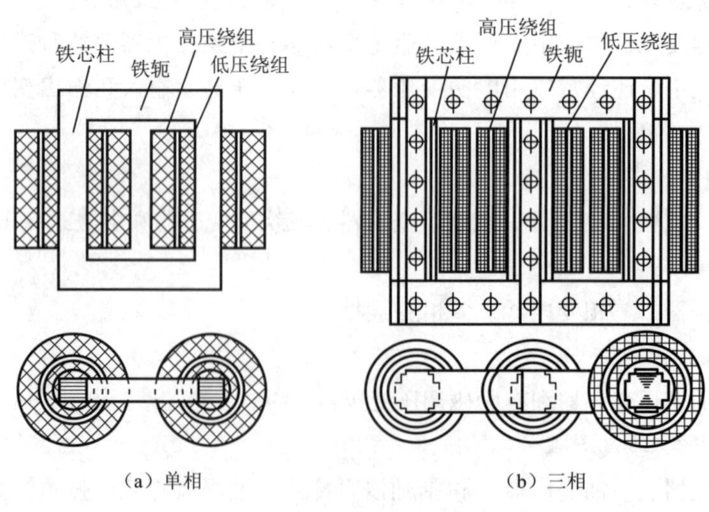

图 6-3　心式变压器结构示意图

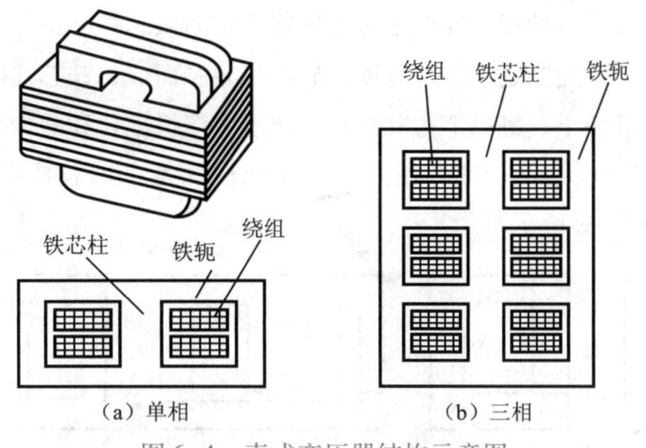

（a）单相　　（b）三相

图 6-4　壳式变压器结构示意图

为了减少铁芯的磁带和涡流损耗，提高磁路的导磁性能，铁芯均采用0.35～0.5 mm厚的高磁导率的热轧硅钢片或冷轧硅钢片叠成。通常在硅钢片表面涂以绝缘漆，使铁芯片之间绝缘，避免片间短路，铁芯和铁扼的硅钢片一般采用叠接式，即上层和下层交错重叠的方式，此结构可减少叠片接缝处磁路气隙，从而减少磁路磁阻，改善变压器性能，所以被广泛采用，结构示意图如图 6-5 所示。

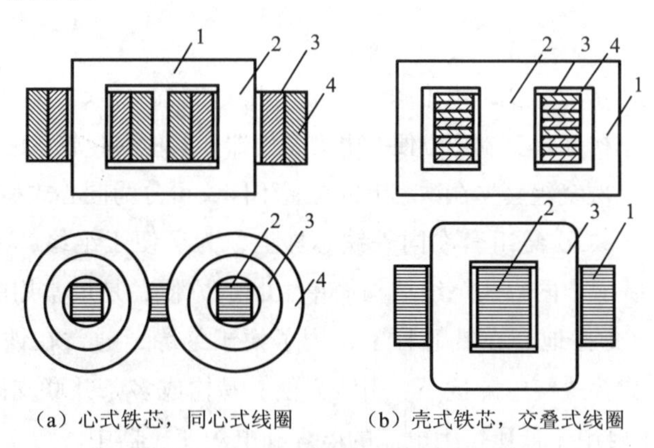

（a）心式铁芯，同心式线圈　　（b）壳式铁芯，交叠式线圈

图 6-5　单相变压器铁芯和线圈的两种形式

1—铁轭；2—铁芯柱；3—低压线圈；4—高压线圈

小型变压器的铁芯还采用F形硅钢片叠成卷片式铁芯（C形铁芯），如图 6-6 所示。卷片式铁芯由单取向的冷轧硅钢片制成，由于磁导率高、损耗小，故制成的变压器质量小、体积小。

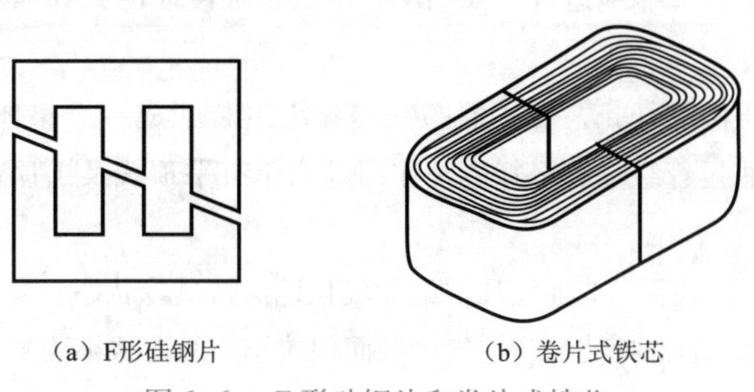
（a）F形硅钢片　　（b）卷片式铁芯

图 6-6　F形硅钢片和卷片式铁芯

变压器容量不同，铁芯截面的形状也不一样，小容量变压器的铁芯截面一般为矩形或正方形。在容量较大的变压器中，为了充分利用绕组内圆空间，增大铁芯的有效面积，一般多采用阶

梯形截面。近年来，出现了一种渐开线形铁芯变压器，它的铁芯柱硅钢片由专门的成形机采用冷挤压成形方法轧制而成，铁轭则是由同一宽度的硅钢带卷制而成，铁芯柱按三角形方式布置，三相磁路完全对称。其优点在于，可以节省硅钢片，便于生产机械化和减少装配工时。

叠装好的铁芯其铁轭用槽钢（或焊接夹件）及螺杆固定；铁芯柱则用醇酸玻璃丝胶带绑扎。变压器铁芯叠装图如图 6-7 所示。

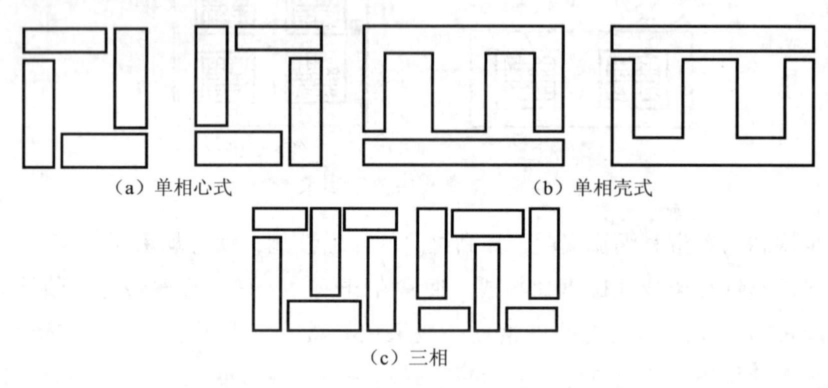

图 6-7　变压器铁芯叠装图

2. 绕组

绕组是变压器的电路部分。绕组由绝缘铜导线或铝导线绕制而成。小容量变压器的绕组可制成正方形或长方形，其结构简单、制造方便。电力变压器和其他容量较大的心式变压器的绕组都做成圆筒形，按照一、二次绕组套立在铁芯上的位置不同，可分为同心式和交叠式绕组。

同心式绕组是将一、二次绕组套在同一铁芯柱上，为了便于绝缘，一般将低压绕组放在内层，如图 6-5（a）所示。同心式绕组结构简单、制造方便，是最常用的一种形式。交叠式绕组是将一、二次绕组交替地套在铁芯柱上，为了便于绝缘，通常在铁轭处放置低压绕组，如图 6-5（b）所示。交叠式绕组漏抗小、引线方便、易构成多条并联支路，但一、二次绕组之间的绝缘较复杂，主要用于低压、大电流的电焊和电炉变压器中。

3. 油箱和其他附件

变压器在运行中由于存在铜耗与铁耗，使变压器的铁芯和绕组发热，当绝缘材料的温度超过其极限值后，将缩短变压器的使用寿命甚至烧毁变压器。为此，常采用“油浸”的冷却方式以保证变压器安全、可靠地运行，如油浸自冷式、油浸风冷式和强迫油循环冷却等。

（1）油箱

油箱是油浸式变压器的外壳，变压器的铁芯和绕组装配成一个整体后，装在盛满变压器油的油箱中，变压器油起着绝缘和冷却两种作用。油箱有平顶式及拱顶式两种。

（2）储油柜

储油柜是一种油保护装置。为使变压器油能较长地保持良好状态，在变压器油箱上面装有圆筒形的储油柜，即油枕。储油柜使油与空气接触面积减小，从而减小油的老化和水分的侵入。

（3）气体继电器

在油箱和储油柜中间的连通管中装有气体继电器。当变压器发生故障时，内部绝缘物气化，油箱内部产生气体，使气体继电器动作，发出信号，控制开关自动跳闸，避免事故继续扩大。

（4）安全气道

油箱盖上装有安全气道，气道出口用薄玻璃板盖住。当变压器内部产生严重故障而气体继电器又失灵时，油箱内部压力迅速升高，当压力超过某一限度时，气体即从安全气道喷出，以免造成重大事故。

四、变压器的使用和维护

为了保证变压器能够安全运行和可靠地供电，当变压器发生异常情况时，应及时发现并处理，将故障消除在萌芽状态，以防止事故的发生与扩大。因此，对运行前和运行中的变压器必须加强维护及检查。

1. 运行前的检查

新装或检修后的变压器，投入运行前应进行全面的检查，确认其符合运行条件时，方可投入试运行。

（1）外观检查

① 检查变压器的铭牌与所要求的变压器是否相符。例如，各侧电压等级、连接组别、容量、运行方式和冷却条件等是否与实际要求相符合。

② 检查试验合格证。如试验合格证签发日期超过 3 个月，应重新测试绝缘电阻。其阻值应大于规定值，不小于原试验值的 70%。

③ 检查储油柜上的油位计是否完好，油位是否在与当时环境温度相符的油位线上，油色是否正常。

④ 检查变压器本体、冷却装置和所有附件及油箱各部分有无缺陷，有无渗油、漏油情况。

⑤ 检查瓷套管是否清洁、完整，有无破裂、裂纹及放电痕迹，导电杆有无松动、渗漏现象，螺纹有无损坏，发现问题应及时调换。

⑥ 检查变压器顶上有无遗留杂物。

⑦ 检查防爆管的防爆膜是否完好。吸湿器的吸湿剂不应失效。对于小型变压器应检查添油孔的螺盖是否完好，通气是否畅通。

⑧ 检查变压器高低压两侧出线套管以及引线、母线的连接是否良好，三相的颜色标记是否正确无误，引线与外壳及电杆之间的距离是否符合要求。

⑨ 检查变压器外壳接地线是否牢固可靠，接地电阻是否符合要求。

⑩ 检查变压器滚轮的制动装置是否牢固。

⑪ 检查分接开关位置是否正确，有载调压分接开关的遥控操作机构是否可靠。

⑫ 对大中型变压器要检查有无消防设施。如灭火机、黄沙箱等。

（2）保护系统的检查

① 对采用跌落式熔断器保护的系统，应检查熔丝是否合适，有无接触不良现象。

② 对采用断路器和继电保护的系统，要对继电保护装置进行检查和核实，保护装置运行整定值要符合规定，操作和联动机构动作要灵活、正确。

③ 具有瓦斯保护的变压器，应检查瓦斯继电器内部有无气体存在。若有气体应放尽，并检查上接点是否能准确动作及下接点的压板是否放好，连接阀门应打开。

④ 检查避雷器是否良好，接地线和接地电阻值是否符合规定（100 kV · A 及以上的变压

器不大于 4 Ω，100 kV · A 及以下的变压器不大于 10 Ω）。

（3）监视装置的检查

① 检查测量仪表（如电压表、电流表、频率表、功率因数表等）是否齐全，仪表的测量范围是否适当，接线是否正确。

② 检查小型变压器箱盖上的玻璃温度计是否装好，是否便于观察读数，信号温度计（电接点压力式温度计）软管有无压扁或打断现象，指示是否正确，整定值是否符合要求。

（4）冷却系统的检查

对油浸自冷式变压器，应检查散热管是否清洁，有无影响通风的杂物；对于油浸风冷式变压器，应检查风扇电动机转向是否正确，运转是否正常，有无过热现象；对于强迫油循环水冷式变压器，应检查其油泵工作是否正常，其冷却系统油压力应大于水压力。只有油泵正常工作，才可启动冷却系统。

2. 变压器铁芯的检查

如果需要做铁芯检查，则需要吊芯。吊芯检查的步骤和内容如下：

① 尽可能在室内进行，如不得已在室外检查时应在晴天、无风沙时进行，并设有防尘措施，场地四周应清洁。

② 雨天或雾天进行吊芯检查只允许在室内进行，此时室温要求较室外高 10 ℃左右，室内的相对湿度也不应超过 75%，且变压器运到室内后应停放 24 h 以上再进行检查。

③ 检查时气温不宜低于 0 ℃，变压器器身温度不宜低于周围空气温度。

④ 器身暴露在空气中的时间，不应超过下列规定：在空气相对湿度不超过 65% 时为16 h；在空气相对湿度超过 65%，不超过 75% 时为 12 h。

⑤ 检查前应准备好用具和材料。主要有：扳手、塞尺、白纱带、黄蜡带、白布、绝缘纸板、无水酒精、汽油，以及垫放铁芯的道木或型钢、存放变压器的油桶和油箱的密封衬垫。吊芯用的起重设备也应先于检修就位。

3. 运行中的检查

变压器在正常运行中，值班人员应该对其进行仪表监视和定期或不定期的外部检查，并把检查结果记录在运行日志中。

（1）监视仪表及抄表

① 变压器监视装置上的仪表，指示着变压器的运行情况及电压质量。一般电力变压器监视装置上都装有电流表、电压表、频率表、功率表、油温表、功率因数表和电能表等监视、记录仪表。这些仪表反映变压器的运行状态，必须有专人经常地进行检查和记录，并应每小时抄表，记录一次。在过负载下运行时，则应每半小时抄表，记录一次。

② 变压器的三相负载电流是否超过规定值，三相电流的不平衡度是否超过 10%，当负载较大发现不平衡时，应重新分配送电；发现变压器过负荷（油温及电流超过规定值）要密切注意负荷变化，必要时退出部分负荷，发现电压不正常（一般三相电压相差不得大于 10%）应找出原因并排除，或通过分接开关进行调整；发现功率因数超前，应退出部分补偿电容。

（2）巡回检查

巡回检查中必须特别注意变压器有无异常气味、噪声、油温过高、漏油、放电等异常现象。检查内容如下：

① 检查油温。国产变压器在正常使用条件下，可以安全运行20～25年。为此，规定油浸式电力变压器（自然循环自冷、风冷）上层油温在周围环境温度为40 ℃时，不得超过95 ℃。但为了防止油过速老化，一般要求油温不要超过85 ℃。检查油温可通过玻璃温度计或电接点的压力温度计来观察。同时，要手摸检查散热管温度，注意是否有局部冷热不均情况，检查冷却装置是否良好。

② 检查油位。检查储油柜中的油位是否正常。油位计上标有表示油温为－30 ℃、20 ℃和40 ℃的油位线（又称温度指示线）。若在温度20 ℃时，油温高于20 ℃这条油位线，则表示变压器中的油多了，应做放油处理，使油位降低到该油位线上；在20 ℃油温下，若油面低于这条油位线，则表示变压器中的油少了，应做补油处理。如果变压器负荷过高，当温度升高时，变压器油将因膨胀而溢出箱外，而油面过高的原因通常是冷却装置异常或变压器内部故障造成的；而如果油位过低，应检查变压器整体是否有漏油现象。

如果变压器油少，可以在运行中补油。由于注入的油量不多，所以只需用小型手摇泵将油从储油柜顶部的注油孔中注入即可。

注油时应注意：在打开储油柜顶部的注油孔及拆装输入油管时，必须与变压器的带电部分保持绝对安全的距离，以防止发生人身触电事故。应遵守电力安全工作规程中的有关规定（如工作服、警示牌、读票、监护等制度），一般不允许从变压器底部油阀部位补油，否则容易造成事故。

检查油位时，要观察油色。正常的油色应该是透明带微黄色。如果为棕红色，则表示异常，应检查是否是由于油位计的内壁脏污所造成的。检查油位计有无沉淀物堆积而阻塞油路。

③ 检查变压器高、低压侧电压和电流。变压器的高压（一次）侧可以稍高于额定电压，但一般不得超过其相应的接头标称电压值的105%。此时低压（二次）侧仍可输出额定电流，正常情况下，不应让变压器超电压、超电流运行。

④ 检查变压器的声响。变压器正常运行时发出均匀的“嗡嗡”声。如果电磁声响大，电磁声不均匀，变压器有振动，伴有噪声，则说明变压器运行不正常，内部可能有故障。引起故障的原因是：坚固部分松动、绝缘不良、接地不良、铁芯短路、绕组的绝缘有击穿等。应分析原因、及时处理。变压器不同声响及产生的原因见表6-1。

表6-1　变压器不同声响及产生的原因

声响类型	可能原因
均匀、清晰有规律的“嗡嗡”声	正常运行声。由于变化的磁通使硅钢片磁致伸缩而发生振动并通过壳体传出
有变化且沉重但无杂音的“嗡嗡”声	（1）变压器中性点不直接接地，系统发生单相接地。 （2）大型电动机启动或短时过载。 （3）穿越性短路或铁磁共振。 当过电压或单相负载急剧增加时，由于高次谐波分量很大，还会使铁芯发生振荡而发出猛烈的“咯咯”声
惊人的“叮叮当当”锤击声，“呼呼”的吹风声	夹紧铁芯的螺杆松动，导致松动的各部件在磁场作用下相互撞击所致

续表

声响类型	可能原因
“吱吱”声	（1）跌落式熔断器接触不良。 （2）分接开关接触不良
“嘶嘶”声	（1）变压器高压套管脏污，表面釉质脱落或有裂纹而产生电晕放电。 （2）引线离地面不足，引起间隙放电，有时还伴有放电火花，夜间易观察到
较清脆的、连续的或间歇的“唰唰”声	变压器外壳与其他外物接触时因振动或相互摩擦所致
有“轰轰”声	变压器低压侧的架空线路发生接地故障
变压器油箱发出“咕噜咕噜”声	变压器匝间短路，形成短路电流，产生高热使变压器油局部沸腾所致
“噼噼啪啪”放电声	变压器绕组短路，绝缘击穿。当绕组短路严重时，会发出巨大的轰鸣声，且随后就着火冒烟
间歇“哧哧声”	铁芯接地不良，因而在运行中产生静电，电压升高，向其周围低电位的夹件或外壳底部放电

检查噪声的原因应配合观察电流表、电压表的变化，以及保护装置、信号装置的动作情况和有关系统设备的运行状态来进行。仔细听响声来自变压器的哪一部分。若怀疑变压器内部的问题，可采集变压器油样，用气体色谱分析法检测变压器过热、放电等潜伏故障。

⑤ 检查变压器外壳及中性线接地情况，变压器周围有无危及安全的杂物。

⑥ 检查套管及引线。检查出线套管、引出导电铜排的支持绝缘子是否清洁，有无破裂、放电痕迹；检查引出导电铜排的螺钉接头有无过热现象（可用示温蜡片检查）。

⑦ 检查漏油。变压器外壳、散热管表面若有油污，油面降低，则可能是漏油所致。应重点检查各阀门的垫圈和散热管焊接处。

⑧ 检查冷却系统。对于风冷油浸式变压器，检查风扇运行是否正常，有无过热现象；对于强迫油循环水冷却变压器，应检查油泵是否正常。油压和油流是否正常，冷却水压力是否低于油压力，冷却水口温度是否过高，冷油器有无渗漏现象。室内安装的变压器应检查通风是否良好等。

⑨ 检查吸湿器。检查吸湿器有无堵塞现象。吸湿器内的干燥剂（吸湿剂）是否变色，如硅胶（带有指示剂）由蓝色变成粉红色，则表明硅胶已失效，需及时进行干燥或更换。

⑩ 检查防爆管。检查防爆管有无破损或喷油痕迹，防爆膜是否完好。

⑪ 检查阀门。检查瓦斯继电器阀门是否打开，油再生器阀门是否打开．各种阀门是否按工作需要处于相应的闭合或打开位置。

⑫ 检查接地是否良好，有无断线。

⑬ 检查室内的设备通风及保护是否良好。

五、变压器的检修

变压器的检修分为小修和大修。小修是将变压器停运，但不吊芯而进行的检修，一般每隔 6 个月进行一次，最多不超过 1 年；大修是将变压器的器身从油箱中吊出而进行的各项检修，一般每隔 5 ~ 10 年进行一次。

1. 变压器小修项目

① 检查导电排螺钉有无松动，铜铝接头是否良好，接头有无过热现象。若接头接触不良，接触面腐蚀或过热变黑，应用0号砂布打磨，修正平整，涂上导电膏，然后拧紧螺钉。拧螺钉时扭力应适当，若拧过头，会使整个接线柱松动打转。

② 检查绝缘套管有无裂痕和放电痕迹，并清洁灰尘污垢。

③ 检查箱体接合处有无漏油痕迹。查出漏油处，可根据具体情况，更换密封垫或进行补焊。

④ 检查储油柜的油位是否正常，油位计是否正常。若变压器缺油，应补充到位。放掉集污盒内的污油。

⑤ 检查干燥剂是否因吸潮而失效。若已失效，应予以更换或做再生处理。

⑥ 检查防爆膜是否完好，其密封性是否良好。

⑦ 检查冷却系统是否完好，并进行全面清扫。

⑧ 检查瓦斯继电器是否漏油，阀门开闭是否灵活，接头之间绝缘是否良好。

⑨ 清扫油箱、散热片，必要时应铲锈除漆。

⑩ 检查接地线是否完整，连接是否牢固，应没有锈蚀现象。

⑪ 测量高压对地、高压对低压及低压对地的绝缘电阻，以检查变压器的绝缘情况。

⑫ 测量每一分接头绕组的直流电阻，以检查各绕组之间的接触情况和回路的完整性。

2. 变压器大修项目

① 打开变压器箱盖，吊出器身检修。

② 检修铁芯、绕组、分接开关及引线。

③ 检修箱盖、油枕、防爆管、冷却油管、放油活门和套管等。

④ 检修冷却装置和滤油装置。

⑤ 清扫油箱外壳，必要时需重新刷油漆。

⑥ 检修控制测量仪表，检修信号装置和保护装置。

⑦ 滤油或换油。必要时做干燥处理。

⑧ 装配变压器。

⑨ 进行规定的测量和试验。

任务实施

根据任务要求进行小型变压器的重绕修理。

一、任务说明

这里以××工厂变压器车间进行小型变压器重绕修理为例进行说明。

小型变压器如发生绕组烧毁、绝缘老化、引出线断裂、匝间短路或绕组对铁芯短路等故障，均需进行重绕修理。

小型单相与三相变压器绕组重绕修理工艺基本相同，其过程大致如下：

记录原始数据→拆卸铁芯→制造模心及骨架→绕制绕组→绝缘处理→铁芯装配→检查和试验。

1．记录原始数据

在拆卸铁芯前及拆卸过程中，必须记录下列原始数据，作为制作模心及骨架、选用线规、绕制绕组和铁芯装配等的依据。

（1）铭牌数据

① 型号；

② 容量；

③ 相数；

④ 一、二次电压；

⑤ 联结组别；

⑥ 绝缘等级。

（2）绕组数据

① 导线型号、规格；

② 绕组匝数；

③ 绕组尺寸；

④ 绕组引出线规格及长度；

⑤ 绕组质量。

测量绕组数据的方法如下：

① 测量绕组尺寸；

② 测量绕组层数、每层匝数及总匝数；

③ 测量导线直径，应取绕组的长边部分，烧去漆层，用棉纱擦净，对同一根导线应在不同位置测量 3 次，取其平均值。

由于绕组的匝数较难取得精确数据，尤其是线径较小、匝数多的绕组。如果匝数不正确，修理后变压器的电压比就会达不到要求。因此，在重绕修理中，往往要进行匝数计算。简易的匝数计算方法如下：

① 判断原铁芯截面。可实测原铁芯叠厚及铁芯柱宽度，还应考虑硅钢片绝缘层和片间间隙的叠压系数。小型变压器的叠压系数一般取 0. 9。

② 判断原铁芯磁通密度。小型变压器通常采用 0. 35 mm 厚的硅钢片作为铁芯，除 C 字形铁芯外，铁芯每平方厘米截面的磁通密度为 1. 2 ~ 1. 4 T（按冷轧硅钢片计算；热轧硅钢片因损耗大，已停止生产，其磁通密度为 0. 8 ~ 1. 2 T）。C 字形铁芯一般采用单取向冷轧钢片制成，能取较高的磁通密度，一般为 1. 5 ~ 1. 6 T。重绕修理时，一般取其下限进行匝数计算。

③ 匝数计算公式：

$$N=\frac{10^4}{4.44fBS}$$

式中：N——每伏所需的匝数；

f——电源频率，Hz；

B——磁通密度，T；

S——铁芯实际截面积，cm^2。

按上式计算的 N，乘以一次额定电压值所得的积，就是一次绕组的总匝数。对二次绕组，还应该考虑带负载时电压降所需的补偿，故一般应增加5%。

(3) 铁芯数据

① 铁芯尺寸；

② 硅钢片厚度及片数；

③ 铁芯叠压顺序和方法。

2. 拆卸铁芯

拆卸铁芯前，应先拆除外壳、接线柱和铁芯夹板等附件。

不同形状的铁芯有不同的拆卸方法，但其第一步是相同的，即用螺钉旋具把浸漆后黏合在一起的硅钢片插松。

(1) 不同形状铁芯的拆卸方法和步骤

① E字形硅钢片：

a. 先拆横条（轭），用螺钉旋具插松并拆卸两端横条。

b. 拆E字形片，用螺钉旋具顶住中柱硅钢片的舌端，再用小锤敲击，使舌片后推，待推出3~4 mm后，可用钢丝钳钳住中柱部位抽出E字形片。当拆出5~6片后，即可用钢丝钳或手逐片抽出。

② F字形硅钢片：

a. 螺钉旋具在两侧已插松的硅钢片接口处分别顶开，使被顶硅钢片推出。

b. 用钢丝钳钳住推出硅钢片的中柱部位，向外抽出硅钢片。当每侧拆出5~6片后，即可用钢丝钳或手逐片抽出。

③ C字形硅钢片：

a. 拆除夹紧箍后把一端横头夹在台钳上，用小锤左右轻敲另一端横头，使整个铁芯松动，注意保持骨架和铁芯接口平面完好。

b. 逐一抽出硅钢片。

④ Π字型硅钢片：

a. 把一端横头夹紧在台钳上，用小锤左右轻敲另一端横头，使整个铁芯松动。

b. 用钢丝钳钳住另一端横头，并向外抽拉硅钢片，即可拆卸。

⑤ 日字形硅钢片：

a. 先插松第一、二片硅钢片，把铁轭开口一端掀起至绕组骨架上边。

b. 螺钉旋具插松中柱硅钢片，并以舌端向后推出几毫米，再用钢丝钳抽出硅钢片。当拆出10余片后，即可用钢丝钳或手逐片抽出。

(2) 拆卸铁芯的注意事项

① 有绕组骨架的铁芯，拆卸铁芯时应细心轻拆，以使骨架保持完好、良好，可供继续使用或作为重绕时的依据。

② 拆卸铁芯过程中，必须用螺钉旋具插松每片硅钢片，以便于抽拉硅钢片。

③ 用钢丝钳抽拉硅钢片时，不能硬抽。若抽不动时，应先用螺钉旋具插松硅钢片。对于稍紧难抽的硅钢片，可将其钳住后左右摆动几下，使硅钢片松动，即可方便抽出。

④ 拆下的硅钢片应按只叠放、妥善保管，不可散失。如果少了几片，就会影响修理后变

压器的质量。

⑤ 拆卸 C 字形铁芯时，严防跌碰，切不可损伤两半铁芯接口处的平面；否则，就会严重影响修理后变压器的性能。

3. 制作模心及骨架

在绕制变压器绕组前，应根据旧绕组和旧骨架的尺寸制作模心和骨架。也可根据铁芯尺寸、绕组数据和绝缘结构，设计和制作模心和骨架。小型变压器一般都把导线直接绕制在绝缘骨架上，骨架成为绕组与铁芯之间的绝缘结构。导线线径较大的绕组，采用模心直接绕制绕组，并用绝缘材料如醇酸玻璃丝漆布等包在铁芯柱上，作为绕组与铁芯之间的绝缘。为此，模心及骨架的尺寸必须合适、正确，以保证绕组的原设计要求及绕组与铁芯的装配。

模心及骨架的计算、制作及其技术要求如下：

（1）模心

模心是用来套在绕线机转轴上支撑绕组骨架进行绕线，或不用骨架直接进行绕线的。

① 有绕组骨架的模心。如图 6-8 所示，尺寸 $a' \times b'$ 比铁芯中心柱截面 $a \times b$ 稍大一些，长度 h' 也应比铁芯窗口的高度 h 稍大一些；中心孔直径应与绕线机轴径相配合，一般为 10 mm。中心孔必须钻得居中和平直，与骨架配合的 4 个平面必须互相垂直，边角应用砂纸磨成略带圆角。其材料一般采用杨木或杉木，如采用硬木更佳，具有不易变形、使用较久等优点。

② 无绕组骨架的模心。如图 6-8 所示，尺寸 $a' \times b'$ 比铁芯中心柱截面 $a \times b$ 加绝缘层厚度稍大一些，长度 h' 应比铁芯窗口的高度 h 稍小一些。中心孔、四个平面和边角的要求与有绕组骨架的模心相同。其材料一般采用干燥硬木或铝合金，修理时采用干燥硬木为宜。

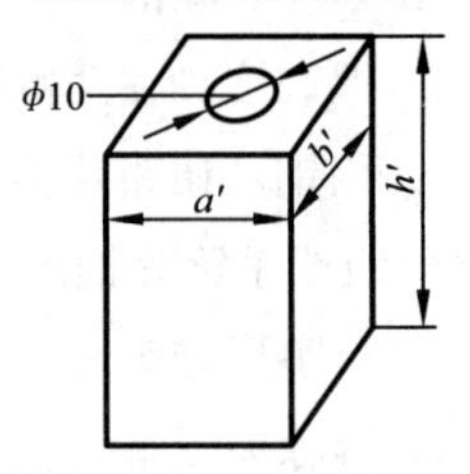

图 6-8　小型变压器的模心

为了使绕制绕组后脱模方便，应在模心长度 h' 的中间沿 45° 方向斜锯，使其成为对半的两块。

小型圆筒式绕组的模心，也可参考无绕组骨架的模心制作，其形状为圆柱形，其材料为干燥硬木或铝合金。

（2）骨架

骨架除起支撑作用外，还起对地绝缘作用。要求具有一定的机械强度与绝缘强度。

小型变压器的骨架可分为无框骨架和有框骨架两类。容量小、电压低的小型变压器采用无框骨架，又称绕线芯子；大多数小型变压器及电压较高的变压器都采用有框骨架。

① 无框骨架。一般采用弹性或红钢纸制成，即纸质无框绕线芯子，如图 6-9 所示。所用弹性纸的厚度根据变压器容量选择，如表 6-2 所示。

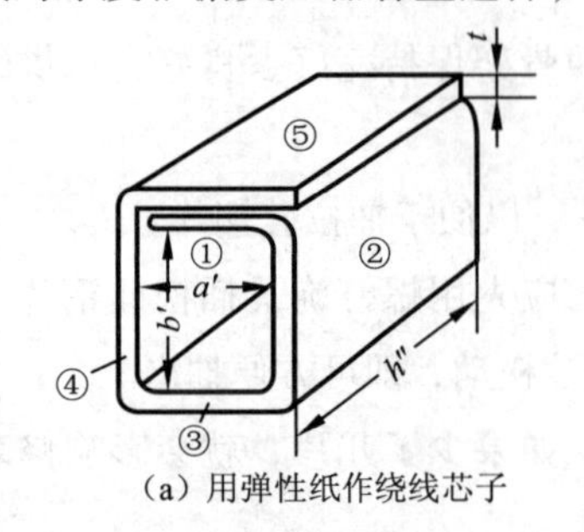

（a）用弹性纸作绕线芯子

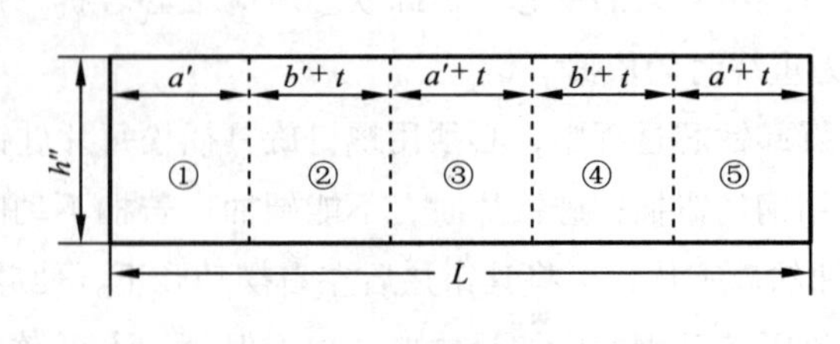

（b）弹性纸尺寸

图 6-9　小型变压器的绕线芯子

表 6-2　制作无框骨架的弹性厚度

变压器容量 P_s/（V·A）	30	50	100～300	400～1 000
弹性纸厚度 t/mm	0.5	0.8	1.0	1.5

无框骨架的长度 h''应比铁芯窗口高度 h 小 2 mm 左右。无框骨架的边沿应平整、垂直。弹性纸的长度 L，可按下式计算：

$$L=2(b'+t)+a'+2(a'+t)$$
$$=2b'+3a'+4t$$

按照图 6-9 中虚线用裁纸刀划出浅沟，沿沟痕把弹性纸折成四方形，第⑤面与第①面相重叠，用胶水粘合。

② 有框骨架。框架可用红钢纸或层压板制成，如经常修理时，也可采用塑料、酚醛压塑料、尼龙或其他绝缘材料压制而成。

图 6-10 为活络框架的结构，框架的两端用两块边框板支柱，四侧采用两种形状的夹板，拼合成一个完整的框架。

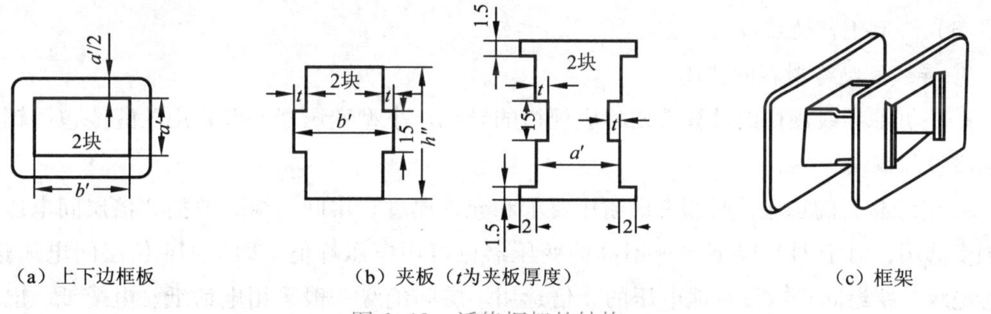

图 6-10　活络框架的结构

框架的尺寸 $a'\times b'$、h'可按无框骨架同样选定，但应考虑框架材料的厚度，其 h''应由 h 减去两块夹板厚度。要求框架尺寸与铁芯、绕组配合相符。

4. 绕制绕组

绕组绕制的工艺是决定变压器性能的关键。小型变压器绕组的绕制，一般在手摇绕线机或自动排线机上进行，要求配有计数器，以便正确地绕制与抽头。绕组的绕制质量要求是：导线尺寸符合要求；绕组尺寸与匝数正确；导线排列整齐、紧密和绝缘良好。

（1）准备工作

① 检查模心及骨架尺寸并将其安装在主轴上。

② 准备绕线材料和检查导线尺寸。

③ 在骨架上垫好绝缘。

④ 校对计数器，并调至零位。

⑤ 将导线盘装在搁线架上。

（2）绕制步骤

① 起绕时，在导线引头上压入一条绝缘带折条，待绕几匝后抽紧起始线头，如图 6-11（a）所示。

② 绕线时，通常按照一次绕组、静电屏蔽、二次高压绕组、二次低压绕组的顺序，依次

叠绕。当二次绕组匝数较多时，每绕好一组后，用万用表测量是否通路，检查是否有断线。

③ 每绕完一层导线，应安放一层层间绝缘。根据变压器绕组要求，做好中间抽头。导线自左向右排列整齐、紧密，不得有交叉或叠线现象，绕到规定匝数为止。

④ 当绕组绕至近末端时，先垫入固定出线用的绝缘带折条，绕至末端时，把线头穿入折条内，然后抽紧末端线头如图 6-11（b）所示。

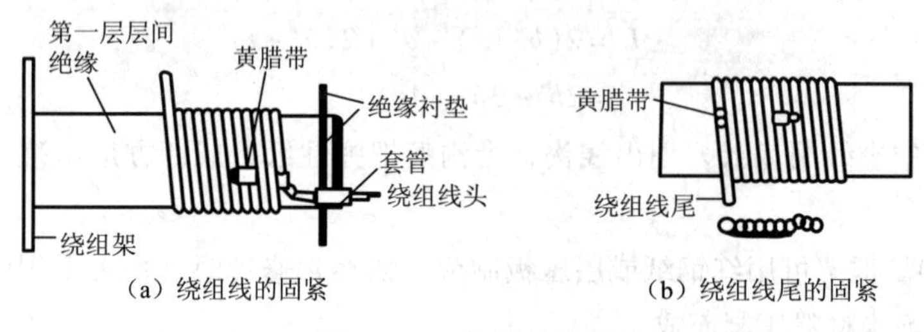

（a）绕组线的固紧　　（b）绕组线尾的固紧

图 6-11　绕组的绕制

⑤ 拆下模心，取出绕组，包扎绝缘，并用胶水或绝缘胶粘牢。

（3）绕制工艺要点

① 导线和绝缘材料的选用：

a. 根据原导线规格或计算选用相应规格的导线。小型变压器一般采用酚醛漆包圆铜线或聚酯漆包圆铜线。

b. 绝缘材料的选用，必须考虑耐压要求和允许厚度。层间绝缘一般按 2 倍层间电压的绝缘强度选用，对于 1kV 以下要求不高的变压器也可用电压峰值，即 1.414 倍层间电压选用；铁芯绝缘及绕组间绝缘按对地电压的 2 倍选用。层间绝缘一般采用电话纸、电缆纸、电容器纸等，要求较高的则采用聚酯薄膜、聚四氟乙烯薄膜或玻璃漆布；绕组对铁芯绝缘及绕组间绝缘一般采用绝缘纸板、玻璃漆布等，要求较高的则采用层压板或云母制品。

② 绕组的引出线。当线径大于或等于 0.35 mm 时，绕组的引出可利用原线，如图 6-12 所示，绞合后套以绝缘套管；当线径小于 0.35 mm 时，应另用多股软线或紫铜皮剪成的焊片作为引出线，与导线焊接后套以绝缘套管或用绝缘材料包扎。引出线头从骨架端面预先打好的孔中穿出，以备连接外电路。

绕组线头和引出线的连接采用锡焊，其两侧应垫以绝缘材料，以保证线头连接处绝缘可靠。绕线时，用后一层的导线将引出线压紧，当绕至最后一层时，可事先将引出线放好，把最后一层导线绕在上面，如图 6-13 所示。

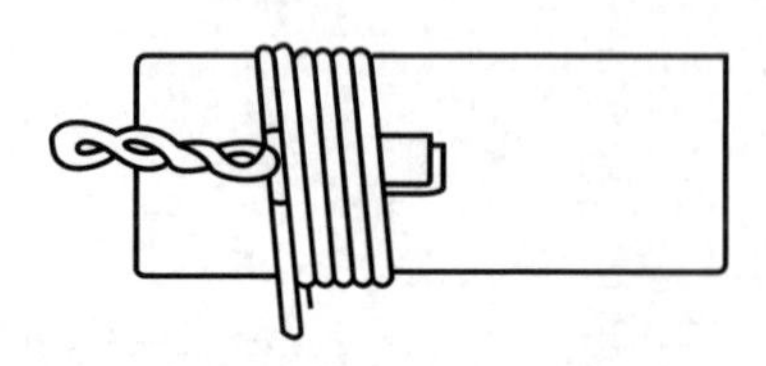

图 6-12　利用原线作引出线

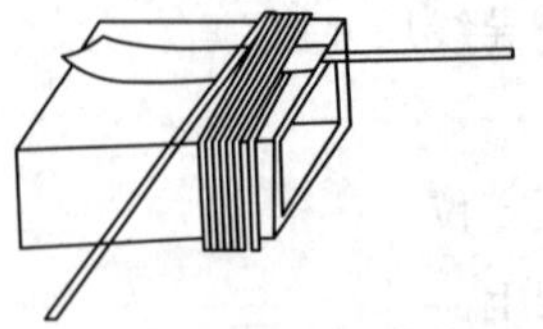

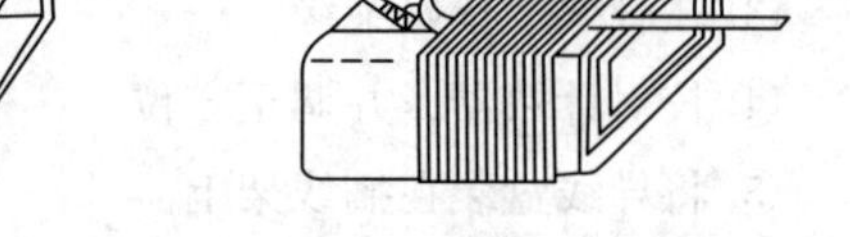

图 6-13　引出线的连接

③ 绕线的方法。导线起绕点不可过于靠近无框骨架边沿，应留出一定空间，以免绕线时导线滑出并防止插硅钢片时碰伤导线绝缘；若用有框骨架，导线要靠紧边框，不必留出空间。

绕线时，一手摇动绕线机，另一手把握导线并左右移动。应使导线的移动速度与绕线机的转速相适应，并使导线稍微拉向绕线前进的相反方向5°左右，如图6-14所示。拉力的大小视导线粗细而定，务必使导线排齐、排紧。

④ 层间绝缘的安放。安放层间绝缘时，必须从骨架所对应的铁芯舌宽面开始安放，如图6-15所示。如绕组层数较多，还应在两个舌宽面分别均匀安放，这样可以控制绕组厚度，少占铁芯窗口位置。层间绝缘的宽度应稍长于骨架或模心的宽度，而长度应稍大于骨架或模心的周长，要求放平、放正和拉紧，两边正好与骨架端面内侧对齐，再围绕绕组1周，使起始处有少量重叠。

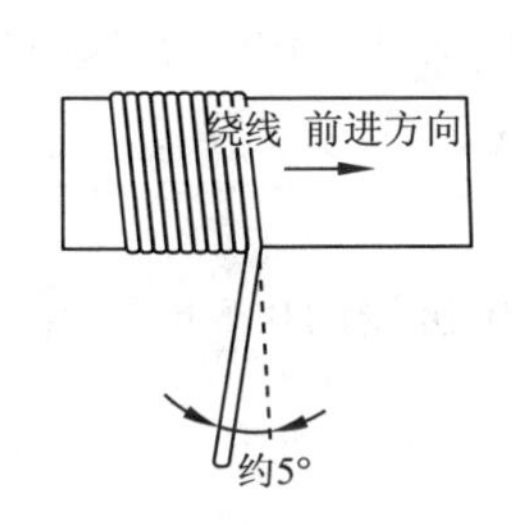

图6-14　绕制过程中持线方法

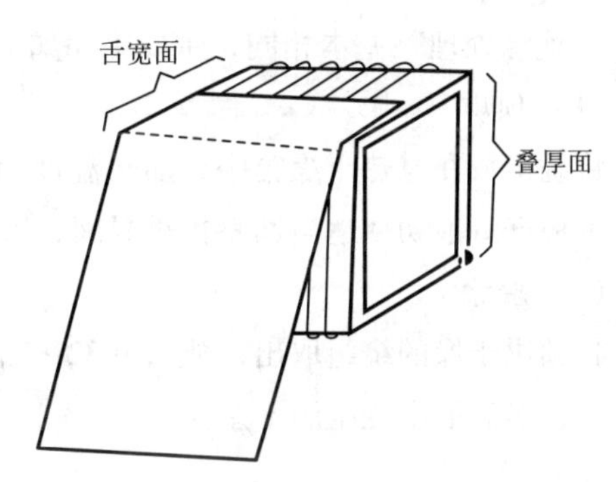

图6-15　层间绝缘的安放

⑤ 静电屏蔽层的安放。电子设备的电源变压器，在一、二次绕组之间置有一层金属材料的静电屏蔽层，以减弱外来电磁场对电路的干扰。

静电屏蔽层的材料为紫铜皮，其宽度应略窄于骨架宽度，长度应略小于绕组一周。屏蔽层上下的绝缘，要求有足够的耐压强度，屏蔽层的两侧均不可贴住骨架框板，两端口处应无毛刺，既要互相叉叠（形成封闭的屏蔽层）、又不可直接触及，以免形成短路致使过热烧毁。屏蔽层的接地引出线必须置于绕组的另一侧，不可与绕组的引出线混在一起。

静电屏蔽层也可采用较粗的导线排绕一层，一端开路、一端接地，同样能屏蔽外界电磁场的作用。

⑥ 绕组的抽头。绕组的抽头分中间抽头和中心抽头两种。当变压器有两个或两个以上有电气连接的绕组时，须制作中间抽头。中间抽头的制作方法有3种：

a. 在绕组抽头处焊上引出线，作为抽头。

b. 在绕组抽头处将导线拖长，两股绞在一起作为引出线。

c. 在绕组抽头处将两根导线平行对折作为引出线。由于导线弹性较大，弯头处不易靠近，需另加一根玻璃丝带将其固定。此法适用于较粗导线的绕组，以免导线绞在一起致使中间隆起，影响绕线和绕组的平整。

整流电源变压器和输入、输出变压器绕组的中间抽头，应将绕组分成完全对称的两部分，即为中心抽头。若用单股导线绕制，由于其内外层长度不一而引起传输失真，故应采用双股并绕，绕完后将一个绕组的头和另一个绕组的尾并联，再制作出中心抽头线即可。

⑦ 绕组的质量检查。绕组绕制完成后，应进行下列项目检查：

a. 匝数检查。可用匝数试验器检查其匝数，或用电桥测量其直流电阻。

b. 尺寸检查。测量绕组各部分的尺寸，要求与设计相符，并保证铁芯装配。

c. 外观检查。检查绕组引出线有无断线或脱焊，绝缘是否良好及有无机械损伤等。

5. 绝缘处理

小型变压器的绕组绕制完成后，为了提高绕组的绝缘强度、耐潮性、耐热性及导热能力，必须经过浸绝缘漆处理。要求浸漆与烘干严格按绝缘处理工艺进行，以保证绝缘良好、漆膜表面光滑和成为一个结实的整体。小型变压器的绝缘处理有时安排在铁芯装配后进行，其工艺相同，但要求清除铁芯表面残漆，并保证绝缘良好、可靠。

小型变压器绕组的绝缘处理，一般采用浸1032三聚氰胺醇酸树脂漆，其工艺与电动机修理的“绝缘处理”基本相同，主要工序如下：

（1）预烘

将绕组放在电热干燥箱中，加热温度为110 ℃左右，时间为3～4 h。若采用灯泡干燥法时，可根据灯泡功率适当调整预烘时间，以驱除绕组内部潮气。

（2）浸漆

将预烘干燥的绕组取出，放入1032三聚氰胺醇酸树脂漆中沉浸约0.5 h，一直浸至不冒气泡为止，然后取出绕组滴干余漆。

（3）烘干

将滴干余漆的绕组放在电热干燥箱中，加热温度为120 ℃左右，时间8～10 h，待绝缘电阻稳定合格后，即为烘干。若采用灯泡干燥法时，也应根据灯泡功率适当调整烘干时间，直至烘干为止。

小型变压器绕组的绝缘处理工艺要点，可参照电动机修理的“绝缘处理”工艺要点。对于较大变压器绕组的绝缘处理，也可参照电动机修理的“绝缘处理”工艺进行。

小型变压器绕组的绝缘处理，也可采用电流干燥法烘干。即在绕组绕制过程中，每绕完一层，就涂刷一层较薄的1032三聚氰胺醇酸树脂漆；然后垫上绝缘，继续绕下一层，绕组绕完后通电烘干。通电烘干的方法是用一台适当容量的自耦变压器经交流电流表与欲烘干的变压器的高压绕组串联，而低压绕组短路。逐渐增大自耦变压器的输出电压，使电流达到高压绕组额定电流的2～3倍，绕组通电干燥约需12 h。由于电流干燥法工艺不易掌握、质量较难保证，故一般很少采用。

6. 铁芯装配

小型变压器的铁芯装配，即铁芯镶片，是将规定数量的硅钢片与绕组装配成完整的变压器。铁芯装配的要求是：紧密、整齐，铁芯截面应符合设计要求，以免磁通密度过大致使运行时硅钢片发热并产生振动与噪声。

（1）准备工作

① 检查硅钢片型号和厚度，要求基本符合设计要求。

② 检查硅钢片形状和尺寸，要求符合设计要求。

③ 检查硅钢片平整度和毛刺，去除毛刺及不平整的硅钢片。

④ 检查硅钢片表面绝缘和锈蚀。如硅钢片表面有锈蚀或绝缘不良，则应清除锈蚀及重新涂刷绝缘漆。

⑤ 检查绕组和准备装配用零件及工具。

（2）铁芯装配步骤

① 在绕组两边，两片两片地交叉对插，插到较紧时，则一片一片地交叉对插。

② 当绕组中插满硅钢片时，余下大约1/6比较难插的紧片，用螺钉旋具撬开硅钢片夹缝插入。

③ 镶插条形片（横条），按铁芯剩余空隙厚度叠好插进去。

④ 镶片完毕后，将变压器放在平板上，两头用木锤敲打平整，然后用螺钉或夹板固紧铁芯，并将引出线焊到焊片上或连接在接线柱上。

（3）铁芯装配工艺要点

① 硅钢片含硅量的检查。硅钢片含硅最过高，容易碎裂，影响机械性能；含硅过低，则铁芯导磁性能受到影响，且变压器的损耗将会增大。检查硅钢片的型号，即检查硅钢片的含硅量，可用弯折的方法进行估计。

硅钢片含硅量的检查方法：用钳子夹住硅钢片的一角，将其弯成直角时即能折断，含硅量为4%以上；弯成直角后又恢复到原状才折断的，含硅量接近4%；反复弯三四次才能折断的，含硅量约3%；硅钢片很软、难于折断的，含硅量为2%以下。

② 铁芯的插片。应从绕组骨架的两侧交替插片。在镶插紧片时，可用木锤轻轻地敲入；在镶插条形片时，不可直向插片，以免擦伤绕组。

当骨架稍小或绕组体积稍大时，切不可强行将硅钢片插入，以免损伤骨架或绕组。可将铁芯中心柱或两个边柱锤紧些，或将绕组套在木芯上用木板夹住两侧，在台虎钳上缓慢地将其稍许压扁一些再进行插片。

③ 抢片与错位的处理。插片时的抢片现象，即两边插片时一层的硅钢片交叉插在另一层的位置上，如继续对硅钢片进行敲打，则必然损坏硅钢片。因此，一旦发现抢片应立即停止敲打，将抢片的硅钢片取出，整理平直后重新插片；否则，这侧硅钢片敲不进去，另一侧的条形片也插不进去。插片时的错位现象，即硅钢片位置错开。在安放铁芯时，由于硅钢片的舌片没有和绕组骨架的空腔对准，产生硅钢片的位置错开。这时舌片抵在骨架上，敲打时往往给操作人员铁芯已插紧的错觉，如强行将这块硅钢片敲进去，必然损坏骨架或割断导线。为此，如遇硅钢片不易敲入时，应仔细检查原因，待采取相应措施后再进行插片。

④ 铁芯的固紧。用螺钉或夹板固紧铁芯时，其夹紧力应均匀、适当，以免单边夹紧力过大或铁芯中部隆起。引出线与焊片的焊接或与接线柱的连接，可参照图6-16所示进行，要求焊接良好、连接可靠。

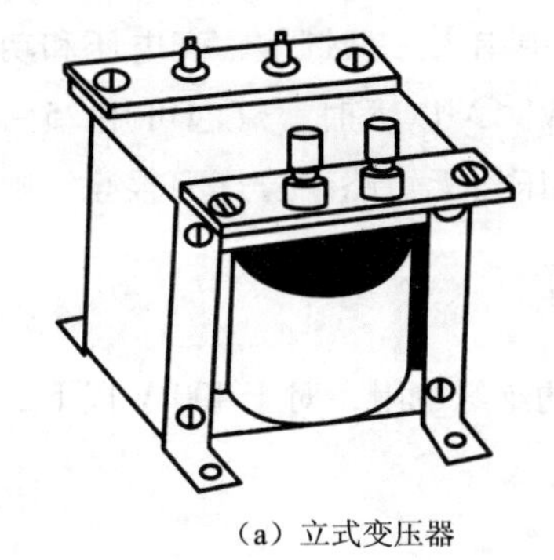

（a）立式变压器

（b）卧式变压器

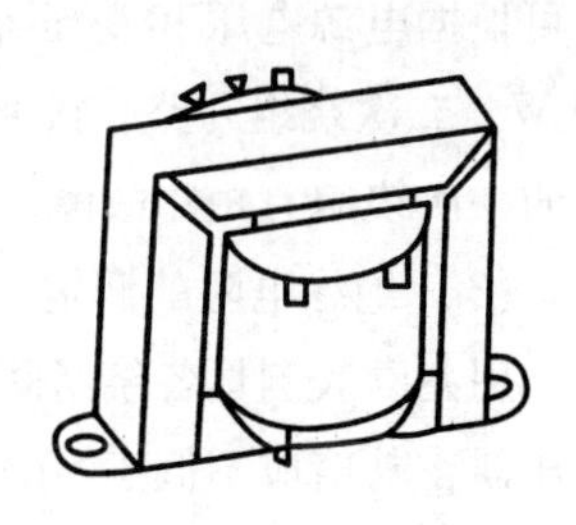

（c）夹式变压器

图6-16　变压器的引出线布置

二、任务结束

工作任务结束后，清点工具、清理现场。

任务 12　小型单相变压器绕制后的测试

任务解析

通过完成本任务，能熟练使用仪器仪表进行小型单相变压器绕制后的测试，并能进行常见故障的分析与处理工作。

知识链接

参见任务 11 知识链接的相关内容。

任务实施

根据任务要求进行小型单相变压器绕制后的测试。

一、任务说明

这里以 × ×工厂变压器车间进行小型单相变压器绕制后的测试为例进行说明。

小型单相变压器经重绕修理后，为了保证修理质量，必须对变压器进行一系列的检查和试验。为此，要求掌握小型单相变压器的测试技术，常见故障的分析与处理方法。

1. 检查和试验的项目与方法

（1）外观质量检查

① 绕组绝缘是否良好、可靠；

② 引出线的焊接是否可靠，标志是否正确；

③ 铁芯是否整齐、紧密；

④ 铁芯的固紧是否均匀、可靠。

（2）绕组的通断检查

一般可用万用表和电桥检查各绕组的通断及直流电阻。当变压器绕组的直流电阻较小时，尤其是导线较粗的绕组，用万用表很难测出是否有短路故障，必须用电流表检测。

如没有电桥时，也可用简易方法判断：在变压器一次绕组中串入一只灯泡，其电压和功率可根据电源电压和变压器容量确定，若变压器容量在 100 V · A 以下时，灯泡可用 25 ~ 40 W。二次绕组开路，接通电源，若灯泡微红或不亮，说明变压器无短路；若灯泡很亮，则表明一次绕组有短路故障，应拆开绕组检查短路点。

（3）绝缘电阻的测定

用兆欧表测量各绕组间、绕组与铁芯间、绕组与屏蔽层间的绝缘电阻，对于 400 V 以下的变压器，其值应不低于 50 MΩ。

（4）空载电压的测定

变压器测试电路如图6-17所示。将待测变压器接入电路，断开Q2，接通电源，使其空载运行。当一次电压加到额定值时，PV2的读数即为该变压器的空载电压，允许误差为：二次［侧］高压绕组误差$\Delta U_1 \leqslant \pm 5\%$；二次［侧］低压绕组误差$\Delta U_2 \leqslant \pm 5\%$；中心抽头电压误差$\Delta U \leqslant \pm 2\%$。

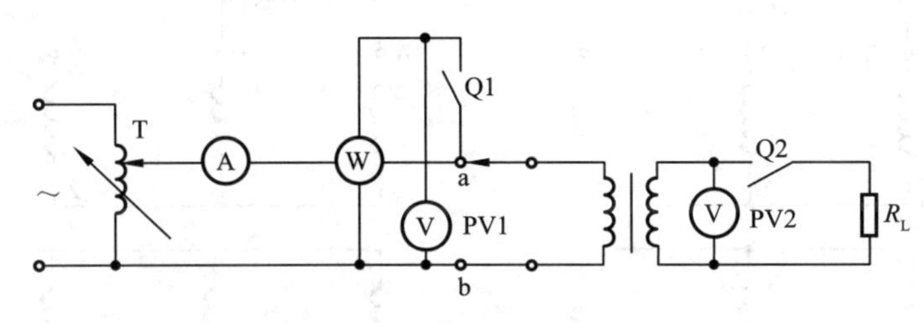

图6-17　变压器测试电路

（5）空载电流的测定

接通电源，变压器空载运行，当一次电压加到额定值时，电流表Ⓐ的读数即为空载电流。一般变压器的空载电流为额定电流值的5%~8%，若空载电流大于额定电流的10%时，损耗较大；若空载电流超过额定电流的20%时，它的温升将超过允许值，不能使用。

（6）损耗与温升的测定

若要求进一步测定其损耗功率与温升时，可仍按图6-17测试电路进行接线。

在被测变压器未接入电路前，合上开关Q1（见图6-17），调节调压器T使它的输出电压为额定电压，此时功率表的读数为电压表、电流表的功率损耗P_1。将被测变压器接在a、b两端，重新调节调压器T，直至PV1的读数为额定电压，这时功率表的读数为P_2，则空载损耗功率$=P_1-P_2$。

先用万用表或电桥测量一次绕组的冷态直流电组R_1（因一次绕组常在变压器绕组内层，散热差、温升高，以它为测试对象较为适宜）；然后，加上额定负载，接通电源，通电数小时后，切断电源，再测量一次绕组热态直流电阻值R_2。这样连续测量几次，在几次热态直流电阻值近似相等时，即可认为所测温度是终端温度，并用下列经验公式求出温升ΔT的数值，即

$$\Delta T=\frac{R_2-R_1}{3.9\times 10^{-3}R_1}$$

要求温升不得超过40~50 K。

（7）变压器绕组的极性试验

单相变压器的极性试验，就是测定其同极性端点以及它所属的联结组，试验电路如图6-18所示。用电压表测量端点A和a之间电压U_{Aa}和一、二次电压U_{AX}及U_{ax}，如果U_{Aa}的数值是U_{AX}和U_{ax}两数之差，称为“减极性”，表示U_{AX}和U_{ax}同相，是I、I_{12}联结组；如果U_{Aa}的数值是U_{AX}和U_{ax}两数之和，称为“加极性”，表示U_{AX}和U_{ax}的相差为180°是I、I_6联结组。

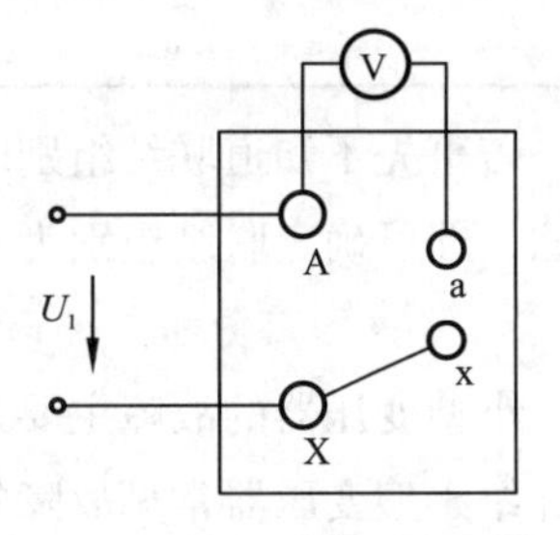

图6-18　单相变压器的极性试验电路

三相变压器联结组的测定，试验电路如图6-19所示，

表6-3为Y，yn12联结组的测定结果，表6-4为Y，d11联结组的测定结果。表中A+表示高压侧接线端A接电源正极，a+表示低压侧接线端a接电表的正接线端，电表指示“+”表示开关闭合时电表指针正转，“-”表示反转，“0”表示指针不动或微动（但有时电表在3种接法中均有读数，其中有一种小于最大的一个读数的一半，也可认为是“0”）。

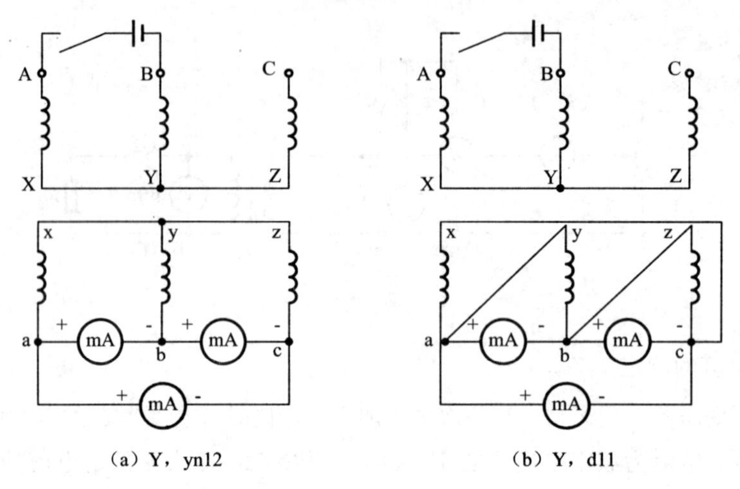

图6-19　三相变压器联结组的测试接线图

表6-3　Y，yn12联结组的测定结果

电源接法 / 电表指示 / 电表接法	A+B-	B+C-	A+C-
a+　b-	+	-	+
b+　c-	-	+	+
a+　c-	+	+	+

表6-4　Y，d11联结组的测定结果

电源接法 / 电表指示 / 电表接法	A+B-	B+C-	A+C-
a+　b-	+	-	0
b+　c-	0	+	+
a+　c-	+	0	+

若事先不知道联结组别时，如果测定结果如表6-3或表6-4所示，再结合一、二次绕组接法，即可确定联结组别为Y，yn12或Y，d11。

2. 常见故障分析与处理

小型变压器的故障主要是铁芯故障和绕组故障，此外还有装配或绝缘不良等故障。这里只介绍小型变压器常见故障的现象、原因与处理方法，见表6-5。

表 6-5　小型变压器的常见故障与处理方法

故障现象	造成原因	处理方法
电源接通后无电压输出	（1）一次绕组电路或引出线脱焊； （2）二次绕组电路或引出线脱焊	（1）拆换修理一次绕组或焊牢引出线接头； （2）拆换修理二次绕组或焊牢引出线接头
温升过高或冒烟	（1）绕组匝间短路或一、二次绕组间短路； （2）绕组匝间或层间绝缘老化； （3）铁芯硅钢片间绝缘太差； （4）铁芯叠厚不足； （5）负载过重	（1）拆换绕组或修理短路部分； （2）重新绝缘或更换导线重绕； （3）拆下铁芯，对硅钢片重新涂绝缘漆； （4）加厚铁芯或重做骨架、重绕绕组； （5）减轻负载
空载电流偏大	（1）一、二次绕组匝数不足； （2）一、二次绕组局部匝间短路； （3）铁芯叠厚不足； （4）铁芯质量太差	（1）增加一、二次绕组匝数； （2）拆开绕组，修理局部短路部分； （3）加厚铁芯或重做骨架、重绕绕组； （4）更换或加厚铁芯
运行中噪声过大	（1）铁芯硅钢片未插紧或未压紧； （2）铁芯硅钢片不符设计要求； （3）负载过重或电源电压过高； （4）绕组短路	（1）插紧铁芯硅钢片或固紧铁芯； （2）更换质量较高的同规格硅钢片； （3）减轻负载或降低电源电压； （4）查找短路部位，进行修复
二次电压下降	（1）电源电压过低或负载过重； （2）二次绕组匝间短路或对地短路； （3）绕组对地绝缘老化； （4）绕组受潮	（1）增加电源电压，使其达到额定值或降低负载； （2）查找短路部位，进行修复； （3）重新绝缘或更换绕组； （4）对绕组进行干燥处理
铁芯或底板带电	（1）一、二次绕组对地短路或一、二次绕组间短路； （2）绕组对地绝缘老化； （3）引出线头碰触铁芯或底板； （4）绕组受潮或底板感应带电	（1）加强对地绝缘或拆换修理绕组； （2）重新绝缘或更换绕组； （3）排除引线头与铁芯或底板的短路点； （4）对绕组进行干燥处理或将变压器置于环境干燥场合使用

二、任务结束

工作任务结束后，清点工具、清理现场。

项目总结

本项目主要介绍了变压器的基础知识、小型单相变压器的设计和重绕修理，通过本项目的学习，不但要求学生能进行小型单相变压器的重绕修理，还要求学生能熟练地操作仪器仪表进行小型变压器的检查和试验。

思考与练习

1. 小型变压器修理后如何检查？
2. 小型变压器修理后如何试验？
3. 小型变压器的常见故障由哪些原因造成？如何进行处理？

附录A 小型变压器的制作数据

小型变压器的制作数据见表 A-1。

表 A-1　小型变压器的制作数据

变压器功率	铁芯截面积	每伏圈数		片数近似值		硅钢片型号	舌宽	叠厚
		N_0		硅钢片厚度				
V·A	cm^2	1T 时	0.8T 时	0.35 mm 时	0.5 mm 时		a/mm	b/mm
1	1.25	36	45	33	24	GEI-10	10	12.5
1.5	1.5	30	37.5	42	43	GEI-10	10	15
1.8	1.75	25.7	32.2	44	32	GEI-10	10	17.5
2	1.8	25	31.2	39	28	GEI-12	12	15
3	2.16	20.8	26	47	34	GEI-12	12	18
4	2.52	17.8	22.3	55	40	GEI-12	12	21
5	2.8	16	20.12	52	38	GEI-14	14	20
6	3.2	14	17.6	52	38	GEIB-16	16	20
8	3.68	12.2	15.3	60	43	GEIB-16	16	23
10	3.95	11.1	14	73	53	GEIB-16	16	28
12	4.38	10.3	12.8	60	43	GEIB-19	19	23
16	5.13	8.8	11	70	51	GEIB-19	19	28
20	5.9	7.6	9.5	81	58	GEIB-19	19	31
25	6.65	6.8	8.5	91	66	GEIB-19	19	35
33	7.2	6.2	7.8	99	71	GEIB-19	19	38
38	7.7	5.9	7.3	91	66	GEIB-22	22	35
45	8.6	5.2	6.5	102	73	GEIB-22	22	39
50	9	5	6.2	107	77	GEIB-22	22	41
55	9.36	4.8	6	94	68	GEIB-26	26	36
60	9.9	4.6	5.7	99	72	GEIB-26	26	38
76	10.9	4.4	5.2	109	79	GEIB-26	26	42
90	12	3.8	4.7	104	75	GEIB-30	30	40
100	12.6	3.6	4.5	109	79	GEIB-30	30	42
120	13.8	3.3	4.1	120	87	GEIB-30	30	46

续表

变压器功率	铁芯截面积	每伏圈数		片数近似值		硅钢片型号	舌宽	叠厚
V·A	cm^2	N_0		硅钢片厚度			a/mm	b/mm
		1T时	0.8T时	0.35 mm时	0.5 mm时			
140	15	3	3.8	112	81	GEIB-35	35	43
160	16.1	2.8	3.5	119	87	GEIB-35	35	46
185	17.2	2.6	3.3	127	92	GEIB-35	35	49
200	17.9	2.5	3.1	132	96	GEIB-35	35	51
230	19.2	2.3	2.9	125	90	GEIB-40	40	48
250	19.8	2.3	2.8	130	94	GEIB-40	40	50
280	21	2.1	2.7	138	100	GEIB-40	40	53
320	22.4	2.2	2.7	146	105	GEIB-40	40	56
420	25.16	1.8	2.2	166	120	GEIB-40	40	64
450	27	1.7	2.1	156	113	GEIB-45	45	60
518	28.4	1.6	2	164	119	GEIB-45	45	63
575	30	1.5	1.9	174	126	GEIB-45	45	67
600	31	1.5	1.8	162	117	GEIB-50	50	62
700	33	1.4	1.7	172	125	GEIB-50	50	66
781	35	1.3	1.6	182	132	GEIB-50	50	70
1020	40	1.1	1.4	208	151	GEIB-50	50	80
0.9	1.2		46.9	32	22	KEI-10	10	12
1.6	1.6		35.2	42	29.0	KEI-10	10	16
2.6	2.0		28.2	52.0	37	KEI-10	10	20
3.7	2.4		23.4	52.0	37	KEI-12	12	20
5.7	3		18.8	65	46	KEI-12	12	25
6.6	3.2		17.6	52.0	37	KEI-16	16	20
10.2	4		14.1	65	46	KEI-16	16	25
16.8	5.12		11	83.0	59	KEI-16	16	32
20.1	0.4		3.0	33.0	59	KEID-20	20	32
40.0	8		7	104.0	73	KEIB-20	20	40
40.1	8		7	83.0	59	KEIB-25	25	32
64.0	10		5.6	104.0	73	KEIB-25	25	40
100	12.5		4.5	130.0	91.0	KEIB-25	25	50
104	12.8		4.4	104.0	73	KEIB-32	32	40
164	16		3.5	130.0	91.0	KEIB-32	32	50
260	20.19		2.8	164.0	115	KEIB-32	32	63
406	25.20		2.2	164.0	115	KEIB-40	40	63
655	32		1.8	208.0	146	KEIB-40	40	80

参 考 文 献

[1] 蔡元宇. 电路及磁路基础 [M]. 北京：高等教育出版社，1987.

[2] 曹才开. 电路分析 [M]. 北京：清华大学出版社，2004.

[3] 邱关源. 电路 [M]. 北京：高等教育出版社，1999.

[4] 刘明. 新编电工学（电工技术）题解 [M]. 武汉：华中科技大学出版社，2002.

[5] 黄冬梅. 电工基础 [M]. 北京：中国轻工业出版社，2010.

[6] 黄冬梅. 电工电子实训 [M]. 北京：中国轻工业出版社，2006.

[7] 徐君贤. 电气实习 [M]. 北京：机械工业出版社，1990.

[8] 张兴伟. 电工安装入门 [M]. 北京：电子工业出版社，2014.

[9] 就业金钥匙编委会. 维修电工上岗一路通 [M]. 北京：化学工业出版社，2012.

[10] 陈跃安. 电路及电工电子技术 [M]. 北京：清华大学出版社，2005.

[11] 田琪. 电工基础 [M]. 北京：中国劳动保障社会出版社，2005.